高等院校土建类专业“互联网+”创新规划教材

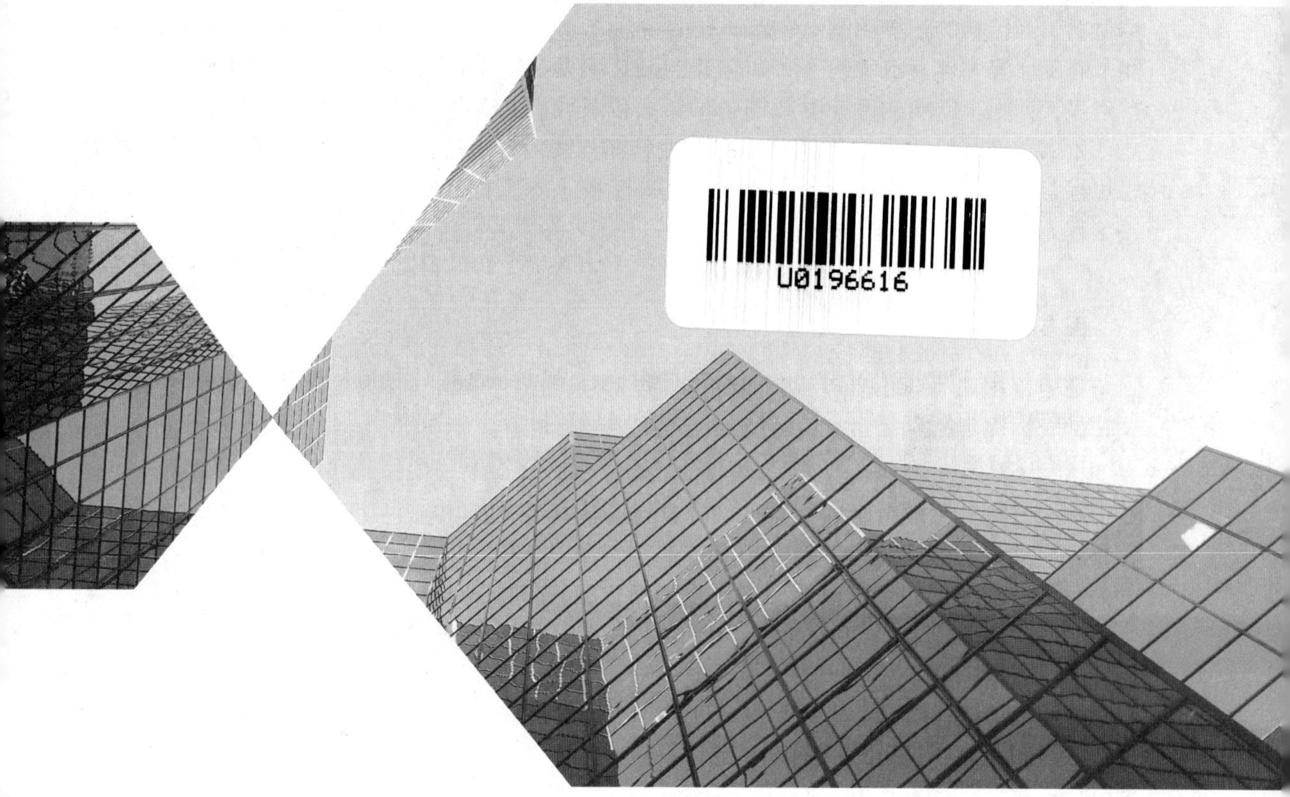

钢结构设计原理(第2版)

主　编　胡习兵　张再华
副主编　陈伏彬　尹志明　袁智深

内容简介

本书是在第1版的基础上，根据读者反馈的意见和建议，结合钢结构教学的新要求，按现行国家和行业标准修订而成的。本书着重讲述钢结构设计原理，内容包括绪论、钢结构材料、钢结构的连接和钢结构基本构件（轴心受力构件、受弯构件、拉弯构件和压弯构件）的设计等内容。各章还列举了必要的设计例题，以便读者学习和掌握相关知识。书末有附录，列出了钢结构设计需要的各种数据和系数，供读者查用。

本书主要是针对土木工程专业本科生培养方案内容进行编写的，对相关知识的数学推导过程等进行了部分调整。本书可作为高等院校土木工程专业的本科生教材，也可作为相关工程人员的学习参考用书。

图书在版编目(CIP)数据

钢结构设计原理 / 胡习兵，张再华主编 . —2版 . —北京：北京大学出版社，2022. 8
高等院校土建类专业“互联网+”创新规划教材
ISBN 978-7-301-33306-8

Ⅰ. ①钢… Ⅱ. ①胡… ②张… Ⅲ. ①钢结构—结构设计—高等学校—教材 Ⅳ. ①TU391. 04

中国版本图书馆CIP数据核字(2022)第160158号

书　　名 钢结构设计原理（第2版）
GANGJIEGOU SHEJI YUANLI（DI-ER BAN）
著作责任者 胡习兵　张再华　主编
策划编辑 卢　东　吴　迪
责任编辑 林秀丽
数字编辑 蒙俞材
标准书号 ISBN 978-7-301-33306-8
出版发行 北京大学出版社
地　　址 北京市海淀区成府路205号　100871
网　　址 http://www.pup.cn　新浪微博：@北京大学出版社
电子邮箱 编辑部 pup6@pup.cn　总编室 zpup@pup.cn
电　　话 邮购部 010-62752015　发行部 010-62750672　编辑部 010-62750667
印 刷 者 天津中印联印务有限公司
经 销 者 新华书店
787毫米×1092毫米　16开本　15.75印张　378千字
2012年8月第1版
2022年8月第2版　2023年10月第2次印刷
定　　价 45.00元

第2版

前言

本书第1版自2012年出版以来，被多所高等院校选为土木工程专业本科生教材。编者根据读者反馈的意见和建议，结合《高等学校土木工程本科指导性专业规范》和高等学校土木工程专业指导委员会关于“土木工程专业本科（四年制）培养方案”的要求对本书进行修订，这次修订主要做了以下工作。

（1）按国家标准《钢结构设计标准》（GB 50017—2017）等更新相关内容，深入浅出地阐述了钢结构设计理论。

（2）强调实用性和可操作性，注重解决工程实际问题。

（3）参照近年来注册结构工程师资格考试的内容和题型设置习题。

（4）通过二维码链接各种资源，方便学生理解专业知识，有助于学生开阔视野。

本书由中南林业科技大学胡习兵和湖南城市学院张再华担任主编。长沙理工大学陈伏彬、湘潭大学尹志明、中南林业科技大学袁智深担任副主编。本书具体编写分工如下：第1章、第2章由胡习兵编写；第3章由陈伏彬编写；第4章由尹志明编写；第5章由张再华编写；第6章由袁智深编写。全书由胡习兵统稿。

由于编者水平有限，书中不当之处在所难免，恳请广大读者批评指正。

编　者

2022年3月

目　录

第1章 绪　论

思维导图

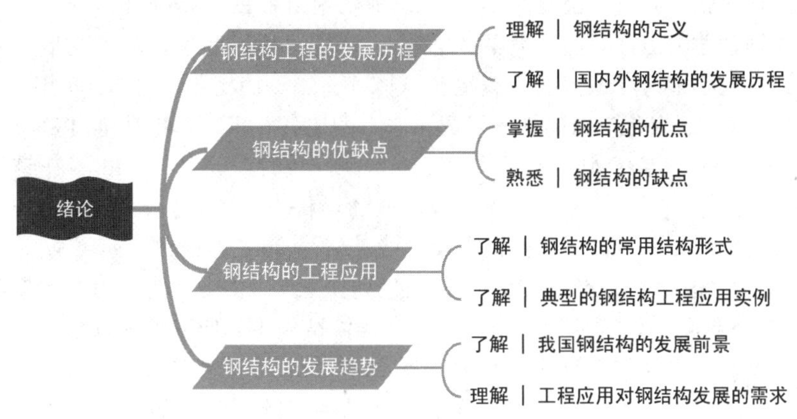

引例

随着改革开放政策的实行和推进，我国建筑钢结构取得了突飞猛进的发展。

目前，我国的建筑用钢总量约占全部钢产量的10%～15%，而工业发达的国家则占30%以上，美国和日本的该项指标均已超过50%。由此说明，我国钢结构的发展前景非常广阔。

作为土木工程项目中的一种常用结构形式，钢结构在现代建筑工程中得到了极为广泛的应用，钢材本身所具有的优点对钢结构的发展起了决定性的作用。理解钢结构所具有的特点和钢结构的工程应用范围，了解钢结构的历史、现状及发展趋势，能为本课程的学习打下良好的基础。

1.1 钢结构工程的发展历程

1.1.1 钢结构的定义

由 H 型钢（H-beam）、工字钢（I-beam）、槽钢（channel steel）、角钢（angle steel）等热轧型钢和钢板（steel plate）组成或由冷弯薄壁型钢制成的承重构件或承重结构统称为钢结构（steel structure）。

1.1.2 国内外钢结构的发展历程

世界著名的十大钢结构建筑

钢结构是各类工程结构中应用非常广泛的一种建筑结构，至今已有 4000 多年的历史。公元前 2000 年前后，美索不达米亚平原（现今伊拉克境内的幼发拉底河和底格里斯河之间）出现了早期的炼铁技术。

我国是较早发明炼铁技术的国家之一，公元前 475—公元前 221 年，炼铁技术就很盛行。公元 65 年，我国成功地以锻铁（wrought iron）为环，相扣成链，建成了世界上最早的铁索桥——兰津桥。此后，陆续建造了数十座铁索桥，其中跨度最大的是泸定桥（图 1 - 1）。泸定桥建于 1705 年，桥宽 2.8m，跨长 100m，桥身由 13 根碗口粗的铁链组成，左右两边各 2 根，每根铁链由 862～997 个手工打造的铁环相扣，重达 20 多吨，扶手与底链之间用小铁链连接，将 13 根铁链形成一个整体，铁链两端系于直径 20cm、长 4m 的生铁铸成的锚桩上。泸定桥比美洲 1801 年建造的跨长 23m 的铁索桥早近 100 年，比号称世界最早的英格兰 30m 铸铁拱桥还要早 74 年。除铁索桥外，我国古代还修建了许多铁建筑，如湖北荆州玉泉寺 13 层铁塔、山东济宁崇觉寺铁塔和江苏镇江甘露寺铁塔等，这些都说明了我国古代铁结构工程所取得的卓越成就。

虽然我国很早就将铁作为承重构件，但钢结构技术并没有得到较快发展。18 世纪 60 年代工业革命以来，欧洲钢铁工业快速发展，钢结构在欧洲各国的应用逐渐增多，且应用范围也不断扩大。我国直到 20 世纪初才开始应用钢结构，如沈阳皇姑屯机车厂钢结构厂房（1927 年）、广州中山纪念堂钢结构圆屋顶（1931 年）、钱塘江大桥（1937 年）等。钱塘江大桥（图 1 - 2）全长 1453m，分为正桥和引桥两个部分：正桥十六孔，桥墩十五座；下层铁路桥长 1322.1m，单线行车；上层公路桥宽 6.1m，两侧人行道各宽 1.5m。雄伟壮观，堪称当时钢结构工程的应用典范。

1949 年后，我国的冶金工业与钢结构设计、制造和安装水平有了很大提高，发展十分迅速。1957 年建成的武汉长江大桥全长 1670.4m，正桥每孔跨度 128m，主桥全长 1155.5m。1959 年建成的人民大会堂，总建筑面积 17.18 万 m^2，钢屋架跨度 60.9m，高 7m。1961 年建成的北京工人体育馆，能同时容纳 1.5 万名观众，比赛大厅屋盖采用轮式双层悬索结构，直径 94m，由索网、边缘构件（外环）和内环三部分组成。1968 年建成的北京首都体育馆屋盖结构占地约 7 万 m^2，整个工程从设计、施工到材料、设备都是自主完成的。1968 年建成的南京长江大桥为钢桁梁结构，正桥九墩十跨，最大跨度 160m，主桁架

泸定桥

采用带下加劲弦杆的平行弦菱形桁架，为双层双线公路和铁路两用桥。所有这些，都标志着我国钢结构已经迈入一个新的发展阶段。

图 1-1 泸定桥

图 1-2 钱塘江大桥

钱塘江大桥

之后由于受到钢产量的制约，在很长一段时间内，钢结构仅使用在其他结构不能代替的重大工程项目中，在一定程度上影响了钢结构的发展。

改革开放以来，我国经济建设获得了飞速的发展，钢产量逐年增加。1996 年粗钢产量超过 1 亿吨，改变了钢材供不应求的局面，我国的钢结构政策也从“限制使用”改为“积极合理地推广应用”，钢结构得到了空前的发展和应用。我国在钢结构设计、制造和安装等方面都达到了较高的水平，掌握了各种复杂钢结构建筑的设计和施工技术，钢结构进入飞速发展的阶段，从计算机设计、制图、数控、自动化加工制造到科学管理等都有了一套独特的方法，并在工程应用中取得了巨大的成就。

上海金茂大厦

中央电视台总部大楼

1999 年建成的上海金茂大厦（图 1-3）高 420.5m。2012 年建成的中央电视台总部大楼（图 1-4）高 234m，由于其独特的造型被美国《时代》周刊评选为 2007 年世界十大建筑奇迹之一。2008 年建成的北京奥运会主体育场馆——国家体育场（“鸟巢”）（图 1-5）最高点高 68.5m，最低点高 42.8m，总建筑面积为 25.8 万 m^2，可容纳 9.1 万人，是科技奥运的完美体现，自主创新研制的 Q460 钢材，撑起了“鸟巢”的钢筋铁骨。

图 1-3 上海金茂大厦

图 1-4 中央电视台总部大楼

图1-5 国家体育场（“鸟巢”）

在多年工程实践和科学研究的基础上，我国钢结构工程的设计、制作、安装和验收等环节已趋于完善，步入成熟阶段。目前，涉及钢结构的材质标准、型材标准、板材标准、管材标准、连接材标准、涂料标准和各种性能的试验方法标准共有百余个，为钢结构在我国的快速发展创造了条件。

1.2 钢结构的优缺点

钢结构（steel structure）是土木工程（civil engineering）的主要结构类型之一，与其他材料建造的结构相比，具有许多优缺点。

1.2.1 钢结构的优点

（1）质量轻而强度高。相比其他建筑材料（混凝土、木材和砌块等）而言，虽然钢材的密度大，但强度（strength）高、截面小、质量轻。当跨度和荷载均相同时，钢屋架的质量仅为钢筋混凝土屋架的1/4～1/3。因而，钢结构在大跨度结构、房屋加层结构和夹层改造结构中具有明显的优势。

（2）塑性（plasticity）和韧性（toughness）好。钢材具有良好的变形能力，一般不会因为荷载作用而突然发生断裂破坏，其破坏前有较大的变形，易于觉察。同时，钢材还具有良好的韧性，对动力荷载的适应性较强。良好的塑性和韧性性能使得钢结构具有很好的耗能能力，结构抗震性能优越。

（3）材质均匀。钢材由钢厂生产，质量控制严格，材质均匀性好，符合各向同性假设，与目前钢结构分析中采用的计算理论较为吻合，从而使得计算结果准确可靠。

（4）工业化程度高、工期短。钢结构与其他结构在建造流程上有着很大的区别。钢结构建造流程可分为两个阶段：构件制作与现场拼装。构件制作主要在工厂车间进行集中制作，工业化程度高、加工精确度高。制成的构件运到现场拼装，采用螺栓连接或焊接，施工效率高、受季节影响小、工期短。因而，在现代工业厂房结构中，钢结构具有非常明显的优势。

（5）密闭性好。钢材的组织非常密实，采用焊接（welding）可以做到完全密封。一些要求气密性和水密性的高压容器、大型油库、输送管道等都适宜采用钢结构。

（6）绿色环保。钢结构工程现场作业量较少，噪声、施工污水和灰尘等对周围环境的污染较小。同时，当钢结构建筑的使用寿命到期时，结构拆除产生的固体垃圾很少，旧钢可回收，实现循环利用，因而钢结构建筑被誉为“绿色建筑”。

1.2.2 钢结构的缺点

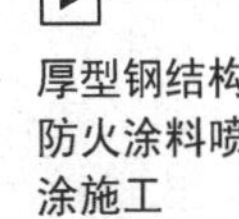

厚型钢结构防火涂料喷涂施工

与其他材料建造的结构相比，钢结构主要有以下缺点。

(1) 耐火性差。钢材不耐高温。随着温度的升高，钢材的强度降低。当周围存在辐射热且温度在150℃以上时，必须在钢结构的局部区域采取隔热防护措施。一旦发生火灾，未加防护的钢结构一般只能维持20min左右。为了提高钢结构的耐火极限，通常采用混凝土（concrete）或砖（brick）对其包裹。此外，还应根据钢结构的耐火极限，对其承重构件采取有效的防护措施，如涂刷防火涂料等。

(2) 耐腐蚀性差。在湿度大和有侵蚀介质的环境中，钢结构容易锈蚀，影响其耐久性和使用安全。为确保钢结构具有足够的耐久性，需每隔一定时间重新刷防腐涂料。目前，国内外正在研究各种高性能的防腐涂料和不易锈蚀的耐候钢。

1.3 钢结构的工程应用

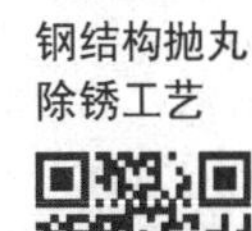

钢结构抛丸除锈工艺

钢结构是各类工程结构中应用比较广泛的一种建筑结构。根据钢结构的特点，一些高度或跨度较大、荷载或吊车起重量较大、较大振动或较高温度的工作环境、要求能活动或经常装拆的结构和地震多发区的建筑结构，均可考虑采用钢结构。钢结构工程应用中常用的结构形式主要有以下几类。

(1) 大跨度结构。

在大跨度结构中，网架结构（grid structure）与网壳结构（reticulated shell structure）是当前常用的结构形式，机库、航站楼、体育馆、展览中心、大剧院、博物馆等大跨度建筑的屋面常采用网架结构或网壳结构。近年来，我国以网架结构及网壳结构为代表的空间网格结构得以迅速发展，100多米跨度的网架结构或网壳结构建筑已有多座，网架结构如图1-6所示。

随着数控技术的发展，长沙高铁站空间钢管桁架（truss）结构（图1-7）在我国大跨度结构中脱颖而出。这种结构简洁大方，能展现结构的力学美。目前，我国的高铁客运站、候机楼和体育馆等大型公共建筑多采用这种结构形式。

图1-6　网架结构

图1-7　长沙高铁站空间钢管桁架结构

大跨度结构还包括框架（frame）结构、拱式(arch）结构、悬索（suspended cable）结构、悬挂（suspended）结构和预应力（pre-stressed）结构等，代表性建筑有2008年北京奥运会主体育场馆——国家体育场（“鸟巢”）、2009年济南全运会体育场馆、2010上海世博会中国国家馆、2010年广州亚运会场馆和2011年深圳大运会场馆等。

（2）高层和超高层建筑结构。

钢结构在高层和超高层建筑中应用非常广泛，如旅馆、饭店、公寓、办公楼和住宅楼等。其常用的结构形式有支撑钢框架结构和钢框架-混凝土结构（以下简称钢混结构）等。据统计，我国在建和已建成的高层和超高层建筑中，钢混结构所占比例约50%。在北京、上海、广州和深圳等经济较为发达的城市，目前在建和已建成的高层钢结构建筑就达数十幢，如上海中心大厦（632m）、上海环球金融中心（图1-8)(492m)、深圳平安金融中心(592.5m)，可见钢结构在此类建筑中的运用和发展都非常迅速。1998年建成的大连国贸中心大厦（420m）所用钢全部采用国产钢材，这证明了我国钢产业的实力，促进了我国钢结构的发展。

上海环球金融中心

图1-8 上海环球金融中心

（3）工业厂房结构。

工业厂房结构（industrial plant）主要有轻型工业厂房结构和重型工业厂房结构两种。相对重型工业厂房结构而言，轻型工业厂房结构主要采用小截面型钢或焊接宽翼缘H形截面。轻型工业厂房结构的吊车吨位相对较小，常应用在我国各级城市经济技术开发区的工业建筑中。对于钢铁工业、冶金工业等车间多采用重型工业厂房结构（图1-9)。

工业厂房结构中最常见的形式为门式刚架（portal frame）结构。门式刚架结构跨度一般不超过40m，可用于单跨单层或多跨单层的工业厂房结构，也可用于二层或三层的建筑结构。目前，我国门式刚架结构已有较为完备的设计、施工和质量验收规范与规程。

(a) 厂房外观结构

(b) 厂房内部结构

图 1-9 重型工业厂房结构

(4) 高耸结构。

高耸结构为高而细的结构，主要应用在电视塔、风力发电塔、微波塔、通信塔、输电线路塔、大气监测塔、旅游瞭望塔、火箭发射塔和烟囱等。图 1-10 所示为广州电视塔，图 1-11 所示为某通信塔。

图 1-10 广州电视塔

图 1-11 某通信塔

广州电视塔

(5) 桥梁结构。

各大城市将桥梁等交通设施建设作为经济发展的重要基础，钢结构在桥梁中的应用带动了钢结构的发展。斜拉桥主要在钢箱、缆索、桥塔等部位采用钢结构。据统计，桥长大于 600m 的特大桥均为钢结构桥。

中国第一座全钢结构桥塔的桥是南京长江三桥，仅桥塔用钢量就达 1.44 万吨。此外，著名的上海南浦大桥、杨浦大桥和杭州湾跨海大桥（图 1-12）等都是钢结构桥。

图 1-12 杭州湾跨海大桥

(6) 板壳结构。

板壳（plate and shell）结构主要用于要求密闭的容器，冶金、石油和化工企业大量采用钢板做成的容器，如油罐、煤气罐、高炉、热风炉等都是板壳结构。此外，某些大型管道也是一种板壳结构。

(7) 索膜结构。

索膜（cable-membrane）结构是20世纪中期发展起来的一种新型建筑结构形式，如英国的伦敦千年穹顶（图1-13），我国的上海世博会中国馆世博轴“阳光谷”、城市广场膜结构等。国内多家膜结构工程公司承担了许多体育场馆、机场、公园和街道景观的设计和施工。

图 1-13 英国的伦敦千年穹顶

(8) 移动结构。

由于钢结构具有强度高、质量相对较轻和便于拆装等优点，许多装配式房屋、水工闸门、升船机、桥式吊车、塔式起重机、龙门起重机和悬索起重机等均采用钢结构。一些钢结构采用移动房屋的设计方式，如美国克利夫兰滨水地带的 Voinovich 公园将人行桥钢结构设计成可移动的。

(9) 钢混结构。

钢混结构包括压型钢板混凝土组合板、钢混组合梁、钢梁混凝土楼板结构、钢骨混凝土结构（也称型钢混凝土结构或劲性混凝土结构）和钢管混凝土（concrete-filled steel tubular）结构等形式。

钢混结构能充分发挥钢材和混凝土两种材料各自的优点，不但具有优异的静力和动力工作性能，而且具有节约钢材、降低工程造价、加快施工进度、减少环境污染等优点，符合我国建筑结构的发展方向。目前，钢混结构在我国的发展十分迅速，已广泛应用于冶金、电力和交通等工程中，并以迅猛的势头进入了桥梁工程、工业与民用建筑工程。

1.4 钢结构的发展趋势

1.4.1 钢结构的发展方向

目前，钢结构工程在我国土木工程中所占的比例远远低于欧美日等一些发达国家，说明我国的钢结构工程还具有很大的上升空间。随着各方面条件的完善，我国的钢结构正面临新的契机，其发展方向主要在以下几个方面。

(1) 提升钢产量，发展高强度低合金钢。

我国钢结构工程上升的空间很大。2008 年的国内十大产业振兴规划中的钢铁产业调整振兴规划明确提出，要鼓励在建筑结构中提高用钢的比例。随着国内钢结构技术和相关企业的发展，我国“钢结构产量/粗钢产量”正努力向国际水平靠拢。钢结构行业“十三五”规划建议及“钢结构 2025”规划要点提出“要用 10 年时间，完成从钢结构制造大国到钢结构制造强国的转变”，2020 年，我国钢结构用量比 2014 年翻一番，达到 8000 万～10000 万吨，占粗钢产量的比例超过 10%。

除钢产量外，钢材的强度也是制约钢结构发展的重要因素，致力于研发和完善高强度低合金钢是发展钢结构必不可少的步骤。目前，除 Q235 钢、Q355 钢（钢结构设计标准为 Q345）、Q390 钢和 Q420 钢外，我国研发的 Q460 钢已在国家体育场（“鸟巢”）中应用，更高强度的钢材如 Q550 钢、Q690 钢、Q960 钢正在逐步开展研究。

(2) 钢结构设计方法的改进。

钢结构的设计方法主要有两种：一种是容许应力设计法，是传统的设计方法；另一种是极限状态设计法，包括半概率极限状态设计法和概率极限状态设计法。概率极限状态设计法是以概率理论为基础，视荷载效应和影响结构抗力的主要因素为随机变量，根据统计分析确定可靠概率来度量结构可靠度的结构设计方法。该设计方法还有待发展，计算的可靠度只是构件或某一截面的可靠度，而不是结构体系的可靠度；同时也不适用于反复荷载作用下的结构疲劳强度计算。钢结构设计须考虑优化理论，因此计算机辅助设计及绘图都得到很大的发展，今后还应在这方面继续研究和改进。目前，建筑钢结构多采用弹性设计，结构稳定设计方法采用二阶段设计方法，即结构整体稳定设计和杆件局部稳定设计。同时考虑结构整体稳定和杆件局部稳定的高等分析方法和结构塑性设计方法均有待进一步研究。

(3) 钢结构形式的革新。

目前，索膜结构、高层和超高层结构、钢混结构等飞速发展。在对已有的结构形式继续发展及研究的同时，结构形成的革新也是今后值得深入探讨的课题。

1.4.2 钢结构的技术更新

(1) 装配式钢结构关键技术研究。

装配式钢结构建筑具有标准化设计、工厂化生产、装配化施工、一体化装修、信息化管理等特点，是全寿命周期的绿色建筑。装配式钢结构建筑可减少建筑垃圾和建筑扬尘污染，缩短建造工期，提升工程质量，消化钢铁过剩产能，形成钢材战略储备。装配式钢结构建筑已成为建筑钢结构发展的新方向和新趋势，与其对应的关键技术研究（如焊接机器人与智能生产线、BIM 与仿真模拟技术、模块化设计和制造技术等）将是今后研究的重要方向。

（2）钢混结构的研究。

钢混结构是由两种不同性质的材料取长补短，相互协作而形成的结构。钢的强度高、宜受拉，混凝土则宜受压，两种材料结合，能充分发挥各自的优势，是一种合理的结构。目前，工程中常用的钢混结构组合形式有：钢梁-混凝土楼板结构、钢骨混凝土结构（或型钢混凝土）、钢管混凝土结构等，今后还需进一步研究新的组合形式。

本章小结

通过本章学习，可以了解钢结构工程的发展历程，掌握钢结构所具有的优缺点、钢结构的工程应用与钢结构的发展趋势。

与其他材料的结构相比，钢结构自身具有许多优点，钢结构的工程应用范围均与其优点有关，而其缺点则制约了钢结构的发展和应用。

钢结构工程应用越来越广，相应的要求越来越多，这些要求将会引起钢结构技术的不断更新和发展。

习　题

1. 与其他材料的结构相比，钢结构具有哪些优缺点？
2. 在钢结构工程应用中，克服钢结构缺点的途径有哪些？
3. 钢结构有哪些工程应用？各自利用了钢结构的哪些优点？
4. 钢结构的主要发展方向是什么？

第2章 钢结构材料

思维导图

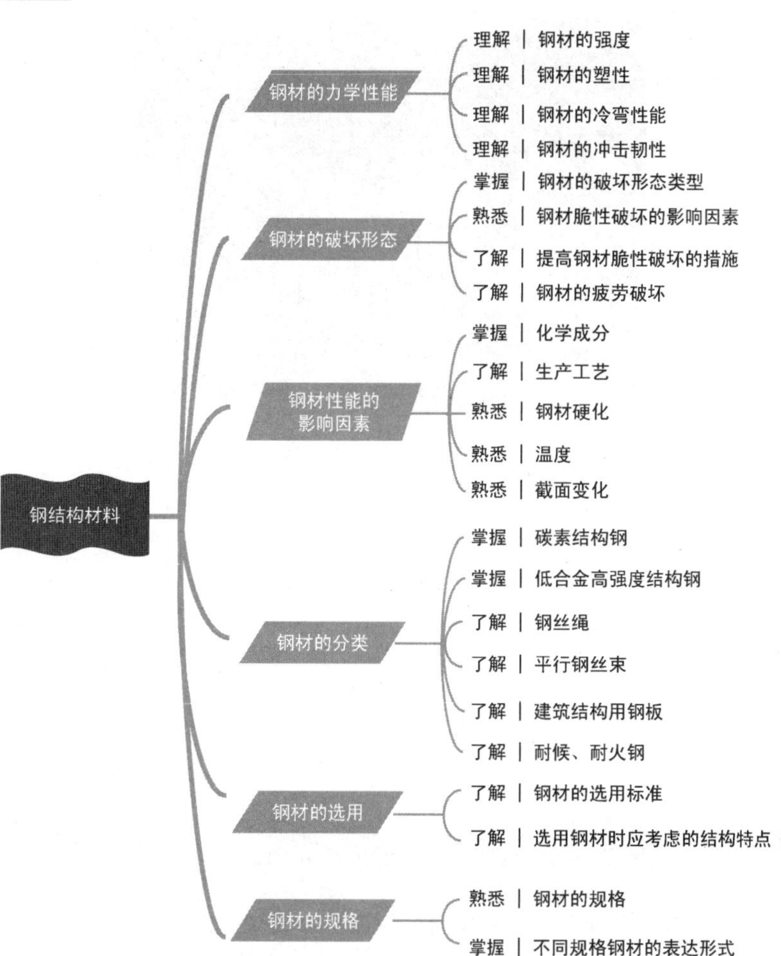

引例

钢材是钢结构中的主要建筑材料，钢材的重量和钢材的力学性能关系到钢结构的正常使用。在实际工程中，由于钢材重量而导致工程事故的案例屡有发生。

加拿大魁北克大桥建于20世纪初期，是当时世界上此类大桥中最长的一座桥。这座大桥本该是美国著名设计师库帕的不朽杰作，可惜最终没有完成。库帕自我陶醉于他的设计，忘乎所以地把大桥的长度由原来的500m加长到600m，企望它成为当时世界上最长的桥。该桥的建设速度很快，施工组织很完善。正当投资修建这座大桥的人士考虑如何为大桥剪彩时，忽然听到一阵震耳欲聋的巨响——大桥的整个钢结构垮塌（图2-1），1.9万吨钢材和86名建桥工人落入水中，最终只有11人生还。由于库帕的过分自信而忽略了对桥梁重量的精确计算，导致了一场悲剧。

今天，所有毕业于加拿大各大学的工程师们都带有一个铁指环，这些铁指环曾经是由坍塌的魁北克大桥的金属制成的（现在的指环由不锈钢制成），它们时刻提醒工程师们，要具有高度的责任感去设计安全、牢固和有用的结构。

图2-1　魁北克大桥坍塌现场照片

钢结构的主要材料是钢材，钢材种类繁多、性能各异。要深入了解钢结构的特性，必须从了解钢材开始，掌握钢材的力学性能、加工工艺、破坏形态和钢材性能的影响因素，以便在工程应用中选择合理的钢材，在满足结构稳定和安全使用的前提下，尽可能地节约钢材、降低工程造价。

2.1　钢材的力学性能

2.1.1　钢材的强度

钢材拉伸试验是在常温条件下，将钢材试件在拉力试验机或万能试验机上进行一次单向均匀拉伸，直到钢材试件被拉断的力学性能测试，其测试结果可用单向均匀静力拉伸试验的荷载-位移曲线或应力-应变曲线来表示。图 2-2 所示为钢材试件在单向均匀静力拉伸时的荷载-位移曲线，横坐标表示钢材试件的伸长量，纵坐标表示荷载。

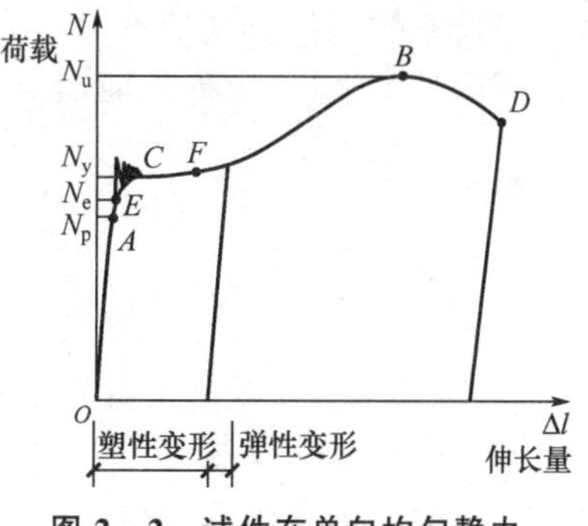

图 2-2 试件在单向均匀静力拉伸时的荷载-位移曲线

从图 2-2 中可以看出，钢材的力学性能可以分为以下四个阶段。

1. 弹性阶段（*OE* 段）

OE 段是钢材拉伸变形的弹性阶段，荷载增加，变形也增加；荷载降到零，变形也降到零；钢材的伸长量与荷载大小呈线性关系。其中 *OA* 段的钢材的伸长量与荷载成正比，完全符合胡克定律，弹性模量 E_s 为常数（$E_s=2.06\times10^5\text{N/mm}^2$），*A* 点对应的荷载称为比例极限荷载 N_p，相应的应力称为比例极限应力 σ_p。*E* 点对应的荷载称为弹性极限荷载 N_e，相应的应力称为弹性极限应力 σ_e。通常 σ_e 略大于 σ_p，由于两者极其接近且试验时弹性极限应力不易准确求得，通常不加区分。

2. 屈服阶段（*ECF* 段）

当荷载超过弹性极限荷载后，由于钢材内部组织发生变化，纯铁晶体粒之间产生滑移，荷载与钢材的伸长量不再成正比，此时钢材的变形包括弹性变形和塑性变形两部分，而塑性变形在卸载后不会消失，成为残余变形。其后，钢材的变形增加很快，荷载-位移曲线呈锯齿状，甚至荷载不增加时，钢材的变形仍然继续发展，这个阶段（*ECF* 段）是钢材的屈服阶段。屈服阶段波动曲线的下限 *C* 点对应的荷载称为屈服荷载 N_y，相应的应力称为屈服应力或流限 f_y。屈服阶段从 *E* 点开始到曲线再次上升的 *F* 点，钢材变形的范围较大，其应变幅度称为流幅。流幅越大，钢材的塑性越好。屈服荷载反映钢材的强度，流幅反映钢材塑性，两者均为钢材重要的力学性能指标。

3. 强化阶段（*FB* 段）

屈服阶段之后，钢材内部晶粒重新排列，能抵抗更大的荷载，荷载-位移曲线略有上升而达到顶点 *B*，这个阶段称为强化阶段。对应于顶点 *B* 的荷载称为极限荷载 N_u，相应的应力称为抗拉强度或极限强度 f_u。

4. 颈缩阶段（*BD* 段）

当荷载到达极限荷载时，钢材质量较差处的截面开始出现局部横向收缩，截面面积明显缩小，塑性变形迅速增大，钢材发生颈缩，这个阶段称为颈缩阶段。钢材颈缩后，荷载不断降低，但变形继续发展，直至 *D* 点，钢材发生断裂。

2.1.2 钢材的塑性

钢材的塑性是钢材破坏前产生塑性变形的能力。衡量钢材塑性好坏的主要指标是伸长率 δ 和断面收缩率 ψ。

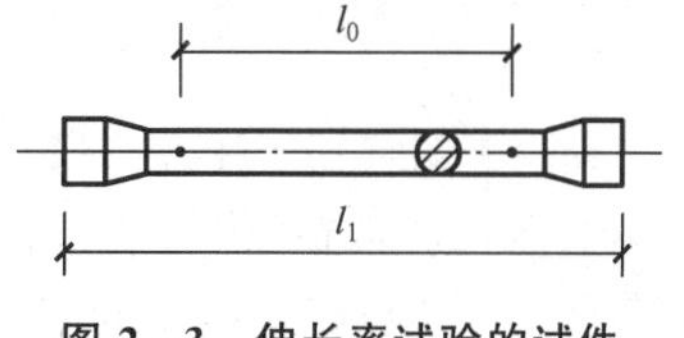

图 2-3 伸长率试验的试件

伸长率 δ 是指钢材试件受外力（拉力）作用断裂时，试件（图 2-3）拉断后的伸长量与原始标距比值的百分率。伸长率按试件长度的不同可分为短试件伸长率 δ_5（试件的原始标距等于 5 倍直径）和长试件伸长率 δ_{10}（试件的原始标距等于 10 倍直径）。伸长率可按式(2－1）计算。

$$\delta=\frac{l_1-l_0}{l_0}\times 100\% \tag{2-1}$$

式中　δ——伸长率；

l_0——试件的原始标距长度；

l_1——试件拉断后的标距长度。

断面收缩率 ψ 是指试件在拉断后，颈缩区的断面面积缩小值与原始断面面积比值的百分率。断面收缩率表示钢材在颈缩区的应力状态条件下，所能产生的最大塑性变形。它是衡量钢材塑性变形的一个比较真实和稳定的力学指标。伸长率是由钢材沿长度的均匀变形和颈缩区集中变形的总和所确定的，所以它不能代表钢材的最大塑性变形能力。在测量试件拉断后的断面时容易产生较大的误差，因而，钢材塑性力学指标仍然采用伸长率。断面收缩率可用式(2－2）进行计算。

$$\psi=\frac{A_0-A_1}{A_0}\times 100\% \tag{2-2}$$

式中　A_0——原始断面面积；

A_1——试件拉断后颈缩区的断面面积。

具有良好塑性的钢材，能部分消除因钢材材质缺陷等不利因素所造成的应力集中现象，改善钢材的受力状况，不会因个别区域损坏而扩展到全构件（尤其是动力荷载作用下的结构和构件）。

2.1.3　钢材的冷弯性能

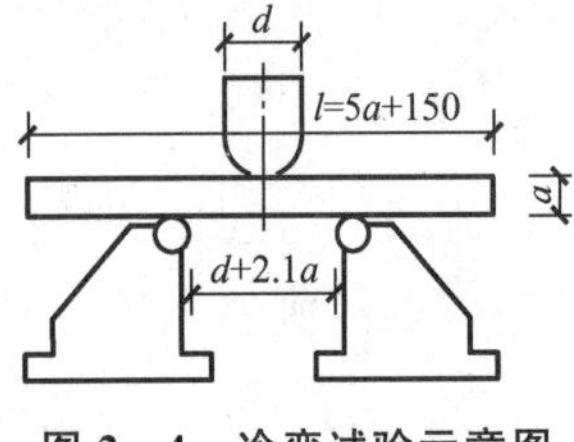

图 2－4　冷弯试验示意图

钢材的冷弯（cold bending）性能是衡量钢材在常温下弯曲加工产生塑性变形时，抵抗产生裂纹的一项指标，其由冷弯试验（图 2－4）确定。试验时，根据钢材牌号和板厚，按国家相关标准规定的弯心直径，在材料试验机上把试件弯曲 180°，试件内表面、外表面和侧面不出现裂纹和分层为质量合格的钢材。冷弯试验不仅能检验钢材承受规定的塑性变形能力，还能显示其内部的冶金缺陷（如非金属夹渣、裂纹、分层和偏析等）。因此，冷弯性能是判断钢材塑性变形能力和冶金质量的综合指标。钢结构在制作和安装过程中常需要进行冷加工，特别是焊接结构的焊后变形需要进行调直和调平，都需要钢材具有较好的冷弯性能。焊接承重结构及重要的非焊接承重结构采用的钢材应具有冷弯试验的合格保证。

现场实拍钢板冷弯试验

2.1.4　钢材的冲击韧性

钢材的冲击韧性也称缺口韧性，是衡量钢材在冲击荷载作用下，抵抗脆性断裂的一项力学指标，通常在材料试验机上对标准试件进行冲击韧性试验。常用的标准试件的缺口形状有夏比 V 形缺口（charpy V-notch）（以下简称 V 形缺口）和梅氏 U 形缺口（mesnager

U-notch)（以下简称 U 形缺口）两种。V 形缺口试件的冲击韧性用试件断裂时所吸收的冲击功 A_k来表示。由于 V 形缺口试件对冲击尤为敏感，更能反映钢材的韧性。我国规定钢材的冲击韧性按 V 形缺口试件的冲击功来表示。U 形缺口试件的冲击韧性用冲击荷载下试件断裂所吸收或消耗的冲击功除以横断面面积的值来表示，即 $\alpha_k = A_k/A_n$，单位为 J/mm²。冲击韧性试验示意图如图 2－5 所示。

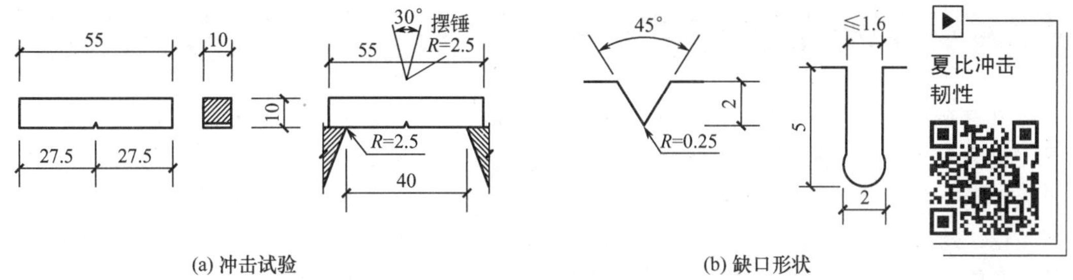

(a) 冲击试验　　(b) 缺口形状

图 2－5　冲击韧性试验示意图

钢材的冲击韧性与钢材的质量、缺口形状、加载速度、时间和温度有关，其中温度的影响最大。试验表明，钢材的冲击韧性随温度的降低而降低，但不同牌号和质量等级钢材的降低规律有很大的不同。因此，在寒冷地区承受动力荷载作用的重要承重结构，应根据工作温度和所用的钢材牌号，对钢材提出相应温度下的冲击韧性指标要求，以防钢材发生脆性破坏。

2.2　钢材的破坏形态

钢材是土木工程中一种较为理想的弹塑性材料，具有良好的塑性性能，但在特殊条件下，钢材也会发生脆性破坏。塑性破坏和脆性破坏的主要力学特征如下。

（1）塑性破坏。钢材应力超过屈服应力，并达到极限强度后，钢材产生明显的塑性变形而断裂，其断口常为杯形，呈纤维状，色泽发暗。钢材发生塑性破坏前有明显的变形，且有较长的变形持续时间。

（2）脆性破坏。钢材发生脆性破坏前无明显变形，平均应力低于极限强度，甚至低于屈服应力，钢材的断口平直，呈有光泽的晶粒状。脆性破坏是突然发生的，无明显预兆，此破坏危险性极大，应尽量避免。脆性破坏既可以在静力荷载作用下发生，也可以在连续反复荷载作用下发生。

2.2.1　钢材的脆性破坏

钢材的脆性破坏是由裂纹引起的，是在荷载和侵蚀性环境的作用下，裂纹扩展到明显尺寸时发生的。裂纹的尺寸是影响钢材脆性破坏的因素之一，钢材的化学成分如冶金缺陷容易造成偏析、非金属夹杂、裂纹、起层等，也影响钢材的脆性破坏。影响钢材脆性破坏的其他因素还有钢板厚度、加载速度、应力性质和大小、最低使用温度、连接方法等。

提高钢材的抗脆性破坏性能的主要措施如下。

（1）合理设计。选择正确的钢材和连接方式，力求构造合理。如避免构件截面突然改变，从而减少构件截面的应力集中现象；避免焊缝的密集和交叉；选择合理的钢材质量等级；等等。

（2）合理制作。严格按图纸施工，不得随意变更图纸。如不得随意变更钢材牌号和质量等级，不得随意变更钢材的连接方式。提高焊缝质量，避免焊缝出现非金属夹杂、气泡、裂纹、未熔透和咬边等质量问题。

（3）合理使用。钢结构在使用过程中，不得随意改变其设计使用功能，不得在主要结构上任意施焊，避免使用过程中的意外损伤等。

2.2.2 钢材的疲劳破坏

钢材在连续反复的荷载作用下，在应力远低于极限强度，甚至低于屈服强度的情况下，也会发生破坏，这种破坏称为疲劳破坏（fatigue failure）。钢材在疲劳破坏前无明显变形，是一种突然发生的断裂，断口表面呈现两个截然不同的区（一个是光滑区，另一个是晶粒状的粗糙区）。疲劳破坏属于连续反复荷载作用下的脆性破坏，其破坏后果严重，应尽力避免。荷载变化不大或不频繁反复作用的钢结构一般不会发生疲劳破坏，计算中不必考虑疲劳破坏的影响。但长期承受连续反复荷载的钢结构，设计时必须考虑疲劳破坏的影响。

由于冶炼、轧制及冷热加工在钢材构件表面或内部留下缺陷（微小缺陷、不均匀杂质等），在荷载作用下经常导致钢材构件缺陷处出现应力集中现象。大量疲劳破坏的事故及试验研究表明，裂纹总是与应力集中同时出现，应力集中系数 ε 越大（相应地，应力集中程度越高），钢材构件的抗疲劳性能越差。同时，温度越低，钢材（尤其是焊接结构）越易脆断。

钢材的疲劳破坏是经过长时间的发展产生的，其破坏过程可以分为三个阶段：裂纹的形成阶段、裂纹的缓慢扩展阶段（破坏时该区域断口光滑）和裂纹的迅速断裂阶段。由于钢结构总会有内在的微小缺陷，这些缺陷本身就有微小裂纹的性质，所以钢结构的疲劳破坏只有后两个阶段。

钢材疲劳破坏时的最大应力称为疲劳强度。影响疲劳强度的因素有很多，如应力的种类（拉应力、压应力、剪应力和复合应力等）、应力循环形式、应力循环次数、应力集中程度和残余应力等。有关疲劳强度的计算方法请参阅相关书籍。

工程中改善钢结构抗疲劳性能的常用措施如下。

（1）低温地区的焊接结构要注意钢材的牌号、质量等级和厚度。如需对钢材进行冷加工，应将冷加工硬化部分的钢材刨去。

（2）注意钢材的焊接质量和焊缝的正确布置，尽量避免各种焊缝缺陷的产生。

（3）力求避免产生应力集中现象。

（4）确保钢结构均衡受力，减小荷载冲击，降低应力作用。

2.3 钢材性能的影响因素

2.3.1 化学成分

钢材的化学成分及其含量对钢材的性能，特别是力学性能有着重要的影响。钢材的基本元素为铁（Fe），普通碳素钢中铁元素含量约为99%。钢材中有杂质元素，如碳（C）、硅（Si）、锰（Mn）等，以及有害元素如硫（S）、磷（P）、氧（O）、氮（N）等，这些元素总含量约为1%，但对钢材的力学性能有很大的影响。

(1) 碳。

碳是钢材中除铁外的主要元素。碳含量增加，会导致钢材强度提高，塑性和韧性（特别是低温冲击韧性）下降，耐腐蚀性、疲劳强度和冷弯性能显著下降，钢材的可焊性恶化，低温脆性破坏的可能性增加。一般建筑钢材要求碳含量不超过0.22%，焊接钢结构中碳含量不超过0.20%。

(2) 硅。

硅是作为脱氧剂加入普通碳素钢中的。适量的硅可提高钢材强度，而不影响钢材的塑性、冲击韧性、冷弯性能及可焊性，硅含量过高会降低钢材的塑性、冲击韧性、抗锈性和可焊性。镇静钢（killed steel）的硅含量为0.10%～0.30%。

(3) 锰。

锰是一种弱脱氧剂。适量的锰可有效提高钢材强度，消除硫、氧对钢材的热脆性影响，改善钢材热加工性能和冷脆性，同时不显著降低钢材的塑性和冲击韧性。锰含量过高会使钢材变脆、变硬，并降低钢材的抗锈性和可焊性。普通碳素钢中锰的含量为0.30%～0.80%。

(4) 硫。

硫属于有害元素。硫含量过高将引起钢材热脆（hot shortness），降低钢材的塑性、冲击韧性、疲劳强度和抗锈性等。一般建筑钢材要求硫含量不超过0.055%，焊接钢结构中含硫量不超过0.050%。

(5) 磷。

磷虽可提高钢材强度、抗锈性，但严重降低钢材的塑性、冲击韧性、冷弯性能和可焊性，尤其低温时易发生冷脆（cold shortness）。磷含量需严格控制，一般建筑钢材要求磷含量不超过0.050%，焊接钢结构中磷含量不超过0.045%。

(6) 氧和氮。

氧的作用和硫类似，使钢材易发生热脆，一般建筑钢材要求氧含量不超过0.05%。氮的作用和磷类似，使钢材易发生冷脆，一般建筑钢材要求氮含量不超过0.008%。

为改善钢材的力学性能，可适量增加硅、锰含量，还可掺入一定量的铬、镍、铜、钒、钛、铌等，炼成合金钢。钢结构常用合金钢中的合金含量较少，属于普通低合金钢。

2.3.2 生产工艺

1. 冶炼

钢材的冶炼过程

钢材按冶炼方法分主要有三种：电炉钢、平炉钢和氧气转炉钢。电炉钢质量最好，但成本高，一般不采用；平炉钢和氧气转炉钢质量相当，但由于生产氧气转炉钢具有投资少、建厂快、效率高等优点，已成为炼钢的主要发展方向。

2. 浇铸

因脱氧程度不同，钢材可分为沸腾钢（rimming steel）、镇静钢（killed steel）和特殊镇静钢（special killed steel）。

沸腾钢是采用弱脱氧剂进行脱氧的，浇注钢锭时，会有氧气、氮气和一氧化碳气体从钢水中逸出，形成钢水的沸腾现象，故称“沸腾钢”。沸腾钢的时效、韧性、可焊性较差，容易发生时效和变脆，但其成本较低，适合轧制板材、管材和线材。

镇静钢是在钢水中加入硅、锰等元素进行彻底脱氧，钢水冷却慢、状态平静，故称“镇静钢”。镇静钢性能较好，但成本较高，一般作为重要用途的钢。

特殊镇静钢是在用硅脱氧之后再用铝补充脱氧，所得钢材的低温冲击韧性更高、质量更好，适用于特别重要的结构工程。

3. 轧制

钢材的轧制是在高温（1200～1300℃）和高压作用下将钢锭热轧成钢板或型钢。钢材的轧制不仅改变了钢材的形状及尺寸，还改变了钢的内部组织，从而改变了钢材的力学性能。钢材的轧制可以细化钢的晶粒，消除显微组织缺陷，使钢材中的小气泡、裂纹、疏松等缺陷焊合起来，使其金属组织更加致密。试验表明：钢材的轧制次数越多，其晶粒越细密、缺陷越少。因而，与轧制的厚型钢相比，轧制的薄型钢和薄钢板的强度更高、塑性和韧性更好。

2.3.3 钢材硬化

钢材硬化包括时效硬化、应变硬化和应变时效硬化。

钢材仅随时间增长而变脆的现象称为时效硬化。其主要原因是钢材中常有一些碳和氮的化合物以固熔物逐渐从钢材中析出，形成自由的碳化物微粒和氮化物微粒，散布在铁晶粒的滑移面上，约束钢材的塑性发展。

钢材经冷加工（冷拉、冷弯等）而产生塑性变形，卸载后重新加载，可使钢材屈服强度得到提高，但钢材塑性和韧性明显降低的现象，称为应变硬化。应变硬化增加了钢材出现脆性破坏的可能性，对钢结构不利。

钢材经应变硬化后，其时效硬化速度将加快，较短时间内钢材又产生显著的时效硬化的现象，称为应变时效硬化。

2.3.4 温度

钢材力学性能受温度的影响较大。当温度不超过200℃时，钢材力学性能变化不大。当温度达250℃时，钢材抗拉强度略有提高，而塑性、韧性均下降，此时加工钢材有可能使其产生裂纹。因钢材表面氧化膜呈蓝色，此现象称为蓝脆现象。温度超过300℃以后，钢材的屈服强度和极限强度明显下降。当温度达600℃时，钢材强度接近零。温度从常温下降到一定值时，钢材的冲击韧性会突然急剧下降，断口呈脆性破坏，这种现象称为冷脆现象。钢材由韧性状态向脆性状态转变的温度称为冷脆转变温度。冷脆转变温度与钢材的韧性有关，冷脆转变温度越低的钢材，其韧性越好。

2.3.5 截面变化

当钢结构构件截面发生变化，出现几何不连续现象时（如钢结构构件中存在的孔洞、槽口、凹角、裂纹、厚度变化、形状变化、内部缺陷等），构件受力后截面变化附近产生局部高峰应力，即应力集中现象。应力集中越严重，钢材塑性越差。因而在钢结构设计时，要尽量避免构件截面变化，尤其在低温地区更应如此。

2.4 钢材的分类

2.4.1 碳素结构钢

根据现行的国家标准《碳素结构钢》(GB/T 700—2006）的规定，将碳素结构钢（carbon steel）分为Q195、Q215、Q235、Q275四种牌号，其中Q是屈服强度中“屈”字汉语拼音的首字母，后接的阿拉伯数字表示屈服强度的大小，单位为N/mm^2。阿拉伯数字越大，钢的含碳量越大、强度和硬度越高、塑性越低。由于碳素结构钢冶炼容易，成本低廉，并有良好的加工性能，所以使用较广泛。其中，Q235钢在使用、加工和焊接方面的性能都比较好，是钢结构中常用的钢材。

碳素结构钢有氧气转炉钢和电炉钢。供方应提供碳素结构钢的力学性能（机械性能）质保书，内容包括碳、锰、硅、硫、磷等的含量。Q235钢有四个质量等级和三种脱氧方法。质量等级分为A、B、C、D四级，由A到D表示Q235钢的质量由低到高。不同质量等级对冲击韧性（夏比V形缺口试验）的要求有所区别。A级无冲击功规定，冷弯试验只在需方有要求时才进行；B级要求20°C时冲击功不小于27J（纵向）；C级要求0°C时冲击功不小于27J（纵向）；D级要求−20°C时冲击功不小于27J（纵向）。同时，B、C、D级还要有冷弯试验合格证书。不同质量等级碳素结构钢的化学成分的要求不同。

根据冶炼时的脱氧程度，钢材可分为沸腾钢、镇静钢和特殊镇静钢，并用汉字拼音首字母分别表示为F、Z、TZ。对Q235钢来说，A级、B级钢的脱氧方法可以是沸腾钢也可以是镇静钢，C级钢只能是镇静钢，D级钢只能是特殊镇定钢。现将Q235钢表示法举例如下。

Q235A——屈服强度为235N/mm^2，A级镇静钢。

Q235AF——屈服强度为235N/mm^2，A级沸腾钢。

Q235C——屈服强度为235N/mm^2，C级镇静钢。

Q235D——屈服强度为235N/mm^2，D级特殊镇静钢。

2.4.2 低合金高强度结构钢

低合金高强度结构钢（low alloy structural steel）是在碳素结构钢中添加一种或几种少量的合金元素。常用的合金元素有硅、锰、钒、钛、铌。根据现行国家标准《低合金高强度结构钢》(GB/T 1591—2018) 的规定，低合金高强度结构钢分为 Q355（钢结构设计标准中为 Q345)、Q390、Q420、Q460、Q500、Q550、Q620、Q690 八种，阿拉伯数字表示屈服强度的大小，单位为 N/mm²。钢的牌号由代表屈服强度“屈”字的汉语拼音首字母 Q、规定的最小屈服强度数值、交货状态代号、质量等级符号（B、C、D、E、F）四个部分组成。交货状态为热轧时，交货状态代号用 AR 或 WAR 表示；交货状态为正火或正火轧制时，交货状态代号均用 N 表示。当需方要求钢板厚度方向性能时，则在上述规定的钢的牌号后加上代表厚度方向（Z 向）性能级别的符号，如 Q355NDZ25。

2.4.3 钢丝绳

钢丝绳是由高强度钢丝组成的，如图 2-6 所示。钢丝用优质碳钢制成，经多次冷拔和热处理后可达到很高的强度。潮湿或露天环境等工作场所可采用镀锌钢丝拧成的钢丝绳，以增强防锈性能。钢丝绳主要用在吊运和拉运等需要高强度线绳的工程中。

2.4.4 平行钢丝束

平行钢丝束是由若干相互平行的钢丝压制集束或外包防护套制成，断面呈圆形或正六边形，如图 2-7 所示。常用制索的钢丝直径有 5mm 和 7mm 两种，采用光面钢丝或镀锌钢丝。这种钢索的钢丝结构紧凑、受力均匀，能充分发挥高强钢丝材料的轴向抗拉强度，且不会发生因绞合而产生的附加长度伸长，其弹性模量也与单根钢丝接近。

图 2-6　钢丝绳

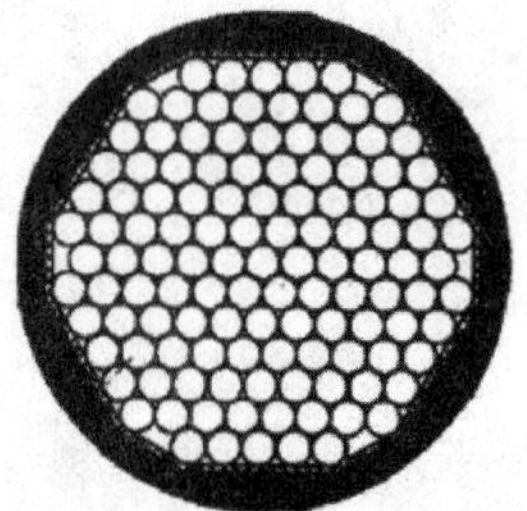

图 2-7　平行钢丝束断面

2.4.5 建筑结构用钢板

近年来，我国研发出系列高性能建筑结构用钢板（GJ 钢），并制定了相应产品标准《建筑结构用钢板》(GB/T 19879—2005)。建筑结构用钢板与碳素结构钢、低合金高强度结构钢的主要差异有：规定了屈强比和屈服强度的波动范围；规定了碳当量 CE 和焊接裂纹敏感性指数 P_{cm}；降低了磷、硫的含量，提高了冲击功值；降低了强度的厚度效应；等等。

2.4.6 耐候、耐火钢

耐候钢（耐大气腐蚀钢）是介于普通钢和不锈钢之间的低合金钢系列。耐候钢由普通碳钢添加少量铜、镍等耐腐蚀元素而成，具有耐锈、抗腐蚀、延长使用寿命、减薄降耗、省工节能等特点。

耐火钢弥补了铁的弱点，是提高了高温时铁的强度的钢材。使用这种钢材可降低耐火涂膜厚度，还可以根据预防火灾的要求，实现无耐火涂膜的钢结构。高温时的强度比普通钢高得多。确保600℃时的屈服强度达到常温规格值的2/3。

2.5 钢材的选用

2.5.1 钢材的选用标准

钢材的选用标准是既可以使结构安全可靠和满足使用要求，又可以最大可能地节约钢材以降低造价。不同使用要求的钢结构有不同的质量要求，一般结构不宜使用优质的钢材，重要结构更不能使用质量不好的钢材。就钢材的力学性能来说，屈服强度、极限强度、伸长率、冷弯性能、冲击韧性等各项指标，是从各个方面来衡量钢材质量的指标。在设计钢结构时，应该防止承重结构的脆性破坏，必须根据结构的重要性、荷载特征、结构形式、应力状态、连接方法、钢材厚度和工作环境等，选用适宜的钢材。

2.5.2 选用钢材时应考虑的结构特点

钢材选用不仅是一个经济问题，更是结构的安全使用问题和寿命问题。选用钢材时应考虑如下结构特点。

(1) 结构的类型和重要性。根据使用条件和结构所处部位，结构可以分为重要、一般和次要三类。例如：民用大跨度屋架、重级工作制吊车梁等是重要结构；普通厂房的屋架和柱是一般结构；梯子、栏杆、平台是次要结构。应根据结构的类型和重要性，有区别地选用钢材的牌号。

(2) 荷载的性质。按所受荷载的性质，结构可分为承受静力荷载和承受动力荷载两种。在承受动力荷载的结构和构件中，有经常满载和不经常满载的区别。因此，荷载的性质不同，就应选择不同牌号的钢材。重级工作制吊车梁就要选用冲击韧性和疲劳性能好的钢材，如Q355C钢（钢结构设计标准中为Q345C钢）或Q235C钢。一般承受静力荷载的结构或构件，如普通焊接屋架及柱，在常温工作环境下可以选用Q235B钢、Q235BF钢。

(3) 连接方法。不同的连接方法应该选用不同的钢材。例如：焊接的钢材由于在焊接过程中会产生焊接应力、焊接变形和焊接缺陷，在受力性质改变和温度变化的情况下，容易引起缺口敏感，导致构件产生裂纹，甚至发生脆性破坏，所以焊接钢结构对钢材的化学成分、力学性能指标和可焊性都有较高的要求，钢材中的碳、硫、磷的含量要低，塑性和韧性指标要高等。但对非焊接钢结构来说，这些要求就可放宽。

(4) 结构所处的环境和工作温度。结构所处的环境和工作温度如室内、室外、温度变化、腐蚀作用情况等对钢材的影响很大。钢材的塑性和冲击韧性随着温度的下降而下降，当工作温度降低到冷脆温度时，钢材处于脆性状态，随时都有可能突然发生脆性破坏，因此经常在低温下工作的焊接结构，选用钢材时必须慎重。

(5) 构件的受力性质。构件的受力有受拉、受弯和受压等状态。当由于构造原因使构件截面上产生应力集中现象时，在应力集中处往往会产生三向（或双向）应力，容易使构件发生脆性破坏，而脆性破坏主要发生在受拉区，危险性较大。因此，对受拉构件比受弯构件的钢材质量要求高一些。其次，低温脆性破坏绝大部分发生在构件内部局部缺陷的部位，但同样的缺陷对拉应力的影响比压应力更大。因此，经常承受拉力的构件，应选用质量较好的钢材。

(6) 结构形式和钢材厚度。格构式结构在缀件和肢件连接处可能产生应力集中现象，而且该处须焊接，因此其对钢材的要求比实腹式构件高。对重要的受拉焊接构件和受弯焊接构件，由于有焊接残余拉应力存在，往往会出现多向拉应力场。当构件的钢材厚度较大时，则由于其轧制次数少，气孔和夹渣相对较多，存在较多的缺陷，因此，对钢材厚度较大的受拉焊接构件和受弯焊接构件的钢材质量要求应高一些。

2.6 钢材的规格

钢结构所用的钢材主要为热轧成型的钢板、型钢、冷弯薄壁型钢、压型钢板。

2.6.1 钢板

钢板分厚板及薄板两种，厚板的厚度为 4～60mm，薄板的厚度小于 4mm。厚板主要用来组成焊接构件和连接钢板，薄板是冷弯薄壁型钢的原料。钢板用“宽×厚×长（单位为 mm）”前面附加钢板横断面的方法表示，如－800×12×2100 等。

2.6.2 型钢

钢结构常用的型钢有角钢、工字钢、槽钢、H 型钢和剖分 T 型钢、钢管等。除 H 型钢和钢管为热轧和焊接成型外，其余型钢均为热轧成型。

型钢的截面形式合理、形状较简单、种类和尺寸分级较小，所以便于轧制，且构件间相互连接也较方便。型钢是钢结构中采用的主要钢材，现分述如下。

(1) 角钢。

角钢有等边和不等边两种。等边角钢（也叫等肢角钢），以边宽和厚度表示，如∟100×10 为肢宽 100mm、厚 10mm 的等边角钢。不等边角钢（也叫不等肢角钢）则以两边宽度和厚度表示，如∟100×80×8 等。我国目前生产的等边角钢，其肢宽为 20～200mm，不等边角钢的肢宽为 25mm×16mm～200mm×125mm。

（2）工字钢。

工字钢分为普通型工字钢和轻型工字钢。工字钢用号数表示，号数即为其界面高度的厘米数。20号以上的工字钢同一号数有三种腹板厚度，分别为a、b、c类。如I30a、I30b、I30c，a类腹板较薄，用作受弯构件较为经济。轻型工字钢的腹板和翼缘均比普通工字钢薄，相同质量时其截面模量和回转半径均较大。

（3）槽钢。

我国槽钢有两种，即热轧普通槽钢与热轧轻型槽钢。热轧普通槽钢的表示法，如[30A，表示槽钢外廓高度为300mm且腹板厚度为最薄的一种；热轧轻型槽钢的表示方法，如[25Q，表示槽钢外廓高度为250mm，Q是汉字轻的拼音首字母。钢材牌号相同时，热轧轻型槽钢由于腹板薄及翼缘宽且薄，因而其截面面积小但回转半径大，能节约钢材，减少自重。

（4）H型钢和剖分T型钢。

H型钢分为三类，即宽翼缘H型钢（HW）、中翼缘H型钢（HM）和窄翼缘H型钢（HN）。H型钢型号的表示方法是先用符号HW、HM和HN表示H型钢的类别，后面加“高度（mm）×宽度（mm）”，如HW300×300即表示截面高度为300mm、翼缘宽度为300mm的宽翼缘H型钢。

剖分T型钢分为三类，即宽翼缘剖分T型钢（TW）、中翼缘剖分T型钢（TM）和窄翼缘剖分T型钢（TN）。剖分T型钢是由对应的H型钢沿腹板中部对等剖分而成。其表示方法与H型钢类同，如TN225×200即表示截面高度为225mm、翼缘宽度为200mm的窄翼缘剖分T型钢。

（5）钢管。

钢管有无缝钢管（seamless tube）和焊接钢管（welded tube）两种，用符号Φ后面加“外径mm×厚度mm”表示，如Φ40×6即表示外径为40mm、厚度为6mm的钢管。

2.6.3 冷弯薄壁型钢

冷弯薄壁型钢是用2～6mm厚的薄钢板经冷弯或模压而成型的，其截面如图2-8所示。国外冷弯型钢所用钢板的厚度有加大的趋势，如美国所用钢板厚度达1in（25.4mm）。

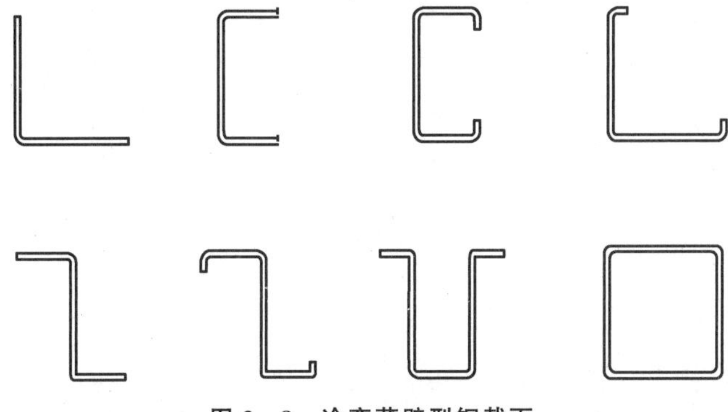

图2-8 冷弯薄壁型钢截面

2.6.4 压型钢板

压型钢板是由热轧薄钢板经冷压或冷轧成型的，具有较大的宽度及曲折外形，从而增加了钢板的惯性矩和刚度。近年来开始使用的压型钢板，所用钢板厚度为 0.4～2mm，可作轻型屋面的构件。

本章小结

本章全面介绍了钢材的力学性能与力学指标、钢材的破坏形态、钢材性能的影响因素、钢材的分类、钢材选用和规格等内容，重点需掌握钢材的力学性能指标、破坏形态分类和性能影响因素等内容；熟悉钢材脆性破坏的影响因素，预防钢材脆性破坏和疲劳破坏的措施，温度和压力集中对钢材性能的影响，以及钢材的常用规格等内容。

习　题

1. 钢材的主要力学性能有哪些？各项力学指标用来衡量钢材的哪方面性能？
2. 碳素结构钢是如何划分牌号的？说明 Q235AF 钢和 Q235C 钢在性能上有何区别？
3. 简述钢材的化学成分对其性能的影响。
4. 简述工作温度对钢材性能的影响，并简要说明为什么钢结构不耐火？
5. 钢材产生脆性破坏的因素有哪些？工程应用钢材时，该如何预防脆性破坏？
6. 什么是钢材的疲劳破坏？在工程中如何尽量避免其产生？
7. 查找相关文献，试述我国型钢与美国、日本所生产型钢表示方法的异同。

第3章 钢结构的连接

思维导图

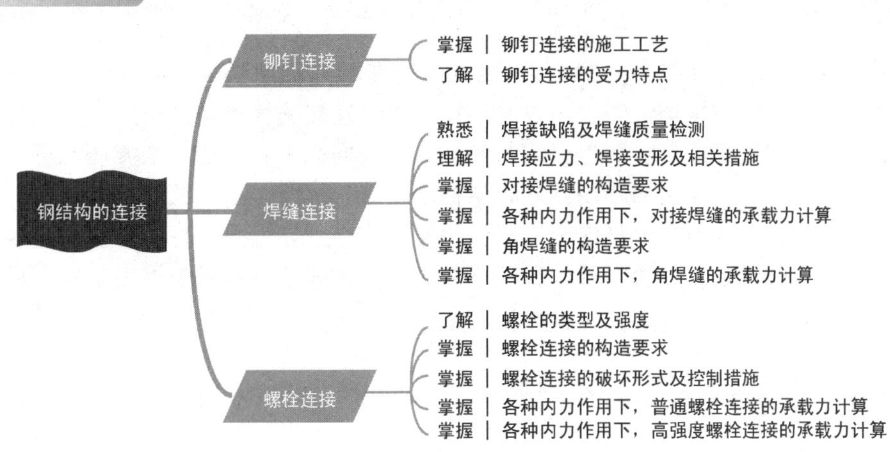

 引例

连接是钢结构构件之间传递荷载和内力的部位，连接方式的合理性和可靠性关系到结构的工作性能和使用安全，在钢结构设计和施工过程中都应该慎重对待。在实际工程中，如何选择合理的连接方式？如何消除或减小焊接残余应力和焊接变形对钢结构的影响（尤其是在厚板焊接中）？如何确保连接承载能力的可靠性？本章将重点讲解这些问题。

3.1　钢结构的连接方法

钢结构构件是由型钢、钢板等通过连接（connection）构成的，各构件再通过安装连接构成整体结构。连接在钢结构中占有很重要的地位，设计任何钢结构都会遇到连接的问题，连接方式及连接质量直接影响钢结构的工作性能。钢结构的连接设计应符合安全可靠、传力明确、构造简单、施工方便和节约钢材的原则。

钢结构的连接方法可分为焊缝连接、螺栓连接和铆钉连接，如图3-1所示。

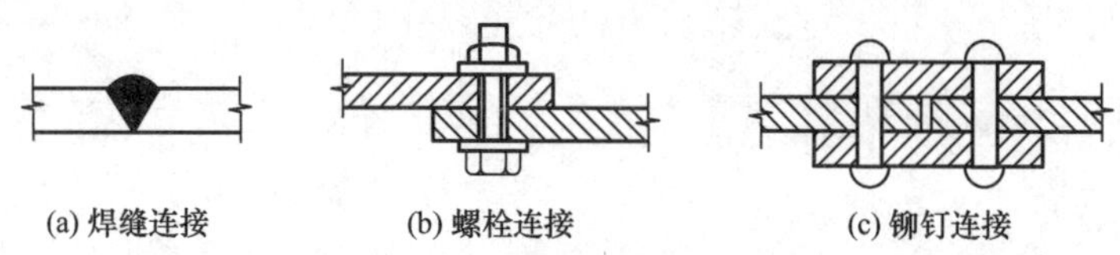

图3-1　钢结构的连接方法

3.1.1　焊缝连接

焊缝连接（welded connection）是目前钢结构最主要的连接方法，任何形状的结构均可以采用焊缝连接。焊缝连接的优点是：构造简单，各种样式的构件都可直接相连；用料经济，不削弱截面；制造加工方便，可实现自动化操作；连接的密闭性好，结构刚度大。焊缝连接的缺点是：在焊缝附近的热影响区内，钢材的金属相组织发生改变，导致局部材质变脆；焊接残余应力和残余变形使受压构件的承载力降低；焊缝结构对裂纹很敏感，局部裂纹一旦发生，就容易扩展到整体；低温冷脆现象较为突出。

3.1.2　螺栓连接

螺栓连接在钢结构工程中应用非常广泛，根据其所使用螺栓的性能，可分为普通螺栓连接（common bolted connection）和高强度螺栓连接（high-strength bolted connection）两种。

1. 普通螺栓连接

普通螺栓分为A、B、C三级。A级和B级螺栓为精制螺栓，C级螺栓为粗制螺栓。A级和B级螺栓材料性能等级有5.6级和8.8级，C级螺栓材料性能等级有4.6级和4.8级。为说明螺栓材料性能等级的含义，以4.6级C级螺栓为例：整数位数字表示螺栓成品的抗拉强度不小于400N/mm^2，小数位数字表示屈强比（屈服强度和抗拉强度之比）为0.6。

C级螺栓由未经加工的圆钢压制而成，由于螺栓表面粗糙，故构件上的螺栓孔一般采用Ⅱ类孔（在单个零件上一次冲成或不用钻模钻成设计孔径的孔），螺栓孔的直径比螺栓杆的直径大1.0～1.5mm。对采用C级螺栓的连接，由于螺栓杆与螺栓孔之间有较大的间隙，受剪力作用时，将会产生较大的剪切滑移，故连接变形大。但C级螺栓安装方便，且能有效传递拉力，故可用于沿螺栓杆轴方向受拉的连接、承受静力荷载或间接承受动力荷载结构的次要连接、承受静力荷载的可拆卸结构连接或临时固定构件用的安装连接。

A 级、B 级螺栓是由毛坯在车床上经过切削加工精制而成的，螺栓孔的质量高，表面光滑、尺寸精确，螺栓孔的直径比螺栓杆的直径大 0.2～0.5mm。A 级、B 级螺栓有较高的精度，受剪性能好，但制作和安装复杂、价格较高，已很少在钢结构中使用。

2. 高强度螺栓连接

高强度螺栓一般用 45 钢、40B 钢和 20MnTiB 钢加工，经热处理后，螺栓抗拉强度应分别不低于 800N/mm^2、1000N/mm^2，即前者的材料性能等级为 8.8 级，后者的材料性能等级为 10.9 级。

高强度螺栓分大六角头型［图 3-2 (a)］和扭剪型［图 3-2 (b)］两种。安装时通过特别的力矩扳手将螺帽拧紧，使螺栓杆产生较大的预拉力，这种预拉力的存在将使得连接板件之间产生压力。

(a) 大六角头型

(b) 扭剪型

图 3-2　高强度螺栓

高强度螺栓连接有两种类型：一种是只依靠板件间的摩擦阻力传力，并以剪力不超过接触面摩擦力作为设计准则，称为摩擦型连接；另一种是允许接触面滑移，以连接达到破坏的极限承载力作为设计准则，称为承压型连接。摩擦型连接的剪切变形小、弹性性能好，施工较简单、可拆卸、耐疲劳，特别适用于承受动力荷载的结构。承压型连接的承载力高于摩擦型连接，连接紧凑，但剪切变形比摩擦型连接大，所以只适用于承受静力荷载或间接承受动力荷载的结构。

承压型连接采用标准孔时，其孔型尺寸可采用表 3-1 中的数据。摩擦型连接可采用标准孔、大圆孔和槽孔，其孔型尺寸可采用表 3-1 中的数据；若需扩大孔时，同一连接面只能在盖板或芯板上采用大圆孔或槽孔，其余仍采用标准孔。摩擦型连接盖板按大圆孔、槽孔制孔时，应增大垫圈厚度或采用连续型垫板，其孔径与标准垫圈相同。对 M24 及以下的高强度螺栓，垫圈（垫板）厚度不宜小于 8mm；对 M24 以上的高强度螺栓，垫圈（垫板）厚度不宜小于 10mm。

表 3-1　高强度螺栓连接的孔型尺寸　单位：mm

螺栓公称直径	孔型			
	标准孔	大圆孔	槽孔	
	直径	直径	短向	长向
M12	13.5	16	13.5	22

续表

螺栓公称直径	孔型			
	标准孔	大圆孔	槽孔	
	直径	直径	短向	长向
M16	17.5	20	17.5	30
M20	22	24	22	37
M22	24	28	24	40
M24	26	30	26	45
M27	30	35	30	50
M30	33	38	33	55

3.1.3 铆钉连接

▶ 铆钉连接

铆钉的材料通常采用BL2钢和BL3钢，铆钉连接（riveted connection）的制造有热铆和冷铆两种方法。热铆是将烧红的铆坯插入构件的钉孔中，用铆钉枪或压铆机铆合而成的。冷铆是在常温下铆合而成的。建筑结构一般都采用热铆铆钉。

铆钉连接的质量和受力性能与钉孔类型有很大关系。钉孔分Ⅰ类孔、Ⅱ类孔。Ⅰ类孔是用钻模钻成；或先冲成较小的孔，装配时再扩钻，虽制法复杂，但钉孔的质量较好。Ⅱ类孔是冲成或不用钻模钻成的，虽然制法简单，但构件拼装时钉孔不易对齐、质量较差。重要的结构应采用Ⅰ类孔。

铆钉打好后，钉杆由高温逐渐冷却而发生收缩，但被钉头之间的钢板阻止，所以钉杆中产生了收缩拉应力，对钢板则产生收缩系紧力。这种系紧力使连接紧密。当构件受剪力作用时，钢板接触面上会产生很大的摩擦力，因而能大大提高连接的工作性能。

铆钉连接由于构造复杂、费钢、费工，现已很少采用。但由于铆钉连接的塑性和韧性较好、传力可靠、质量易于检查，有时仍应用在一些重要和直接承受动力荷载的结构中。

3.2 焊接方法和焊缝连接形式

3.2.1 焊接方法

焊接方法很多，但在钢结构中通常采用电弧焊。电弧焊有手工电弧焊、埋弧焊、气体保护焊及电阻焊等。

1. 手工电弧焊

手工电弧焊是常用的一种焊接方法（图3-3）。焊机通电后，在涂有药皮的焊条与焊件之间产生电弧，电弧的温度可高达3000℃。在高温作用下，电弧周围的金属变成液态，形成熔池，同时焊条中的焊丝融化滴落入熔池中，与焊件的熔化金属相互结合，冷却后即形成焊缝。焊条药皮则在焊接过程中形成气体保护电弧和熔化金属，并形成熔渣覆盖焊缝，防止空气中的氧气、氮气等与熔化金属接触而生成易脆的化合物。

手工电弧焊的设备简单，操作灵活、方便，适于任意空间位置的焊接，特别适于焊接短焊缝；但生产效率低、劳动强度大，焊接质量与焊工技术水平有很大关系。手工电弧焊所用焊条强度应与焊件钢材（或称主体金属）相适应，一般采用等强度原则：Q235钢采用E43XX型焊条，Q345钢采用E50XX型焊条，Q390钢和Q420钢采用E55XX型焊条。焊条型号中，字母“E”表示焊条，前两位数字为熔敷金属的最小抗拉强度（以N/mm^{2}计），××表示适用焊接位置、电流种类及药皮类型等。焊接不同强度的钢材时，宜采用低组配方案，即采用与低强度钢材相适应的焊条。根据试验可知，Q235钢与Q345钢焊接时，若用E50型焊条，焊缝强度比用E43型焊条时提高不多，设计时只能取用E43型焊条的焊缝强度设计值。因此，从连接的韧性和经济性方面考虑，规定采用与低强度钢材相适应的焊条。

焊条分类和电流选择

埋弧焊

2. 埋弧焊

埋弧焊是电弧在焊剂层下燃烧的一种电弧焊方法。有专门机构控制焊丝送进和电弧沿焊接方向移动的埋弧焊称埋弧自动电弧焊（图3-4）。有专门机构控制焊丝送进，由手工完成电弧沿焊接方向移动的埋弧焊称埋弧半自动电弧焊。埋弧焊的焊丝不涂药皮，但施焊端为焊剂所覆盖，能对较细的焊丝采用大电流，故电弧热量集中、熔深大。由于采用了自动或半自动操作，焊接效率高，且焊接时的工艺条件稳定，焊缝化学成分均匀，焊缝质量好，焊件变形小，同时高的焊速也减小了热影响区的范围，但埋弧焊对焊件边缘的装配精度（如间隙）要求比手工电弧焊高。

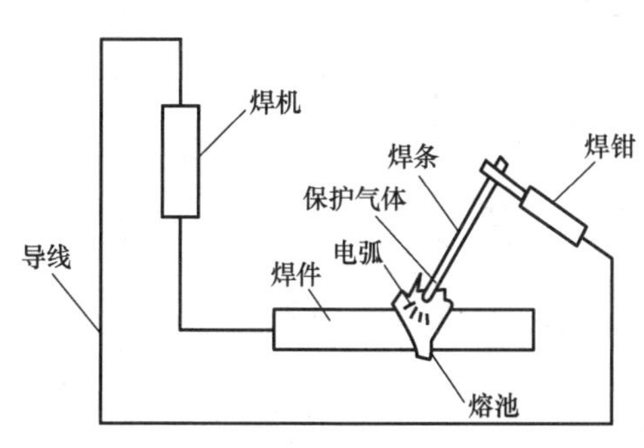

图3-3 手工电弧焊

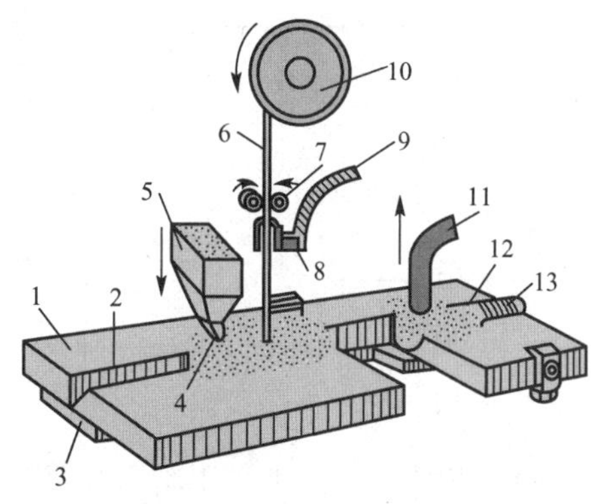

1—焊件；2—V形坡口；3—垫板；4—焊剂；
5—焊剂斗；6—焊丝；7—送丝轮；
8—导电器；9—电缆；10—焊丝盘；
11—焊剂回收器；12—焊渣；13—焊缝。

图3-4 埋弧自动电弧焊

埋弧焊所采用的焊丝和焊剂应与焊件钢材强度相适应，即要求焊缝与焊件钢材等强度。

3. 气体保护焊

气体保护焊是利用二氧化碳气体或其他惰性气体作为保护介质的一种电弧熔焊方法，它直接依靠保护介质在电弧周围形成局部的保护层，以防止有害气体的入侵，并保证焊接过程的稳定性。

气体保护焊的焊缝熔化区没有熔渣，焊工能够清楚地看到焊缝形成的过程；由于保护气体是喷射的，故有助于熔滴的过渡；又由于热量集中，焊件熔深大，故所形成的焊缝质量比手工电弧焊好。气体保护焊的焊接效率高，适用于全位置的焊接，但风较大时的保护效果不好。

4. 电阻焊

电阻焊是利用电流通过焊件接触点表面电阻所产生的热来融化金属，再通过加压使其焊合。电阻焊只适用于板层厚度不大于12mm的焊接。对冷弯薄壁型钢构件，电阻焊可用来缀合壁厚不超过3.5mm的构件，如将两个冷弯槽钢或C型钢组合成工字形截面构件等。

3.2.2 焊缝连接形式及焊缝形式

焊缝连接形式按被连接钢材的相互位置可分为对接、搭接、T形连接和角接四种（图3－5）。这些连接形式所采用的焊缝主要有对接焊缝、角焊缝、对接与角接组合焊缝。

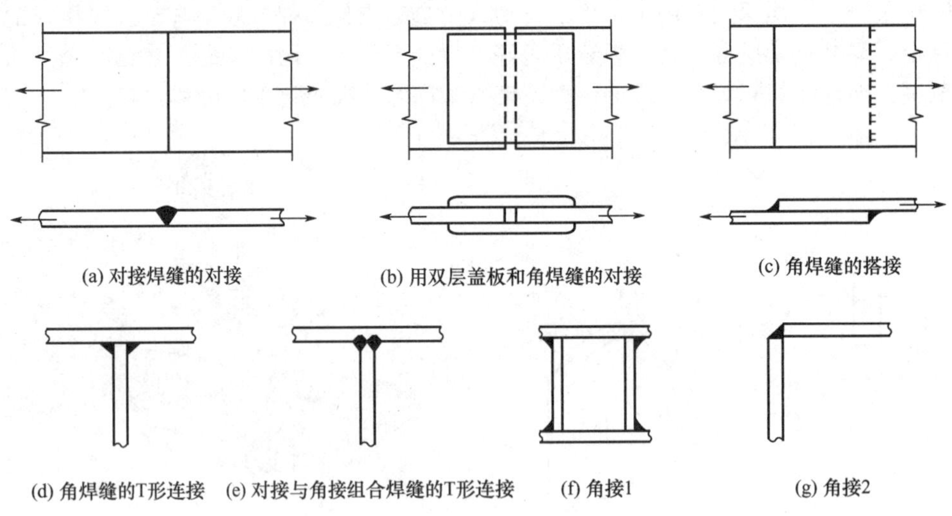

图3－5 焊缝连接形式

对接主要用于厚度相同或相近的两构件的相互连接。图3－5（a）所示为采用对接焊缝的对接，其特点是用料省，传力简捷、均匀，受力性能好，疲劳强度较高，但是焊件边缘一般需要加工，被连接两板的间隙和坡口尺寸有严格的要求。图3－5（b）所示为用双层盖板和角焊缝的对接，其特点是对焊件边缘尺寸要求较低，制造较易，但连接传力不均匀、费料，所连接两板的间隙无须严格控制。

图 3-5（c）所示为角焊缝的搭接，特别适用于不同厚度构件的连接。

T 形连接常用于制作组合截面。但采用角焊缝时［图 3-5（d)］，焊件间存在缝隙，导致截面突变，应力集中现象严重，疲劳强度较低，可用于不直接承受动力荷载结构的连接。对于直接承受动力荷载的结构，如重级工作制吊车梁，其上翼缘与腹板的连接应采用焊透的对接与角接组合焊缝（腹板边缘须加工成 K 形坡口）［图 3-5（e)］。

角接［图 3-5（f)、图 3-5（g)］主要用于制作箱形截面。

根据焊缝沿长度方向的布置可分为连续角焊缝和断续角焊缝（图 3-6）。连续角焊缝的受力性能较好，为主要的角焊缝形式。断续角焊缝的起弧处和灭弧处容易引起应力集中，只能用于一些次要构件的连接或受力很小的焊接，重要结构或重要的焊接应避免采用。断续角焊缝的长度不小于 $10h_f$（h_f 为角焊缝的焊脚尺寸）或 50mm，其间断距离 l 不宜过长，以免连接不紧密。一般在受压构件中应满足 $l \leqslant 15t$，在受拉构件中 $l \leqslant 30t$，t 为较薄焊件的厚度。

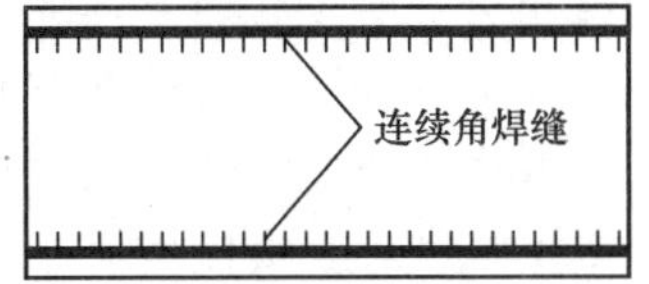

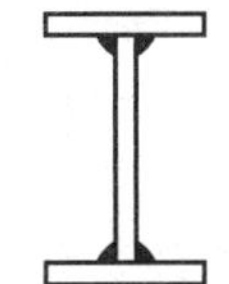
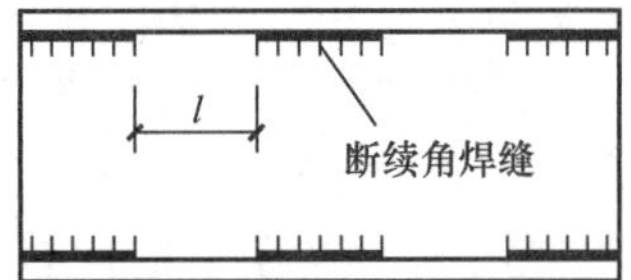

图 3-6　连续角焊缝和断续角焊缝

焊缝按施焊位置可分为平焊、横焊、立焊及仰焊（图 3-7）。平焊（又称俯焊）施焊方便；横焊和立焊要求焊工的操作水平比平焊高一些；仰焊的操作条件最差，焊缝质量不易保证，因此应尽量避免采用仰焊。

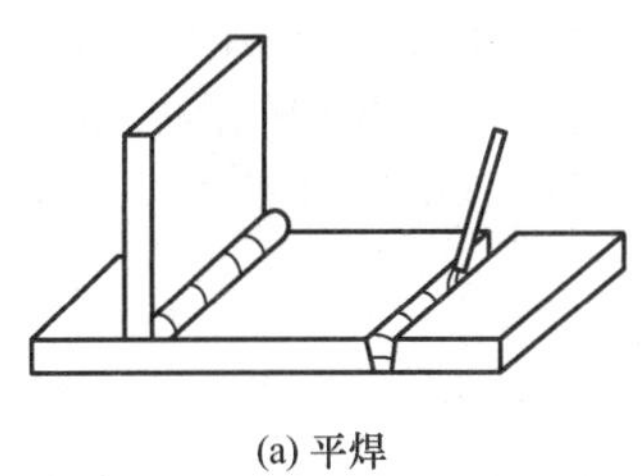

(a) 平焊

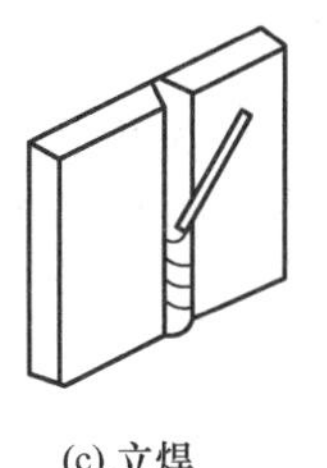

(b) 横焊　(c) 立焊

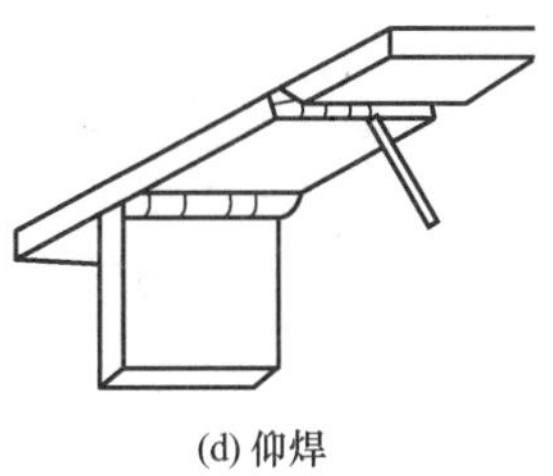

(d) 仰焊

图 3-7　焊缝施焊位置

3.2.3 焊缝缺陷及焊缝质量检测

1. 焊缝缺陷

焊缝缺陷是指焊接过程中产生于焊缝金属、附近热影响区钢材表面或内部的缺陷。常见的焊缝缺陷有裂纹、焊瘤、烧穿、弧坑、气孔、夹渣、咬边、未融合、未焊透（图 3-8）等，以及焊缝尺寸不符合要求、焊缝成型不良等。

2. 焊缝质量等级的规定

在《钢结构设计标准》（GB 50017—2017）中，根据结构的重要性、荷载特性、焊缝形式、工作环境及应力状态的情况，对焊缝质量等级有如下规定。

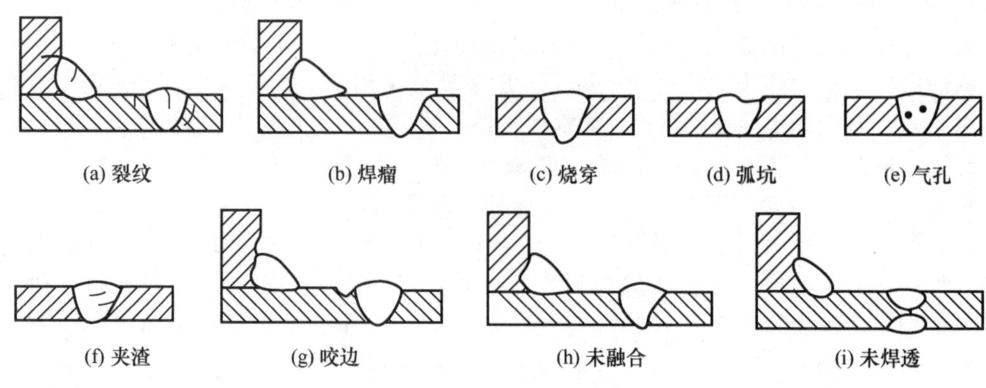

图 3－8　常见的焊缝缺陷

（1）在承受动力荷载且需要进行疲劳验算的构件中，凡要求与母材等强度的对接焊缝应予焊透。垂直于作用力方向的横向对接焊缝或 T 形对接与角接组合焊缝受拉时，焊缝质量等级应为一级，受压时，焊缝质量等级不应低于二级；作用力方向平行于焊缝长度方向的纵向对接焊缝，其质量等级不应低于二级；重级工作制（A6～A8）和起重量不小于 50t 的中级工作制（A4、A5）吊车梁的腹板与上翼缘板之间，以及吊车桁架上弦杆与节点板之间的 T 形连接均要求焊透，焊缝形式宜为对接与角接组合焊缝，其质量等级不应低于二级。

（2）工作温度不高于－20℃的地区，对接焊缝的质量等级不得低于二级。

（3）在不需要疲劳验算的构件中，凡要求与母材等强度的对接焊缝宜焊透，其质量等级受拉和受压均不宜低于二级。

（4）部分焊透的对接焊缝、采用角焊缝或部分焊透的对接与角接组合焊缝的 T 形连接部位，以及搭接连接角焊缝，其质量等级应符合下列规定：直接承受动荷载且需要疲劳验算的结构、吊车起重量不小于 50t 的中级工作制吊车梁，以及梁柱、牛腿等重要节点不应低于二级；其他结构可为三级。

3. 焊缝质量检测

焊缝缺陷的存在将削弱焊缝的受力面积，并在缺陷处引起应力集中，对连接的强度、冲击韧性及冷弯性能等均有不利影响。因此，焊缝质量检测极为重要。

焊缝质量检测包括焊缝外观检查和焊缝内部缺陷检查。焊缝外观检查主要采用目视（借助直尺、焊缝检测尺、放大镜等），辅以磁粉探伤、渗透探伤检查焊缝表面和近表面缺陷。焊缝内部缺陷检查主要采用射线探伤和超声波探伤检查焊缝内部缺陷。由于钢结构节点形式繁多，T 形连接和角接较多，超声波探伤比射线探伤适用性更佳。各国都把超声波探伤作为焊缝质量检测的主要手段，而射线探伤的应用逐渐减少。

《钢结构工程施工质量验收标准》（GB 50205—2020）规定焊缝按其质量检测方法和质量要求分为一级、二级和三级。三级焊缝要求对全部焊缝做外观检查且符合三级质量标准；一级、二级焊缝除外观检查外，还要求一定数量的超声波探伤并符合相应级别的质量标准。

3.2.4 焊缝符号

《焊缝符号表示法》(GB/T 324—2008) 规定：焊缝符号由引出线、图形符号和辅助符号三部分组成，引出线由横线和带箭头的斜线组成。箭头指到图形上的相应焊缝处，横线的上面和下面分别标注图形符号和焊缝尺寸。当引出线的箭头指向焊缝所在的一面时，应将图形符号和焊缝尺寸标注在水平横线的上面；当引出线的箭头指向对应焊缝所在的另一面时，则应将图形符号和焊缝尺寸标注在横线的下面。横线的末端加辅助符号作为其他说明。表 3-2 列出了一些常用的焊缝符号，可供设计参考。

表 3-2 一些常用的焊缝符号

	角焊缝				对接焊缝	塞焊缝	三面围焊缝
	单面焊缝	双面焊缝	安装焊缝	相同焊缝			
形式					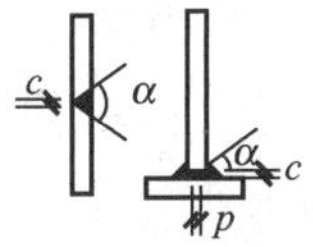 c α α c p		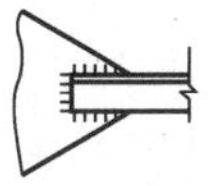
标注方法	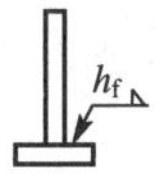 h_f	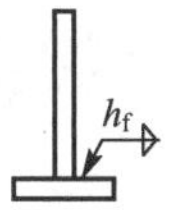 h_f	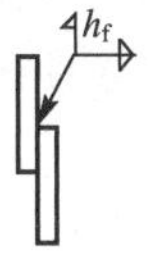 h_f	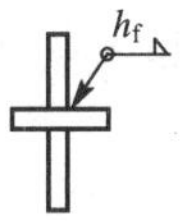 h_f	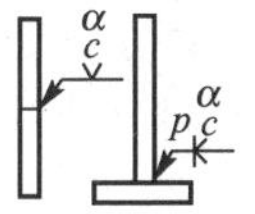 α c α p c	 h_f	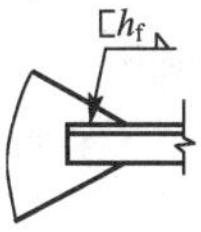 h_f

3.3 对接焊缝的构造与计算

对接焊缝包括焊透的对接焊缝、T 形对接与角接组合焊缝、部分焊透的对接焊缝、T 形对接与角接组合焊缝。部分焊透的对接焊缝的受力与角焊缝相似，其计算方法可查阅相关文献。

3.3.1 对接焊缝的构造

对接焊缝 (butt weld) 的焊件常做成坡口，故又叫坡口焊缝 (groove weld)，其中坡口形式与焊件厚度有关。当焊件厚度很小 (手工电弧焊 $t \leqslant 6$mm，埋弧焊 $t \leqslant 10$mm) 时，坡口可用直边焊缝，对于一般厚度的焊件，坡口可采用有角度的单边 V 形焊缝或 V 形焊缝。焊缝坡口和根部间隙共同组成一个焊条能够运转的施焊空间，使焊缝易于焊透；钝边有托住熔化金属的作用。对于较厚的焊件 ($t > 20$mm)，则常采用 U 形、双边 U 形、K 形和 X 形焊缝 (图 3-9)。V 形焊缝和 U 形焊缝还要求对焊缝先清理其根部再反面焊接。对于没有条件补焊的焊件，要事先在根部加垫板，以保证焊透。当焊件可随意翻转施焊时，使用 K 形焊缝和 X 形焊缝较好。对接焊缝坡口形式的选用，可根据板厚及施工条件按现行标准《气焊、焊条电弧焊及气体保护焊和高能束焊的推荐坡口》(GB/T 985.1—2008) 和《埋弧焊的推荐坡口》(GB/T 985.2—2008）的要求进行。

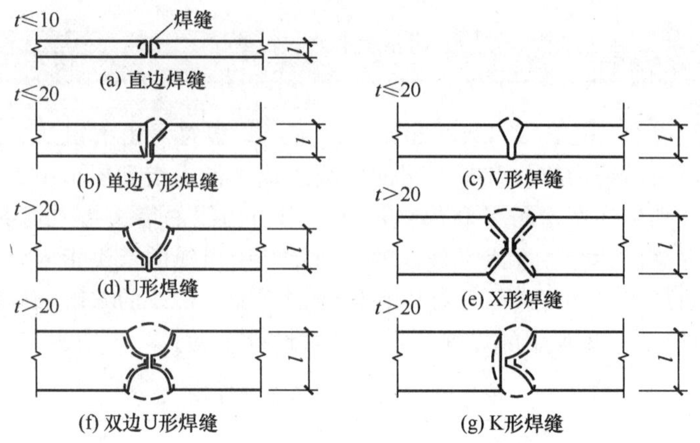

图 3－9　对接焊缝的构造

在钢板厚度或宽度有变化的焊接中，为了使构件传力均匀，减少应力集中，应在钢板的一侧或两侧做成坡度不大于 1∶2.5 的斜坡（图 3－10），形成平缓的过渡。若钢板厚度相差不大于 4mm，则可不做斜坡。

在焊缝的起弧、灭弧处常会出现弧坑等缺陷，这些缺陷对连接的承载力影响较大，故焊接时一般应设置引弧板和引出板（图 3－11），焊接后将其割除。当受静荷载的结构设置引弧板和引出板有困难时，可不设置，此时可令焊缝计算长度等于实际长度减去 $2t$（t 为较薄焊件的厚度）。

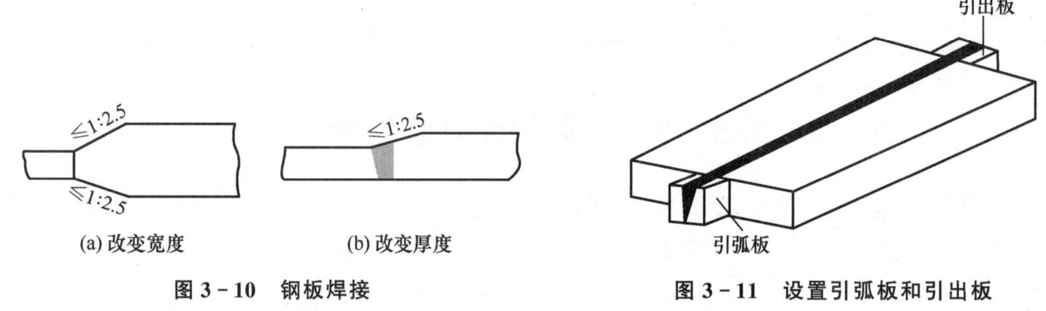

图 3－10　钢板焊接　　**图 3－11　设置引弧板和引出板**

承受动荷载时，对接焊缝应符合下列规定。

(1) 严禁采用断续坡口焊缝。

(2) 对接与角接组合焊缝和 T 形连接的全焊透坡口焊缝应采用角焊缝加强，加强焊脚尺寸不应小于连接部位较薄件厚度的 1/2，但不得超过 10mm。

(3) 承受动荷载需采用疲劳验算的连接。当拉应力与焊缝轴线垂直时，严禁采用部分焊透的对接焊缝。

3.3.2　对接焊缝的计算

对接焊缝的强度与所用钢材的牌号、焊条型号及焊缝质量标准等因素有关。由于焊接技术问题，焊缝中可能有气孔、夹渣、咬边、未焊透等缺陷，三级焊缝允许存在的缺陷较多，故取其抗拉强度为母材抗拉强度的85%；而一级、二级焊缝的抗拉强度可认为与母材抗拉强度相等。焊缝中的应力分布基本上与焊件原来的情况相同，故其计算方法与构件的强度计算一样。

1. 轴心受力的对接焊缝

垂直于轴心拉力或轴心压力的直对接焊缝［图 3－12（a)］，其应力可按式(3－1）计算。

$$\sigma=\frac{N}{l_{w}t}\leqslant f_{t}^{w} \text{ 或 } f_{c}^{w} \tag{3-1}$$

式中 N——轴心拉力或轴心压力；

l_w——焊缝的计算长度，当未采用引弧板和引出板施焊时，取实际长度减去 $2t$；

t——在对接焊缝中为连接件的较小厚度，在 T 形焊缝中为腹板厚度；

f_t^w、f_c^w——直对接焊缝的抗拉、抗压强度设计值，其取值可查附录 1 中相应附表的数值。

如果直对接焊缝不能满足强度要求时，可采用图 3－12（b）所示的斜对接焊缝。计算证明，当三级对接焊缝与作用力间的夹角 θ 满足 $\tan\theta\leqslant1.5$ 时，斜对接焊缝的强度不低于母材强度，可不再进行强度验算。

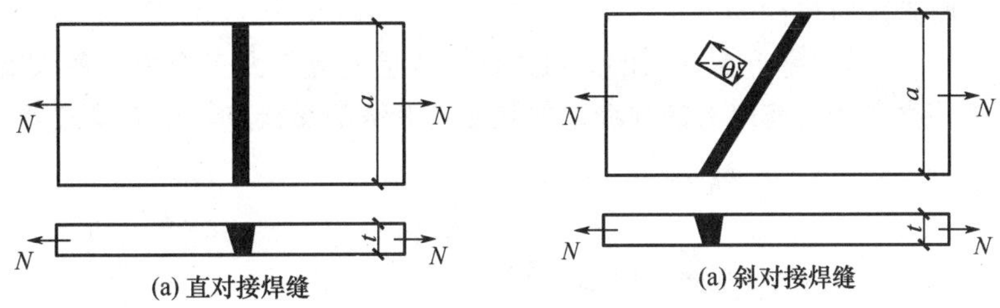

图 3－12 轴心受力的对接焊缝

轴心受拉斜对接焊缝的正应力和剪应力分别按式(3－2）和式(3－3）计算。

$$\sigma=\frac{N\sin\theta}{l_{w}t}\leqslant f_{t}^{w} \tag{3-2}$$

$$\tau=\frac{N\cos\theta}{l_{w}t}\leqslant f_{v}^{w} \tag{3-3}$$

式中 l_w——焊缝的计算长度（加引弧板时，$l_w=b/\sin\theta$；不加引弧板时，$l_w=b/\sin\theta-2t$)；

f_t^w、f_v^w——斜对接焊缝抗压、抗剪强度设计值，其取值可查附录 1 中相应附表的数值。

例 3－1 试验算图 3－12 所示钢板的对接焊缝的强度。图中 $a=550\text{mm}$，$t=22\text{mm}$，轴心力的设计值 $N=2350\text{kN}$。钢材为 Q235B 钢，手工电弧焊，焊条为 E43 型，焊缝为三级，施焊时加引弧板和引出板。

解： 直对接焊缝的计算长度 $l_w=550\text{mm}$，按式(3－1）计算，则焊缝的正应力：

$$\sigma=\frac{N}{l_{w}t}=\frac{2350\times10^{3}}{550\times22}\approx194(\text{N/mm}^{2})>f_{t}^{w}=175\ \text{N/mm}^{2}$$

直对接焊缝不满足强度要求，改用斜对接焊缝，取 $\tan\theta\leqslant1.5$，即 $\theta\approx56°$，焊缝的计算长度：

$$l_{w}=\frac{a}{\sin\theta}=\frac{550}{\sin56^{\circ}}\approx663(\text{mm})$$

轴心受拉斜对接焊缝的正应力：

$$\sigma=\frac{N\sin\theta}{l_{w}t}=\frac{2350\times10^{3}\times\sin 56^{\circ}}{663\times22}\approx133.7(\mathrm{N/mm^2})<f_{t}^{w}=175\mathrm{N/mm^2}$$

轴心受拉斜对接焊缝的剪应力：

$$\tau=\frac{N\cos\theta}{l_{w}t}=\frac{2350\times10^{3}\times\cos 56^{\circ}}{663\times22}\approx90(\mathrm{N/mm^2})<f_{v}^{w}=120\mathrm{N/mm^2}$$

这就说明 $\tan\theta\leqslant1.5$ 时，焊缝强度能够满足要求，可不必计算。

2. 受弯矩和剪力共同作用的对接焊缝

图 3－13（a）所示钢板对接焊缝受到弯矩和剪力的共同作用，由于焊缝截面是矩形，正应力与剪应力图形分别为三角形与抛物线形。最大正应力和最大剪应力应分别满足式(3－4)、式(3－5）的强度条件。

$$\sigma_{\max}=\frac{M}{W_{w}}=\frac{6M}{l_{w}^{2}t}\leqslant f_{t}^{w} \tag{3-4}$$

$$\tau_{\max}=\frac{VS_{w}}{I_{w}t}=\frac{3}{2}\cdot\frac{V}{l_{w}t}\leqslant f_{v}^{w} \tag{3-5}$$

式中 W_{w}——焊缝截面模量；

S_{w}——焊缝截面面积矩；

I_{w}——焊缝截面惯性矩。

图 3－13（b）所示工字形截面梁的对接焊缝，除应验算最大正应力和最大剪应力外，对于同时受较大正应力和较大剪应力的焊缝，如腹板与翼缘的交接点，还应按式(3－6）验算折算应力。

$$\sqrt{\sigma_{1}^{2}+3\tau_{1}^{2}}\leqslant1.1f_{t}^{w} \tag{3-6}$$

式中 σ_{1}、τ_{1}——验算点处的焊缝正应力和剪应力；

1.1——考虑到最大折算应力只在局部出现，而将强度设计值适当提高的系数。

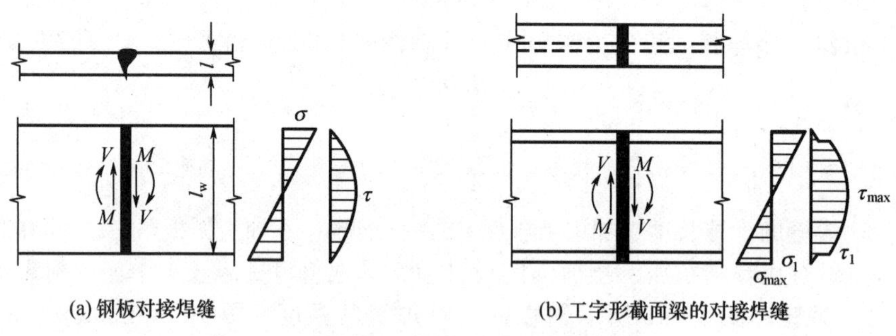

(a) 钢板对接焊缝　　(b) 工字形截面梁的对接焊缝

图 3－13　受弯矩和剪力共同作用的对接焊缝

3. 受轴心力、弯矩和剪力共同作用的对接焊缝

当轴心力、弯矩、剪力共同作用时，对接焊缝的最大正应力应为轴心力和弯矩引起的应力之和，剪应力按式(3－5）验算，折算应力按式(3－6）验算。

除考虑焊缝长度是否减小、焊缝强度是否折减外，对接焊缝的计算方法与母材的强度计算完全相同。

例 3－2　试计算图 3－14 所示牛腿与柱连接的对接焊缝所能承受的最大荷载设计值 F。

已知牛腿截面尺寸为：翼缘板宽度 $b_1=160\text{mm}$，厚度 $t_1=10\text{mm}$；腹板高度 $h=240\text{mm}$，厚度 $t=10\text{mm}$。钢材为 Q345 钢，焊条为 E50 型，手工电弧焊，施焊时不用引弧板，焊缝质量为三级。

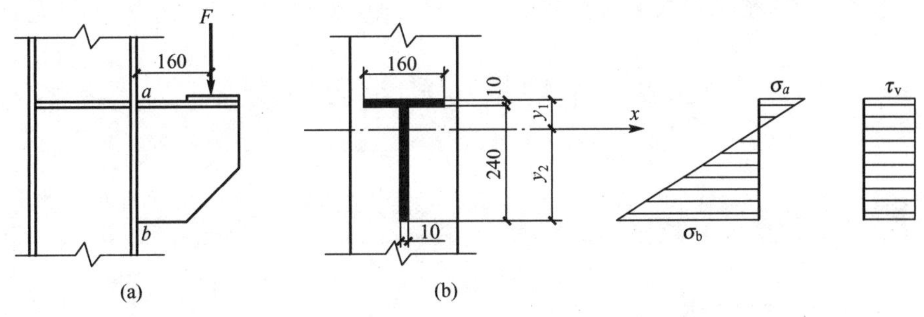

图 3-14　例 3-2 图

解：(1) 确定对接焊缝计算截面的几何特性。

① 确定中和轴的位置。

$$y_1=\frac{(160-10\times2)\times10\times5+(240-10)\times10\times125}{(160-10\times2)\times10+(240-10)\times10}\approx79.6(\text{mm})$$

$$y_2=250-79.6=170.4(\text{mm})$$

② 焊缝计算截面的几何特征。

$$I_x=\frac{1}{12}\times10\times(240-10)^3+(240-10)\times10\times(125-79.6)^2+(160-10\times2)\times10\times(74.6)^2$$

$$\approx2267\times10^4(\text{mm}^4)$$

腹板焊缝计算截面的面积：

$$A_w=(240-10)\times10=2300(\text{mm})^2$$

(2) 确定焊缝所能承受的最大荷载设计值 F。

将 F 向焊缝截面形心简化得：

$$M=Fe=160F$$

$$V=F$$

查附表：$f_c^w=305\text{N/mm}^2$，$f_t^w=260\text{N/mm}^2$，$f_v^w=175\text{N/mm}^2$

点 a 的拉应力 σ_a^M，且要求 $\sigma_a^M\leqslant f_t^w$

$$\sigma_a^M=\frac{My_1}{I_x}=\frac{160\times F\times79.6}{2267\times10^4}\approx0.56\times10^{-3}\times F=f_t^w=260\text{N/mm}^2$$

解得：$F\approx464$ (kN)

点 b 的压应力 σ_b^M，且要求 $\sigma_b^M\leqslant f_c^w$

$$\sigma_b^M=\frac{My_2}{I_x}=\frac{160\times F\times170.4}{2267\times10^4}\approx1.20\times10^{-3}\times F=f_c^w=305\text{N/mm}^2$$

解得：$F\approx254$ (kN)

由 $V=F$ 产生的剪应力 τ_v，且要求 $\tau_v\leqslant f_v^w$

$$\tau_v=\frac{F}{A_w}=\frac{F}{2300}=4.35\times10^{-4}\times F=f_v^w=175\text{N/mm}^2$$

解得：$F\approx402$ (kN)

点 b 的折算应力要求不大于 $1.1f_t^w$。

$$\sqrt{(\sigma_b^M)^2+3\tau_v^2}=\sqrt{(1.20\times10^{-3}F)^2+3\times(4.35\times10^{-4}F)^2}\leqslant 1.1f_t^w$$

解得：$F\approx202$（kN）

故此对接焊缝所能承受的最大荷载设计值 F 为 202kN。

3.4 角焊缝的构造及计算

3.4.1 角焊缝的构造

1. 角焊缝的形式和强度

角焊缝（fillet weld）按其与作用力的关系可分为：焊缝长度方向与作用力垂直的正面角焊缝，焊缝长度方向与作用力平行的侧面角焊缝及斜焊缝。按其截面形式可分为直角角焊缝（图 3－15）和斜角角焊缝（图 3－16）。

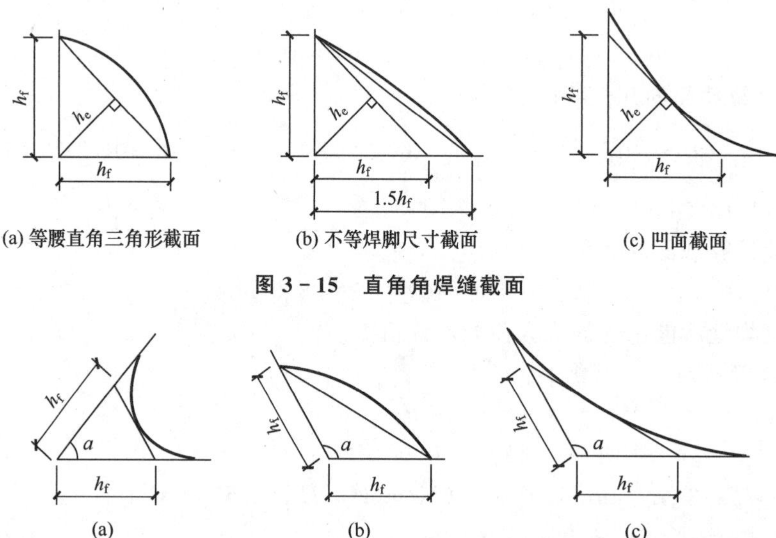

(a) 等腰直角三角形截面　(b) 不等焊脚尺寸截面　(c) 凹面截面

图 3－15　直角角焊缝截面

(a)　(b)　(c)

图 3－16　斜角角焊缝截面

直角角焊缝通常做成表面微凸的等腰直角三角形截面［图 3－15（a）］。在直接承受动力荷载的结构中，正面角焊缝的截面常采用图 3－15（b）所示的形式，侧面角焊缝的截面则采用凹面截面［图 3－15（c）］，图中的 h_f 为焊脚尺寸。两焊脚边的夹角 $\alpha>90°$ 或 $\alpha<90°$ 的焊缝称为斜角角焊缝，其截面如图 3－16 所示。斜角角焊缝常用于钢漏斗和钢管结构中。除钢管结构外，夹角 $\alpha>135°$ 或 $\alpha<60°$ 的斜角角焊缝，不宜作为受力焊缝。

正面角焊缝受力复杂，截面中的各面均存在正应力和剪应力，且焊脚处存在严重的应力集中现象。与侧面角焊缝相比，正面角焊缝的刚度较大（弹性模量 E 约为 $1.5\times10^5\,\text{N/mm}^2$）、强度较高，但塑性变形较差。

斜焊缝的受力性能和强度介于正面角焊缝和侧面角焊缝之间。

2. 角焊缝的构造要求

(1) 角焊缝的尺寸应符合下列要求。

① 角焊缝的最小计算长度应为其焊脚尺寸的 8 倍，且不应小于 40mm。角焊缝计算长度应为扣除引弧、收弧长度后的焊缝长度。因为角焊缝的焊脚尺寸大而长度较小时，焊件的局部加热严重、焊缝起灭弧所引起的缺陷相距太近、焊缝中可能产生的其他缺陷使焊缝不够可靠。为了使焊缝能够有一定的承载力，根据使用经验而规定了角焊缝的最小计算长度。

② 断续角焊缝焊段的最小长度不应小于焊缝的最小计算长度。

③ 角焊缝最小焊脚尺寸宜按表 3-3 取值，承受动荷载时角焊缝焊脚尺寸不宜小于 5mm。角焊缝的焊脚尺寸不宜太小，以保证焊缝的最小承载力，并防止焊缝因冷却过快而产生裂纹。

④ 当被焊构件中较薄焊件厚度不小于 25mm 时，宜采用开局部坡口的角焊缝。

⑤ 采用角焊缝焊接时，不宜将较厚焊件焊接到较薄焊件上。

表 3-3 角焊缝最小焊脚尺寸 单位：mm

母材构件的厚度 t	角焊缝最小焊脚尺寸 $h_{f,min}$
$t \leqslant 6$	3
$6 < t \leqslant 12$	5
$12 < t \leqslant 20$	6
$t > 20$	8

注：1. 采用不预热的非低氢焊接方法进行焊接时，t 等于焊接连接部位中较厚件厚度，宜采用单道焊缝；采用预热的非低氢焊接方法或低氢焊接方法进行焊接时，t 等于焊接连接部位中较薄件的厚度。

2. 焊缝尺寸不要求超过焊接部位中较薄焊件厚度的情况除外。

(2) 搭接角焊缝的尺寸及布置要求。

搭接角焊缝的尺寸及布置应符合下列要求。

① 传递轴向力的部件，其搭接的最小长度应为较薄件厚度的 5 倍，且不应小于 25mm，并应施焊纵向或横向双角焊缝，如图 3-17 所示。

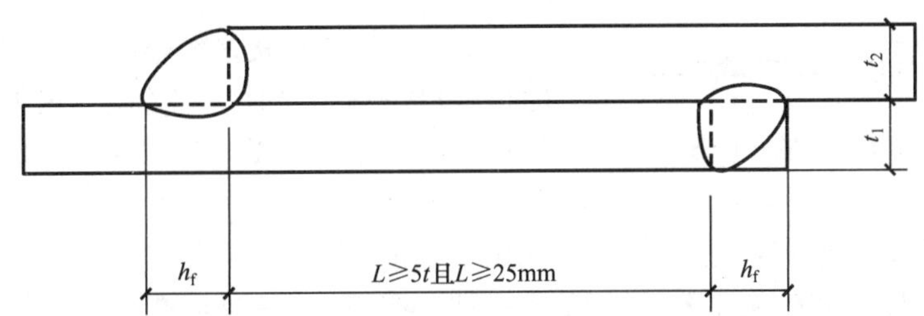

t—t_1 和 t_2 中的较小者；h_f—焊脚尺寸，按设计要求；L—最小搭接长度。

图 3-17 横向双角焊缝

② 只采用纵向角焊缝连接型钢杆件端部时，型钢杆件的宽度不应大于 200mm。当型钢杆件的宽度大于 200mm 时，应加横向角焊缝或中间塞焊。型钢杆件每一侧纵向角焊缝的长度不应小于型钢杆件的宽度。

③ 型钢杆件搭接采用围焊时，在转角处应连续施焊。当型钢杆件端部搭接角焊缝做绕焊时，绕焊长度不应小于焊脚尺寸的 2 倍，并应连续施焊。绕焊做法如图 3 - 18 所示。

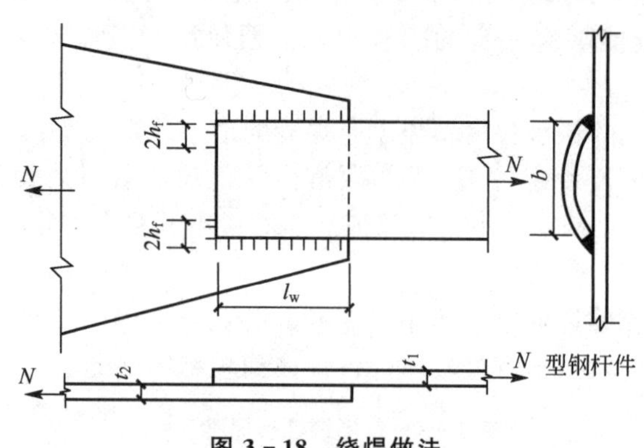

图 3 - 18　绕焊做法

④ 搭接焊缝沿母材棱边的最大焊脚尺寸。当焊件厚度不大于 6mm 时，最大焊脚尺寸应为母材厚度；当焊件厚度大于 6mm 时，最大焊脚尺寸应为母材厚度减去 1～2mm，如图 3 - 19 所示。

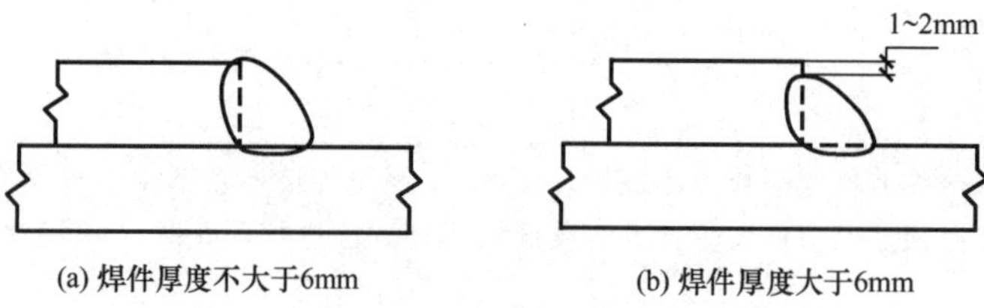

图 3 - 19　搭接焊缝沿母材棱边的最大焊脚尺寸

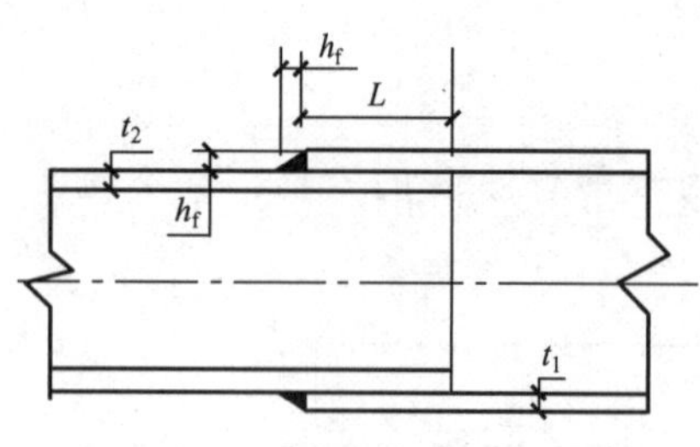

图 3 - 20　套管连接的搭接焊缝长度

⑤ 用搭接焊缝传递荷载的套管连接可只焊一条角焊缝，其管材搭接长度 L 不应小于5 (t_1+t_2)，且不应小于 25mm，搭接焊缝焊脚尺寸应符合设计要求。套管连接的搭接焊缝长度如图 3 - 20 所示。

⑥ 角焊缝的搭接焊缝连接中，当焊缝计算长度超过 60 倍焊脚尺寸时，焊缝的承载力设计值应乘以折减系数。折减系数 $\alpha=1.5-l_w/120h_f$，且不小于 0.5mm。

在次要构件或次要焊接连接中，可采用断续角焊缝。断续角焊缝焊段的长度不得小于 $10h_f$或 50mm，其净距不应大于 $15t$（受压构件）或 $30t$（受拉构件），t 为较薄件厚度。腐蚀环境中不宜采用断续角焊缝。

承受动荷载不需要进行疲劳验算的构件，采用塞焊、槽焊时，孔或槽的边缘到构件边缘在垂直于应力方向上的间距不应小于此构件厚度的 5 倍，且不应小于孔或槽宽度的2 倍；

构件端部搭接的纵向角焊缝长度不应小于两侧焊缝间的间距，且在无塞焊、槽焊等其他措施时，间距不应大于较薄件厚度的16倍，如图3－21所示。

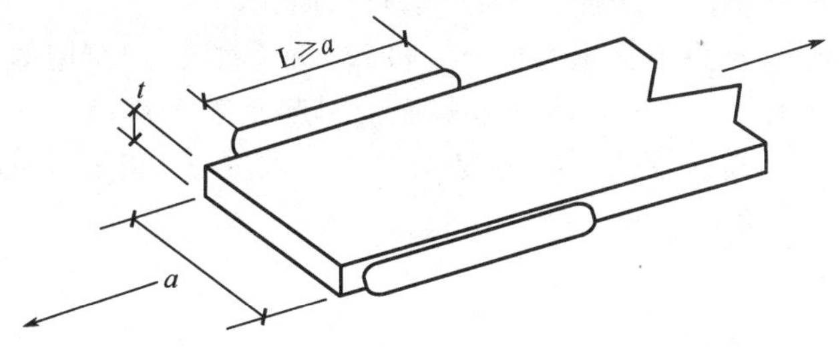

a—两侧焊缝间的垂直间距；L—纵向角焊缝长度。

图3－21　承受动荷载不需要进行疲劳验算时构件端部纵向角焊缝长度及间距要求

3.4.2 直角角焊缝强度计算

直角角焊缝的两焊脚边夹角为90°。直角角焊缝的有效截面面积为焊缝有效厚度与焊缝计算长度的乘积，而有效厚度为焊缝横截面的内接等腰三角形的最短距离，即不考虑熔深和凸度的距离（图3－22）。

直角角焊缝是以45°方向的最小截面作为有效截面。作用于直角角焊缝有效截面上的应力如图3－23所示，这些应力包括垂直于直角角焊缝有效截面的正应力$\sigma_{\perp}$，垂直于直角角焊缝长度方向的剪应力$\tau_{\perp}$，以及沿直角角焊缝长度方向的剪应力$\tau_{//}$。

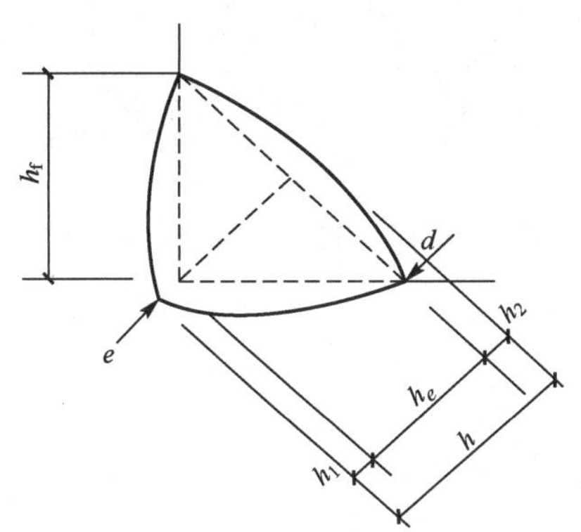

h—焊缝厚度；h_e—焊缝有效厚度；
h_f—焊脚尺寸；h_1—熔深；
h_2—凸度；d—焊趾；e—焊根。

图3－22　直角角焊缝的横截面

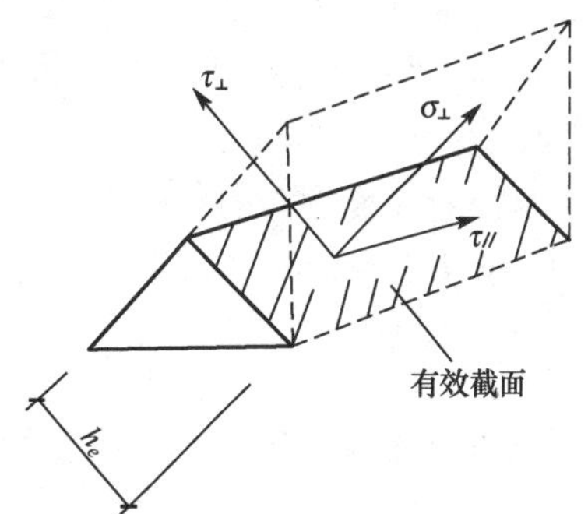

图3－23　直角角焊缝有效截面上的应力

三个方向的应力与直角角焊缝强度间的关系可用式(3－7)表示。

$$\sqrt{\sigma_{\perp}^2+3(\tau_{\perp}^2+\tau_{//}^2)}\leqslant\sqrt{3}f_f^w \tag{3-7}$$

式中　f_f^w——标准规定的直角角焊缝强度设计值。

由于f_f^w是由直角角焊缝的抗剪条件确定的，所以$\sqrt{3}f_f^w$相当于直角角焊缝的抗拉强度设计值，其取值可查附录 1 中相应附表数值。

采用式(3－7) 计算，即使是在简单外力作用下，都要计算有效截面上的应力分量$\sigma_{\perp}$、$\tau_{\perp}$、$\tau_{//}$，其计算过于烦琐，可以通过下述方法进行简化。

现以图 3－24 所示的受相互垂直的 N_x 和 N_y 两个轴心力作用的直角角焊缝为例，说明其强度公式的推导。N_y 在焊缝有效截面上引起垂直于焊缝一个直角边的应力 σ_f，该应力对有效截面既不是正应力，也不是剪应力，而是 $\sigma_{\perp}$ 和 $\tau_{\perp}$ 的合应力。σ_f 的计算见式(3－8)。

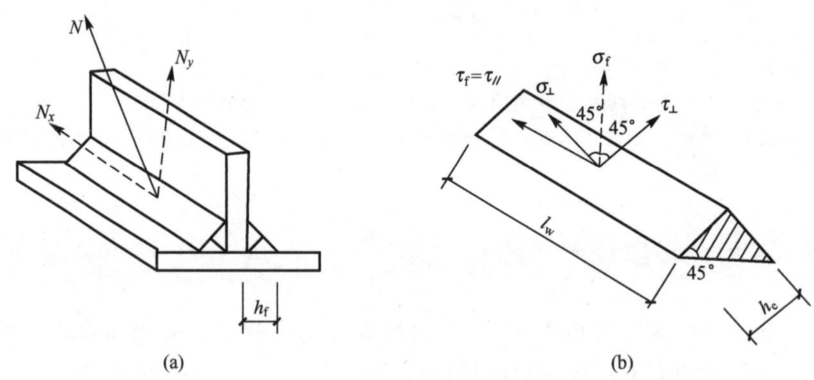

图 3－24　受相互垂直的 N_x 和 N_y 两个轴心力作用的直角角焊缝

$$\sigma_f=\frac{N_y}{h_e l_w} \tag{3-8}$$

式中　N_y——垂直于直角角焊缝长度方向的轴心力；

h_e——垂直于直角角焊缝的有效厚度，$h_e=0.7h_f$。

由图 3－24 (b) 可知，直角角焊缝的正应力和剪应力与合应力的关系为 $\sigma_{\perp}=\tau_{\perp}=\sigma_f/\sqrt{2}$。

沿焊缝长度方向的轴心力 N_x 在直角角焊缝有效截面上引起平行于直角角焊缝长度方向的剪应力 $\tau_f=\tau_{//}$，其计算见式(3－9)。

$$\tau_f=\tau_{//}=\frac{N_x}{h_e l_w} \tag{3-9}$$

直角角焊缝在各种应力综合作用下的计算见式(3－10)。

$$\sqrt{4\left(\frac{\sigma_f}{\sqrt{2}}\right)^2+3\tau_f^2}\leqslant\sqrt{3}f_f^w$$

或

$$\sqrt{\left(\frac{\sigma_f}{\beta_f}\right)^2+\tau_f^2}\leqslant f_f^w \tag{3-10}$$

式中　β_f——直角角焊缝的强度增大系数，$\beta_f=\sqrt{\frac{3}{2}}=1.22$。

对正面直角角焊缝，$\tau_f=0$，得式(3－11)。

$$\sigma_f=\frac{N}{h_e l_w}\leqslant\beta_f f_f^w \tag{3-11}$$

对侧面直角角焊缝，$\sigma_f=0$，得式(3－12)。

$$\tau_f=\frac{N}{h_e l_w}\leqslant f_f^w \tag{3-12}$$

式(3-10)—式(3-12)即为直角角焊缝强度的基本计算公式。

对于直接承受动力荷载结构中的焊缝，由于正面直角角焊缝的刚度大、韧性差，应将其强度降低使用，取 $\beta_f=1.0$，相当于按 σ_f 和 τ_f 的合应力进行计算，即 $\sqrt{\sigma_f^2+\tau_f^2}\leqslant f_f^w$。

3.4.3 各种受力状态下直角角焊缝强度计算

1. 受轴心力作用时直角角焊缝强度计算

(1) 受轴心力的盖板连接的计算。

当焊件受轴心力，且轴心力通过连接焊缝中心时，可认为焊缝应力是均匀分布的。图3-25所示的受轴心力的盖板连接，当只有侧面角焊缝时，按式(3-12)计算；当采用三面围焊时，对矩形拼接板，可先按式(3-13)计算正面角焊缝承受的内力。

$$N'=\beta_f f_f^w \sum h_e l_w \tag{3-13}$$

式中 $\sum l_w$——连接一侧的正面角焊缝计算长度的总和。

侧面角焊缝的强度见式(3-14)。

$$\tau_f=\frac{N-N'}{\sum h_e l_w}\leqslant f_f^w \tag{3-14}$$

式中 $\sum l_w$——连接一侧的侧面角焊缝计算长度的总和。

(2) 受斜向轴心力的角焊缝强度的计算。

图3-26所示为角焊缝受斜向轴心力 N，可利用力学原理，将 N 分解为垂直于焊缝和平行于焊缝的分力 $N_x=N\sin\theta$，$N_y=N\cos\theta$，计算角焊缝的应力见式(3-15)。

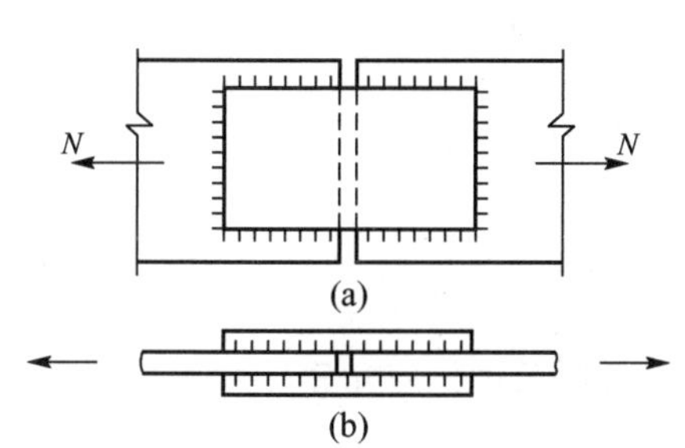

图3-25 受轴心力的盖板连接

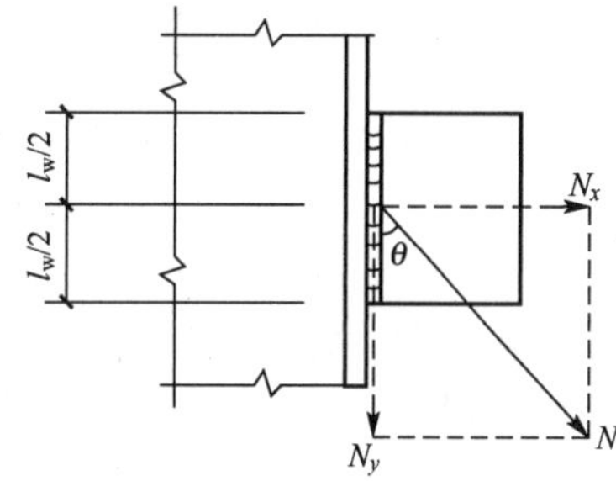

图3-26 角焊缝受斜向轴心力

$$\left.\begin{aligned}\sigma_f&=\frac{N\sin\theta}{\sum h_e l_w}\\ \tau_f&=\frac{N\cos\theta}{\sum h_e l_w}\end{aligned}\right\} \tag{3-15}$$

将式(3-15)代入 $\sqrt{\left(\frac{\sigma_f}{\beta_f}\right)^2+\tau_f^2}\leqslant f_f^w$，验算角焊缝的强度。

（3）受轴心力的角钢角焊缝计算。

在钢桁架中，角钢腹杆与节点板的角焊缝（图 3－27）一般采用两面侧焊，也可采用三面围焊，特殊情况也允许采用L形围焊。为了避免节点的偏心受力，各条焊缝所传递的合力作用线应与角钢腹杆的轴线重合。

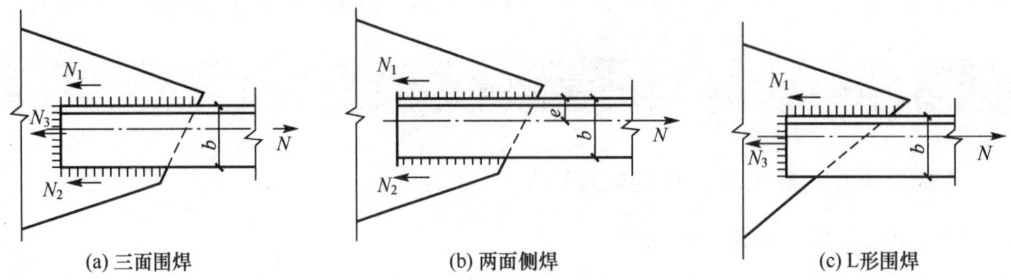

图 3－27 角钢腹杆与节点板的角焊缝

对于三面围焊［图 3－27（a）］，由角焊缝的构造要求，先假定正面角焊缝的焊脚尺寸 h_{f3}，求出正面角焊缝所分担的轴心力 N_3。当腹杆为双角钢组成的 T 形截面，且肢宽为 b 时，应计入 2 条正面角焊缝的作用，N_3 的计算见式(3－16)。

$$N_3 = 2\times 0.7 h_{f3} b \beta_f f_f^w \tag{3-16}$$

由平衡条件可得式(3－17）和式(3－18)。

$$N_1 = \frac{N(b-e)}{b} - \frac{N_3}{2} = k_1 N - \frac{N_3}{2} \tag{3-17}$$

$$N_2 = \frac{Ne}{b} - \frac{N_3}{2} = k_2 N - \frac{N_3}{2} \tag{3-18}$$

式中 N_1、N_2——角钢肢背和肢尖上的侧面角焊缝所分担的轴心力；

e——角钢肢背的形心距；

k_1、k_2——角钢肢背和肢尖上的侧面角焊缝的内力分配系数，设计时可近似取 $k_1=\frac{2}{3}$、$k_2=\frac{1}{3}$。

对于两面侧焊［图 3－27（b）］，因 $N_3=0$，可得式(3－19)、式(3－20)。

$$N_1 = k_1 N \tag{3-19}$$

$$N_2 = k_2 N \tag{3-20}$$

求得各角焊缝所受的内力后，再按构造要求（角焊缝的尺寸限制）假定角钢肢背和肢尖上的侧面角焊缝的焊脚尺寸，即可求出角焊缝的计算长度。双角钢截面的肢背和肢尖上的侧面角焊缝的计算长度分别见式(3－21)、式(3－22)。

$$l_{w1} = \frac{N_1}{2\times 0.7 h_{f1} f_f^w} \tag{3-21}$$

$$l_{w2} = \frac{N_2}{2\times 0.7 h_{f2} f_f^w} \tag{3-22}$$

式中 h_{f1}、l_{w1}——双角钢肢背上的侧面角焊缝的焊脚尺寸及计算长度；

h_{f2}、l_{w2}——双角钢肢尖上的侧面角焊缝的焊脚尺寸及计算长度。

考虑到每条焊缝两端的起灭弧缺陷，焊缝实际长度应是计算长度加 $2h_f$；而绕焊的侧面角焊缝实际长度等于计算长度（绕焊的角焊缝长度 $2h_f$ 无须计算）。

当角钢腹杆受力很小时，可采用L形围焊［图3-27（c）］。由于只有角钢端部的正面角焊缝和角钢肢背上的侧面角焊缝，令式(3-18) 中的 $N_2=0$，可得式(3-23)、式(3-24)。

$$N_3=2k_2N \tag{3-23}$$

$$N_1=N-N_3 \tag{3-24}$$

角钢肢背上的侧面角焊缝计算长度可按式(3-21) 计算，角钢端部的正面角焊缝的长度已知，可按式(3-25) 计算其焊脚尺寸。

$$h_{f3}=\frac{N_3}{2\times0.7l_{w3}\beta_f f_f^w} \tag{3-25}$$

式中 l_{w3}——角钢端部的正面角焊缝实际长度，$l_{w3}=b-h_f$。

例3-3 试验算图3-26所示的直角角焊缝的强度。已知焊缝承受的静态斜向轴力 $N=300$kN（设计值），$\theta=60°$，角焊缝的焊脚尺寸 $h_f=8$mm，实际焊缝长度 $l'_w=180$mm，钢材为Q235B钢，手工电弧焊，焊条为E43型。

解： 将 N 分解为垂直于焊缝和平行于焊缝的分力。

$$N_x=N\sin\theta=N\sin 60°=300\times\frac{\sqrt{3}}{2}\approx260(\text{kN})$$

$$N_y=N\cos\theta=N\cos60°=300\times\frac{1}{2}=150(\text{kN})$$

$$\tau_f=\frac{N_y}{2h_e l_w}=\frac{150\times10^3}{2\times0.7\times8\times(180-16)}\approx82(\text{N/mm}^2)$$

$$\sigma_f=\frac{N_x}{2h_e l_w}=\frac{260\times10^3}{2\times0.7\times8\times(180-16)}\approx142(\text{N/mm}^2)$$

焊缝同时承受 σ_f 和 τ_f 作用，用式(3-10) 验算。

$$\sqrt{\left(\frac{\sigma_f}{\beta_f}\right)^2+\tau_f^2}=\sqrt{\left(\frac{142}{1.22}\right)^2+82^2}\approx142(\text{N/mm}^2),142\text{N/mm}^2<f_f^w=160\text{N/mm}^2$$

例3-4 试设计用拼接盖板的对接连接（图3-28）。已知钢板宽 $B=270$mm，厚度 $t_1=26$mm，拼接盖板厚度 $t_2=16$mm。该焊缝承受轴心力设计值 $N=1750$kN，钢材为Q345钢，手工电弧焊，焊条为E50型。

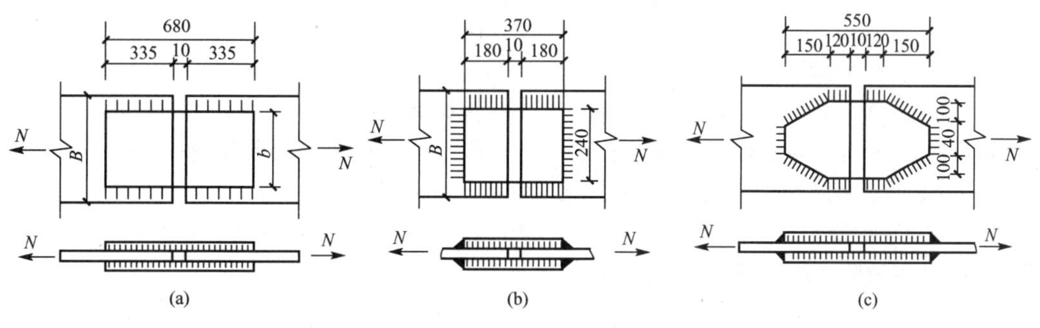

图3-28 例3-4图

解： 设计拼接盖板的对接连接有两种方法：一种方法是先假定焊脚尺寸求焊缝计算长度，再由焊缝计算长度确定拼接盖板的尺寸；另一种方法是先假定焊脚尺寸和拼接盖板的尺寸，然后验算焊缝的承载力，如果假定的焊脚尺寸和拼接盖板尺寸不能满足承载力要求，则调整焊脚尺寸和拼接盖板尺寸再验算，直到满足要求为止。

角焊缝的焊脚尺寸 h_f 应根据实焊板件厚度确定。

由于焊缝是在板件边缘施焊，且拼接盖板厚度 $t_2=16mm>6mm$，$t_2<t_1$，取 $t=t_2=16mm$。则

$$h_{f,max}=t-(1\sim2)=16-(1\sim2)=15(mm)或14(mm)$$

查表 3－3 可知，$h_{f,min}=6mm$，取 $h_f=10mm$，查附表 1－5 得角焊缝强度设计值$f_t^w=200N/mm^2$。

(1) 采用两面侧焊时［图 3－28 (a)］。

连接一侧直角角焊缝计算长度的总和，可按式(3－12) 计算。

$$\sum l_w=\frac{N}{h_e f_t^w}=\frac{1750\times10^3}{0.7\times10\times200}=1250(mm)$$

此对接焊缝采用了上下两块拼接盖板，共有 4 条侧面角焊缝，一条侧面角焊缝的实际长度为：

$$l'_w=\frac{\sum l_w}{4}+2h_f=\frac{1250}{4}+20\approx333(mm)<60h_f=60\times10=600(mm)$$

所需拼接盖板长度 L：

$L=2l'_w+10=2\times333+10=676$ (mm)，取 680mm。其中，10mm 为两块被连接钢板间的间隙。

拼接盖板的宽度 b 就是两条侧面角焊缝之间的距离，应根据强度条件和构造要求确定。根据强度条件，在钢材种类相同的情况下，拼接盖板的截面面积 A' 应等于或大于被连接钢板的截面面积 A。

选定拼接盖板宽度 $b=240mm$。

则

$$A'=2bt=2\times240\times16=7680(mm^2),7680mm^2>A=270\times26=7020(mm^2)$$

满足强度要求。

根据构造要求可知：

$$b=240mm<l_w=333mm$$

$$且\ b<16t=16\times16=256(mm)$$

满足构造要求，故选定拼接盖板尺寸为 680mm×240mm×16mm。

(2) 采用三面围焊时［图 3－28 (b)］。

采用三面围焊可以减小侧面角焊缝的长度，从而减少拼接盖板的尺寸。设拼接盖板的宽度和厚度与采用两面侧焊时相同，故仅需求盖板长度。已知正面角焊缝的实际长度 $l_w=b=240mm$，则正面角焊缝所能承受的内力为：

$$N'=2h_e l_w \beta_f f_f^w=2\times0.7\times10\times240\times1.22\times200\times10^{-3}\approx820(kN)$$

连接一侧的侧面角焊缝的计算长度总和：

$$\sum l_w=\frac{N-N'}{h_e f_f^w}=\frac{(1750-820)\times10^3}{0.7\times10\times200}\approx664(mm)$$

连接一侧共有 4 条侧面角焊缝，则一条侧面角焊缝的长度为：

$$l'_w=\frac{\sum l_w}{4}+h_f=\frac{664}{4}+10=176(mm)，取为 180mm。$$

拼接盖板的长度为：

$$L=2l'_{w}+10=2\times180+10=370(mm)$$

(3) 采用菱形拼接盖板时［图 3-28 (c)］。

当拼接盖板宽度较大时，采用菱形拼接盖板可减小角部的应力集中，从而使连接的工作性能得以改善。菱形拼接盖板的连接焊缝由正面角焊缝、侧面角焊缝和斜焊缝组成。设计时，一般先假定拼接盖板的尺寸再进行验算。拼接盖板的尺寸如图 3-28 (c) 所示，则各部分焊缝承受的内力如下。

正面角焊缝：

$$N_1=2h_e l_{w1}\beta_f f_f^w=2\times0.7\times10\times40\times1.22\times200\times10^{-3}\approx137(kN)$$

侧面角焊缝：

$$N_2=4h_f l_{w2} f_f^w=4\times0.7\times10\times(120-10)\times200\times10^{-3}=616(kN)$$

斜焊缝：斜焊缝强度介于正面角焊缝与侧面角焊缝之间，从设计角度出发，将斜焊缝视作侧面角焊缝进行计算，这样处理是偏安全的。

$$N_3=4h_e l_{w3} f_f^w=4\times0.7\times10\times\sqrt{150^2+100^2}\times200\times10^{-3}\approx1010(kN)$$

连接一侧焊缝所能承受的内力为：

$$N'=N_1+N_2+N_3=137+616+1010=1763(kN),\ 1763kN>1400kN$$

满足强度要求。

2. 复杂受力时角焊缝强度计算

当角焊缝受非轴心力时，可以将所受力的作用分解为轴心力、弯矩、扭矩、剪力等简单受力情况，分别求出单独受力时的角焊缝应力，然后利用叠加原理，对角焊缝中受力最大的点进行验算。

(1) 受轴心力、弯矩、剪力联合作用的角焊缝强度计算。

在轴心力 N 的作用下，角焊缝有效截面上产生垂直于焊缝长度方向的均匀应力，属于正面角焊缝受力性质，其应力计算见式(3-26)。

$$\sigma_A^N=\frac{N}{A_e}=\frac{N}{2h_e l_w} \tag{3-26}$$

在弯矩 M 的作用下，角焊缝有效截面上产生垂直于焊缝长度方向的应力，应力呈三角形分布，角焊缝受力为正面角焊缝性质，其应力的最大值计算见式(3-27)。

$$\sigma_A^M=\frac{M}{W_e}=\frac{6M}{2h_e l_w^2} \tag{3-27}$$

这两部分应力由于在 A 点处的方向相同，可直接叠加，故 A 点垂直于焊缝长度方向的应力计算见式(3-28)。

$$\sigma_f=\frac{N}{2h_e l_w}+\frac{6M}{2h_e l_w^2} \tag{3-28}$$

在剪力 V 的作用下，角焊缝有效截面上产生平行于焊缝长度方向的应力，属于侧面角焊缝受力性质，在受剪截面上应力分布是均匀的，剪应力的计算见式(3-29)。

$$\tau_f=\frac{V}{A_e}=\frac{V}{2h_e l_w} \tag{3-29}$$

式中 l_w——角焊缝的计算长度，为实际长度减去 $2h_f$。

则角焊缝的强度计算见式(3-30)。

$$\sqrt{\left(\frac{\sigma_f}{\beta_f}\right)^2+\tau_f^2}\leqslant f_f^w \tag{3-30}$$

当角焊缝直接承受动力荷载作用时，取 $\beta_f=1.0$。

对于工字形梁（或牛腿）与钢柱翼缘连接的角焊缝（图3-29），通常只承受弯矩 M 和剪力 V 的联合作用。由于翼缘的竖向刚度较差，在剪力作用下，如果没有腹板角焊缝，翼缘将发生明显挠曲，说明翼缘板的抗剪能力极差。因此，计算时通常假设腹板角焊缝承受全部剪力，而全部角焊缝承受弯矩。

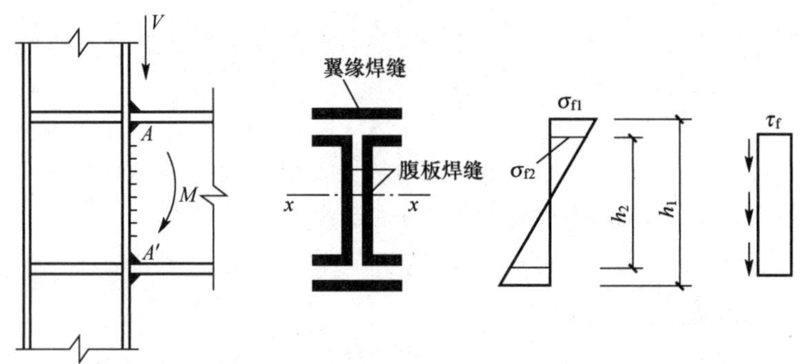

图3-29　工字形梁（或牛腿）与钢柱翼缘连接的角焊缝

为了角焊缝分布较合理，宜在每个翼缘的上下两侧均匀布置角焊缝，弯曲应力沿梁高呈三角形分布，最大应力发生在翼缘角焊缝的最外纤维处的应力满足角焊缝的强度条件，其计算见式(3-31)。

$$\sigma_{f1}=\frac{M}{I_w}\cdot\frac{h_1}{2}\leqslant\beta_f f_f^w \tag{3-31}$$

式中　M——全部角焊缝所承受的弯矩；

I_w——全部角焊缝有效截面对中性轴的惯性矩；

h_1——上下翼缘角焊缝有效截面最外纤维之间的距离。

腹板角焊缝承受两种应力的联合作用，即垂直于焊缝长度方向且沿梁高度呈三角形分布的弯曲应力和平行于焊缝长度方向且沿焊缝截面均匀分布的剪应力的作用，设计控制点为翼缘角焊缝与腹板角焊缝的交点 A，此处的弯曲应力和剪应力分别按式(3-32)、式(3-33)计算。

$$\sigma_{f2}=\frac{M}{I_w}\cdot\frac{h_2}{2} \tag{3-32}$$

$$\tau_{f2}=\frac{V}{\sum(h_{e2}l_{w2})} \tag{3-33}$$

式中　$\sum(h_{e2}l_{w2})$——腹板角焊缝有效截面面积之和；

h_2——腹板角焊缝的实际长度。

则腹板角焊缝在 A 点的强度验算见式(3-34)。

$$\sqrt{\left(\frac{\sigma_{f2}}{\beta_f}\right)^2+\tau_{f2}^2}\leqslant f_f^w \tag{3-34}$$

工字形梁（或牛腿）与钢柱翼缘连接的角焊缝强度的另一种计算方法是使角焊缝传递

应力近似与钢材所承受应力相协调，即假设腹板角焊缝只承受剪力；翼缘角焊缝承担全部弯矩，并将弯矩 M 等效为一对水平力 $H=M/h_1$。则翼缘角焊缝和腹板角焊缝的强度计算分别见式(3-35)、式(3-36)。

翼缘角焊缝的强度计算式为：

$$\sigma_f=\frac{H}{\sum h_{e1}l_{w1}}\leqslant \beta_f f_f^w \tag{3-35}$$

腹板角焊缝的强度计算式为：

$$\tau_f=\frac{V}{2h_{e2}l_{w2}}\leqslant f_f^w \tag{3-36}$$

式中 $\sum h_{e1}l_{w1}$——一个翼缘上角焊缝的有效截面面积之和；

$2h_{e2}l_{w2}$——两条腹板角焊缝的有效面积。

例3-5 试验算图3-30所示牛腿与钢柱翼缘连接角焊缝的强度。钢材为Q345B钢，焊条为E50型，手工电弧焊。静态荷载设计值 $N=400\text{kN}$，偏心距 $e=350\text{mm}$，焊脚尺寸 $h_{f1}=8\text{mm}$，$h_{f2}=6\text{mm}$。

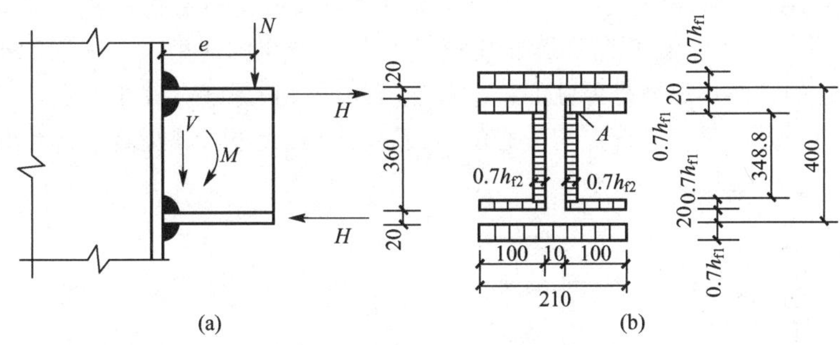

图3-30 例3-5图

解： 竖向力 N 在角焊缝形心处引起剪力 $V=N=400\text{kN}$ 和弯矩 $M=Ne=400\times0.35=140$ (kN·m)。

(1) 考虑腹板角焊缝参与传递弯矩的计算方法。

全部角焊缝有效截面对中和轴的惯性矩为：

$$I_w=2\times\frac{0.42\times34.88^3}{12}+2\times21\times0.56\times20.28^2+4\times10\times0.56\times17.72^2\approx19677(\text{cm}^4)$$

翼缘角焊缝的最大应力：

$$\sigma_{f1}=\frac{M}{I_w}\cdot\frac{h_1}{2}=\frac{140\times10^6}{19677\times10^4}\times205.6\approx146(\text{N/mm}^2),146\text{N/mm}^2<\beta_f f_f^w=1.22\times200$$
$$=244(\text{N/mm}^2)$$

腹板角焊缝的弯曲应力：

$$\sigma_{f2}=\frac{M}{I_w}\cdot\frac{h_2}{2}=\frac{140\times10^6}{19677\times10^4}\times\frac{348.8}{2}\approx124(\text{N/mm}^2)$$

腹板角焊缝的剪应力：

$$\tau_{f2}=\frac{V}{\sum(h_{e2}l_{w2})}=\frac{400\times10^3}{2\times0.7\times6\times348.8}\approx137\ (\text{N/mm}^2)$$

则腹板角焊缝的强度（A 点为设计控制点）为：

$$\sqrt{\left(\frac{\sigma_{f2}}{\beta_f}\right)^2+\tau_{f2}^2}=\sqrt{\left(\frac{124}{1.22}\right)^2+137^2}\approx171(\mathrm{N/mm^2}),\ 171\mathrm{N/mm^2}<f_f^w=200\mathrm{N/mm^2}$$

（2）不考虑腹板角焊缝传递弯矩的计算方法。

翼缘角焊缝所承受的水平力：

$$H=\frac{M}{h}=\frac{140\times10^6}{380}\approx368(\mathrm{kN})（h\text{ 值近似取翼缘中线间距离}）$$

翼缘角焊缝的强度：

$$\sigma_f=\frac{H}{\sum h_{e1}l_{w1}}=\frac{368\times10^3}{0.7\times8\times(210+2\times100)}\approx160(\mathrm{N/mm^2}),\ 160\mathrm{N/mm^2}<\beta_f f_f^w=244\mathrm{N/mm^2}$$

腹板角焊缝的强度：

$$\tau_f=\frac{V}{2h_{e2}l_{w2}}=\frac{400\times10^3}{2\times0.7\times6\times348.8}\approx137(\mathrm{N/mm^2}),\ 137\mathrm{N/mm^2}<200\mathrm{N/mm^2}$$

（3）扭矩、剪力和轴心力联合作用的角焊缝强度计算方法。

图 3－31 所示为角焊缝受扭矩、剪力和轴心力的联合作用，轴心力 N 通过围焊缝的形心 O 点，而剪力 V 距 O 点的距离为（$e+a$）。将作用力向围焊缝的形心 O 点处简化，可得到剪力 V 和扭矩 $T=V(e+a)$。计算角焊缝在扭矩 T 作用下产生的应力时，采用如下假定：①被连接构件是刚性的，而角焊缝是弹性的；②被连接构件绕角焊缝有效截面形心 O 旋转，角焊缝任意一点的应力方向垂直于该点与形心的连线，且应力大小与其距离 r 的大小成正比。

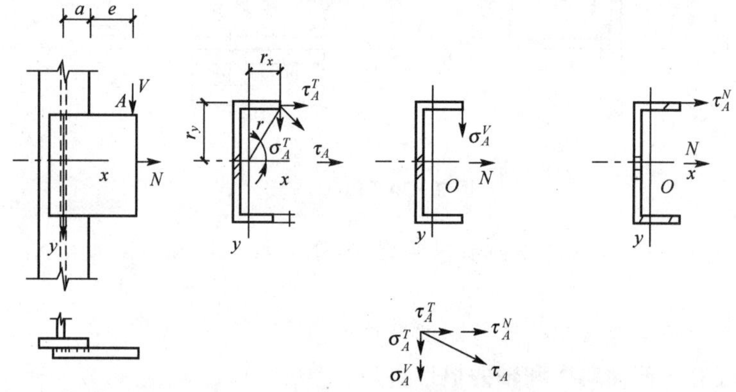

图 3－31 角焊缝受扭矩、剪力和轴心力联合作用

在扭矩作用下，A 点由扭矩引起的切应力最大。扭矩 T 在 A 点引起的切应力计算见式(3－37)。

$$\tau_A=\frac{Tr}{I_p}=\frac{Tr}{I_x+I_y} \tag{3-37}$$

式中 I_p——角焊缝有效截面的极惯性矩，$I_p=I_x+I_y$。

式(3－37) 所得出的应力与焊缝长度方向成斜角，将其沿 x 轴和 y 轴分解，见式(3-38)、式(3－39)。

$$\tau_A^T=\frac{Tr_y}{I_p}\qquad（侧面角焊缝受力性质） \tag{3-38}$$

$$\sigma_A^T=\frac{Tr_x}{I_p}\qquad（正面角焊缝受力性质） \tag{3-39}$$

由剪力 V 在角焊缝引起的剪应力均匀分布，A 点的应力［式(3-40)］垂直于焊缝长度方向，属于正面角焊缝受力性质。应力：

$$\sigma_A^V=\frac{V}{\sum h_e l_w} \tag{3-40}$$

计算出 σ_A^V。由轴心力 N 在 A 点的应力［式(3-41)］平行于焊缝长度方向，属侧面角焊缝受力性质。

$$\tau_A^N=\frac{N}{\sum h_e l_w} \tag{3-41}$$

剪力、扭矩和轴心力联合作用时，A 点的应力见式(3-42)、式(3-43)。

$$\tau_f=\tau_A^T+\tau_A^N \tag{3-42}$$

$$\sigma_f=\sigma_A^T+\sigma_A^V \tag{3-43}$$

A 点的合应力应满足的强度条件见式(3-44)。

$$\sqrt{\left(\frac{\sigma_f}{\beta_f}\right)^2+\tau_f^2}\leqslant f_f^w \tag{3-44}$$

当角焊缝直接承受动态荷载时，取 $\beta_f=1.0$。

在上述计算方法中，假定剪力产生的应力均匀分布是为了简化计算。实际上，在图 3-31所示剪力作用为轴心受剪，其中水平焊缝为正面焊缝，竖直焊缝为侧面焊缝，两者单位长度分担的应力是不同的，前者较大，后者较小。显然，假设轴心力产生的应力为均匀分布，与前面基本公式推导中考虑焊缝长度方向的思路不符。同样，在确定形心位置及计算扭矩产生的应力时，也没有考虑焊缝长度方向，而只是最后验算式中引进了正面角焊缝的强度增大系数 β_f，所以上面的计算是近似计算。

3.4.4 斜角角焊缝的计算

斜角角焊缝一般用于腹板倾斜的 T 形接头，计算时采用与直角角焊缝相同的计算公式，斜角角焊缝不论其有效截面上的应力情况如何，均不考虑焊缝的长度方向，一律取 $\beta_f=1.0$。

在确定斜角角焊缝的有效厚度时（图 3-32），一般是假定斜角角焊缝在其夹角最小的斜面上发生破坏。因此，《钢结构设计标准》(GB 50017—2017) 对两焊脚夹角 $60°\leqslant\alpha\leqslant135°$ 的 T 形接头规定：当根部间隙（b、b_1 或 b_2）不大于 1.5mm 时，斜角角焊缝的有效厚度计算可根据式(3-45) 计算；当根部间隙大于 1.5mm 但不大于 5mm 时，则斜角角焊缝的有效厚度计算可根据式(3-46) 计算。

$$h_e=h_f\cos\frac{\alpha}{2} \tag{3-45}$$

$$h_e=\left[h_f-\frac{b(\text{或 } b_1、b_2)}{\sin\alpha}\right]\cos\frac{\alpha}{2} \tag{3-46}$$

当 $30°\leqslant\alpha<60°$ 或 $\alpha<30°$ 时，斜角角焊缝的有效厚度 h_e 应按现行国家标准《钢结构焊接规范》(GB 50661—2011) 的有关规定计算。

图 3-32 中的最大根部间隙不得超过 5mm。若图 3-32 (a) 中的 $b_1>5$mm 时，可将板边倾斜的 T 形接头做成图 3-32 (b) 的形式。

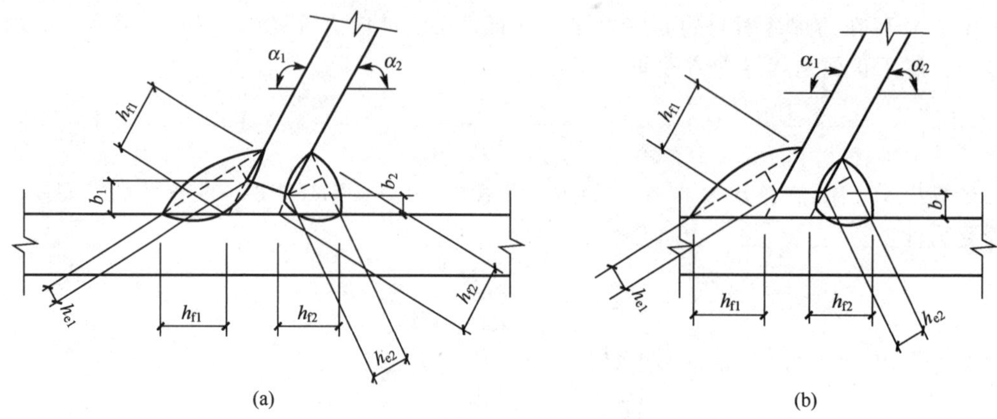

图 3-32 斜焊缝的有效厚度

3.5 焊接应力与焊接变形

3.5.1 焊接应力的分类和产生的原因

焊接应力（welding stresses）有沿焊缝长度方向的纵向焊接应力、垂直于焊缝长度方向的横向焊接应力和沿钢板厚度方向的焊接应力。

1. 纵向焊接应力

焊接过程是一个不均匀加热和冷却的过程。在两块钢板上施焊时，钢板上会产生不均匀的温度场，焊缝附近温度可达1600℃以上，其邻近区域温度较低而且下降很快（图3-33）。不均匀的温度场产生了不均匀的膨胀。焊缝附近高温处的钢材膨胀最大，受到周围膨胀小的钢材的限制，产生了热状态塑性压缩。焊缝冷却时钢材收缩，焊缝区收缩变形受到两侧钢材的限制而产生纵向拉应力，两侧因中间焊缝收缩而产生纵向压应力，这就是焊缝纵向收缩引起的纵向焊接应力（图3-33）。

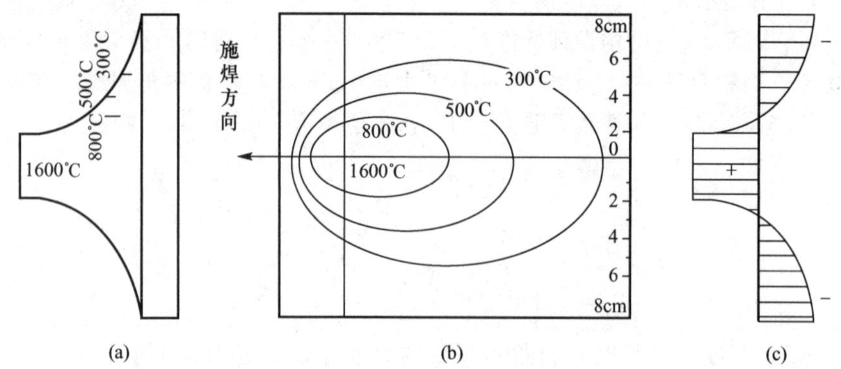

图 3-33 施焊时焊缝附近及附近区域的温度场和纵向应力

三块钢板拼成的工字钢，腹板与翼缘用角焊缝连接，翼缘与腹板连接处因焊缝收缩受到两边钢板的阻碍而产生纵向拉应力，两边因中间收缩而产生纵向压应力，因而形成中部焊缝区受拉而两边钢板受压的纵向焊接应力。腹板纵向焊接应力分布则相反，由于腹板与翼缘焊缝收缩受到腹板中间钢板的阻碍而受拉，腹板中间受压，因而形成中间钢板受压而两边焊缝区受拉的纵向焊接应力，如图 3－34 所示。

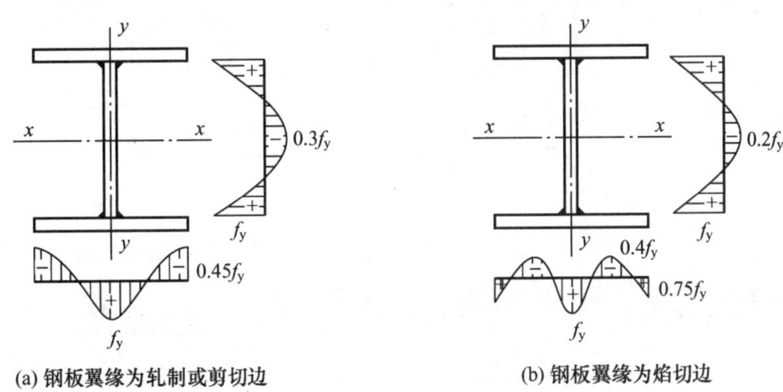

(a) 钢板翼缘为轧制或剪切边　　(b) 钢板翼缘为焰切边

图 3－34　纵向焊接应力

2. 横向焊接应力

横向焊接应力由两部分组成。一部分是焊缝纵向收缩，使两块钢板趋向于形成反方向的弯曲变形，但实际上焊缝将两块钢板连成整体，在焊缝中部产生横向拉应力，而两端则产生横向压应力。另一部分是由于焊缝在施焊过程中冷却时间不同，先焊的焊缝已经凝固，且具有一定强度，会阻止后焊的焊缝横向自由膨胀，使它发生横向塑性压缩变形；当先焊的焊缝凝固后，中间的焊缝逐渐冷却，后焊的焊缝开始冷却，这三个焊缝区域产生杠杆作用，结果先焊的焊缝因杠杆作用也受拉，中间的焊缝受压，后焊的焊缝因收缩而受拉；这两种横向应力叠加形成横向焊接应力。

横向焊接应力（图 3－35）与施焊方向和施焊先后顺序有关。焊缝冷却时间不同，产生的横向焊接应力不同。

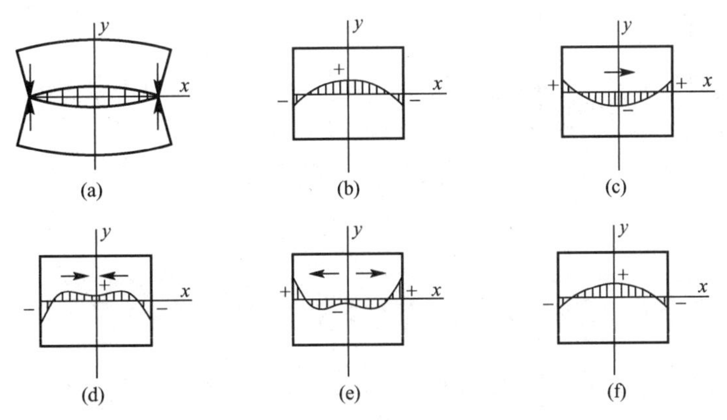

图 3－35　横向焊接应力

3. 沿钢板厚度方向的焊接应力

在厚钢板的焊接中，焊缝需要多层施焊。因此，除有纵向焊接应力 σ_x 和横向焊接应力 σ_y 外，还有沿钢板厚度方向的焊接应力 σ_z 厚板中的焊接应力（图 3－36）。这三种应力形成三向拉应力场，将大大降低焊接的塑性。

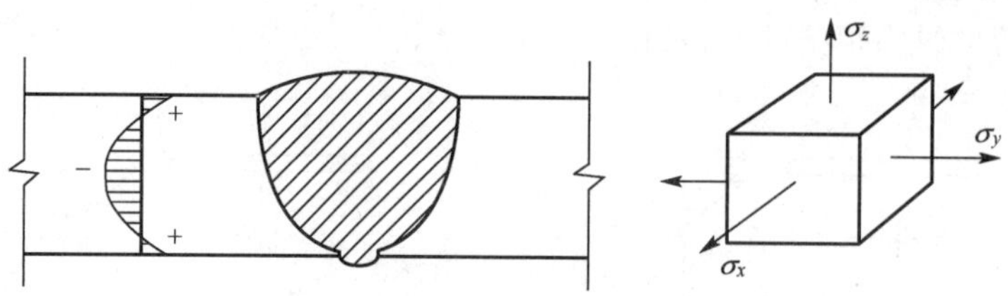

图 3－36　厚板中的焊接应力

3.5.2　焊接应力对钢结构性能的影响

1．对钢结构静力强度的影响

在常温下工作并具有一定塑性的钢材，由于钢材屈服会引起截面应力重分布，因而在静荷载作用下，焊接应力是不会影响钢结构强度的。

2．对钢结构刚度的影响

残余应力会降低钢结构的刚度。对于有残余应力的轴心受拉构件，当加载时，由于构件截面塑性区逐渐加宽，两侧弹性区逐渐减小，必然导致构件变形增大、刚度降低。

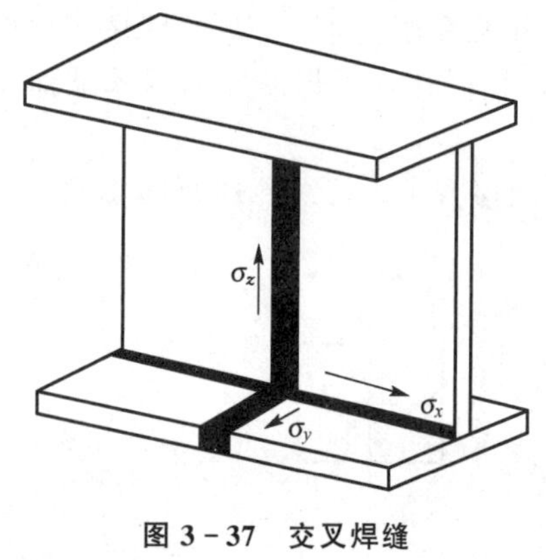

图 3－37　交叉焊缝

3．对钢材低温脆断的影响

在厚钢板焊接处或具有交叉焊缝（图 3－37）的部位，将产生三向焊拉应力，阻碍该区域钢材塑性变形的发展，从而增加钢材在低温下的脆断倾向，使裂纹容易发生和发展。

4．对钢材疲劳强度的影响

在焊缝及其附近，主体构件残余拉应力通常达到钢材的屈服强度，此部位是疲劳裂纹最为敏感的区域。因此，焊接残余应力对钢材的疲劳强度有明显的不利影响。

3.5.3　焊接变形

焊接变形是钢结构中比较普遍的现象。焊接变形是焊接构件局部加热冷却后产生的不可恢复变形，包括纵向变形、横向变形、弯曲变形、角变形、波浪变形、扭曲变形等（图 3－38），通常是几种变形的组合。焊接变形若超过验收规范的规定时，则必须对构件进行校正，以免影响构件在正常使用条件下的承载能力。

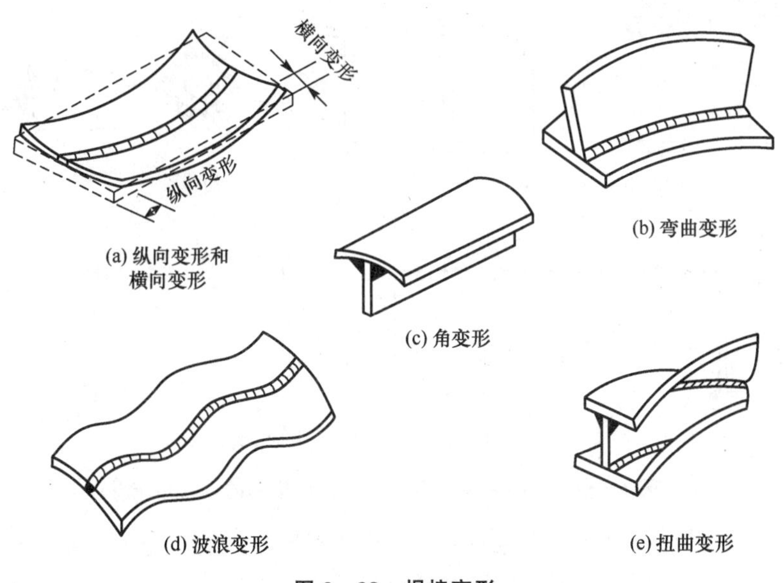

图 3-38 焊接变形

3.5.4 减小焊接应力和焊接变形的措施

1. 设计上的措施

(1) 焊接位置的安排要合理。只要结构上允许，应尽可能使焊缝对称于构件截面的中心轴，以减小焊接变形，推荐采用图 3-39（a）和图 3-39（b）所示的焊接位置，不推荐采用图 3-39（c）和 3-39（d）所示的焊接位置。

(2) 焊缝尺寸要适当。在保证安全的前提下，施工时不得随意加大焊缝尺寸。焊缝尺寸过大容易引起过大的焊接残余应力，且在施焊时易发生焊穿、过热等缺陷，未必有利于焊接的强度。

(3) 焊缝的数量宜少，且焊缝不宜过分集中。当几块钢板交汇于一处进行焊接时，应采用图 3-39（e）的方式。如采用图 3-39（f）的方式，由于热量高度集中，会引起过大的焊接变形，同时焊缝及主体金属组织也会发生改变。

(4) 应尽量避免两条或三条焊缝垂直交叉。比如加劲肋与梁的腹板及翼缘的焊缝，就应通过采用切角的方式予以中断，以保证主要的焊缝（翼缘与腹板的焊缝）连续通过[图 3-39（g）]。

(5) 尽量避免沿母材厚度方向的焊缝产生收缩应力。图 3-39（i）这种焊接方式在焊缝收缩应力作用下，钢板易引起层状撕裂，推荐采用图 3-39（j）的构造。

(6) 焊缝位置宜尽量避开最大应力区。构件的最大应力区对焊接缺陷、应力集中和焊接热影响区等不利因素尤为敏感，容易引起局部破坏。

2. 工艺上的措施

(1) 采取合理的施焊次序。例如：钢板对接施焊时采用分段退焊，沿钢板厚度方向施焊采用分层焊，工字形截面施焊采用对角跳焊，多块钢板拼接施焊时采用分块焊接（图 3-40）。

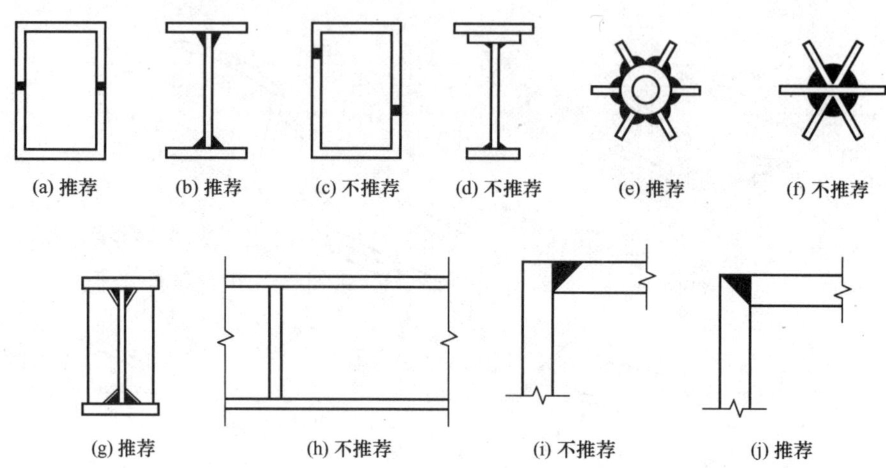

图 3－39　减小焊接应力和焊接变形影响的设计措施

（2）采用预变形。施焊前给构件一个与焊接变形反方向的预变形，使之与焊接所引起的变形相抵消，从而达到减小焊接变形的目的（图 3－41）。

（3）对于小尺寸焊件，可焊前预热或焊后回火加热至 600℃左右，然后缓慢冷却，部分消除焊接应力和焊接变形；也可采用刚性固定法将焊件固定，从而限制焊接变形，但会增加焊接残余应力。

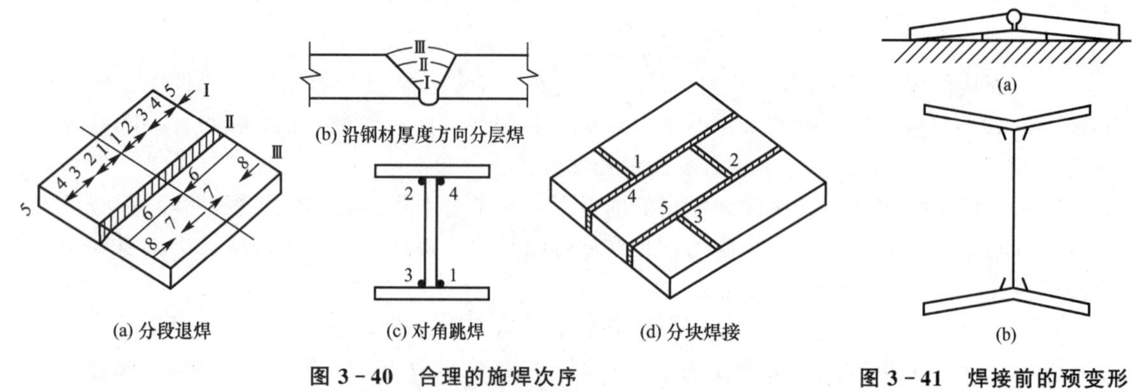

图 3－40　合理的施焊次序

图 3－41　焊接前的预变形

3.6　螺栓连接的构造

3.6.1　螺栓的排列

螺栓在构件上的排列应简单、统一、整齐、紧凑，通常分为并列和错列两种形式（图 3－42）。并列比较简单整齐、所用连接板尺寸小，但并列的螺栓孔对构件截面的削弱较错列大。错列可以减小螺栓孔对截面的削弱，但螺栓孔排列不如并列紧凑、连接板尺寸较大。

螺栓在构件上的排列应满足以下要求。

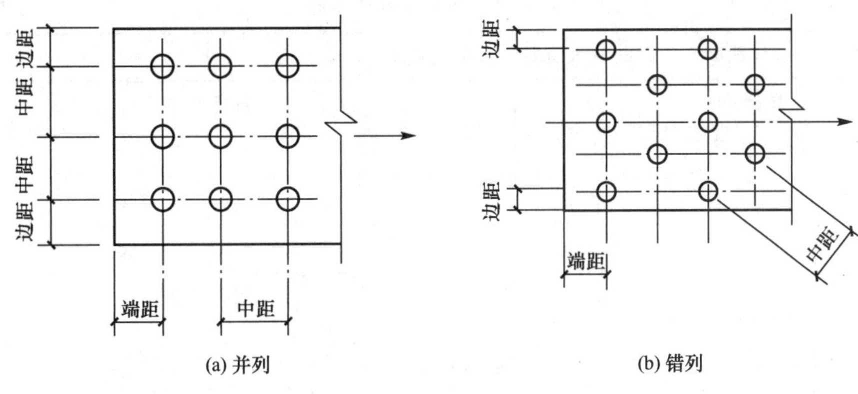

(a) 并列　　(b) 错列

图 3-42　螺栓在构件上的排列

(1) 受力要求：螺栓的端距在受力方向过小时，构件有剪断或撕裂的可能。各排螺栓中距和边距太小时，构件有沿折线或直线破坏的可能。受压构件，沿受力方向螺栓中距过大时，被连接件易发生鼓曲和张口现象。

(2) 构造要求：螺栓的中距及边距不宜过大，否则钢板间不能紧密贴合，潮气易侵入缝隙而使钢材锈蚀。

(3) 施工要求：要保证螺栓之间有一定的空间，便于转动螺栓扳手以拧紧螺帽。

根据上述要求，标准规定了螺栓的最大、最小容许距离，见表 3-4。螺栓沿型钢长度方向上排列的间距，除应满足表 3-4 的要求外，螺栓在型钢横截面上的线距尚应充分考虑拧紧螺栓时的净空要求。对于角钢、普通工字钢、槽钢截面上螺栓排列的线距应满足表 3-5 至表 3-7 的要求。H 型钢截面上螺栓排列的线距（图 3-43）：腹板的中心距 c 可参照普通工字钢，翼缘的形心距 e 或 e_1、e_2 值可参照角钢。

表 3-4　螺栓的最大、最小容许距离

<table>
<tr><th>名称</th><th colspan="3">位置和方向</th><th>最大容许距离/mm
(取两者的较小值)</th><th>最小容许距离
/mm</th></tr>
<tr><td rowspan="5">中心距</td><td colspan="3">外排（垂直内力方向或顺内力方向）</td><td>$8d_0$ 或 $12t$</td><td rowspan="5">$3d_0$</td></tr>
<tr><td rowspan="3">中间排</td><td colspan="2">垂直内力方向</td><td>$16d_0$ 或 $24t$</td></tr>
<tr><td rowspan="2">顺内力方向</td><td>构件受压力</td><td>$12d_0$ 或 $18t$</td></tr>
<tr><td>构件受拉力</td><td>$16d_0$ 或 $24t$</td></tr>
<tr><td colspan="3">沿对角线方向</td><td>—</td></tr>
<tr><td rowspan="4">中心至
构件边缘</td><td colspan="3">顺内力方向</td><td rowspan="4">$4d_0$ 或 $8t$</td><td>$2d_0$</td></tr>
<tr><td rowspan="3">垂直
内力
方向</td><td colspan="2">剪切边或手工气割边</td><td rowspan="2">$1.5d_0$</td></tr>
<tr><td rowspan="2">轧制边、自动气
割或锯割边</td><td>高强度螺栓</td></tr>
<tr><td>其他螺栓或铆钉</td><td>$1.2d_0$</td></tr>
</table>

注：1. d_0 为螺栓的孔径，对槽孔为短向尺寸，t 为外层较薄板件的厚度。

2. 钢板边缘与刚性构件（如角钢、槽钢等）相连的高强度螺栓的最大间距，可采用中间排的数值。

表 3－5　角钢上螺栓线距

单位：mm

角钢肢宽	线距 e	钉孔最大直径	角钢肢宽	e_1	e_2	钉孔最大直径
单行排列			双行并列			
40	25	11.5	160	60	130	24
45	25	13.5	180	70	140	24
50	30	13.5	200	80	160	26
56	30	15.5	双行错排			
63	35	17.5	125	55	90	24
70	40	20	140	60	100	24
75	40	22	160	70	120	26
80	45	22	180	70	140	26
90	50	24	200	80	160	26
100	55	24	—	—	—	—
110	60	26	—	—	—	—
125	70	26	—	—	—	—

表 3－6　工字钢和槽钢腹板上的螺栓形心距

工字钢型号	线距/mm	槽钢型号	线距/mm
I12	40	[12	40
I14	45	[14	45
I16	45	[16	50
I18	45	[18	50
I20	50	[20	55
I22	50	[22	55
I25	55	[25	55
I28	60	[28	60
I32	60	[32	65
I36	65	[36	70
I40	70	[40	75
I45	75	—	—
I50	75	—	—
I56	75	—	—
I63	75	—	—

表 3-7 工字钢和槽钢翼缘上的螺栓线距

工字钢型号	线距/mm	槽钢型号	线距/mm
I12	40	[12	30
I14	45	[14	35
I16	50	[16	35
I18	55	[18	40
I20	60	[20	40
I22	65	[22	45
I25	65	[25	45
I28	70	[28	45
I32	75	[32	50
I36	80	[36	56
I40	80	[40	60
I45	85	—	—
I50	90	—	—
I56	95	—	—
I63	95	—	—

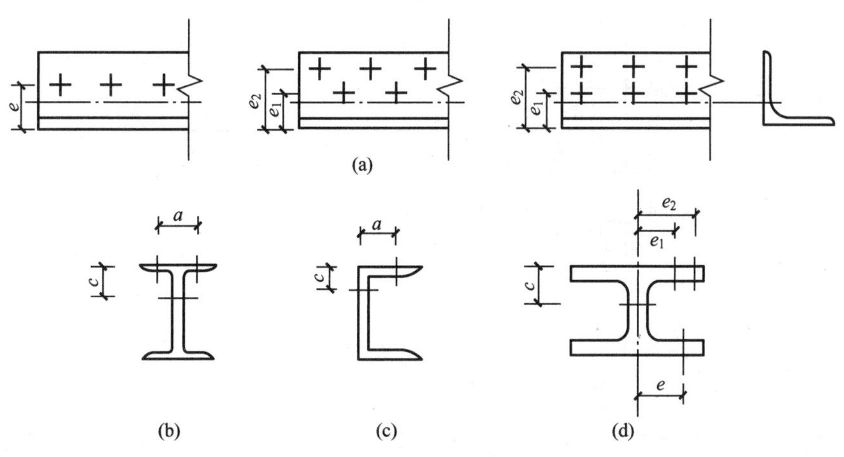

图 3-43 型钢的螺栓连接

3.6.2 螺栓连接的构造要求

螺栓连接除应满足螺栓排列的允许距离和孔径要求外，还应满足下列构造要求。

(1) 对直接承受动力荷载的受拉普通螺栓连接应采用双螺母或其他能防止螺帽松动的有效措施。

（2）螺栓连接或拼接节点中，每一杆件一端的永久性的螺栓数不宜少于2个；对组合杆件的缀条，其端部连接可采用1个螺栓。

（3）沿螺栓杆轴方向受拉的螺栓连接中的端板（法兰板），宜设置加劲肋以增强刚度，且减小撬力对螺栓抗拉承载力的不利影响。

（4）螺栓连接处应有必要的螺栓施拧空间。

（5）高强度螺栓孔应采用钻成孔，摩擦型连接高强度螺栓孔直径比螺栓公称直径大1.5～2.0mm，承压型连接高强度螺栓孔孔径比螺栓孔公称直径大1.0～1.5mm。

（6）在高强度螺栓连接范围内，杆件接触面的处理方式应在施工图中注明。

3.7 普通螺栓连接的工作性能和计算方法

普通螺栓连接按受力情况可分为三类：①只承受剪力；②只承受拉力；③承受剪力和拉力的共同作用。下面介绍普通螺栓受力时的工作性能与计算方法。

3.7.1 普通螺栓受剪时的工作性能和计算方法

1. 普通螺栓受剪的工作性能

受剪连接是最常见的螺栓连接。图3-44（a）所示为普通螺栓抗剪试验，图3-44（b）为试验结果，由此得出试件上 a、b 两点之间的相对位移 δ 与作用力 N 的关系曲线。该曲线给出了试件由零荷载一直加载至普通螺栓连接破坏的全过程，可分为以下四个阶段。

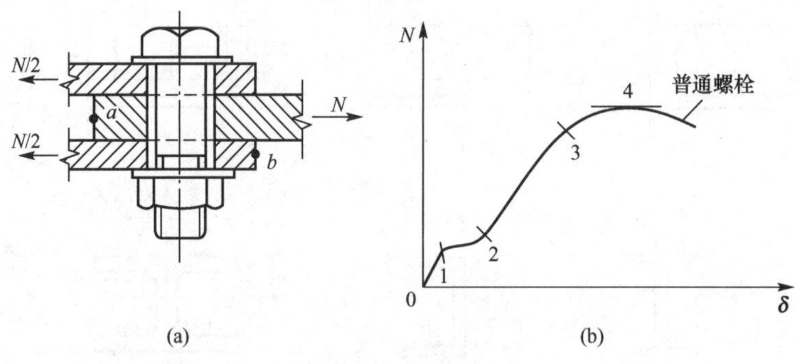

图3-44 普通螺栓抗剪试验及其结果

（1）摩擦传力的弹性阶段。由于板件间摩擦力的存在，在施加荷载之初，螺栓杆与孔壁之间的间隙保持不变，连接处于弹性阶段，相当于 N-δ 曲线上的0-1斜直线段。

（2）滑移阶段。当荷载增大，剪力超过板件间摩擦力的最大值时，板件间会产生相对滑移，直至螺栓杆与孔壁接触，相当于 N-δ 曲线上的1-2水平线段。

（3）螺栓杆传力的弹性阶段。荷载继续增加，连接所承受的外力主要靠螺栓杆与孔壁接触传递。螺栓杆除主要承受剪力外，还承受弯矩和轴向拉力，孔壁则受到挤压。由于螺栓杆的伸长受到螺帽的约束，增大了板件间的压紧力，使板件间的摩擦力也随之增大，所以 N-δ 曲线呈上升状态，相当于 N-δ 曲线上的2-3曲线段。

(4) 弹塑性阶段。荷载继续增加，N-δ 曲线升势趋缓，荷载达到极值后开始下降，剪切变形迅速增大，直至剪切破坏。N-δ 曲线的极值点所对应的力为极限承载力。

受剪普通螺栓连接达到极限承载力时，其可能的破坏形式有：①当螺栓杆直径较小，板件较厚时，螺栓杆可能先被剪断［图 3－45（a)]；②当螺栓杆直径较大，板件较薄时，板件可能先被挤坏［图 3－45（b)]，由于螺栓杆和板件的挤压是相对的，故也把这种破坏叫螺栓承压破坏；③板件可能因螺栓孔削弱太多而被拉断［图 3－45（c)]；④端距太小，端距范围内的板件有可能被螺栓杆冲剪破坏［图 3－45（d)]；⑤连接板件的叠加厚度过大致使螺栓杆过长而发生弯曲破坏［图 3－45（e)]。

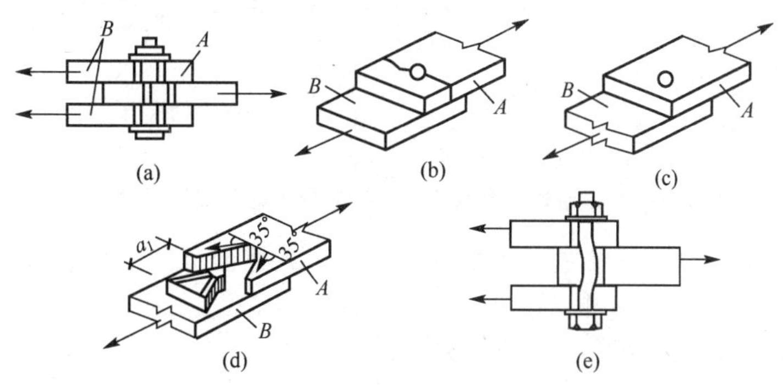

图 3－45　受剪普通螺栓连接的破坏形式

上述第③种破坏形式属于板件的强度验算，第④种破坏形式可通过螺栓杆端距不小于螺栓直径孔的 2 倍来避免，第⑤种破坏形式可通过限制被连接板件总厚度不超过螺栓孔直径的 5 倍来避免。因此，普通螺栓的受剪连接只考虑①、②两种破坏形式。

2. 单个普通螺栓的受剪计算

单个普通螺栓的受剪主要由螺栓杆受剪和孔壁承压两种模式控制，因此，应分别计算，取两者的较小值进行设计。假定普通螺栓受剪面上的剪应力均匀分布，挤压力沿螺栓杆直径平面（实际上是相应于是栓杆直径平面的孔壁部分）均匀分布。

螺栓杆受剪承载力设计值计算见式(3－47)。

$$N_v^b = n_v \frac{\pi d^2}{4} f_v^b \tag{3-47}$$

孔壁承压承载力设计值计算见式(3－48)。

$$N_c^b = d \sum t \cdot f_c^b \tag{3-48}$$

式中　n_v——受剪面数目（单剪 $n_v=1$，双剪 $n_v=2$，四剪 $n_v=4$）；

d——螺栓杆直径；

$\sum t$——不同受力方向中的某个受力方向承压构件总厚度的较小值；

f_v^b、f_c^b——普通螺栓的受剪强度和承压强度的设计值，其取值可查附录 1 中相应附表数值。

3. 普通螺栓群轴心受剪计算

(1) 普通螺栓群轴心受剪。

试验证明，普通螺栓群的抗剪连接承受轴心力时，其在连接长度方向上的各螺栓受力并不均匀（图 3-46），表现为两端螺栓受力大，而中间螺栓受力小。当连接长度 $l_1 \leqslant 15d_0$（d_0 为螺栓孔直径）时，可认为轴心力 N 由每个螺栓平均分担，螺栓数 n 计算见式(3-49)。

$$n=\frac{N}{N_{\min}^{b}} \tag{3-49}$$

式中　$N_{\min}^{b}$——单个普通螺栓受剪承载力设计值与承压承载力设计值的较小值。

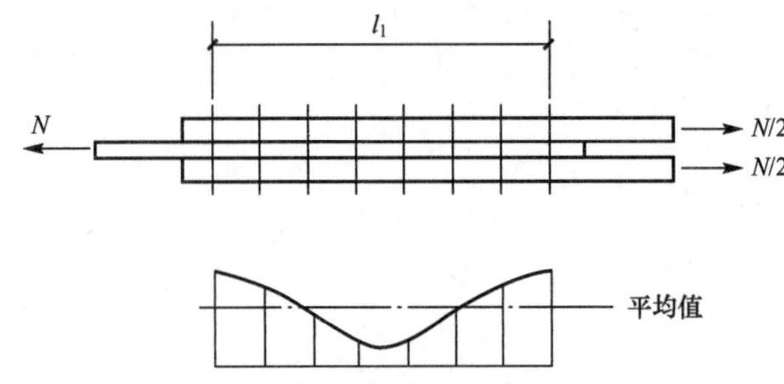

图 3-46　普通螺栓群在连接长度方向上的各螺栓受力分布

当 $l_1>15d_0$ 时，受剪连接进入弹塑性阶段后，各螺栓所受内力也不易均匀，端部螺栓首先达到极限强度而破坏，随后螺栓由外向里依次破坏。

对普通螺栓构成的长连接，所需受剪螺栓数见式(3-50)。

$$n=\frac{N}{\eta N_{\min}^{b}} \tag{3-50}$$

式中　η——承载力设计值折减系数，$\left(\eta=1.1-\frac{l_1}{150d_0}\text{，当 } l_1>60d_0 \text{ 时，} \eta=0.7\right)$。

例 3-6　设计两块钢板用普通螺栓的盖板连接，钢板厚均为 8mm。已知轴心拉力的设计值 $N=370$kN，钢材为 Q235A 钢，螺栓杆直径 $d=20$mm（粗制螺栓），试计算所需螺栓数。

解：单个普通螺栓的承载力设计值：

由附表 1-6 可知，$f_v^b=140\text{N/mm}^2$，$f_c^b=305\text{N/mm}^2$。

受剪承载力设计值：

$$N_v^b=n_v\frac{\pi d^2}{4}f_v^b=2\times\frac{3.14\times20^2}{4}\times140\times10^{-3}\approx88(\text{kN})$$

承压承载力设计值：

$$N_c^b=d\sum t\cdot f_c^b=20\times8\times305\times10^{-3}\approx49(\text{kN})$$

连接一侧所需螺栓数：

$$n=\frac{N}{\min(N_v^b,N_c^b)}=\frac{370}{49}\approx7.6(\text{个})\text{，取 8 个。}$$

(2) 普通螺栓群偏心受剪。

图 3-47 所示为普通螺栓群承受偏心剪力的情形，可将偏心剪力等效为轴心力 F 和扭矩 $T=Fe$。

在轴心力的作用下，每个螺栓平均受力计算见式（3-51)。

$$N_{iF}=\frac{F}{n} \tag{3-51}$$

在扭矩 $T=Fe$ 的作用下，通常采用弹性分析，假定连接钢板的旋转中心在螺栓群的

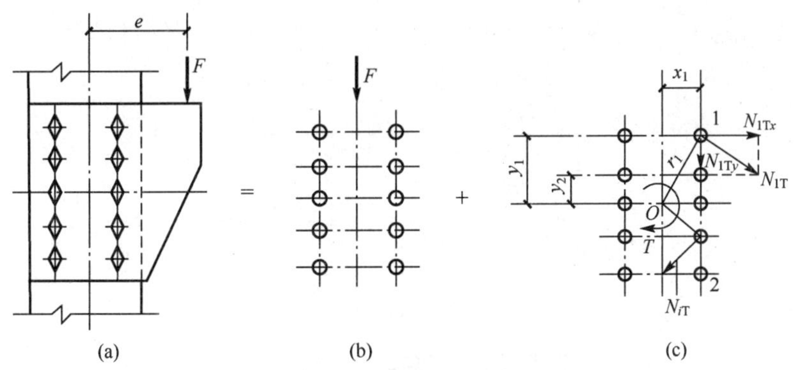

图 3-47 普通螺栓群偏心受剪

形心，则某个螺栓剪力的大小与该螺栓至螺栓群形心的距离 r_i 成正比，剪力方向垂直于距离[图 3-47（c）]。由此可得式(3-52)。

$$N_{1\mathrm{T}} \cdot r_1 + N_{2\mathrm{T}} \cdot r_2 + \cdots + N_{i\mathrm{T}} \cdot r_i + \cdots = T$$

因

$$\frac{N_{1\mathrm{T}}}{r_1} = \frac{N_{2\mathrm{T}}}{r_2} = \cdots = \frac{N_{i\mathrm{T}}}{r_i} = \cdots$$

得

$$\frac{N_{1\mathrm{T}}}{r_1}(r_1^2 + r_2^2 + \cdots + r_i^2 + \cdots) = \frac{N_{1\mathrm{T}}}{r_1} \sum r_i^2 = T \tag{3-52}$$

最大剪力计算见式(式 3-53)。

$$N_{i\mathrm{T}} = \frac{Tr_1}{\sum r_i^2} = \frac{Tr_1}{\sum x_i^2 + \sum y_i^2} \tag{3-53}$$

将 $N_{1\mathrm{T}}$分解为水平分力和垂直分力，其计算分别见式(3-54)、式（3-55)。

$$N_{1\mathrm{T}x} = N_{1\mathrm{T}} \frac{y_1}{r_1} = \frac{Ty_1}{\sum x_i^2 + \sum y_i^2} \tag{3-54}$$

$$N_{1\mathrm{T}y} = N_{1\mathrm{T}} \frac{x_1}{r_1} = \frac{Tx_1}{\sum x_i^2 + \sum y_i^2} \tag{3-55}$$

由此可得到受力最大的普通螺栓所承受的合力 N_1 的计算式为［(3-56)]。

$$N_1 = \sqrt{N_{1\mathrm{T}x}^2 + (N_{1\mathrm{T}y} + N_{1F})^2} \leqslant N_{\min}^{\mathrm{b}} \tag{3-56}$$

当螺栓布置在一个狭长带，如 $y_1 \geqslant 3x_1$ 时，可假定式(3-54）和式(3-55）中的 $x_i=0$，由此得 $N_{i\mathrm{T}y}=0$，$N_{i\mathrm{T}x} = Ty_1/\sum y_i^2$，$N_1$ 计算见式(3-57)。

$$N_1 = \sqrt{\left(\frac{Ty_1}{\sum y_i^2}\right)^2 + \left(\frac{F}{n}\right)^2} \leqslant N_{\min}^{\mathrm{b}} \tag{3-57}$$

式中 $N_{\min}^{\mathrm{b}}$——单个普通螺栓的受剪承载力设计值和承压承载力设计值的较小值。

以上设计方法，除受力最大的普通螺栓外，其余普通螺栓均有受力潜力。所以按公式 $N_{1\mathrm{F}}=\dfrac{F}{n}$计算轴心力 F 作用下的普通螺栓内力时，即使连接长度超过 15 倍的螺栓孔直径，也不用考虑承载力设计值折减系数 η。

例 3-7 设计图 3-47（a）所示的普通螺栓连接，螺栓水平间距为 120mm，垂直间距为 80mm。柱翼缘厚度为 10mm，连接板厚度为 8mm，钢材为 Q235B 钢，荷载设计值 F=200kN，偏心距 e=200mm，粗制螺栓 M22。

解： $$\sum x_i^2+\sum y_i^2=10\times 6^2+4\times 8^2+4\times 16^2=1640(\text{cm}^2)$$

$$T=Fe=200\times 0.2=40(\text{kNm})$$

$$N_{1\text{T}x}=\frac{Ty_1}{\sum x_i^2+\sum y_i^2}=\frac{40\times 0.16}{1640\times 10^{-4}}\approx 39(\text{kN})$$

$$N_{1\text{T}y}=\frac{Tx_1}{\sum x_i^2+\sum y_i^2}=\frac{40\times 0.06}{1640\times 10^{-4}}\approx 15(\text{kN})$$

$$N_{1\text{F}}=\frac{F}{n}=\frac{200}{10}=20(\text{kN})$$

$$N_1=\sqrt{N_{1\text{T}x}^2+(N_{1\text{T}y}+N_{1\text{F}})^2}=\sqrt{39^2+(15+20)^2}\approx 52(\text{kN})$$

螺栓直径 $d=22\text{mm}$，单个普通螺栓的承载力设计值计算如下。

受剪承载力设计值：

$$N_\text{v}^\text{b}=n_\text{v}\frac{\pi d^2}{4}f_\text{v}^\text{b}=1\times\frac{3.14\times 22^2}{4}\times 140\times 10^{-3}\approx 53(\text{kN}),53\text{kN}>N_1=52\text{kN}$$

承压承载力设计值：

$$N_\text{c}^\text{b}=d\sum t\cdot f_\text{c}^\text{b}=22\times 8\times 305\times 10^{-3}\approx 54(\text{kN}),54\text{kN}>\text{N}_1=52\text{kN}$$

所假定的普通螺栓满足设计要求。

3.7.2 普通螺栓的受拉连接

1. 普通螺栓受拉的工作性能

普通螺栓沿螺栓杆轴方向受拉时，通常由于翼缘的弯曲，使螺栓受到撬力的附加作用，如图 3-48 所示。为了简化计算，考虑撬力的影响，我国《钢结构设计标准》（GB 50017—2017）将普通螺栓的抗拉强度设计值降低 20%。在设计时，可采取一些构造措施，如设置图 3-49 中所示的加劲肋来加强连接件的刚度，减小普通螺栓所受的撬力。

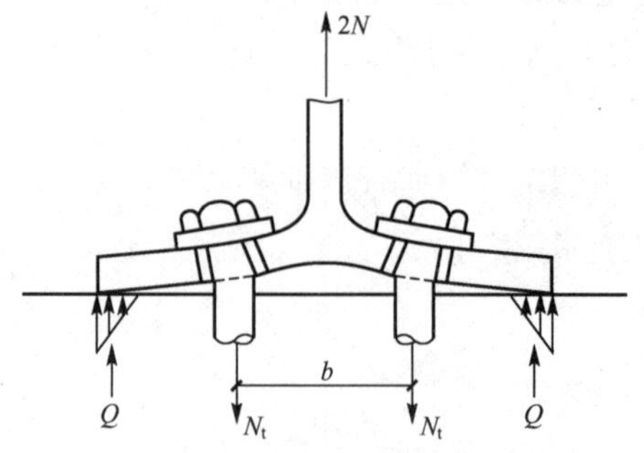

图 3-48 受拉普通螺栓的撬力

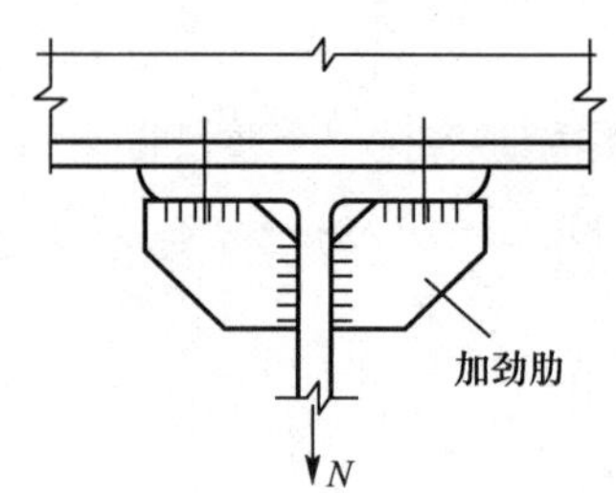

图 3-49 加劲肋

2. 单个普通螺栓的受拉计算

单个普通螺栓的受拉承载力设计值见式(3-58)。

$$N_\text{t}^\text{b}=A_\text{e}f_\text{t}^\text{b}=\frac{\pi d_\text{e}^2}{4}f_\text{t}^\text{b} \tag{3-58}$$

式中 A_e——单个普通螺栓的有效截面面积；

d_e——螺纹处的有效直径，$d_e=\frac{d_n+d_m}{2}=d-\frac{13}{24}\sqrt{3}p$（$d_n$ 为扣去螺纹后的净直径，d_m 为全直径与净直径的平均直径，p 为螺纹的螺距）；

f_t^b——普通螺栓的抗拉强度设计值，其取值可查附录 1 中相应附表。

3. 普通螺栓群受拉

(1) 普通螺栓群轴心受拉。

普通螺栓群轴心受拉时，由于垂直于连接板的端板刚度很大，通常假定各个螺栓平均受拉，则连接所需的螺栓数计算见式(3-59)。

$$n=\frac{N}{N_t^b} \tag{3-59}$$

(2) 普通螺栓群承受弯矩作用。

图 3-50 所示为普通螺栓群在弯矩作用下的受拉连接（图中剪力 V 通过承托板传递）。按弹性设计方法，在弯矩作用下，离中和轴越远的螺栓所受拉力越大，而压力则由部分受压的端板承受，中和轴至端板受压边缘的距离为 c［图 3-50 (a)］。这种连接的受力有如下特点：受拉螺栓截面只是孤立的几个螺栓点；而端板受压区则是宽度较大的实体矩形截面［图 3-50 (b)、(c)］。当将矩形形心位置作为中和轴时，所得到的端板受压区高度 c 总是很小，中和轴通常在受压一侧最外排螺栓附近的某个位置。因此，实际计算时可近似地取中和轴为最下排螺栓中心 O 点的水平轴，即认为连接变形绕 O 点水平轴转动，螺栓拉力与 O 点算起的纵坐标 y 成正比。在对 O 点水平轴列弯矩平衡方程时，忽略力臂很小的端板受压区部分的弯矩。

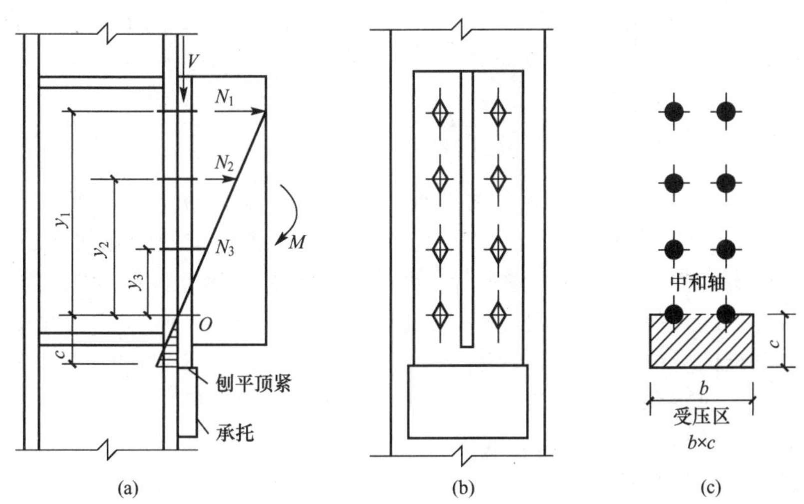

图 3-50　普通螺栓群在弯矩作用下的受拉连接

考虑到
$$\frac{N_1}{y_1}=\frac{N_2}{y_2}=\cdots=\frac{N_i}{y_i}=\cdots=\frac{N_n}{y_n}$$

则
$$\begin{aligned}M&=N_1\cdot y_1+N_2\cdot y_2+\cdots+N_i\cdot y_i+\cdots+N_n\cdot y_n\\&=(N_1/y_1)y_1^2+(N_2/y_2)y_2^2+\cdots+(N_i/y_i)y_i^2+\cdots+(N_n/y_n)y_n^2\end{aligned}$$

$$=(N_i/y_i)\sum y_i^2$$

螺栓 i 的拉力计算见式(3－60)。

$$N_i=\frac{My_i}{\sum y_i^2} \tag{3-60}$$

设计时要求受力最大的最外排螺栓1的拉力不超过单个螺栓的受拉承载力设计值[式(3－61)]。

$$N_i=\frac{My_i}{\sum y_i^2}\leqslant N_t^b \tag{3-61}$$

例3－8 牛腿用C级普通螺栓、承托与柱连接，如图3－51（a）所示，竖向荷载设计值$F=200$kN，偏心距$e=200$mm。试设计该普通螺栓连接。已知构件和普通螺栓均用Q235钢，螺栓为M20，孔径为21.5mm。

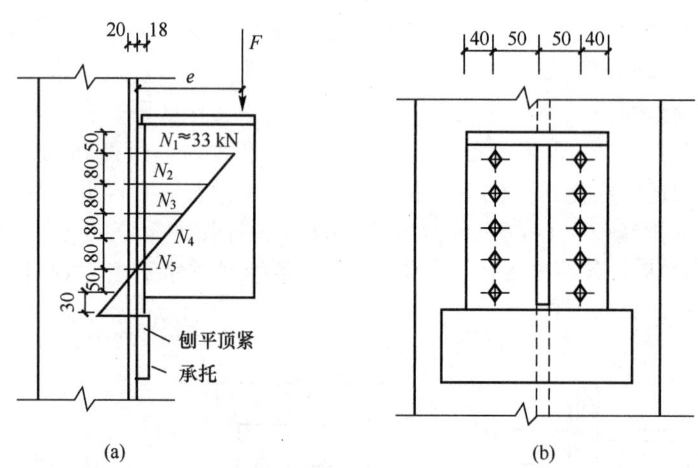

图3－51 例3－8图

解：牛腿的剪力$V=F=200$kN，由端板刨平顶紧于承托传递。弯矩$M=Fe=200\times 0.2=40$（kNm)，由普通螺栓连接传递，螺栓受拉。初步假定螺栓布置如图3－51（b）所示。对最下排螺栓中心O点水平轴取矩，最大受拉螺栓（最上排螺栓1）的拉力：

$$N_1=My_1/\sum y_i^2=(40\times 0.32)/[2\times(0.08^2+0.16^2+0.24^2+0.32^2)]\approx 33(\text{kN})$$

单个普通螺栓的受拉承载力设计值：

$$N_t^b=A_e f_t^b=245\times 170\times 10^{-3}\approx 42(\text{kN}),42\text{kN}>33\text{kN}$$

所假定的普通螺栓连接满足设计要求。

(3) 普通螺栓群偏心受拉。

普通螺栓群偏心受拉［图3－52（a)］可等效为承受轴心拉力N和弯矩$M=Ne$的联合作用。按弹性设计方法，根据偏心距的大小可分为小偏心受拉和大偏心受拉两种情况。

① 小偏心受拉。

当偏心距e较小时，所有螺栓均承受拉力作用。计算时，轴心拉力N由各个螺栓均匀承受，弯矩M则引起以螺栓群形心O点为中和轴的三角形内力分布［图3－52（b)］，使上部螺栓受拉，下部螺栓受压；受力叠加后全部螺栓均受拉。可推算出最大、最小受力螺

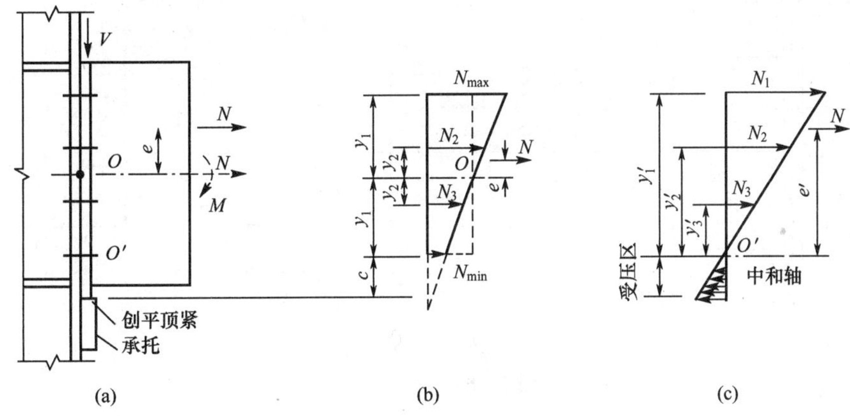

图 3-52 普通螺栓群偏心受拉

栓的拉力和满足设计要求的计算见式(3-62)、式(3-63)（各 y_i 均自 O 点算起)。

$$N_{max}=\frac{N}{n}+\frac{Ney_1}{\sum y_i^2}\leqslant N_t^b \tag{3-62}$$

$$N_{min}=\frac{N}{n}-\frac{Ney_1}{\sum y_i^2}\geqslant 0 \tag{3-63}$$

由式(3-63) 可知，当 $N_{min}=0$ 时，偏心距 $e=\sum y_i^2/(Ny_1)$。此时所有螺栓均受拉，为小偏心受拉。

② 大偏心受拉。

当偏心距 e 较大时，即 $e>\rho=\sum y_i^2/(Ny_1)$ 时，在端板底部将出现受压区［图 3-52 (c)］。

近似取中和轴位于最下排螺栓形心 O' 点的水平轴，可得螺栓 i 的受力 N_i［式(3-64)］(e' 和 y_i' 自 O' 点算起，最上排螺栓 1 的拉力最大)。

$$\frac{N_1}{y_1'}=\frac{N_2}{y_2'}=\cdots=\frac{N_i}{y_i'}=\cdots\frac{N_n}{y_n'}$$

$$\begin{aligned}Ne'&=N_1\cdot y_1'+N_2\cdot y_2'+\cdots+N_i\cdot y_i'+\cdots+N_n\cdot y_n'\\&=(N_1/y_1')y'^2_1+(N_2/y_2')y'^2_2+\cdots+(N_i/y_i')y'^2_i+\cdots+(N_n/y_n')y'^2_n\\&=(N_i/y_i')\sum y'^2_i\end{aligned}$$

$$N_i=\frac{Ne'y'_i}{\sum y'^2_i},N_i=\frac{Ne'y'_i}{\sum y'^2_i}\leqslant N_t^b \tag{3-64}$$

例 3-9 设计图 3-53 为一刚接屋架支座，竖向力由承托承受。螺栓为普通螺栓 C 级，其布置如图 3-53 (b) 所示，只承受偏心拉力。设 $N=260\text{kN}$，$e=100\text{mm}$。

解：普通螺栓有效截面的核心距：

$$\rho=\frac{\sum y_i^2}{ny_1}=\frac{4\times(50^2+150^2+250^2)}{12\times 250}\approx 117(\text{mm}),117\text{mm}>e=100\text{mm}$$

即偏心力作用在核心距内，属于小偏心受拉［图 3-53 (c)］，应由式(3-62) 计算。

$$N_{max}=\frac{N}{n}+\frac{Ney_1}{\sum y_i^2}=\frac{260}{12}+\frac{260\times 100\times 250}{4\times(50^2+150^2+250^2)}\approx 40(\text{kN})$$

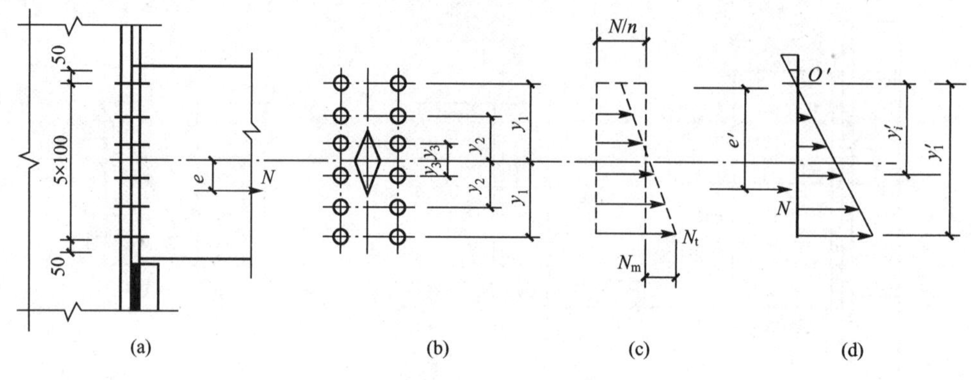

图 3－53 例 3－9 图

所需螺杆的有效面积：

$$A_e=\frac{N_{\max}}{f_t^b}=\frac{40\times10^3}{170}\approx237(\text{mm}^2)$$

采用 M20 螺栓，有效面积 $A_e=245\text{mm}^2$，可满足设计要求。

3.7.3 普通螺栓受剪力和拉力共同作用

受拉力和剪力共同作用的普通螺栓应考虑两种可能的破坏形式：一种是螺栓杆受剪兼受拉破坏；二是孔壁承压破坏。在剪力和拉力共同作用下，螺栓杆处于极限承载力时的拉力和剪力分别除以各自单独作用时的抗拉和抗剪承载力设计值，得到 N_t/N_t^b 和 N_v/N_v^b 的曲线，其形状近似为圆（图 3－54）。

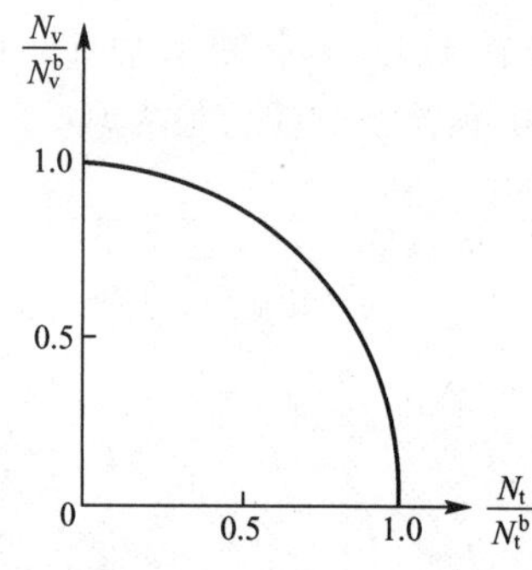

图 3－54 剪力和拉力共同作用下，螺栓杆的相关方程曲线

验算剪力和拉力共同作用时，螺栓杆的受力采用式(3－65)。

$$\sqrt{\left(\frac{N_v}{N_v^b}\right)^2+\left(\frac{N_t}{N_t^b}\right)^2}\leqslant1 \tag{3-65}$$

验算孔壁的受力时，采用式(3－66)。

$$N_v\leqslant N_c^b \tag{3-66}$$

式中 N_v、N_t——单个普通螺栓所承受的剪力和拉力设计值；

N_v^b、N_t^b——单个普通螺栓抗剪和抗拉承载力设计值，可查附录 1 中相应附表；

N_c^b——单个普通螺栓的孔壁承压承载力设计值，可查附录 1 中相应附表。

3.8 高强度螺栓连接的工作性能和计算方法

3.8.1 高强度螺栓连接的工作性能

高强度螺栓连接摩擦面抗滑移系数试验

高强度螺栓扭矩系数检测

1. 高强度螺栓连接的分类

高强度螺栓连接有摩擦型连接和承压型连接两种。

(1) 高强螺栓摩擦型连接依靠被连接构件间的摩擦来传递力，安装时将螺栓拧紧，使螺栓杆产生预应力，压紧构件接触面，靠接触面的摩擦力来阻止构件间发生相互滑移，达到传递外力的目的。当剪力等于摩擦力时，即为高强度螺栓摩擦型连接的承载力极限状态。高强度螺栓摩擦型连接与普通螺栓连接的重要区别就是完全不靠螺栓杆的抗剪和孔壁的承压来传力，而是靠构件间接触面的摩擦来传力。

(2) 高强度螺栓承压型连接的传力特征：当剪力超过摩擦力时，构件间产生相对滑移，螺栓杆与孔壁接触，螺栓杆受剪而孔壁承压。与普通螺栓连接相同，承压型连接以螺栓杆剪切破坏或孔壁承压破坏为其承载力极限状态。承压型连接承载力高于摩擦型连接，但变形较大，不适用于直接承受动力荷载的结构。

2. 高强度螺栓连接的预拉力和摩擦面抗滑移系数

高强度螺栓施工时需用力矩扳手拧紧，在此过程中螺栓杆产生预拉力。为保证接触面之间摩擦力的可靠性，对各种规格高强度螺栓预拉力设计值进行了规定，见表 3-8。

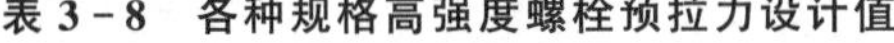

表 3-8 各种规格高强度螺栓预拉力设计值 单位：kN

性能等级	螺栓公称直径/mm					
	M16	M20	M22	M24	M27	M30
8.8 级	80	125	150	175	230	280
10.9 级	100	155	190	225	290	355

高强度螺栓摩擦面抗滑移系数的大小、连接处构件接触面的处理方法与构件的钢材牌号有关。我国推荐采用的接触面处理方法有：喷硬质石英砂或铸钢棱角砂、抛丸（喷砂）和钢丝刷清除浮锈或未经处理的干净轧制面等。各种处理方法相应的摩擦面抗滑移系数 μ 值详见表 3-9。

表 3-9 各种处理方法相应的摩擦面抗滑移系数 μ 值

连接处构件接触面的处理方法	构件的钢材牌号		
	Q235 钢	Q345 钢或 Q390 钢	Q420 钢或 Q460 钢
喷硬质石英砂或铸钢棱角砂	0.45	0.45	0.45
抛丸（喷砂）	0.40	0.40	0.40
钢丝刷清除浮锈或未经处理的干净轧制面	0.30	0.35	—

注：1. 钢丝刷除锈方向应与受力方向垂直。

2. 当连接构件采用不同钢材牌号时，μ 按较低强度者取值。

3. 采用其他处理方法时，其处理工艺及摩擦面抗滑移系数均需试验确定。

3.8.2 高强度螺栓连接的抗剪计算

1. 摩擦型连接的抗剪承载力设计值

摩擦型连接的承载力取决于构件接触面所提供的摩擦力。摩擦力与摩擦面抗滑移系数、螺栓预拉力及传力摩擦面数目有关。每个高强度螺栓的抗剪承载力设计值计算见式(3-67)。

$$N_v^b = 0.9kn_f\mu P \tag{3-67}$$

式中 k——孔型系数（标准孔取1.0，大圆孔取0.85，内力与槽孔长度方向垂直时取0.7、平行时取0.6）；

n_f——传力摩擦面数目（单剪时，$n_f=1$；双剪时，$n_f=2$）；

μ——摩擦面抗滑移系数，取值见表3-9；

P——单个高强度螺栓的预拉力设计值，取值见表3-8。

2. 承压型连接的抗剪承载力设计值

承压型连接的抗剪承载力计算方法与普通螺栓连接相同，只是应采用承压型连接的抗剪承载力设计值。

3.8.3 高强度螺栓连接的抗拉计算

当荷载过大时，卸荷后螺栓可能发生松弛现象，这对高强度螺栓连接的抗剪性能是不利的。因此，《钢结构设计标准》(GB 50017—2017) 规定单个摩擦型连接的高强度螺栓抗拉承载力不得大于$0.8P$，见式(3-68)。

$$N_t \leqslant N_t^b = 0.8P \tag{3-68}$$

式中 P——单个高强度螺栓的预拉力设计值。

对于承压型连接的高强度螺栓，N_t^b 应按普通螺栓的公式计算（但强度设计值不同）。

3.8.4 同时承受剪力和拉力作用的高强度螺栓连接承载力计算

1. 摩擦型连接承载力计算

剪力 N_v 和拉力 N_t 与高强螺栓的抗剪、抗拉承载力设计值之间具有线性关系。《钢结构设计标准》(GB 50017—2017) 规定，当摩擦型连接同时承受摩擦面间的剪力和螺栓杆轴方向的拉力时，其承载力应按式(3-69) 计算。

$$\frac{N_v}{N_v^b} + \frac{N_t}{N_t^b} \leqslant 1 \tag{3-69}$$

式中 N_v、N_t——单个高强度螺栓所受的剪力和拉力设计值；

N_v^b、N_t^b——单个高强度螺栓的抗剪和抗拉承载力设计值，可查附录1中相应附表。

2. 承压型连接承载力计算

同时承受剪力和杆轴方向拉力的承压型连接承载力计算方法与普通螺栓连接相同，见式(3-70)、式(3-71)。

$$\sqrt{\left(\frac{N_v}{N_v^b}\right)^2+\left(\frac{N_t}{N_t^b}\right)^2}\leqslant 1 \tag{3-70}$$

$$N_v\leqslant N_c^b/1.2 \tag{3-71}$$

式中 N_v、N_t——单个高强度螺栓所受的剪力和拉力设计值；

N_v^b、N_t^b、N_c^b——单个高强螺栓的抗剪、抗拉和承压承载力设计值，其取值可查附录1中相应附表；

1.2——高强度螺栓承压强度降低系数。

3.8.5 高强度螺栓群承载力计算

1. 高强度螺栓群抗剪承载力计算

(1) 轴心受剪。

高强度螺栓群轴心受剪时所需螺栓数目由式(3-72)确定。

$$n\geqslant\frac{N}{N_{min}^b} \tag{3-72}$$

式中 N_{min}^b——相应连接类型的单个高强度螺栓抗剪承载力设计值的最小值，应按连接类型由式(3-67)或式(3-47)和式(3-48)计算。

(2) 高强度螺栓群受扭矩作用或受扭矩、剪力共同作用时的抗剪承载力计算方法与普通螺栓群相同，但应采用高强度螺栓承载力设计值进行计算。

2. 高强度螺栓群抗拉承载力计算

(1) 轴心受拉。

高强度螺栓群轴心受拉时所需螺栓数目由式(3-73)确定。

$$n\geqslant\frac{N}{N_t^b} \tag{3-73}$$

式中 N_t^b——沿螺栓杆轴方向受拉时，单个高强度螺栓（摩擦型和承压型）的抗拉承载力设计值。

(2) 受弯矩作用。

高强度螺栓（包括摩擦型和承压型）的拉力 N_t 设计要求总是小于 $0.8P$ 的。高强度螺栓受弯矩作用而使螺栓沿杆轴方向受力时，连接构件的接触面仍一直保持着紧密贴合，因此，可认为中和轴在螺栓群的形心轴上（图3-55），最外排螺栓受力最大。按照普通螺栓小偏心受拉中关于弯矩作用使螺栓产生最大拉力的推导方法，高强度螺栓群受弯矩作用时的最大拉力及其验算见式(3-74)。

$$N_1=\frac{My_1}{\sum y_i^2}\leqslant N_t^b \tag{3-74}$$

式中 y_1——螺栓群形心轴至最外排螺栓的距离；

$\sum y_i^2$——形心轴上下每个螺栓至形心轴距离的平方和。

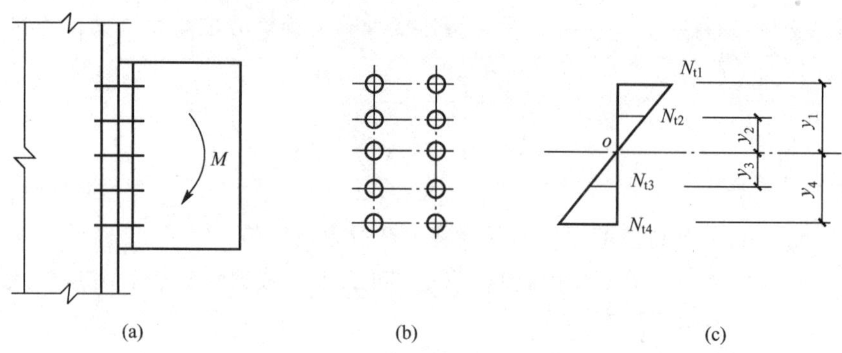

图 3-55　高强度螺栓群受弯矩作用

(3) 偏心受拉。

高强度螺栓群偏心受拉时，最大拉力设计值不会超过 0.8P，连接构件的接触面始终紧密贴合，端板不会被拉开，故高强度螺栓群偏心受拉均可按普通螺栓群小偏心受拉计算，见式(3-75)。

$$N_1=\frac{N}{n}+\frac{Ne}{\sum y_i^2}y_1\leqslant N_t^b \tag{3-75}$$

(4) 受拉力、弯矩和剪力的共同作用。

摩擦型连接高强度螺栓群在受拉力、弯矩和剪力共同作用时，可按线性表达式(3-76) 进行最不利螺栓的承载力验算。

$$\frac{N_v}{N_v^b}+\frac{N_t}{N_t^b}\leqslant 1 \tag{3-76}$$

此外，螺栓最大拉力还应满足式(3-77)。

$$N_u\leqslant 0.8P \tag{3-77}$$

承压型连接高强度螺栓群应计算螺栓杆的抗拉、抗剪强度，按式(3-78) 计算。

$$\sqrt{\left(\frac{N_v}{N_v^b}\right)^2+\left(\frac{N_t}{N_t^b}\right)^2}\leqslant 1 \tag{3-78}$$

同时还应按式(3-79) 验算孔壁承压强度。

$$N_v\leqslant\frac{N_c^b}{1.2} \tag{3-79}$$

式中　1.2——单个高强度螺栓承压强度降低系数。计算 N_c^b 时，应采用无拉力状态的 f_c^b 值。

例 3-10　试设计一双盖板拼接的钢板连接（图 3-56）。钢材为 Q235B 钢，高强度螺栓为 8.8 级的 M20，连接处构件接触面用喷硬质石英砂处理，作用在螺栓群形心轴的轴心拉力设计值 $N=850$kN，试设计此连接。

解：(1) 采用承压型连接。

由附表 1-6 可知，$f_v^b=250\text{N/mm}^2$，$f_c^b=470\text{N/mm}^2$。

单个高强度螺栓的承载力设计值：

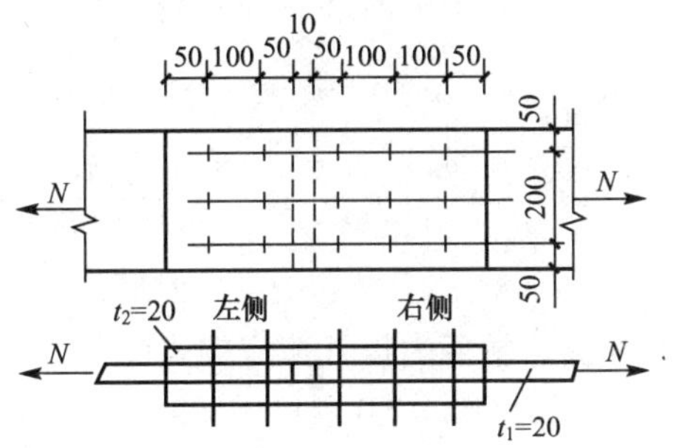

图 3-56 例 3-10 图

$$N_v^b = n_v \frac{\pi d^2}{4} f_v^b = 2 \times \frac{3.14 \times 20^2}{4} \times 250 \times 10^{-3} = 157(\text{kN})$$

$$N_c^b = d\sum t \cdot f_c^b = 20 \times 20 \times 470 \times 10^{-3} = 188(\text{kN})$$

所需螺栓数：

$$n = \frac{N}{N_{\min}^b} = \frac{850}{157} \approx 5.4(\text{个})，取 6 个$$

螺栓排列如图 3-56（左侧）所示。

（2）采用摩擦型连接。

查表 3-8 得单个 8.8 级的 M20 高强度螺栓的预拉力 $P=125\text{kN}$，由表 3-9 可查得对 Q235B 钢的钢材接触面喷硬质石英砂处理时，摩擦面抗滑移系数 $\mu=0.45$，按标注螺栓孔考虑。

单个螺栓的承载力设计值：

$$N_v^b = 0.9kn_f\mu P = 0.9 \times 1 \times 2 \times 0.45 \times 125 \approx 101(\text{kN})$$

所需螺栓数：

$$n = \frac{N}{N_v^b} = \frac{850}{101} \approx 8.4(\text{个})，取 9 个$$

螺栓排列如图 3-56（右侧）所示。

例 3-11 图 3-57 所示为高强度螺栓摩擦型连接，被连接构件的钢材为 Q235B 钢，螺栓为 10.9 级、直径为 22mm，接触面用喷硬质石英砂处理。图中内力均为设计值，试验算此连接的承载力。

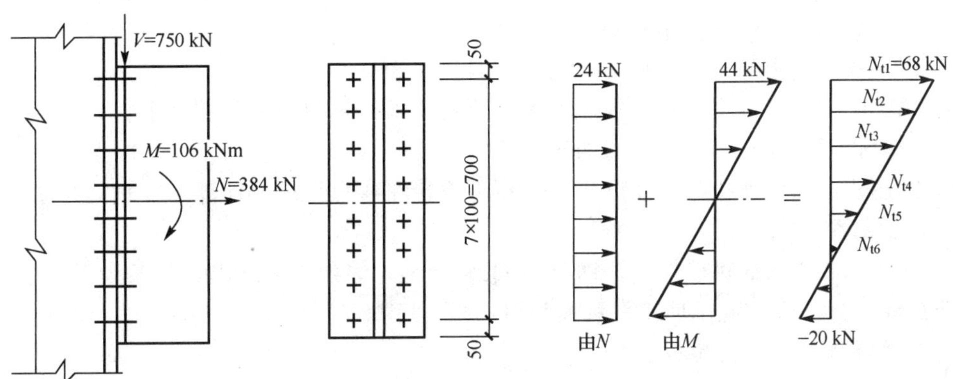

图 3-57 例 3-11 图

解：由表3-8和表3-9可查得单个高强度螺栓的预拉力 $P=190\text{kN}$，摩擦面抗滑移系数 $\mu=0.45$。

单个高强度螺栓的最大拉力：

$$N_{t1}=\frac{N}{n}+\frac{My_1}{m\sum y_i^2}=\frac{384}{16}+\frac{106\times10^3\times350}{2\times2\times(350^2+250^2+150^2+50^2)}$$

$$\approx24+44=68(\text{kN})<0.8P=152(\text{kN})$$

单个高强度螺栓的抗拉和抗剪承载力设计值应按式(3-60)计算。

$$N_v^b=0.9kn_f\mu P=0.9\times1\times1\times0.45\times190\approx77(\text{kN})$$

$$N_t^b=0.8P=152(\text{kN})$$

则：

$$\frac{N_v}{N_v^b}+\frac{N_{t1}}{N_t^b}=\frac{750}{77\times16}+\frac{68}{152}\approx1.1>1.0$$

由此可知，此连接不安全。

本章小结

本章阐述钢结构连接的设计原理和基本计算方法。

钢结构连接方法包括焊缝连接、螺栓连接和铆钉连接。本章重点讲解焊缝连接和螺栓连接的工作性能和计算方法。

焊缝连接包括焊缝连接方法、焊缝质量等级与检测、焊缝的构造要求、各种焊缝在多种力作用下的计算方法和焊缝对结构的影响以及预防措施等。

螺栓连接包括螺栓的分类、螺栓连接的破坏形式、连接的构造要求和各种螺栓连接在多种力作用下的计算方法等。

习　　题

一、思考题

1. 简述钢结构连接方法和特点。
2. 焊缝质量等级的规定和应用。
3. 常用的焊缝符号表示法。
4. 对接焊缝的强度如何计算？在什么情况下对接焊缝的强度可不必计算？
5. 角焊缝的尺寸应符合哪些要求？
6. 焊接残余应力和残余变形对结构受力有什么影响？
7. 螺栓的排列有哪些形式和规定？为何要规定螺栓排列的最大和最小容许间距？
8. 受剪普通螺栓有哪几种可能的破坏形式？
9. 简述普通螺栓连接与高强度螺栓承压型连接在弯矩作用下计算强度时的异同点。

二、计算题

1. 图3-58所示的对接焊缝，钢材为Q235B钢，焊条为E43型，焊条为手工电弧焊，焊缝质量等级为三级，施焊时加引弧板和引出板。已知 $f_t^w=185\text{N/mm}^2$，$f_c^w=215\text{N/mm}^2$，试求此连接能承受的最大荷载。

2. 图3-59所示为角钢2∟140×10构件的角焊缝连接，构件重心至角钢肢背距离

$e_1=38.2\text{mm}$，钢材为 Q235B 钢，手工电弧焊，焊条为 E43 型，$f_f^w=160\text{N/mm}^2$，构件承受静力荷载产生的轴心拉力设计值为 $N=1100\text{kN}$，若采用三面围焊，试设计此焊缝连接。

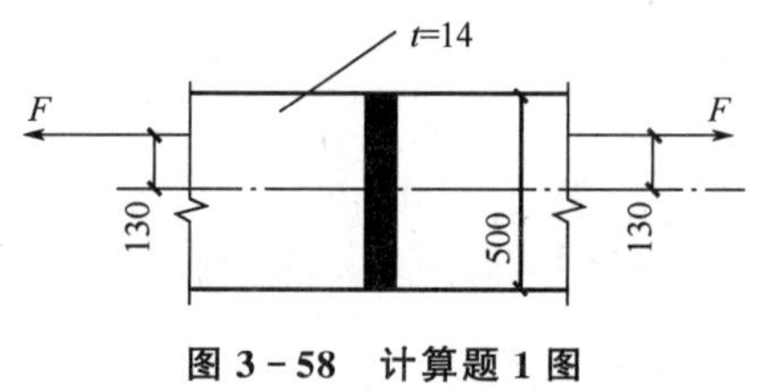

图 3-58 计算题 1 图

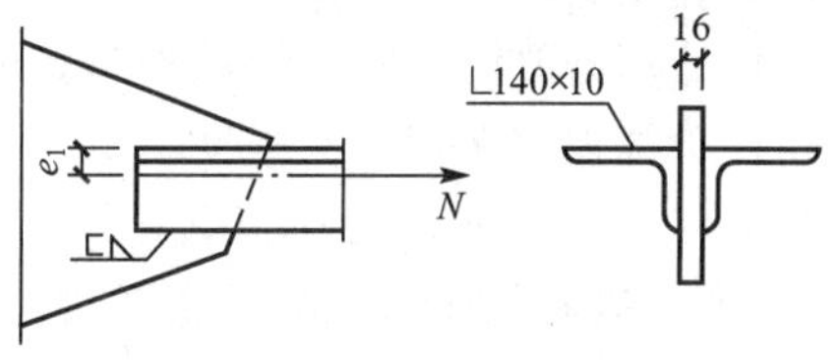

图 3-59 计算题 2 图

3. 试求图 3-60 所示连接的最大设计荷载。钢材为 Q235B 钢，焊条为 E43 型，手工电弧焊，角焊缝焊脚尺寸 $h_f=8\text{mm}$，$e_1=300\text{mm}$。

4. 试设计图 3-61 所示的牛腿与柱连接角焊缝①、②、③。钢材为 Q235B 钢，焊条为 E43 型，手工电弧焊。

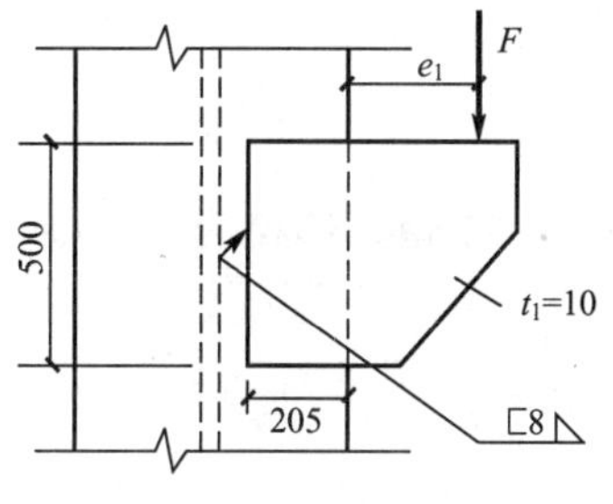

图 3-60 计算题 3 图

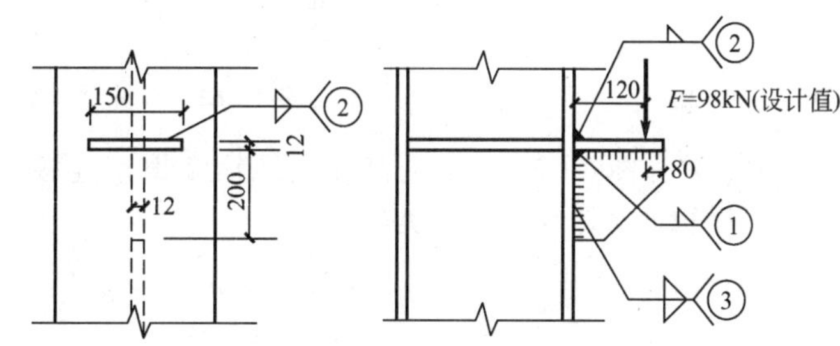

图 3-61 计算题 4 图

5. 计算题 4 的连接中，如将焊缝②及焊缝③改为对接焊缝（按三级质量等级标准检验），试求该连接能承受的最大荷载。

6. 焊接工字形梁设一道拼接的对接焊缝（图 3-62），拼接处作用有弯矩$M=1122\text{kN}\cdot\text{m}$，剪力 $V=374\text{kN}$，钢材为 Q235B 钢，焊条为 E43 型，半自动埋弧焊，三级质量等级标准检验，试验算该焊缝的强度。

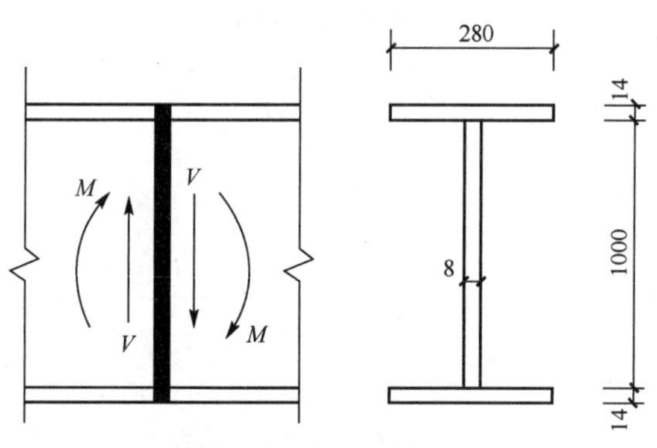

图 3-62 计算题 6 图

7. 两被连接钢板为$-18\text{mm}\times510\text{mm}$，钢材为 Q235 钢，轴心拉力设计值 $N=1500\text{kN}$，对接处用双盖板并采用 M22 的 C 级普通螺栓连接，试设计此连接。

8. 按高强度螺栓摩擦型连接和承压型连接设计计算题7中的钢板拼接，采用8.8级M20（d_0=21.5mm）的高强度螺栓，接触面采用喷硬质石英砂处理。

(1) 确定连接盖板的截面尺寸。

(2) 计算需要的螺栓数及螺栓布置形式。

(3) 验算被连接钢板的强度。

9. 图3-63所示的连接节点，斜杆承受轴心拉力设计值 F=300kN，端板与柱翼缘采用10个8.8级高强度螺栓摩擦型连接，摩擦面抗滑移系数 μ=0.3，求最小螺栓的直径。

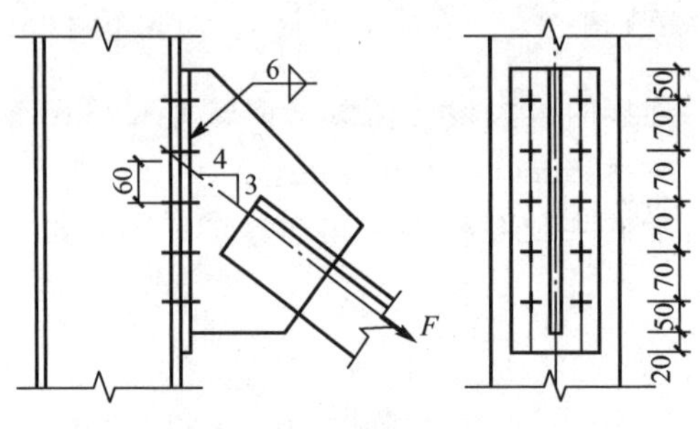

图3-63 计算题9图

10. 验算图3-64所示的高强度螺栓摩擦型连接，钢材为Q235钢，螺栓为10.9级M20，接触面采用喷硬质石英砂处理。

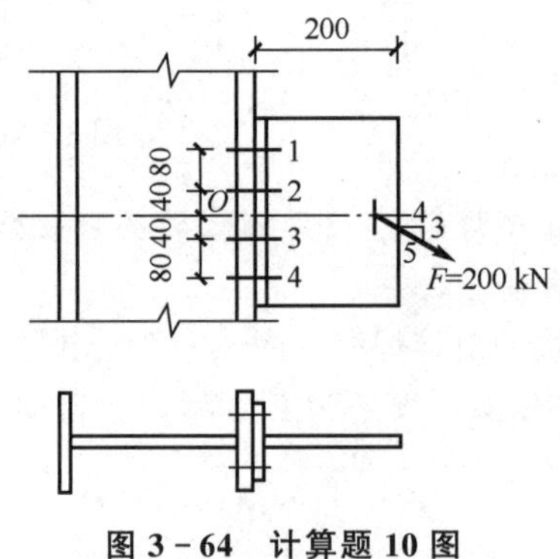

图3-64 计算题10图

第4章 轴心受力构件

思维导图

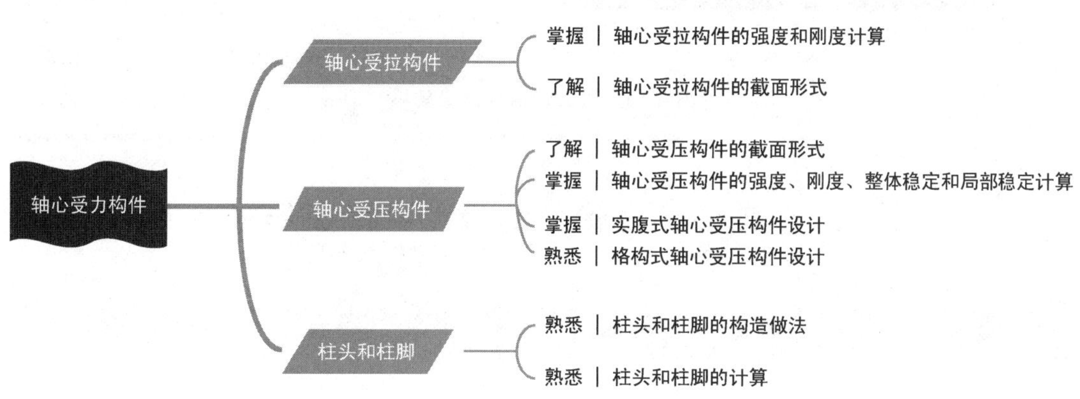

引例

失稳也称屈曲，是指钢结构或其构件丧失了整体稳定或局部稳定。由于钢结构的强度高，其构件比较细长、截面尺寸相对较小，组成构件的板宽而薄，在荷载作用下容易失稳成为钢结构最主要的缺点。因此，在钢结构设计中，构件的稳定性比强度更为重要，对钢结构的承载力起控制作用。

某通信铁塔建于 20 世纪 90 年代，高为 70m，是四边形角钢铁塔，采用普通螺栓连接。由于大风作用，该塔于 2002 年 4 月突然倒塌，倒塌破坏形态如图 4－1（a）所示。经现场测量后复原，该塔的轮廓尺寸如图 4－1（b）所示。经检测，其倒塌主要原因是杆件截面偏小和节点连接处理不当等。构件的稳定性是钢结构设计中亟待解决的主要问题，一旦出现了钢结构的失稳事故，不但会对经济造成严重的损失，而且可能会造成人员的伤亡，所以在钢结构设计中，一定要把握好构件稳定性这一关。本章针对轴心受压构件探讨其整体稳定和局部稳定问题。

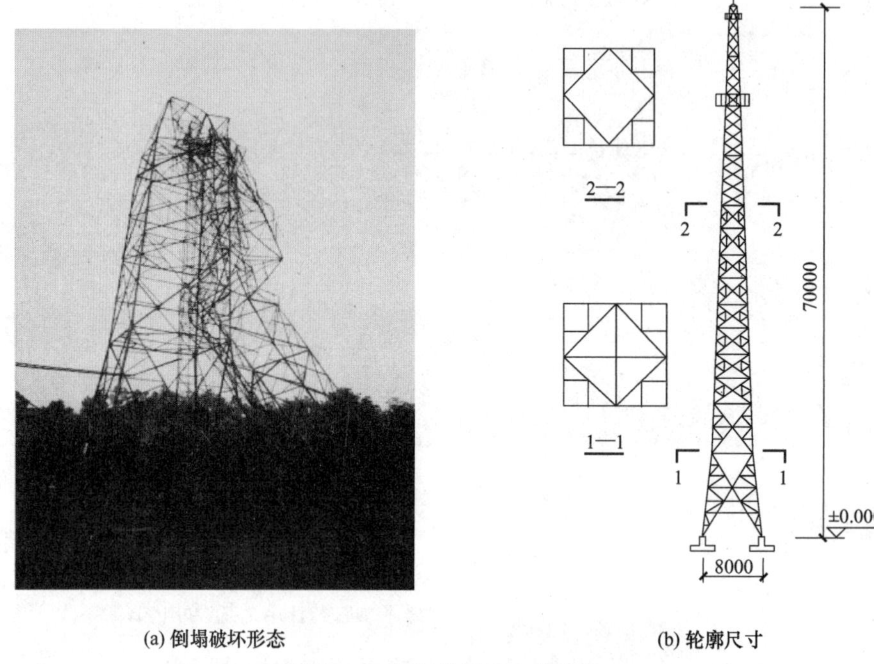

(a) 倒塌破坏形态　　(b) 轮廓尺寸

图4－1　某通信铁塔失稳破坏

4.1　轴心受力构件的特点和截面形式

4.1.1　轴心受力构件的特点

轴心受力构件（axial loaded members）包括轴心受拉构件（axial tension members）和轴心受压构件（axial compression members）。轴心受拉构件是只承受轴心拉力的构件。轴心受压构件是只承受轴心压力的构件。轴心受力构件广泛地应用于钢结构中，如网架、桁架中的杆件，工业建筑中的平台和其他结构的支撑、柱间支撑、隅撑等。

4.1.2　轴心受力构件的截面形式

轴心受力构件的截面形式可分为四类。第一类是热轧型钢截面，如图4－2（a）所示的圆形、方形、工字形、T形、槽形截面等；第二类是冷弯薄壁型钢截面，如图4－2（b）所示的带卷边或不带卷边的角形、槽形截面等；第三类是实腹式组合截面，用型钢和钢板连接而成的组合截面，如图4－2（c）所示；第四类是图4－2（d）所示的格构式组合截面。

对轴心受拉构件截面形式的要求是：①符合强度、刚度的要求；②制作简便，便于和相邻的构件连接；③符合经济要求。对轴心受压构件的截面形式除以上要求外，还需符合稳定性要求，包括整体稳定和局部稳定。

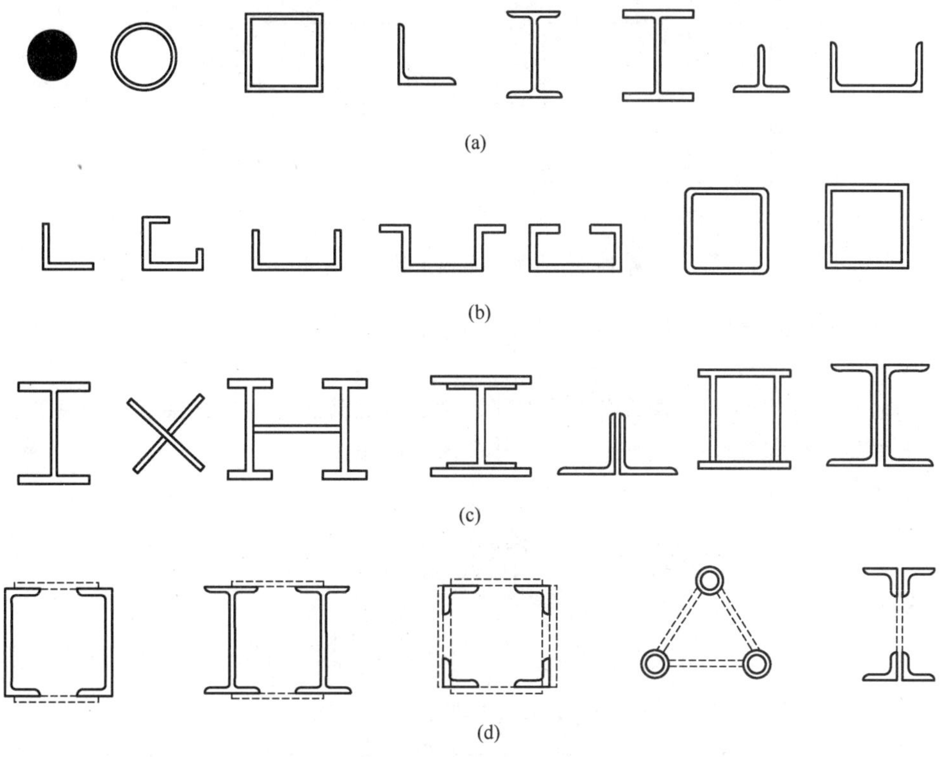

图 4-2 轴心受力构件的截面形式

4.2 轴心受力构件的强度和刚度

4.2.1 轴心受力构件的强度

从钢材的应力-应变关系可知，当轴心受力构件的截面平均应力达到钢材的抗拉强度 f_u 时，构件达到其强度极限状态。实际上，由于构件塑性变形的发展，当构件的截面平均应力达到钢材的屈服强度 f_y 时，一般已达到不适于继续承载的变形极限状态；另外，以强度极限状态作为承载力极限状态时，构件的破坏后果通常比较严重。因此，轴心受力构件是以截面的平均应力达到钢材的屈服强度作为计算准则的。

对有孔洞削弱的轴心受力构件，孔洞处截面上的应力分布（图 4-3）是不均匀的，孔壁边缘会产生应力集中现象。孔壁边缘的最大弹性应力 σ_{max} 可达到构件毛截面平均应力 σ_0 的数倍［图 4-3（a)］。随着轴心力的增加，孔壁边缘的最大应力首先达到材料的屈服强度，截面产生塑性变形，而应力不再继续增加，截面上的应力产生塑性重分布，最后达到均匀分布［图 4-3（b)］。因此，对于有孔洞削弱的轴心受力构件，其净截面的平均应力小于屈服强度时为弹性状态，达到屈服强度时为强度极限状态。

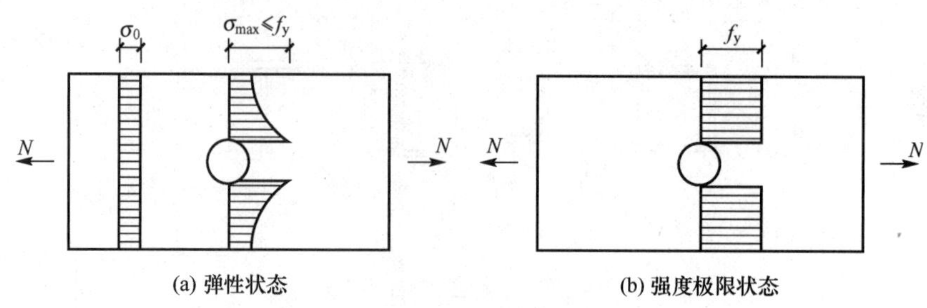

图 4-3　孔洞处截面上的应力分布

《钢结构设计标准》(GB 50017—2017) 对轴心受力构件的承载力计算进行了如下规定。

(1) 轴心受拉构件。当端部连接及中部拼接处组成截面的各板件都有连接件直接传力时，除采用高强度螺栓摩擦型连接者外，其截面强度应按式(4-1)、式(4-2) 计算。

毛截面屈服应力：

$$\sigma=\frac{N}{A}\leqslant f \tag{4-1}$$

净截面断裂应力：

$$\sigma=\frac{N}{A_n}\leqslant 0.7f_u \tag{4-2}$$

式中　N——所计算截面处的拉力或压力设计值；

f——钢材的抗拉强度设计值或抗压强度设计值，其取值可查附录1中相应附表；

A——构件的毛截面面积；

A_n——构件的净截面面积；

f_u——钢材的抗拉强度最小值，其取值可查附录1中相应附表。

采用高强度螺栓摩擦型连接的构件，其毛截面屈服应力应采用式(4-1)进行计算，净截面断裂应力应采用式(4-3) 进行计算；当构件为沿全长都有排列较密螺栓的组合构件时，其毛截面屈服应力应按式(4-4) 计算。

$$\sigma=\left(1-0.5\frac{n_1}{n}\right)\frac{N}{A_n}\leqslant 0.7f_u \tag{4-3}$$

$$\sigma=\frac{N}{A_n}\leqslant f \tag{4-4}$$

式中　n——在节点或拼接处，构件一端连接的高强度螺栓数目；

n_1——所计算截面（最外列螺栓处）上高强度螺栓数目。

(2) 轴心受压构件。当端部连接及中部拼接处组成截面的各板件都有连接件直接传力时，毛截面屈服应力应按式(4-1) 计算。但含有虚孔的构件，其孔心所在截面的屈服应力应按式(4-2) 计算。

当组成板件在节点或拼接处并非全部直接传力时，应对危险截面的面积乘以有效截面系数 η，不同构件截面形式和连接方式的 η 值应符合表 4-1 的规定。

表 4－1　不同构件截面形式和连接方式的 η 值

构件截面形式	连接方式	η	图例
角形	单边连接	0.85	
工字形、H形	翼缘连接	0.90	
	腹板连接	0.70	

4.2.2 轴心受力构件的刚度

按照正常使用极限状态要求，轴心受力构件应具有一定的刚度。当轴心受力构件刚度不足时，在自重作用下容易产生过大的挠度，在动力荷载作用下容易产生振动，在运输和安装过程中容易发生弯曲。因此，设计时应对轴心受力构件的长细比（slenderness ratio）进行控制，以保证其有足够的刚度。轴心受力构件的容许长细比 $[\lambda]$ 是按构件的受力性质、构件类别和荷载性质确定的。轴心受压构件刚度不足，一旦发生弯曲变形后，因变形而增加的附加弯矩影响远比轴心受拉构件严重；若构件长细比过大，会使稳定承载力降低太多，因而其长细比的控制更为重要。直接承受动力荷载的受拉构件比承受静力荷载或间接承受动力荷载的受拉构件的容许长细比 $[\lambda]$ 的限制更为严格。

轴心受力构件的刚度是以限制构件长细比来保证的。构件的最大长细比计算见式(4－5)。

$$\lambda=\frac{l_0}{i}\leqslant[\lambda] \tag{4-5}$$

式中　λ——构件的长细比；

l_0——构件的计算长度；

i——截面对应于主轴的回转半径；

$[\lambda]$——构件的容许长细比。

《钢结构设计标准》（GB 50017—2017）根据构件的受力性质、构件类别和荷载性质，分别规定了轴心受拉构件和轴心受压构件的容许长细比，分别列于表4－2和表4－3。

表4－2　轴心受拉构件的容许长细比

项次	构件名称	承受静力荷载或间接承受动力荷载的结构			直接承受动力荷载的结构
		一般建筑结构	对腹杆提供平面外支点的弦杆	有重级工作制起重机的厂房	
1	桁架的构件	350	250	250	250
2	吊车梁或吊车桁架以下的柱间支撑	300	—	200	—
3	除张紧的圆钢外的其他拉杆、支撑、系杆等	400	—	350	—

注：1. 除对腹杆提供平面外支点的弦杆外，承受静力荷载的受拉构件可仅计算竖向平面内的长细比。

2. 中级、重级工作制吊车桁架下弦杆的长细比不宜超过200。

3. 在设有夹钳或刚性料耙等硬钩起重机的厂房中，支撑的长细比不宜超过300。

4. 受拉构件在永久荷载与风荷载组合作用下受压时，其长细比不宜超过250。

5. 跨度等于或大于60m的桁架，其受拉弦杆和腹杆的长细比不宜超过300（承受静力荷载或间接承受动力荷载）或250（直接承受动力荷载）。

6. 计算单角钢受拉构件的长细比时，应采用角钢的最小回转半径；但计算在交叉点相互连接的交叉杆件平面外的长细比时，可采用对角钢肢边平行轴的回转半径。

表4－3　轴心受压构件的容许长细比

项次	构件名称	容许长细比
1	轴心受压柱、桁架和天窗架中的压杆	150
	柱的缀条、吊车梁或吊车桁架以下的柱间支撑	
2	支撑	200
	用以减少受压构件计算长度的杆件	

注：1. 轴心受压构件的长细比，当杆件内力设计值不大于承载能力的50%时，容许长细比可取200。

2. 计算单角钢受压构件的长细比时，应采用角钢的最小回转半径；但计算在交叉点相互连接的交叉杆件平面外的长细比时，可采用对角钢肢边平行轴的回转半径。

3. 跨度不小于60m的桁架，其受压弦、端压杆和直接承受动力荷载的受压腹杆的长细比不宜大于120。

4. 由容许长细比控制截面的杆件，在计算其长细比时，可不考虑扭转效应。

例 4－1 图 4－4 所示的梯形屋架由 Q235B 钢制作。已知斜腹杆 AB 所受拉力 $N=150\text{kN}$，几何长度 $l=3400\text{mm}$，杆件采用 2∟50×5 角钢，其截面面积 $A=9.6\text{cm}^2$，绕 x、y 轴的回转半径分别为 $i_x=1.53\text{cm}$、$i_y=2.38\text{cm}$，钢材设计强度 $f=215\text{N/mm}^2$，$f_u=370\text{N/mm}^2$，$[\lambda]=350$。在此条件下，AB 杆是否能够满足强度和刚度要求。

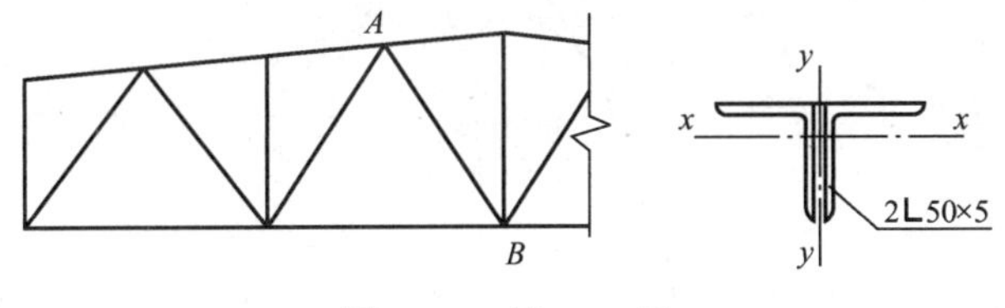

图 4－4 例 4－1 图

解： $\sigma=\dfrac{N}{A}=\dfrac{150\times10^3}{9.6\times10^2}\approx156\ (\text{N/mm}^2)$，$156\text{N/mm}^2<f=215\text{N/mm}^2$

$$\sigma=\frac{N}{A_n}=156\text{MPa}\leqslant0.7f_u=0.7\times370=259\text{MPa}$$

$$\lambda_x=\frac{l_{0x}}{i_x}=\frac{3400}{1.53\times10}\approx222<[\lambda]=350$$

$$\lambda_y=\frac{l_{0y}}{i_y}=\frac{3400}{2.38\times10}\approx143<[\lambda]=350$$

在此条件下，AB 杆能够满足强度和刚度要求。

4.3 轴心受压构件的整体稳定

4.3.1 轴心受压构件的实际承载力

实际的轴心受压构件不可避免地都存在初弯曲、初偏心和残余应力。按照概率统计理论，初弯曲、初偏心和残余应力最大值同时出现在一根柱上的可能性是极小的。初弯曲和初偏心对轴心受压构件的影响是相似的，常取初弯曲作为几何缺陷代表。因此，在理论分析中，只考虑初弯曲和残余应力两个最主要的不利因素，初偏心不必另行考虑。图 4－5 为轴心受压构件的极限承载力，可以看出轴心受压构件在弹性状态和弹塑性状态时，初弯曲和残余应力对轴心受压构件承载力的影响程度。

《钢结构设计标准》(GB 50017—2017) 规定初弯曲的矢高取柱长度的千分之一，而残余应力则根据柱的加工条件确定。图 4－5 的实线为初弯曲和残余应力同时存在时，轴心受压构件的承载力曲线，极限承载能力 N_u 可用数值方法确定，平均应力 $\sigma_u=N_u/A$，用稳定系数 φ 表示 σ_u 和 f_y 的比值，故《钢结构设计标准》(GB 50017—2017) 对轴心受压构件的整体稳定按式(4－6) 计算。

$$\frac{N}{\varphi Af}\leqslant1.0 \tag{4-6}$$

式中 N——轴压力设计值；

φ——轴心受压构件的稳定系数；

A——构件的毛截面面积；

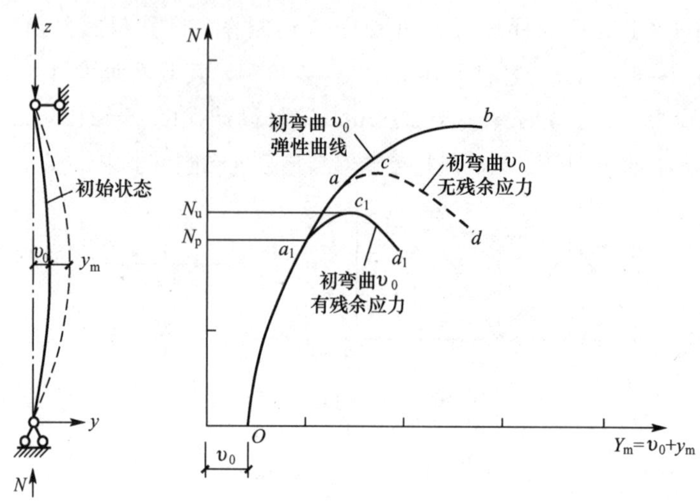

图4-5　轴心受压构件的极限承载力

f——钢材的抗压强度设计值，其取值可查附录1中相应附表。

稳定系数φ值应根据表4-3、表4-4的截面分类和构件的长细比，按附录2中的附表4-1—附表4-4查得。

4.3.2　轴心受压构件的稳定系数

理想轴心受压构件的稳定系数仅仅与其长细比有关，但实际轴心受压构件的截面类型很多，且构件初始缺陷、残余应力的分布及构件加工方式等原因，即使长细比相同，不同截面构件的承载力往往也有很大差别。实际轴心受压构件的稳定系数在图4-6中所示的两条虚线之间，有时其上限值可达下限值的1.4倍，因此，若用一条曲线来代表轴心受压构件的稳定系数，显然是不合理的。《钢结构设计标准》(GB 50017—2017）将曲线分为4类，取每类的平均值曲线作为该类的代表曲线，如图4-6所示。

a类截面属于残余应力的影响较小且i/ρ值也较小的截面（其中，i是截面的回转半径；$\rho=W/A$，是截面的核心距），如轧制圆管和宽高比b/h不大于0.8且绕强轴屈曲的轧制工字钢。c类截面属于残余应力影响较大且i/ρ值也较大的截面，如翼缘为剪切边的绕弱轴屈曲的焊接工字形截面。高层钢结构中用特厚钢板制作的柱，翼缘板的厚度不小于40mm的焊接实腹式截面，因残余应力沿钢板的厚度有很大变化，残余应力的峰值可能达到屈服强度，导致稳定承载力较低，绕强轴和弱轴分别属于c类截面和d类截面。除a、c、d类截面以外的其它截面为b类截面。

《钢结构设计标准》(GB 50017—2017）中新增了a^*类截面和b^*类截面，构件的截面分类见表4-4和表4-5。单轴对称截面绕对称轴屈曲时属于弯扭屈曲问题，其屈曲应力较弯曲屈曲要小，《钢结构设计标准》(GB 50017—2017）规定这类问题需要通过换算长细比，将弯扭屈曲转换为弯曲屈曲。

a类、b类、c类和d类截面的轴心受压构件的稳定系数见附表2-1—附表2-4。

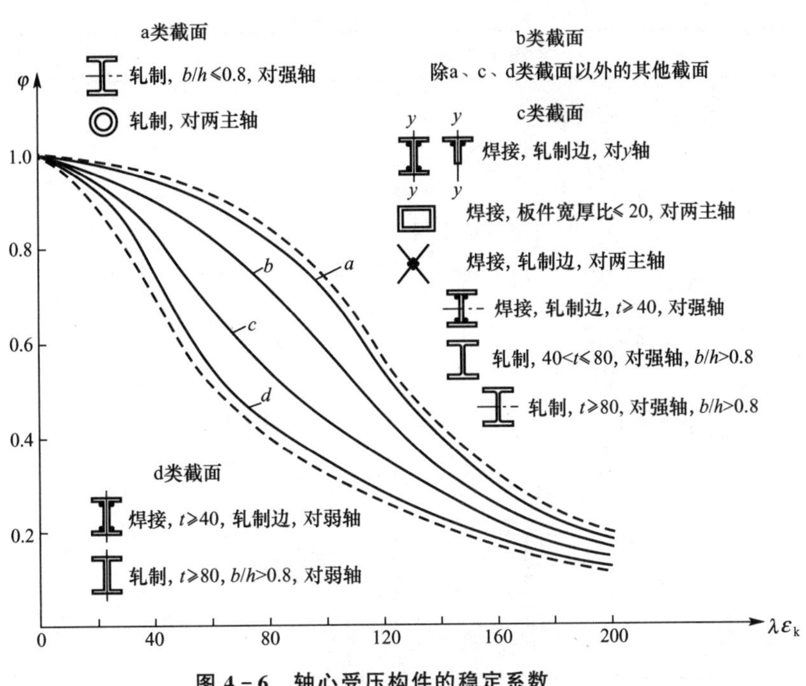

图 4-6 轴心受压构件的稳定系数

表 4-4 构件的截面分类（板厚 $t<40$mm）

截面形式		对 x 轴	对 y 轴
轧制（圆管）		a 类截面	a 类截面
轧制（工字形，b、h）	$b/h\leqslant0.8$	a 类截面	b 类截面
	$b/h>0.8$	a* 类截面	b* 类截面

续表

截面形式		对 x 轴	对 y 轴
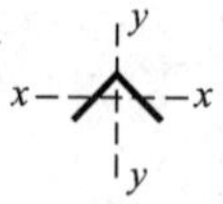 轧制等边角钢		a* 类截面	a* 类截面
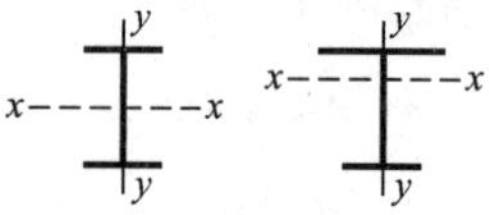 焊接、翼缘为焰切边 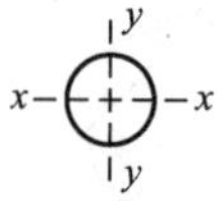	焊接	b 类截面	b 类截面
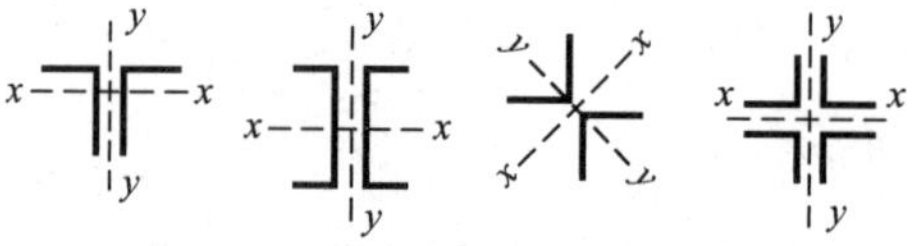 轧制			
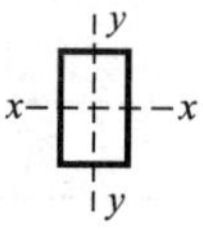 轧制、焊接（板件宽厚比＞20） 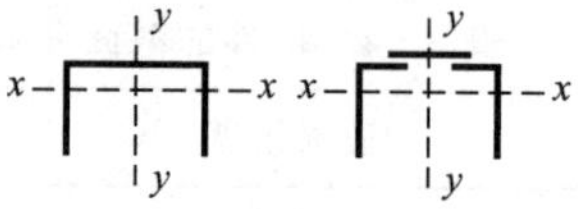	轧制或焊接		
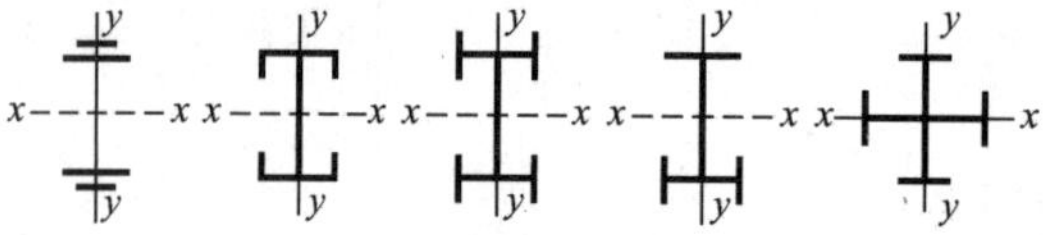 焊接 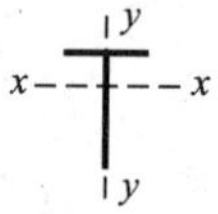	轧制截面和翼缘为焰切的焊接截面	b 类截面	b 类截面
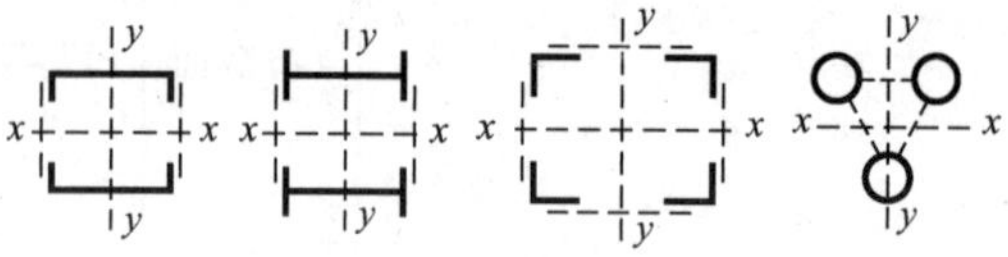 格构式 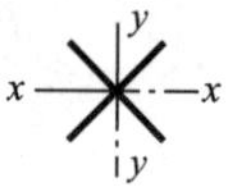	焊接，板件边缘焰切		
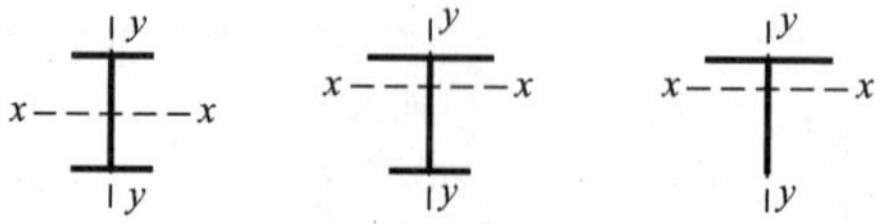 焊接，翼缘为轧制或剪切边		b 类截面	c 类截面

续表

截面形式		对 x 轴	对 y 轴
焊接，板件边缘轧制或剪切边	轧制、焊接（板件宽厚比≤20）	c类截面	c类截面

注：1. a* 类截面含义为 Q235 钢取 b 类截面，Q345、Q390、Q420 和 Q460 钢取 a 类截面；b* 类截面含义为 Q235 钢取 c 类截面，Q345、Q390、Q420 和 Q460 钢取 b 类截面。

2. 无对称轴且剪心和形心不重合的截面，其截面分类可按有对称轴的类似截面确定，如不等边角钢采用等边角钢的类别；当无类似截面时，可取 c 类截面。

表 4-5 轴心受压构件的截面分类（板厚 $t \geq 40$mm）

截面形式		对 x 轴	对 y 轴
轧制工字形或 H 形截面	$t<80$mm	b类截面	c类截面
	$t\geq 80$mm	c类截面	d类截面
焊接工字形截面	翼缘为焰切边	b类截面	b类截面
	翼缘为轧制或剪切边	c类截面	d类截面
焊接箱形截面	板件宽厚比>20	b类截面	b类截面
	板件宽厚比≤20	c类截面	c类截面

4.4 轴心受压构件整体稳定性计算的构件长细比

实腹式轴心受压构件长细比 λ 应根据其失稳模式，按照下列规定确定。

(1) 截面形心和剪心重合的构件。当计算弯曲屈曲时，其长细比计算见式(4-7)；当计算扭转屈曲时，其长细比计算见式(4-8)。双轴对称十字形截面构件宽厚比不超过 $15\varepsilon_k$（ε_k 为钢材牌号修正系数，其值为 235 与钢材牌号中屈服强度的比值的平方根），可不计算扭转屈曲。

$$\lambda_x = l_{0x}/i_x \qquad \lambda_y = l_{0y}/i_y \tag{4-7}$$

$$\lambda_z = \sqrt{\frac{I_0}{I_t/25.7 + I_\omega/l_\omega^2}} \tag{4-8}$$

式中 l_{0x}、l_{0y}——构件对 x 轴和 y 轴的计算长度；

i_x、i_y——构件截面对 x 轴和 y 轴的回转半径；

I_0、I_t、I_ω——构件毛截面对剪心的极惯性矩、自由扭转惯性矩和扇形惯性矩，十字形截面的 I_ω 可近似取 0；

l_ω——扭转屈曲的计算长度（两端铰支且端部截面可自由翘曲者，取几何长度 l；两端嵌固且端部截面的翘曲完全受到约束者，取 $0.5l$）。

（2）截面为单轴对称的构件。计算绕非对称主轴的弯曲屈曲时，其长细比 λ_x 按式(4-7)计算；计算绕对称主轴的弯扭屈曲时，其长细比为换算长细比，按式(4-9)、式(4-10)计算。当等边单角钢轴心受压构件绕两主轴弯曲的计算长度相等时，可不计算弯扭屈曲。

$$\lambda_{yz}=\sqrt{\frac{(\lambda_y^2+\lambda_z^2)+\sqrt{(\lambda_y^2+\lambda_z^2)^2-4(1-y_s^2/i_0^2)\lambda_y^2\lambda_z^2}}{2}} \tag{4-9}$$

$$i_0^2=y_s^2+i_x^2+i_y^2 \tag{4-10}$$

式中 y_s——截面形心至剪心的距离；

i_0——截面对剪心的极回转半径；

λ_{yz}——弯扭屈曲的换算长细比，由式(4-8）确定。

（3）双角钢组合T形截面（图4-7）构件绕对称轴的换算长细比 λ_{yz} 可采用式(4-11)—式(4-19）计算。

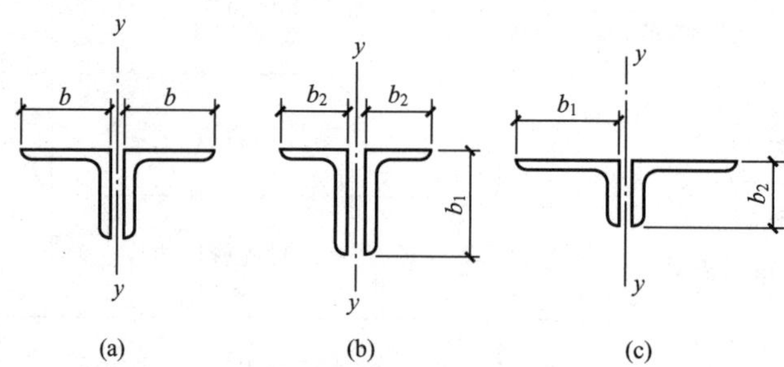

b—等边角钢肢宽度；b_1—不等边角钢长肢宽度；b_2—不等边角钢短肢宽度。

图4-7 双角钢组合T形截面

等边双角钢：

当 $\lambda_y \geqslant \lambda_z$ 时：

$$\lambda_{yz}=\lambda_y\left[1+0.16\left(\frac{\lambda_z}{\lambda_y}\right)^2\right] \tag{4-11}$$

当 $\lambda_y < \lambda_z$ 时：

$$\lambda_{yz}=\lambda_z\left[1+0.16\left(\frac{\lambda_y}{\lambda_z}\right)^2\right] \tag{4-12}$$

$$\lambda_z=3.9\frac{b}{t} \tag{4-13}$$

长肢相并的不等边双角钢：

当 $\lambda_y \geqslant \lambda_z$ 时：

$$\lambda_{yz}=\lambda_y\left[1+0.25\left(\frac{\lambda_z}{\lambda_y}\right)^2\right] \tag{4-14}$$

当 $\lambda_y<\lambda_z$ 时：

$$\lambda_{yz}=\lambda_z\left[1+0.25\left(\frac{\lambda_y}{\lambda_z}\right)^2\right] \tag{4-15}$$

$$\lambda_z=5.1\frac{b_2}{t} \tag{4-16}$$

短肢相并的不等边双角钢：

当 $\lambda_y\geqslant\lambda_z$ 时：

$$\lambda_{yz}=\lambda_y\left[1+0.06\left(\frac{\lambda_z}{\lambda_y}\right)^2\right] \tag{4-17}$$

当 $\lambda_y<\lambda_z$ 时：

$$\lambda_{yz}=\lambda_z\left[1+0.06\left(\frac{\lambda_y}{\lambda_z}\right)^2\right] \tag{4-18}$$

$$\lambda_z=3.7\frac{b_1}{t} \tag{4-19}$$

(4) 截面无对称轴且剪心和形心不重合的构件，应采用式(4-20)—式(4-25) 换算长细比。

$$\lambda_{xyz}=\pi\sqrt{\frac{EA}{N_{xyz}}} \tag{4-20}$$

$$(N_x-N_{xyz})(N_y-N_{xyz})(N_z-N_{xyz})-N_{xyz}^2(N_x-N_{xyz})\left(\frac{y_s}{i_0}\right)^2-N_{xyz}^2(N_y-N_{xyz})\left(\frac{x_s}{i_0}\right)^2=0 \tag{4-21}$$

$$i_0^2=i_x^2+i_y^2+x_s^2+y_s^2 \tag{4-22}$$

$$N_x=\frac{\pi^2EA}{\lambda_x^2} \tag{4-23}$$

$$N_y=\frac{\pi^2EA}{\lambda_y^2} \tag{4-24}$$

$$N_z=\frac{1}{i_0^2}\left(\frac{\pi^2EI_\omega}{l_\omega^2}+GI_t\right) \tag{4-25}$$

式中 N_{xyz}——弹性杆的弯扭屈曲临界力，由式(4-21) 确定；

x_s、y_s——截面剪心的坐标；

N_x、N_y、N_z——分别绕 x 轴和 y 轴的弯曲屈曲临界力和扭转屈曲临界力；

E、G——钢材弹性模量和剪切模量。

(5) 不等边角钢（图 4-8）轴心受压构件的换算长细比可按式(4-26)—式(4-28) 确定。

当 $\lambda_v\geqslant\lambda_z$ 时：

$$\lambda_{xyz}=\lambda_v\left[1+0.25\left(\frac{\lambda_z}{\lambda_v}\right)^2\right] \tag{4-26}$$

当 $\lambda_v<\lambda_z$ 时：

$$\lambda_{xyz}=\lambda_z\left[1+0.25\left(\frac{\lambda_v}{\lambda_z}\right)^2\right] \tag{4-27}$$

$$\lambda_z=4.21\frac{b_1}{t} \tag{4-28}$$

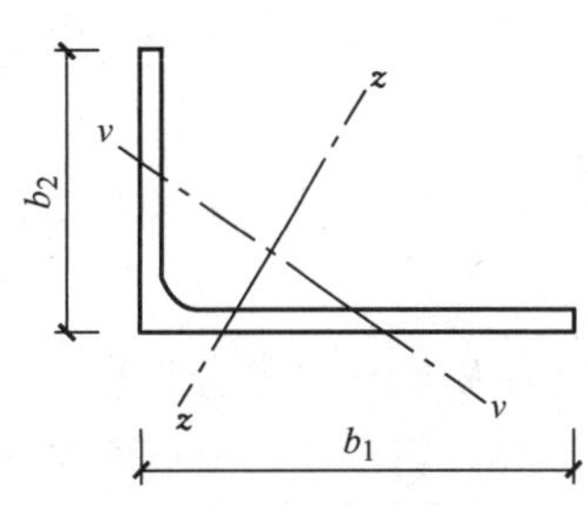

图 4-8 不等边角钢

4.5 轴心受压构件的板件局部稳定

轴心受压构件都是由一些板件组成的，这些板件的厚度与宽度相比都比较小。在压力作用下，当板件截面的压应力达到某一数值时，板件不能继续维持平面平衡状态而产生凸曲现象，即局部失稳或局部屈曲。局部失稳的构件还可能继续维持整体稳定的平衡状态，但因为有部分板件已经屈曲，所以会降低构件的刚度并影响其承载力。

对于板件的局部屈曲有两种考虑方法：一种是不允许板件的局部屈曲先于构件的整体屈曲，并以此来限制板件的宽厚比；另一种是允许板件的局部屈曲，因为局部屈曲并不一定导致构件整体失稳，这就可以把构件截面设计得更加宽大，提高构件的整体刚度，从而提高其承载力并节省钢材。

《钢结构设计标准》(GB 50017—2017）对轴心受压构件的板件局部稳定的规定是在薄板弹性稳定理论的基础上，基于板件局部屈曲不先于构件整体屈曲的原则而推导提出的，即板件的临界应力和构件的临界应力相等的原则，具体推导过程可查阅相关文献。

常用板件的截面如图 4 - 9 所示。

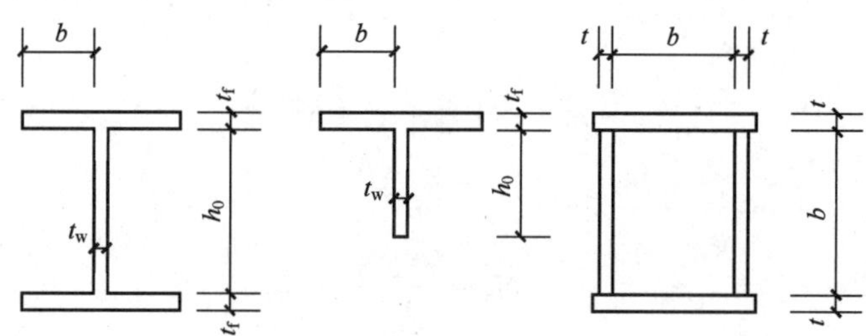

图 4 - 9　常用板件的截面

实腹式轴心受压构件要求不出现局部失稳，其板件宽厚比应符合式(4 - 29)—式(4 - 35)的规定。

(1) H 形截面腹板宽厚比限值。

$$h_0/t_w \leqslant (25+0.5\lambda)\varepsilon_k \tag{4-29}$$

式中　h_0、t_w——腹板计算高度和厚度；

λ——构件的较大长细比（当 $\lambda<30$ 时，取 30；当 $\lambda>100$ 时，取 100)；

ε_k——钢材牌号修正系数，$\varepsilon_k=\sqrt{235/f_y}$。

(2) H 形截面翼缘宽厚比限值。

$$b/t_f \leqslant (10+0.1\lambda)\varepsilon_k \tag{4-30}$$

式中　b、t_f——翼缘板自由外伸宽度和厚度。

(3) 箱形截面壁板宽厚比限值。

$$b/t \leqslant 40\varepsilon_k \tag{4-31}$$

式中 b——壁板的净宽度。当箱形截面设有纵向加劲肋时，为壁板与加劲肋之间的净宽度。

(4) T形截面翼缘宽厚比限值应按式(4-30) 确定。

(5) T形截面腹板宽厚比限值。

T形截面腹板屈曲与翼缘类似，但由于宽厚比大得多，翼缘对它有较大的嵌固作用，故其宽厚比限值可以适当放宽。由于焊接截面的几何缺陷和残余应力比较大，应与热轧截面区别对待。

热轧剖分T型钢： $h_0/t_w \leqslant (15+0.2\lambda)\varepsilon_k$ (4-32)

焊接T型钢： $h_0/t_w \leqslant (13+0.17\lambda)\varepsilon_k$ (4-33)

焊接构件宽度 h_0 取腹板高度 h_w；热轧构件宽度 h_0 取腹板平直段长度，简要计算时可取 $h_0=h_w-t_f$，但不小于 h_w-20。

(6) 等边角钢轴心受压构件的肢件宽厚比限值。

当 $\lambda \leqslant 80\varepsilon_k$ 时： $w/t \leqslant 15\varepsilon_k$ (4-34)

当 $\lambda > 80\varepsilon_k$ 时： $w/t \leqslant 5\varepsilon_k+0.125\lambda$ (4-35)

式中 w、t——角钢的平板宽度和厚度，简要计算时 w 可取为 $b-2t$，b 为角钢宽度；

λ——按角钢绕非对称主轴回转半径计算的长细比。

(7) 圆管压杆的外径与壁厚比不应超过 $100\varepsilon_k^2$。

当轴心受压构件的压力小于稳定承载力 φAf 时，可将其板件宽厚比限值由上述相关公式计算后乘以放大系数 $\alpha=\sqrt{\varphi Af/N}$。

当板件宽厚比超过上述规定的限值时，可采用纵向加劲肋加强；当可考虑屈曲后强度时，轴心受压构件的强度和稳定性可按照《钢结构设计标准》(GB 50017—2017) 的相关计算公式进行验算。

4.6 实腹式轴心受压构件设计

4.6.1 实腹式轴心受压构件的截面形式

实腹式轴心受压构件的截面形式有图4-2所示的热轧型钢截面和实腹式组合截面两大类，一般采用双轴对称截面，以避免弯扭屈曲。其中，常用的截面形式有工字形、圆形和箱形。在普通的钢桁架中，也有采用两个角钢组成的T形截面。单角钢截面主要用于塔桅结构和轻型钢桁架。

在选择截面形式时，首先要考虑用料经济，并尽可能使结构简单、制造省工，方便运输和便于装配。要达到用料经济，就必须使截面符合等稳定性和壁薄而宽的要求。所谓等稳定性，就是使轴心受压构件在两个主轴方向的稳定系数近似相等，即 $\varphi_x \approx \varphi_y$；所谓壁薄而宽，就是要在保证局部稳定的条件下，尽量使壁薄一些，使材料离形心轴远些，以增大截面的回转半径，提高稳定承载力。

热轧普通工字钢的制造最省工，但因两个主轴方向的回转半径相差较大，且腹板又相对较厚，用料很不经济。为了增大 i_y，可采用组合截面或热轧 H 型钢。

三块钢板焊成的工字形组合截面，其回转半径与轮廓尺寸近似关系为 $i_x=0.43h$、$i_y=0.24b$。若要使 $i_x=i_y$，就应满足 $0.43h=0.24b$，即 $b\approx 2h$。这种实腹式截面构件的制造（电焊）及其与其他构件的连接等很难满足要求。因此，一般将三块钢板焊成的工字形截面的高度取为 $h\approx b$。虽然这种截面的 $i_x\approx 2i_y$，但其构造简单，可采用自动电焊，且板厚也可根据局部稳定的要求用得较薄，故用料还是经济的。若在这种构件的中点沿 x 方向设一侧向支承，使 $l_{0x}=2l_{0y}$，也可达到等稳定性 $\lambda_x=\lambda_y$ 的要求。

热轧 H 型钢截面的宽度 b 和高度 h 一般比较接近，其最大优点是制造省工、用料经济、便于连接。

用钢板焊成的十字形截面杆件虽然抗扭刚度较差，但具有两向等稳定性。

圆钢管、方管或由钢板及型钢组成的闭合截面，刚度较大、外形美观、符合各向等稳定性和壁薄而宽的要求、用料最省，但缺点是管内不易喷、刷漆。若在管中灌入混凝土，形成所谓的钢管混凝土压杆，计算时考虑钢管和混凝土共同受力，则可节省钢材，且能防止管内锈蚀和管壁局部屈曲。管截面多用在网架结构和大中型桁架结构中，节点采用实心球、空心球或相贯等形式。

4.6.2 实腹式轴心受压构件的截面选择和验算

当实腹式轴心受压构件的钢材牌号、计算长度 l_0、构件的计算压力 N 和截面形式确定以后，其截面选择和验算可按下列步骤进行。

(1) 先假定长细比 λ，然后根据表 4-4 或表 4-5，查附录 2 可得稳定系数 φ，计算所需的回转半径 $i=\dfrac{l_0}{\lambda}$。在假定 λ 时，可参考下列经验数据：当 l_0 为 5～6m、$N<1500\text{kN}$ 时，λ 取 70～100；当 N 为 1500～3500kN 时，λ 取 50～70。

(2) 由式(4-6) 计算所需的截面面积 $A\geqslant\dfrac{N}{\varphi f}$，根据 i 和 A 值选择型钢的截面型号（附录 5）。

由于长细比是假定的，因此很难一次选出合适的截面。如果假定的长细比值过大，则所求截面面积也大，而初选的截面高度和宽度很小，以致腹板和翼缘过厚，这种截面显然不经济，这时可直接加大截面高度和宽度，适当减小 A 值。反之，若假定的长细比值过小，则截面高度和宽度过大，截面面积过小，以致构件不能满足局部稳定的要求，这时应减小截面高度和宽度，并酌情增大截面面积。通常经过一两次修改后，即可选出合适的截面。

(3) 计算所选截面的几何特征、验算最大长细比 $\lambda=l_0/i\leqslant[\lambda]$，最后按式(4-6) 验算构件的整体稳定性。

(4) 当构件截面的孔洞削弱较大时，还应按式(4-2) 验算净截面强度。

(5) 对于内力较小的压杆，如果按整体稳定的要求选择截面尺寸，则压杆过于细长、刚度不足。这样，不但影响构件本身的承载能力，而且还可能影响其与压杆有关的结构体系的可靠性。因此，对这种压杆，主要应控制长细比，要求 $\lambda \leqslant [\lambda]$，相关规范规定的容许长细比 $[\lambda]$ 取值见表 4-3。

4.6.3 实腹式轴心受压构件的连接焊缝

在轴心受压构件中，由于偶然性弯曲所引起的剪力很小，故翼缘和腹板的连接焊缝尺寸 h_f 可按构造要求取 4～8mm。

例 4-2 图 4-10 所示为一管道支架的计算简图，其支柱的压力设计值 $N=1600$kN，柱两端铰接，钢材为 Q235B 钢，截面无孔洞削弱，试设计此支柱的截面：①普通轧制工字钢；②热轧 H 型钢；③焊接工字形截面，翼缘为焰切边。

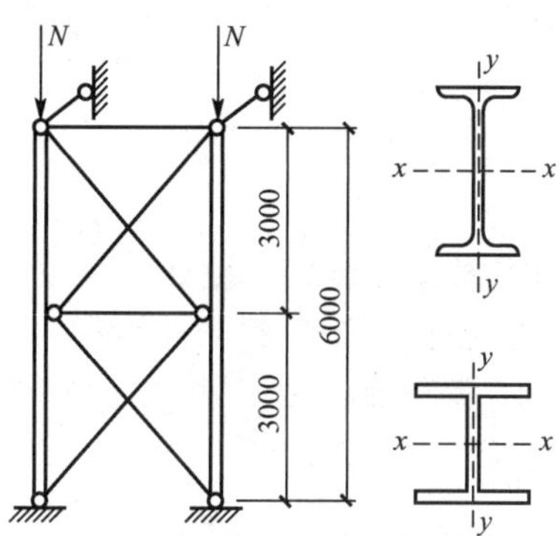

图 4-10 一管道支架的计算简图

解： 支柱在两个方向的计算长度不相等，故取图中所示的截面朝向，将强轴顺 x 轴方向，弱轴顺 y 轴方向，这样支柱在两个方向的计算长度分别为：$l_{0x}=6000$mm，$l_{0y}=3000$mm。

1. 普通轧制工字钢

(1) 初选截面。

假定 $\lambda=90$，根据普通轧制工字钢的截面尺寸特征，通常 $b/h\leqslant 0.8$，查表 4-4 得：当绕 x 轴失稳时属于 a 类截面，当绕 y 轴失稳时属于 b 类截面。

$\lambda/\varepsilon_k=90/\sqrt{\frac{235}{235}}=90$，查附表 2-1 得 $\varphi_x=0.713$；查附表 2-2 得 $\varphi_y=0.621$。

需要的截面几何量为：

$$A=\frac{N}{\varphi_{\min} f}=\frac{1600\times 10^3}{0.621\times 215}\approx 11984\ (\text{mm}^2)\approx 120\ (\text{cm}^2)$$

$$i_x=\frac{l_{0x}}{\lambda}=\frac{6000}{90}\approx 66.7(\text{mm})=6.67(\text{cm})$$

$$i_y=\frac{l_{0y}}{\lambda}=\frac{3000}{90}\approx 33.3(\text{mm})=3.33(\text{cm})$$

由附表 5－5 中不可能选出同时满足 A、i_x、i_y 的截面型号，可适当考虑满足 A、i_y 的要求，试选择 I56a，$A=135\text{cm}^2$、$i_x=22.00\text{cm}$、$i_y=3.18\text{cm}$。

（2）截面验算。

因截面无孔洞削弱，可不验算强度；又因普通轧制工字钢的翼缘和腹板均较厚，基本能满足局部稳定要求，可不验算局部稳定性，只需进行刚度和整体稳定性验算。因其翼缘厚度 $t=21\text{mm}>16\text{mm}$，查附表 1－1得 $f=205\text{N/mm}^2$。

$$\lambda_x=\frac{l_{0x}}{i_x}=\frac{6000}{22.0\times10}\approx27<[\lambda]=150,\lambda_y=\frac{l_{0y}}{i_y}=\frac{3000}{3.18\times10}\approx94<[\lambda]=150$$

刚度满足要求。

因 λ_y 远大于 λ_x，故 λ 取 λ_y，由 $\lambda/\varepsilon_k=94/\sqrt{\frac{235}{235}}=94$，查附表 2－2 得 $\varphi_y=0.592$。

$$\frac{N}{\varphi_{\min}Af}=\frac{1600\times10^3}{0.592\times135\times10^2\times205}\approx0.977<1.0$$

整体稳定性满足要求。

2. 热轧 H 型钢

（1）初选截面。

由于热轧 H 型钢可以选用宽翼缘的形式，截面宽度较大，因而长细比的假设值可适当减小，假设 $\lambda=60$，宽翼缘 H 型钢 $b/h>0.8$，查附表 4－4 得：当绕 x 轴失稳时属于 a* 类截面，当绕 y 轴失稳时属于 b* 类截面，由于钢材为 Q235 钢，故该截面对 x 轴失稳时属于 b 类截面，对 y 轴失稳时属于 c 类截面。

$\lambda/\varepsilon_k=60/\sqrt{\frac{235}{235}}=60$，查附表 2－2 得 $\varphi_x=0.807$，查附表 2－3 得 $\varphi_y=0.709$。

需要的截面几何量为：

$$A=\frac{N}{\varphi_{\min}f}=\frac{1600\times10^3}{0.709\times215}\approx10496\ (\text{mm}^2)=104.96(\text{cm}^2)$$

$$i_x=\frac{l_{0x}}{\lambda}=\frac{6000}{60}=100(\text{mm})=10(\text{cm})$$

$$i_y=\frac{l_{0y}}{\lambda}=\frac{3000}{60}=50(\text{mm})=5(\text{cm})$$

查附表 5－9 试选 HW300 × 300 × 10 × 15，$A=120.40\text{cm}^2$，$i_x=13.10\text{cm}$，$i_y=7.49\text{cm}$。

（2）截面验算。

因截面无孔洞削弱，可不验算强度；又因热轧 H 型钢的翼缘和腹板均较厚，可不验算局部稳定性，只需进行刚度和整体稳定性验算。因其翼缘 $t=15\text{mm}<16\text{mm}$，查附表 1－1 得 $f=215\text{N/mm}^2$。

$$\lambda_x=\frac{l_{0x}}{i_x}=\frac{6000}{13.1\times10}\approx46<[\lambda]=150,\lambda_y=\frac{l_{0y}}{i_y}=\frac{3000}{7.49\times10}\approx40<[\lambda]=150$$

刚度满足要求。

分别查附表 2－2 和附表 2－3，得 $\varphi_x=0.877$，$\varphi_y=0.836$。

$$\frac{N}{\varphi_{\min}Af}=\frac{1600\times10^3}{0.836\times120.40\times10^2\times215}\approx0.7<1.0$$

整体稳定性满足要求。

3. 焊接工字形钢，翼缘为焰切边

（1）初选截面。

假设$\lambda=60$，查表 4-4 可知，焊接工字形钢，翼缘为焰切边，不论对x轴还是y轴均属 b 类截面。

$\lambda/\varepsilon_k=60/\sqrt{\frac{235}{235}}=60$，查附表 2-2 得$\varphi=0.807$。

需要的截面几何量为：

$$A=\frac{N}{\varphi f}=\frac{1600\times10^3}{0.807\times215}\approx9222(\text{mm}^2)=92.22(\text{cm}^2)$$

$$i_x=\frac{l_{0x}}{\lambda}=\frac{6000}{60}=100(\text{mm})=10(\text{cm})$$

$$i_y=\frac{l_{0y}}{\lambda}=\frac{3000}{60}=50(\text{mm})=5(\text{cm})$$

按经验计算，工字形截面：

$$h=\frac{i_x}{0.43}=\frac{10}{0.43}\approx23.3(\text{cm})\text{，}b=\frac{i_y}{0.24}=\frac{5}{0.24}\approx20.8(\text{cm})$$

根据$h=23.3\text{cm}$、$b=20.8\text{cm}$和计算的$A=92.22\text{cm}^2$，设计者可根据钢材的规格与经验确定具体的截面尺寸。本算例初选截面为：翼缘 2－250×14，腹板 1－250×8，其截面几何特征值为：

$$A=90.00\text{cm}^2$$

$$I_x=\frac{1}{12}(25\times27.8^3-24.2\times25^3)\approx13250\ (\text{cm}^4)$$

$$I_y=\frac{1}{12}(2\times1.4\times25^3+25\times0.8^3)\approx3645\ (\text{cm}^4)$$

$$i_x=\sqrt{\frac{I_x}{A}}=\sqrt{\frac{13250}{90}}\approx12.13(\text{cm})$$

$$i_y=\sqrt{\frac{I_y}{A}}=\sqrt{\frac{3645}{90}}\approx6.36(\text{cm})$$

（2）截面验算。

因截面无孔洞削弱，可不验算强度。

① 刚度和整体稳定性验算。

$$\lambda_x=\frac{l_{0x}}{i_x}=\frac{600}{12.13}\approx49.5<[\lambda]=150\text{，}\lambda_y=\frac{l_{0y}}{i_y}=\frac{300}{6.36}\approx47.2\text{，}47.2<[\lambda]=150$$

刚度满足要求。

因对x轴和y轴均属 b 类截面，$\lambda_x>\lambda_y$，由$\lambda_x=49.5$查附表 2-2 得$\varphi_x=0.859$。

$$\frac{N}{\varphi Af}=\frac{1600\times10^3}{0.859\times90.00\times10^2\times215}\approx0.96\text{，}0.96<1.0$$

整体稳定满足要求。

② 局部稳定性验算。

$$\frac{b}{t}=\frac{250-8}{2\times14}\approx8.64<(10+0.1\lambda)\varepsilon_k\approx14.95\text{，}\frac{h_0}{t_w}=\frac{250}{8}=31.25<(25+0.5\lambda)\varepsilon_k\approx49.75$$

局部稳定满足要求。

上面三种型钢的截面面积分别为：

普通轧制工字钢：$A=135.38\text{cm}^2$，热轧 H 型钢：$A=120.40\text{cm}^2$，焊接工字形钢：$A=90.00\text{cm}^2$。

由上述计算结果可知，采用普通轧制工字钢截面比热轧 H 型钢截面面积约大 11%。尽管弱轴方向的计算长度仅为强轴方向计算长度的 1/2，但普通轧制工字钢绕弱轴的回转半径太小，因而支柱的承载能力是由弱轴所控制的，而强轴的承载能力则有较大富余，故选用普通轧制工字钢的经济性较差。对于热轧 H 型钢，由于其两个方向的长细比比较接近，用料较经济，因此在设计轴心实腹柱时，宜优先选用热轧 H 型钢。焊接工字形钢用钢量最少，但制作工艺复杂。

4.7 格构式轴心受压构件设计

4.7.1 格构式轴心受压构件的截面形式

大吨位格构柱吊装

格构式轴心受压构件多用于较高大的管道支撑和独立柱，可以较好地节约材料。格构式轴心受压构件一般采用双轴对称截面［图 4-2（d）］，其由肢件和缀材组成。肢件一般用对称的轧制型钢或焊接组合型钢组成，型钢多用槽形和工字形截面。缀材有两种：一种是缀板，一种是缀条。用缀板将肢件连接成的构件为缀板柱，适用于荷载较小的立柱；用缀条把肢件连接成的构件为缀条柱，适用于在缀材面有较大剪切力或宽度较大的格构柱。

贯穿于两个肢件截面的轴 $y-y$ 称为实轴，与肢件截面相平行的轴 $x-x$ 轴称为虚轴［图 4-2（d）］。格构式轴心受压构件绕实轴的受力情况与实腹式轴心受压构件相似，主要有强度、刚度、整体稳定和局部稳定 4 个方面，其中最重要的是整体稳定。与实腹式轴心受压构件的不同之处主要表现为：格构式轴心受压构件考虑绕虚轴方向的整体稳定、分肢稳定及缀材的设计。

4.7.2 格构式轴心受压构件的整体稳定承载力

（1）对实轴的整体稳定承载力计算。

格构式轴心受压构件对实轴的受力由两个并列的实腹式杆件承担，受力性能与实腹式轴心受压构件完全相同。其计算由对实轴的长细比 λ_y 查 φ_y，按 $N\leqslant\varphi_y fA$ 验算。

（2）对虚轴的整体稳定承载力计算。

与实腹式轴心受压构件不同，格构式轴心受压构件绕虚轴弯扭屈曲时，由于两分肢间的缀材联系刚度较弱，绕虚轴方向，除产生弯曲变形外，还产生相当大的剪切变形，因而失稳临界应力将较原始失稳临界应力低。在格构式轴心受压构件的设计中，对虚轴失稳的计算，常以加大长细比的办法来考虑剪切变形的影响，增大后的长细比记作 λ_{0x}，称为换算长细比。用 λ_{0x} 取代对 x 轴的长细比 λ_x，查附录 2 求出相应的 φ_x，就可以确定由缀材剪切变形影响的格构式轴心受压构件对虚轴的整体稳定承载力，计算公式同实腹式轴心构件。

双肢组合构件的换算长细比计算见式(4－36)、式(4－37)。

当缀件为缀板时：

$$\lambda_{0x}=\sqrt{\lambda_x^2+\lambda_1^2} \tag{4-36}$$

当缀件为缀条时：

$$\lambda_{0x}=\sqrt{\lambda_x^2+27\frac{A}{A_{1x}}} \tag{4-37}$$

式中 λ_x——格构柱对 x 轴的长细比；

λ_1——分肢长细比 $\lambda_1=l_{01}/i_1$（i_1 为分肢对弱轴的回转半径，l_{01} 为计算长度：焊接连接时，l_{01} 为相邻两缀板净距离；螺栓连接时，l_{01} 为相邻两缀板边缘螺栓的距离）；

A——格构柱毛截面面积；

A_{1x}——格构柱截面中垂直于 x 轴的各斜缀条毛截面面积之和。

由三肢或四肢组合的格构式受压构件的换算长细比，参见《钢结构设计标准》（GB 50017—2017）的相关规定。

4.7.3 格构式轴心受压构件的分肢稳定性验算

格构式轴心受压构件的分肢承受压力，应进行分肢的稳定性验算。分肢失稳如图 4－11 所示。分肢如果失稳，构件整体也将破坏，因而分肢稳定必须保证。所以，对格构式轴心受压构件除计算其整体强度、刚度和稳定性外，还应计算各个分肢的强度、刚度和稳定性，且应保证各分肢失稳不先于整个构件失稳。

分肢失稳的临界应力应大于整个构件失稳的临界应力，《钢结构设计标准》（GB 50017—2017）规定分肢的长细比 λ_1 不应大于整个构件的最大长细比 λ_{max}：①格构式缀条轴心受压构件 $\lambda_1\leqslant0.7\lambda_{max}$。②格构式缀板轴心受压构件 $\lambda_1\leqslant0.5\lambda_{max}$且不应大于 $40\varepsilon_k$；当 $\lambda_{max}<50$ 时，取 $\lambda_{max}=50$。λ_{max}为构件两个方向长细比（对虚轴取换算长细比）的较大值。

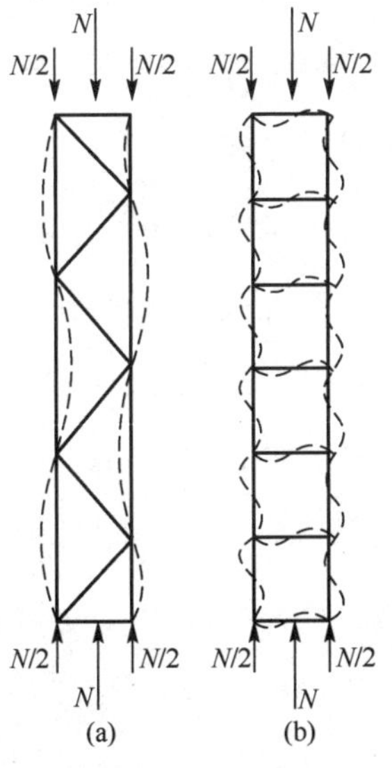

图 4－11 分肢失稳

4.7.4 格构式轴心受压构件的缀材计算和构造要求

（1）格构式轴心受压构件缀材截面剪力。

在轴心压力作用下，理想构件的截面上不会产生剪力，但实际构件有初弯曲、初偏心等缺陷，因此，构件可能绕虚轴产生弯曲变形。轴心力因弯曲变形的挠度而引起弯矩，从而产生了横向剪力，此剪力将由整个构件承担。

图 4－12 所示为一两端铰支轴心受压构件剪力计算简图。当绕虚轴弯曲时，假定最终的挠曲线为正弦曲线，跨中最大挠度 $Y_m = \nu_0 + \nu_m$。

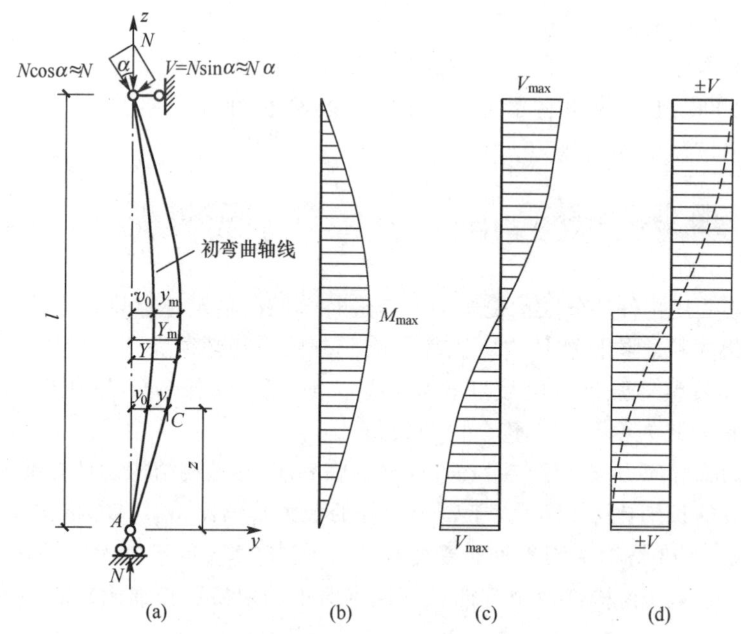

图 4－12 两端铰支轴心受压构件剪力计算简图

沿构件长度方向任一点的挠度计算见式(4－38)。

$$y = Y_m \sin\frac{\pi z}{l} \tag{4-38}$$

沿构件长度方向任一点的弯矩计算见式(4－39)。

$$M = Ny = NY_m \sin\frac{\pi z}{l} \tag{4-39}$$

沿构件长度方向任一点的剪力计算见式(4－40)。

$$V = \frac{\mathrm{d}M}{\mathrm{d}y} = N\frac{\pi Y_m}{l}\cos\frac{\pi z}{l} \tag{4-40}$$

剪力按余弦曲线分布，最大值在构件的两端，见式(4－41)。

$$V_{max} = \frac{N\pi}{l}Y_m \tag{4-41}$$

根据构件边缘纤维屈服准则即可导出最大剪力 V_{max} 和轴心压力 N 之间的关系。《钢结构设计标准》（GB 50017—2017）要求按式(4-42)计算轴心受压构件的剪力。

$$V=\frac{Af}{85\varepsilon_k} \tag{4-42}$$

剪力 V 可认为沿构件全长不变［图 4-12 (d)］。对格构式轴心受压构件，剪力 V 应由承受该剪力的缀材截面（包括用整体板连接的截面）分担。由于剪力的方向取决于构件的初弯曲，其方向可以向左也可以向右，因此，缀条可能承受拉力也可能承受压力，缀条截面应按轴心压杆设计。

(2) 格构式轴心受压构件缀条计算。

缀条的布置一般采用单系缀条［图 4-13 (a)］，也可采用交叉缀条［图 4-13 (b)］。格构式轴心受压构件可看作一个竖放的以分肢为弦杆、缀条为腹杆的平行弦桁架体系。如前所述，由于剪力的方向不定，缀条可能受压也可能受拉，应按轴心受压杆选择截面。单个缀条的内力（图 4-13）计算见式(4-43)。

$$N_1=\frac{V_1}{n\cos\theta} \tag{4-43}$$

式中 V_1——分配到一个缀条截面上的剪力；

n——承受剪力 V_1 的缀条数（单系缀条 $n=1$，交叉缀条 $n=2$）。

缀条一般采用单面连接的单角钢，由于构造原因，它实际上处于偏心受力状态。为了简化计算，对单面连接的单角钢杆件按轴心受力构件计算，但考虑偏心的影响，应对钢材强度设计值 f 乘以相应的折减系数。

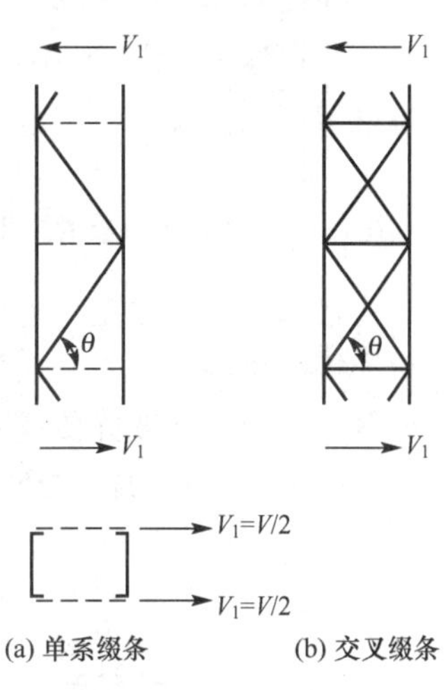

图 4-13 缀条的内力

缀条的轴线和分肢的轴线应尽可能交于一点，斜缀条与构件轴线间的夹角应为 40°～70°。设有横缀条时，还可以加设节点板（图 4-14）。有时为了保证必要的焊缝长度，节点处缀条轴线交汇点可稍向外移至分肢形心轴线以外，但不应超出分肢翼缘的外侧。为了减小斜缀条两端受力角焊缝的搭接长度，斜缀条与分肢可采用三面围焊连接。缀条的最小尺寸不宜小于∟45×4 或∟56×36×4 的角钢。横缀条主要用于减小分肢的计算长度，其截面尺寸与斜缀条相同，可根据容许长细比，取较小尺寸的截面。

(3) 格构式轴心受压构件缀板计算。

格构式缀板轴心受压构件可视为由缀板与分肢组成的单跨多层框架，缀板为横梁，分肢为框架立柱。假定该多层框架受力后发生弯曲变形时，反弯点均分布在各层分肢的中点和缀板的中点，如图 4-15 (a) 所示，反弯点处弯矩为零，仅有剪力。从分肢中取出图 4-15 (b)所示的脱离体，根据内力平衡可得缀板内力，其计算见式(4-44)、式(4-45)。其计算简图如图 4-15 所示。

$$T=\frac{V_1 l_1}{a} \tag{4-44}$$

$$M=\frac{V_1 l_1}{2} \tag{4-45}$$

式中　T——缀板中点所受剪力；

M——缀板和分肢相连处所受弯矩；

l_1——缀板中心线间的距离；

a——分肢轴线间的距离。

缀板强度计算包括缀板内力最大的截面（缀板与分肢连接处）的强度计算和缀板与分肢连接的角焊缝的计算。缀板用角焊缝和分肢相连，搭接长度一般为20～30mm，缀板与分肢的连接通常采用三面围焊，当内力较小时可只用缀板端部纵焊缝与分肢相连。由于角焊缝的强度设计值小于钢材的强度设计值，故只需按T和M验算缀板与分肢间连接的角焊缝。

缀板应有一定的刚度。同一截面处两侧缀板线刚度之和不得小于一个分肢线刚度的6倍。一般取宽度$d \geqslant 2a/3$，厚度$t \geqslant a/40$并不小于6mm。端部缀板宜适当加宽，取$d = a$。

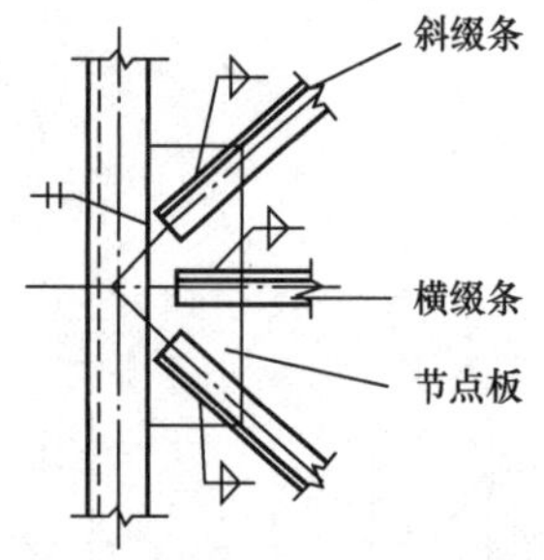

图4-14　缀条与分肢的连接

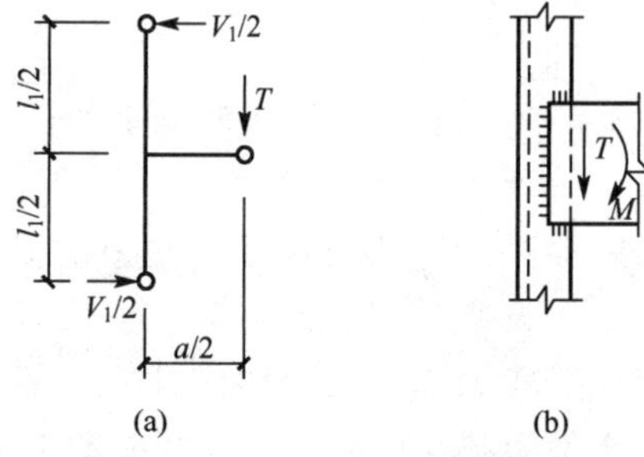

图4-15　缀板内力计算简图

(4) 格构式轴心受压构件的横隔设置。

为了提高格构式轴心受压构件的抗扭刚度，保证格构式轴心受压构件在运输和吊装过程中截面几何形状不变并传递必要的内力，应在承受较大横向剪力处和每个运输单元的两端都设置横隔，较长的构件还应设置中间横隔，横隔间距应不超过构件截面最大宽度的9倍或8m。横隔（图4-16）一般用钢板或交叉角钢配合横缀条焊成。

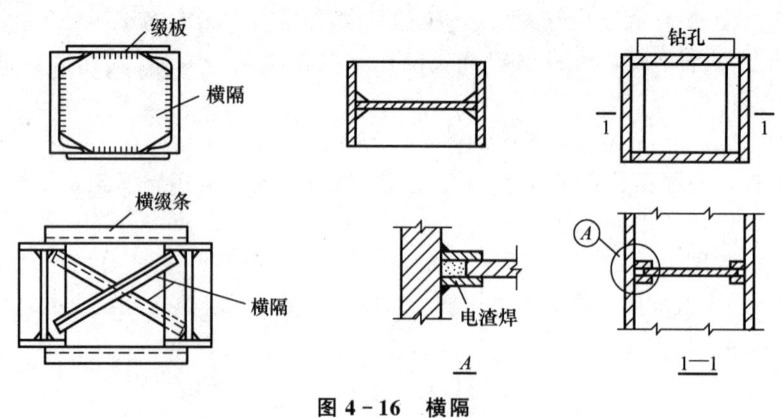

图4-16　横隔

4.7.5 格构式轴心受压构件的截面设计

(1) 确定格构式轴心受压构件的截面形式。

根据使用要求、钢材牌号、材料供应、轴心压力和计算长度等条件确定格构式轴心受压构件的截面形式。一般中、小型格构式轴心受压构件采用缀板式构件，大型格构式轴心受压构件采用缀条式构件。

(2) 确定分肢截面尺寸（对实轴计算）。

首先，按实轴稳定要求试选分肢截面尺寸。假设构件实轴的长细比 λ_y 一般为 60～100，根据 λ_y、钢材牌号和截面类型查得 φ_y，由 $A=N/(\varphi_y f)$ 确定所需的截面面积，按 $i_y=l_{0y}/\lambda_y$ 求得所需的绕实轴的回转半径 i_y，按 $b=i_y/\alpha_2$ 求得所需截面宽度 b 的近似值。

由 A 和 i_y 或 A 和 b 初选分肢截面尺寸，进行实轴整体稳定性验算和刚度验算，必要时还应进行强度验算和板件宽厚比验算。若验算结果不完全满足要求，应重新假定 λ_y，再试选分肢截面尺寸，直至验算结果满足要求为止。一般由型钢表选用槽钢或工字钢。

(3) 按虚轴与实轴等稳定性要求确定分肢间距（对虚轴计算）。

按等稳定性要求 $\lambda_{0x}=\lambda_y$，所需的 λ_x 计算分别见式(4-46)、式(4-47)。

对缀条柱（双肢）：

$$\lambda_x=\sqrt{\lambda_y^2-27\frac{A}{A_{1x}}} \tag{4-46}$$

对缀板柱（双肢）：

$$\lambda_x=\sqrt{\lambda_y^2-\lambda_1^2} \tag{4-47}$$

对缀条柱应预先确定斜缀条的截面 A_1，对缀板柱先假定分肢长细比 λ_1。

由 λ_x 求得所需的虚轴回转半径 i_x，见式(4-48)。

$$i_x=\frac{l_{0x}}{\lambda_x} \tag{4-48}$$

由 i_x 求得所需分肢的间距 b，见式(4-49)。

$$b=\frac{i_x}{\alpha_2} \tag{4-49}$$

一般取 b 为 10mm 的整数倍，且分肢翼缘间的间距应不小于 100mm，以方便构件表面喷、刷漆。

(4) 验算构件截面。

初选构件截面后，按式(4-5) 和式(4-6) 进行刚度、整体稳定性和分肢稳定性验算。若构件截面有孔洞削弱，还应按式(4-1) 进行强度验算。如果验算结果不完全满足要求，应调整构件截面尺寸后重新验算，直到验算结果满足要求为止。

例 4-3 图 4-17 所示为一管道支架，其支柱的轴心压力（包括自重）设计值 $N=1450\text{kN}$，柱两端铰接，钢材为 Q345B 钢，焊条为 E50 型，截面无孔洞削弱。将图中支柱 AB 分别设计成缀条柱和缀板柱。

解： (1) 缀条柱。

按实轴（y 轴）稳定条件确定分肢截面尺寸。假定 $\lambda_y=40$，按 Q345 钢 b 类截面查附

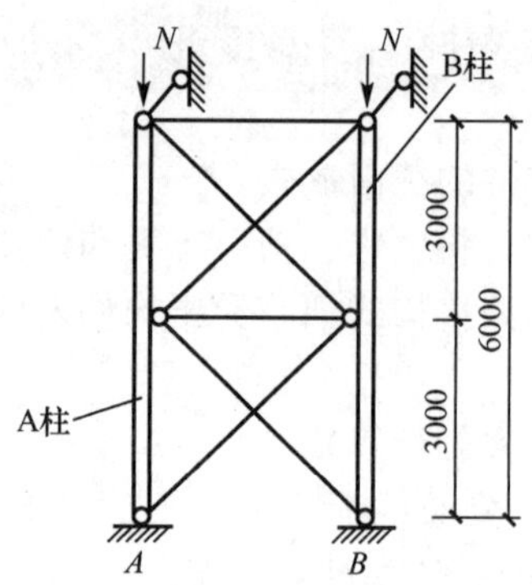

图 4－17　例题 4－3 图

表 2－2 得 $\varphi_y=0.863$，则需要的截面面积为：

$$A=\frac{N}{\varphi_y f}=\frac{1450\times10^3}{0.863\times310\times10^2}\approx54.2(\text{cm}^2)$$

查型钢表选用 2［18b，截面形式如图 4－18 所示。实际截面面积 $A=2\times29.3=58.6$ （cm^2），$i_y=6.84\text{cm}$，$i_x=1.95\text{cm}$，$z_0=1.84\text{cm}$，$I_1=111\text{cm}^4$。

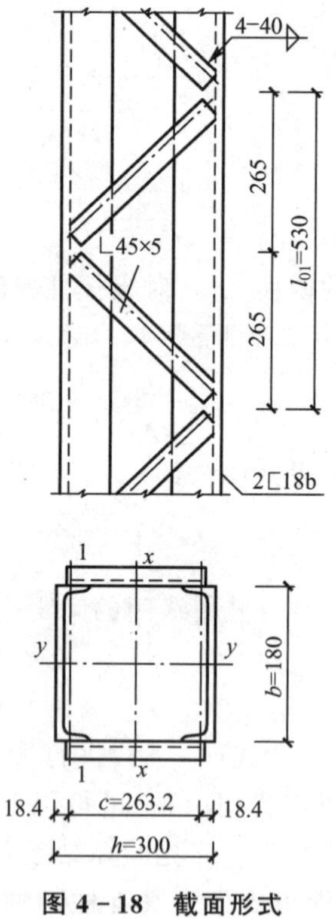

图 4－18　截面形式

验算整体稳定性：

$$\lambda_y=\frac{l_{0y}}{i_y}=\frac{300}{6.84}\approx44<[\lambda]=150$$

满足构造要求。

查附表 2-2 得 $\varphi=0.841$（b 类截面），则

$$\frac{N}{\varphi Af}=\frac{1450\times10^3}{0.841\times58.6\times10^2\times305}\approx0.96<1.0$$

整体稳定性满足要求。

按绕虚轴（x 轴）的稳定条件确定分肢间距 b。

缀条柱轴力不大，假设缀条取L 45×5，查得 $A_1=4.29\text{cm}^2$。

则

$$\lambda_x=\sqrt{\lambda_y^2-27\frac{A}{A_{1x}}}=\sqrt{43.86^2-27\times\frac{58.6}{2\times4.29}}\approx41.70$$

$$i_x=\frac{l_{0x}}{\lambda_x}=\frac{600}{41.70}\approx14.39(\text{cm})$$

采用图 4-18 所示的截面形式，$i_x\approx0.44b$，故 $b\approx i_x/0.44\approx32.70$（cm），取 $b=30\text{cm}$。两槽钢翼缘间净距为 $300-2\times70=160$（mm），160mm>100mm，满足构造要求。

验算虚轴稳定性（对 x 轴验算）：

$$I_x=2\left[I_1+\frac{A}{2}\left(\frac{b}{2}-z_0\right)^2\right]=2[111+29.3\times(15-1.84)^2]\approx10371(\text{cm}^4)$$

$$i_x=\sqrt{\frac{I_x}{A}}=\sqrt{\frac{10371}{58.6}}\approx13.30(\text{cm})$$

$$\lambda_x=\frac{l_{0x}}{i_x}=\frac{600}{13.30}\approx45$$

$$\lambda_{0x}=\sqrt{\lambda_x^2+27\frac{A}{A_{1x}}}=\sqrt{45^2+27\times\frac{58.6}{2\times4.29}}\approx47<[\lambda]=150$$

查附表 2-2 得 $\varphi=0.823$（b 类截面），则

$$\frac{N}{\varphi Af}=\frac{1450\times10^3}{0.823\times58.6\times10^2\times305}\approx0.99<1.0$$

虚轴稳定性满足要求。

验算分肢稳定性：

$$\lambda_1=\frac{l_{01}}{i_1}=\frac{2\times26.5}{1.95}\approx27<0.7\lambda_{\max}=0.7\times49\approx34.3$$

分肢稳定性满足要求，所以无须进行分肢刚度、强度和整体稳定性验算。分肢采用型钢，也无须进行局部稳定性验算。至此可认为所选截面满足所有要求。

缀条柱的剪力：

$$V=\frac{Af}{85\varepsilon_k}=\frac{58.6\times10^2\times305}{85}\sqrt{\frac{345}{235}}\approx25477(\text{N}),\ V_1=\frac{V}{2}=\frac{25477}{2}\approx12738(\text{N})$$

斜缀条内力：

$$N_1=\frac{V_1}{\cos\theta}=\frac{12738}{\cos45^\circ}\approx16521(\text{N})$$

$$\lambda_1=\frac{l_{01}}{i_{\min}}=\frac{37.22}{0.88}\approx42<[\lambda]=150$$

查附表 2-2，得 $\varphi=0.852$（b 类截面），求强度设计值折减系数 η。《钢结构设计标准》（GB 50017—2017）中对单边连接的单角钢稳定性验算时采用 $\frac{N}{\eta\varphi Af}<1.0$，其中 $\eta=$

$0.6+0.0015\lambda$。

$$\eta=0.6+0.0015\lambda=0.6+0.0015\times42=0.663$$

斜缀条的稳定：

$$\frac{N_1}{\eta\varphi A_1 f}=\frac{16521}{0.663\times0.852\times4.29\times10^2\times305}\approx0.22<1.0$$

满足稳定性要求。

缀条无孔洞削弱，不必验算强度。缀条的角焊缝采用两面侧焊，按要求 h_f 取 4mm；单面连接的单角钢按轴心受力计算角焊缝时，$\eta=0.85$。则肢背角焊缝所需长度：

$$l_{w1}=\frac{k_1 N_1}{0.7h_f\eta f_f^w}=\frac{0.7\times16521}{0.7\times0.4\times0.85\times200\times10^2}+0.8\approx3.2(\text{cm})$$

$$l_{w2}=\frac{k_2 N_1}{0.7h_f\eta f_f^w}=\frac{0.3\times16521}{0.7\times0.4\times0.85\times200\times10^2}+0.8\approx1.8(\text{cm})$$

肢尖与肢背角焊缝长度均取 4cm。

缀条柱横隔：柱截面最大宽度为 30cm，要求横隔间距不大于柱截面最大宽度的 9 倍或 8m。柱高 6m，柱上下两端有柱头和柱脚，中间三分点处设两道钢板横隔，与斜缀条节点配合设置。

（2）缀板柱。

对缀板柱按实轴的整体稳定条件确定分肢截面尺寸。缀板柱选用 2［18b（图 4－19），则 $\lambda_y=44$。

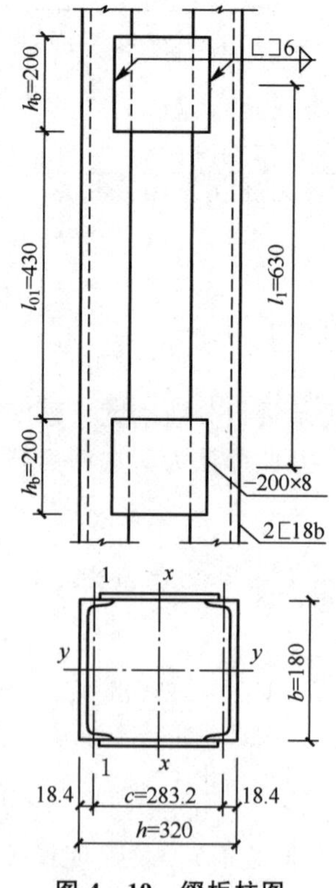

图 4－19　缀板柱图

按绕虚轴的稳定条件确定分肢间距。取 $\lambda_1=22$，满足 $\lambda_1 \leqslant 0.5\lambda_{max}=0.5\times 44=22$，且不大于 40 的分肢稳定要求。按要求 $\lambda_{0x}=\lambda_y$，得

$$\lambda_x=\sqrt{\lambda_y^2-\lambda_1^2}=\sqrt{44^2-22^2}\approx 38$$

$$i_x=\frac{l_{0x}}{\lambda_x}=\frac{600}{38}\approx 15.8(\text{cm})$$

$$b=\frac{i_x}{0.44}\approx 35.9(\text{cm})\text{，取 } b=32\text{cm}$$

两槽钢翼缘间净距为 320－2×70＝180（mm），180mm＞100mm，满足构造要求。

验算虚轴稳定性（对 x 验算），缀板净距：

$l_{0x}=\lambda_1 i_1=22\times 1.95=42.9$（cm），取 $l_{0x}=43$cm

$$I_x=2\times\left[I_1+\frac{A}{2}\left(\frac{b}{2}-z_0\right)^2\right]=2[111+29.3\times(16-1.84)^2]\approx 11972(\text{cm}^4)$$

$$i_x=\sqrt{\frac{I_x}{A}}=\sqrt{\frac{11972}{58.6}}\approx 14.3(\text{cm})$$

$$\lambda_x=\frac{l_{0x}}{i_x}=\frac{600}{14.3}\approx 42$$

$$\lambda_{0x}=\sqrt{\lambda_x^2+\lambda_1^2}=\sqrt{42^2+22^2}\approx 47<[\lambda]=150$$

查附表 2－2 得 $\varphi=0.823$（b 类截面）。

$$\frac{N}{\varphi Af}=\frac{1450\times 10^3}{0.823\times 58.6\times 10^2\times 305}\approx 0.99<1.0$$

整体稳定性满足要求。因无孔洞削弱，所以强度满足要求。

$\lambda_{max}=47$，$\lambda_1=22<0.5\lambda_{max}\approx 24$ 且小于 40，满足构造要求，所以无须进行分肢刚度、强度和整体稳定性验算。分肢采用型钢，也无须进行局部稳定性验算。至此可认为所选截面满足所有要求。

缀板设计。初选缀板尺寸：纵向高度 $h_b\geqslant\frac{2}{3}c=\frac{2}{3}\times 28.32=18.88$（cm），厚度 $t_b\geqslant\frac{c}{40}=\frac{28.32}{40}\approx 0.71$（cm），取 $h_b\times t_b=200\text{mm}\times 8\text{mm}$。相邻缀板净距 $l_{01}=43$cm，相邻缀板中心距 $l_1=l_{01}+h_b=43+20=63$（cm）。

缀板线刚度之和与分肢线刚度比值为：

$$\frac{\Sigma I_b/c}{I_1/l_1}=\frac{2\times(0.8\times 20^3/12)/28.32}{111/63}\approx 21>6$$

缀板刚度满足要求。

缀板柱的剪力为 $V=25477$N，每个缀板的剪力 $V_1=V/2\approx 12738$（N）。

缀板的弯矩：

$$M_{b1}=\frac{V_1 l_1}{2}=12738\times\frac{63}{2}\approx 401247(\text{N}\cdot\text{cm})$$

缀板的剪力：

$$V_{b1}=\frac{V_1 l_1}{c}=12738\times\frac{63}{28.32}\approx 28336(\text{N})$$

$$\sigma=\frac{6M_{b1}}{t_b h_b^2}=\frac{6\times 401247\times 10}{0.8\times 10\times(20\times 10)^2}\approx 75(\text{N/mm}^2)\text{，}75\text{N/mm}^2<f=305\text{N/mm}^2$$

$$\tau=\frac{1.5V_{b1}}{t_b h_b}=\frac{1.5\times 28336}{0.8\times 20\times 10^2}\approx 27(\mathrm{N/mm^2}),27\mathrm{N/mm^2}<f_v=180\mathrm{N/mm^2}$$

缀板的强度满足要求。

缀板角焊缝计算。采用三面围焊，计算时可偏安全地仅考虑端部纵向焊缝，按构造要求焊脚尺寸 $h_f=6\mathrm{mm}$，$l_w=200\mathrm{mm}$，则

$$A_f=0.7\times 0.6\times 20=8.4(\mathrm{cm^2})$$

$$W_f=\frac{1}{6}\times 0.7\times 0.6\times 20^2=28(\mathrm{cm^3})$$

在弯矩和剪力共同作用下，角焊缝的应力：

$$\sqrt{\left(\frac{\sigma_f}{\beta_f}\right)^2+\tau_f^2}=\sqrt{\left(\frac{401247\times 10}{1.22\times 28\times 10^3}\right)^2+\left(\frac{28336}{8.4\times 10^2}\right)^2}\approx 122\ (\mathrm{N/mm^2}),\ 122\mathrm{N/mm^2}<f_f^w=200\mathrm{N/mm^2}$$

角焊缝强度满足要求。

4.8 柱头和柱脚的构造设计

柱的作用是把上部结构（如梁）传来的荷载传给下部的基础。为了安放梁，柱的上端应设计一个柱头，柱头的作用是承受和传递梁及其上结构的荷载。为了能把荷载可靠地传给基础，柱的下端应设计一个柱脚，柱脚的作用是承受柱身的荷载并将其传递给基础。柱头和柱脚如图 4 - 20 所示。柱头与柱脚要具有足够的刚度和强度，并且要结构合理、传力明确，同时构造简单、便于施工、性能可靠、节省钢材。轴心受压柱与梁的连接和柱脚与

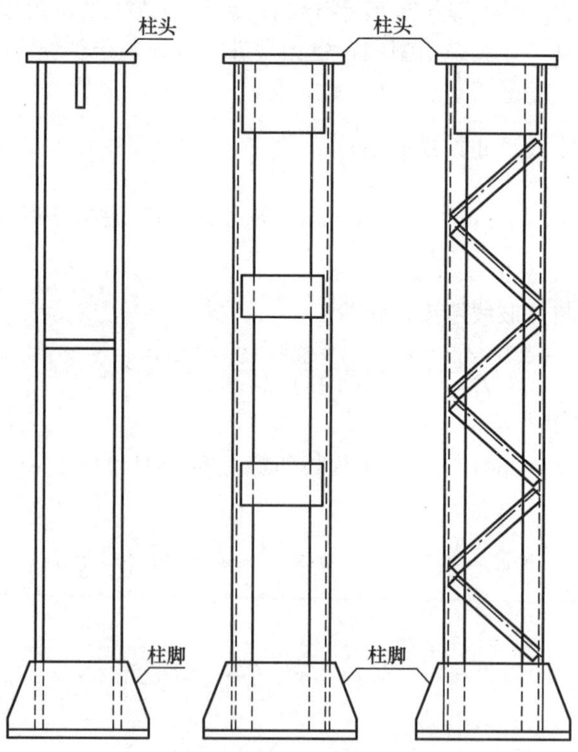

图 4 - 20　柱头和柱脚

基础的连接可为刚接也可为铰接，一般轴心受压柱与梁的连接采用铰接，而框架柱与梁的连接则常用刚接。

4.8.1 柱头的构造设计

梁可支承于柱头也可支承于柱侧面。

1. 梁支承于柱头的构造形式

梁支承于柱头的构造多为铰接，如图 4－21 所示。柱头设置一厚度不小于 16mm 的顶板，顶板与柱焊接，并用加劲肋加强。由梁传给柱的压力一般通过顶板并尽可能均匀地分布到柱上。对于实腹式柱，应将梁端支承加劲肋对准柱的翼缘，以使梁的支座反力直接传给柱的翼缘［4－21（a)］。两相邻梁间应留 10mm 的安装空隙，经调整定位后，用连接板和螺栓固定。该种连接形式传力明确、构造简单，缺点是当相邻支座反力不等时，柱将偏心受压，柱的截面对弱轴的稳定性较差。为保证柱为轴心受压，可采用梁端设突缘支承加劲板的构造措施。

突缘支承加劲板的底部应刨平并应在轴线附近与顶板刨平顶紧［图 4－21（b)］。为提高柱头的抗弯刚度，应加设一块垫板，并在轴线处增设加劲肋。两梁间应留 10～20mm 的空隙，安装时尚应嵌入填板并用构造螺栓固定。对于格构式柱，为了保证传力均匀，在柱顶设置缀板把两肢连接起来，分肢之间顶板下面应设加劲肋［图 4－21（c)］。

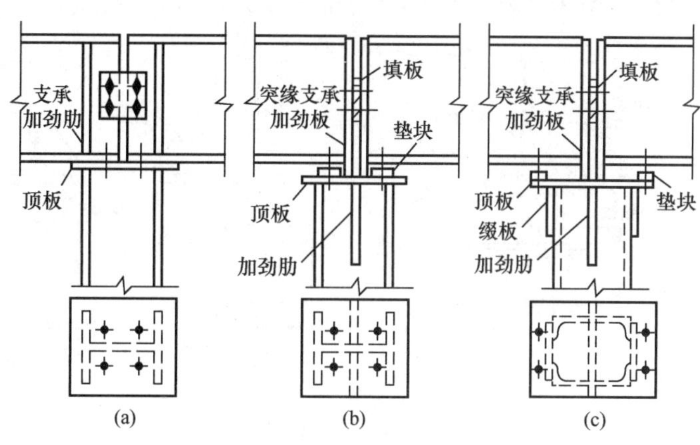

图 4－21 梁铰接于柱头

2. 梁支承于柱侧面的构造形式

梁连接在柱侧面有利于提高梁在其水平面内的刚度。图 4－22 是梁铰接于柱侧的构造。梁端反力由加劲肋传给下部的承托，承托可以采用 T 形牛腿［图 4－22（a)］，也可用厚钢板制成［图 4－22（b)］，这种方案适用于承受较大的压力，但制作与安装的精度要求较高。在柱的翼缘或腹部外侧焊接一厚钢板承托，梁的突缘支承加劲板与承托的接触面应刨平顶紧，保证有效传递梁端反力。承托与柱用三面角焊缝连接，考虑到支座反力偏心的不利影响，角焊缝计算时可把支座反力加大 25%。为便于安装，梁端与顶板之间应留 5mm 空隙，并嵌入填板用螺栓固定。

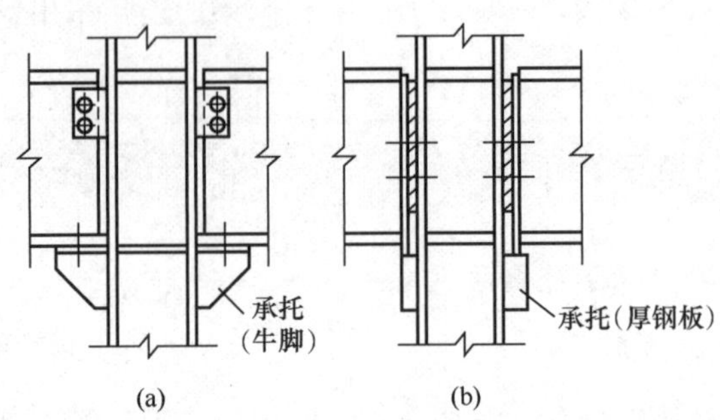

图 4-22　梁铰接于柱侧面的构造

4.8.2 柱脚的构造设计

柱脚的构造设计要把柱身的压力均匀地传给基础，并和基础牢固地连接起来。柱脚是比较费工、费钢材的，所以设计时应使其构造简单，尽可能符合结构的计算简图，并便于安装固定。

1. 柱脚的形式和构造

柱脚（column base）按其和基础的固定方式可以分为两种：一种是铰接柱脚，如图 4-23所示；另一种是刚接柱脚。

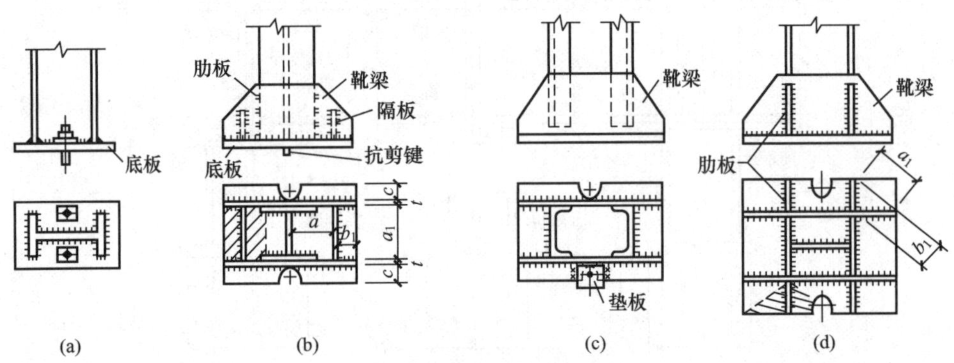

图 4-23　铰接柱脚

铰接柱脚主要用来承受轴心压力，与基础的连接采用铰接。由于基础材料（混凝土）的强度远比钢材低，所以必须在柱底增设底板以增加基础的承压面积，而底板由锚栓固定于基础上。图 4-23（a）所示的柱脚只由底板组成，柱脚直接与底板连接。柱轴心压力由角焊缝传给底板，由底板扩散并传给基础。由于底板在各方向均为悬臂，在基础反力作用下，底板抗弯刚度较弱，这种柱脚形式只适用于轴心压力较小的情况。图 4-23（b)所示的柱脚有底板、靴梁、隔板，在底板上设置靴梁、隔板、肋板，把底板分隔成若干个区格。而靴梁、隔板、肋板相当于这些区格的边界支座，改变了底板的支承条件，轴心压力通过竖向角焊缝传给靴梁，靴梁再通过水平角焊缝传给底板，这种柱脚形式适用于轴心压力较大的情况。图 4-23（b）中，靴梁焊在柱翼缘的两侧，在靴梁之间设置隔板，以增强靴梁的侧向刚度；同时，底板被进一步分成更小的区格，底板中的弯矩也因此而减小。

图 4-23 (c)是格构柱仅采用靴梁的柱脚形式。图 4-23 (d) 在靴梁外侧设置肋板，使柱子轴心压力向两个方向扩散，通常在柱的一个方向采用靴梁，另一个方向设置肋板，肋板宜做成正方形或接近正方形。此外，在设计柱脚中的连接焊缝时，要考虑施焊的方便性与可能性。

铰接柱脚和刚接柱脚都是通过预埋在基础中的锚栓来固定的，锚栓按柱脚是铰接还是刚接采用不同的布置和固定方式。铰接柱脚只沿着一条轴心设置两个连接于底板的锚栓，锚栓固定在底板上，对柱脚转动约束很小，承受的弯矩也很小。底板上的锚栓孔的直径应比锚栓直径大 0.5～1.0 倍，并做出 U 形缺口，以便柱的安装和调整。用孔径比锚栓直径大 1～2mm 的垫板［图 4-23 (b)］套住并与底板焊固。在铰接柱脚中，锚栓无须计算，按构造确定即可。

柱脚的剪力主要依靠底板与基础之间的摩擦力来传递。当仅靠摩擦力不足以承受水平剪力时，可在柱脚底板下设置抗剪键，如图 4-23 (b) 所示，抗剪键可用方钢、短 T 型钢等组成；也可将柱脚底板与基础上的预埋件用焊接连接。

2. 轴心受压柱的柱脚计算

(1) 底板的计算。

底板的计算主要包括底板面积和底板厚度两方面的计算。

底板的平面尺寸取决于基础材料的抗压强度，基础对底板的压应力可近似认为是均匀分布的，这样，所需要的底板净面积 A_n（底板宽度乘长度减去锚栓孔面积）应按式(4-50)确定。

$$A_n = LB - A_0 \geqslant \frac{N}{f_c} \tag{4-50}$$

式中 L——底板长度；

B——底板宽度；

A_0——锚栓孔面积；

N——轴心压力；

f_c——混凝土的抗压强度设计值，按《混凝土结构设计规范（2015 年版）》(GB 50010—2010) 取值。

根据构造要求确定底板宽度，见式(4-51)。

$$B = a_1 + 2t + 2c \tag{4-51}$$

式中 a_1——柱截面已选定的宽度或高度；

t——靴梁厚度，通常取 10～20mm；

c——底板悬臂部分的宽度，通常取锚栓直径的 3～4 倍，锚栓常用直径为 20～24mm。

底板的长度 L 为 A/B，底板的平面尺寸 L 和 B 应取整数。根据柱脚的构造形式，L 与 B 可以大致相同。

底板厚度由底板的抗弯强度决定。底板可视为一支承在靴梁、隔板和柱脚的平板，它承受基础传来的均匀反力。靴梁、肋板、隔板和柱脚可视为底板的支承面，并将底板分隔成不同的区格，其中有四边支承、三边支承、相邻邻边支承和一般支承等区格。在均匀分布的基础反力作用下，计算各区格板单位宽度上的最大弯矩，分别见式(4-52)—式(4-54)。

四边支承区格：

$$M_4 = \alpha q a^2 \tag{4-52}$$

式中 α——系数，其值根据底板截面的长边 b 与短边 a 之比按表 4-6 取用；

q——作用于底板单位面积上的压应力，$q=N/A_n$；

a——四边支承区格的短边长度。

表 4-6 α 值

b/a	α	b/a	α	b/a	α
1.0	0.048	1.5	0.081	2.0	0.101
1.1	0.055	1.6	0.086	3.0	0.119
1.2	0.063	1.7	0.091	≥4.0	0.125
1.3	0.069	1.8	0.095		
1.4	0.075	1.9	0.099		

三边支承区格和相邻邻边支承区格：

$$M_3 = \beta q a_1^2 \tag{4-53}$$

式中 β——系数，根据 b_1/a_1 值由表 4-7 查得。

对三边支承区格，b_1 为垂直于自由边的宽度；对两相邻边支承区格，b_1 为内角顶点至对角线的垂直距离［图 4-23（b）、（d）］。对三边支承区格，a_1 为自由边长度；对两相邻边支承区格，a_1 为对角线长度［图 4-23（b）、（d）］。

表 4-7 β 值

b_1/a_1	β	b_1/a_1	β	b_1/a_1	β
0.3	0.026	0.7	0.085	1.1	0.120
0.4	0.042	0.8	0.092	≥1.2	0.125
0.5	0.056	0.9	0.104		
0.6	0.072	1.0	0.111		

当三边支承区格的 $b_1/a_1<0.3$ 时，可按悬臂长度为 b_1 的悬臂板计算。

一边支承区格（即悬臂板）：

$$M_1 = \frac{1}{2} q c^2 \tag{4-54}$$

式中 c——悬臂长度。

以上区格中板承受的弯矩一般不相同，取最大弯矩 M_{max} 来确定底板厚度，即 $t \geqslant \sqrt{6M_{max}/f}$。设计时注意靴梁和隔板的布置应尽可能使各区格板中的弯矩相差不要太大，以免所需的底板过厚。若底板过厚，应调整底板尺寸和重新划分区格。

底板的厚度通常为 20～40mm，最薄的一般不得小于 14mm，以保证底板具有必要的刚度，从而满足基础反力是均布的假设。

(2) 靴梁的计算。

在制造柱脚时，柱身往往做得稍短一些，柱身与底板之间仅采用焊缝相连。焊缝计算时，假定柱脚与底板之间的焊缝不受力，柱脚对底板只起划分底板区格支承边的作用。轴心压力 N 是由柱身通过竖向焊缝传给靴梁，靴梁再传给底板。焊缝计算包括柱身与靴梁之间的竖向焊缝承受轴心压力 N 作用的计算，靴梁与底板之间的水平焊缝承受轴心压力 N 作用的计算，同时要求每条竖向焊缝的计算长度不应大于 $60h_f$。

靴梁的高度由靴梁与柱边连接所需要的焊缝长度决定，此焊缝承受柱身传来的压力。靴梁的厚度应比柱翼缘厚度略小。

靴梁按支承于柱边的双悬臂梁计算，根据所承受的最大弯矩和最大剪力，验算靴梁的抗弯强度和抗剪强度。

(3) 隔板与肋板的计算。

为了支承底板和侧向支承靴梁，隔板应具有一定的刚度，因此隔板的厚度不得小于其宽度的 1/50，且厚度不小于 10mm，一般比靴梁厚度略小些、高度略低些。

隔板可视为支承于靴梁上的简支梁，荷载按承受图 4-23 (b) 所示的阴影部分的底板反力计算，按此荷载所产生的内力验算隔板与靴梁的焊缝强度及隔板强度。注意：隔板内侧的焊缝不易施焊，计算时不考虑其受力。

肋板按悬臂梁计算，承受的荷载为图 4-23 (d) 所示的阴影部分的底板反力。肋板与靴梁间的焊缝强度及肋板强度均按其承受的弯矩和剪力来计算。

例 4-4 设计图 4-24 所示的焊接 H 型钢（截面为 HW250×250×9×14）截面柱的柱脚。柱身轴心压力的设计值为 1650kN，柱脚钢材为 Q235B 钢，焊条为 E43 型。

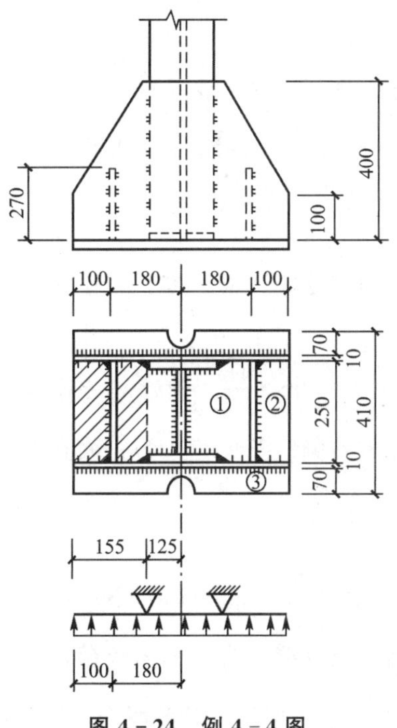

图 4-24 例 4-4 图

解：(1) 确定底板尺寸。

混凝土取 C15，$f_c=7.5\text{N/mm}^2$，锚栓采用 $d=20\text{mm}$，则其孔面积约为 5000mm^2。

所需底板面积：

$$A=B\times L=\frac{N}{f_c}+A_0=\frac{1650\times10^3}{7.5}+5000=22.5\times10^4(\text{mm}^2)$$

底板宽度：

$$B=a_1+2t+2c=250+2\times10+2\times70=410(\text{mm})$$

底板长度：

$$L=A/B=22.5\times10^4/410\approx549(\text{mm})$$

采用 $B\times L=410\text{mm}\times560\text{mm}$。

(2) 确定底板厚度。

基础对底板的压应力：

$$q=\frac{N}{A_n}=\frac{N}{B\times L-A_0}=\frac{1650\times10^3}{410\times560-5000}\approx7.35(\text{N/mm}^2)$$

底板的区格有 3 种，现分别计算其单位宽度的弯矩。

四边支承板（区格①）：

$b/a=250/180=1.4$，查表得 $\alpha=0.075$。

$$M_4=\alpha qa^2=0.075\times7.35\times180^2=17861(\text{N}\cdot\text{mm})$$

三边支承板和相邻邻边支承区格（区格②）：

$b_1/a_1=100/250=0.4$，查表得 $\beta=0.042$。

$$M_3=\beta qa_1^2=0.042\times7.35\times250^2\approx19294(\text{N}\cdot\text{mm})$$

一边支承区格（区格③）：

$$M_1=\frac{1}{2}qc^2=\frac{1}{2}\times7.35\times70^2=18008(\text{N}\cdot\text{mm})$$

这 3 种区格的弯矩值相差不大，不必调整底板尺寸和隔板位置。最大弯矩 $M_{max}=19294\text{N}\cdot\text{mm}$。底板厚度 $t\geqslant\sqrt{6M_{max}/f}=\sqrt{6\times19294/205}\approx23.8$ (mm)，取 $t=24\text{mm}$。

(3) 隔板计算。

将隔板视为两端支于靴梁的简支梁，取厚度 $t=8\text{mm}$。

线荷载：

$$q_1=q\cdot l_1=\left(100+\frac{180}{2}\right)\times7.35\approx1397(\text{N/mm})$$

隔板与底板的连接（仅考虑外侧一条焊缝）为正面角焊缝，$\beta_f=1.22$。取 $h_f=12\text{mm}$，焊缝长度为 l_w。

焊缝强度计算：

$$\sigma_f=\frac{q_1\times l_w}{0.7\times1.22\times h_f\times l_w}=\frac{1397}{1.22\times0.7\times12}\approx136\ (\text{N/mm}^2),\ 136\text{N/mm}^2<f_f^w=160\text{N/mm}^2$$

隔板与靴梁的连接（外侧一条焊缝）为侧面角焊缝，所受隔板的支座反力：

$$R=\frac{1}{2}\times1397\times250=174625(\text{N})$$

设 $h_f=8\text{mm}$，焊缝长度（即隔板高度）l_w：

$$l_w=\frac{R}{0.7h_f f_f^w}=\frac{174625}{0.7\times8\times160}\approx195(\text{mm})$$

取隔板高度 270mm，设隔板厚度 $t=8\text{mm}>b/50=250/50=5(\text{mm})$

验算隔板抗剪和抗弯强度：

$$V_{\max}=R\approx17.5\times10^4\text{N}$$

$$\tau=1.5\frac{V_{\max}}{ht}=1.5\times\frac{17.5\times10^4}{270\times8}\approx121\ (\text{N/mm}^2),\ 121\text{N/mm}^2<f_v=125\text{N/mm}^2$$

$$M_{\max}=\frac{1}{8}\times1397\times250^2\approx10.9\times10^6(\text{N}\cdot\text{mm})$$

$$\sigma=\frac{M_{\max}}{W}=\frac{6\times10.9\times10^6}{8\times270^2}\approx112(\text{N/mm}^2),112\text{N/mm}^2<f=215\text{N/mm}^2$$

(4) 靴梁计算。

靴梁与柱身的连接（4 条焊缝）按承受轴心压力 $N=1650\text{kN}$ 计算，此焊缝为侧面角焊缝，设 $h_f=10\text{mm}$。

焊缝长度：

$$l_w=\frac{N}{4\times0.7h_f f_f^w}=\frac{1650\times10^3}{4\times0.7\times10\times160}\approx368(\text{mm})$$

取靴梁高度即焊缝长度为 400mm。

靴梁与底板的焊缝传递全部轴心压力，设焊缝的焊脚尺寸 $h_f=10\text{mm}$。

所需的焊缝总计算长度：

$$\Sigma l_w=\frac{N}{1.22\times0.7h_f f_f^w}=\frac{1650\times10^3}{1.22\times0.7\times10\times160}\approx1208(\text{mm})$$

靴梁作为支承于柱边的双悬臂简支梁，悬伸部分长度 $l=155\text{mm}$，取其厚度 $t=10\text{mm}$，验算其抗剪强度和抗弯强度。

底板传给靴梁的荷载：

$$q_2=\frac{Bq}{2}=\frac{410\times7.35}{2}\approx1507(\text{N/mm})$$

靴梁支座处最大剪力：

$$V_{\max}=q_2l_2=1507\times155\approx2.3\times10^5(\text{N})$$

靴梁支座处最大弯矩：

$$M_{\max}=\frac{1}{2}q_2l_2^2=\frac{1}{2}\times1507\times155^2\approx18.1\times10^6(\text{N}\cdot\text{mm})$$

靴梁强度：

$$\tau=1.5\frac{V_{\max}}{ht}=1.5\times\frac{2.3\times10^5}{10\times400}\approx86(\text{N/mm}^2),\ 86\text{N/mm}^2<f_v=125\text{N/mm}^2$$

$$\sigma=\frac{M_{\max}}{W}=\frac{6\times18.1\times10^6}{10\times400^2}\approx67.9(\text{N/mm}^2),\ 67.9\text{N/mm}^2<f=215\text{N/mm}^2$$

本章小结

本章阐述轴心受力构件的设计原理和基本方法。

通过对本章的学习，可以加深对轴心受力构件（轴心受力构件分为轴心受拉构件和轴心受压构件）的强度和刚度的理解。通过对轴心受压构件的整体稳定和局部稳定的学习，加深对轴心受压构件稳定性的认识。

轴心受压构件设计与验算内容包括强度验算、稳定性验算（承载能力极限状态）和刚度验算（正常使用极限状态）三部分。其中稳定性验算分为整体稳定性验算和局部稳定性验算。

轴心受压构件的截面形式分为实腹式轴心受压构件截面和格构式轴心受压构件截面。格构式轴心受压构件的设计与验算内容与实腹式轴心受压构件不完全相同。柱头和柱脚是轴心受压构件非常重要的传力部位，其构造做法关系到传力的可靠。

习　题

一、思考题

1. 哪些因素影响轴心受压构件的稳定系数？
2. 轴心受压构件腹板局部稳定的设计原则是什么？
3. 轴心受压构件的设计与验算有哪些内容？
4. 实腹式轴心受压构件和格构式轴心受压构件的设计步骤有何异同？
5. 在格构式轴心受压构件的稳定性验算中，如何考虑分肢的稳定性？

二、计算题

1. 图4－25所示的两种截面，板件均为焰切边，面积相等，钢材均为Q235钢。当用作长度为10m的两端铰接的轴心受压柱时，试计算承载力设计值各是多少？并验算局部稳定性是否满足要求。

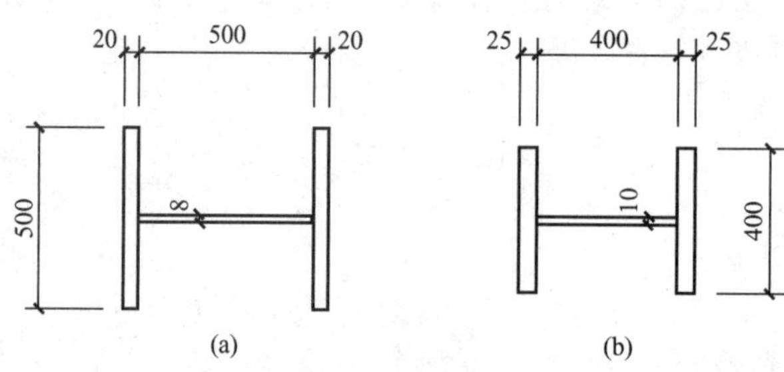

图4－25　计算题1图

2. 某桁架杆件采用双角钢截面，节点板厚8mm，钢材为Q235钢。轴心压力设计值$P=12.3\text{kN}$，杆件的计算长度为$l_{0x}=l_{0y}=4.2\text{m}$。试按容许长细比$[\lambda]=200$选用杆件的最小截面，并验算所选截面。

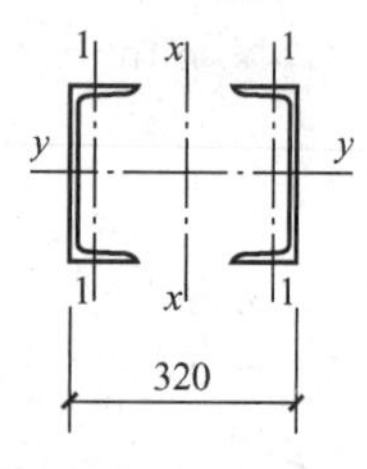

图4－26　计算题3图

3. 图4－26所示为格构式轴心受压柱，由2［32a组成，柱高8m，两端铰接。钢材为Q235B钢。

(1) 若该柱为缀条柱，缀条为∟45×5，水平线夹角为45°，试问该柱能承受多大荷载？单肢稳定性是否满足要求？

(2) 若该柱为缀板柱，缀板中心距为600mm，该柱能承受多大荷载？单肢稳定性是否满足要求？

4. 某轴心受压柱承受轴向压力设计值$N=1300\text{kN}$，柱两端铰接，$l_{0x}=l_{0y}=4$m。钢材为 Q235 钢，截面无孔洞削弱。试设计此柱的截面。

（1）采用普通轧制工字钢。

（2）采用热轧 H 型钢。

（3）采用焊接工字钢，翼缘板为焰切边。

5. 两等边角钢组成的 T 形截面，两角钢间距为 10mm，杆件计算长度 $l_{0x}=l_{0y}=3$m，轴心压力设计值为 360kN，钢材采用 Q235B 钢，试设计此截面。

6. 一车间工作平台柱高 2.6m，按两端铰接的轴心受压柱考虑。如果柱采用 I16，试计算：

（1）钢材采用 Q235 钢时，承载力设计值为多少？

（2）钢材改用 Q345 钢时，承载力设计值是否显著提高？

（3）如果轴心压力设计值为 330kN，I16 能否满足要求？如不满足，需从构造上采取什么措施？

第5章 受弯构件

思维导图

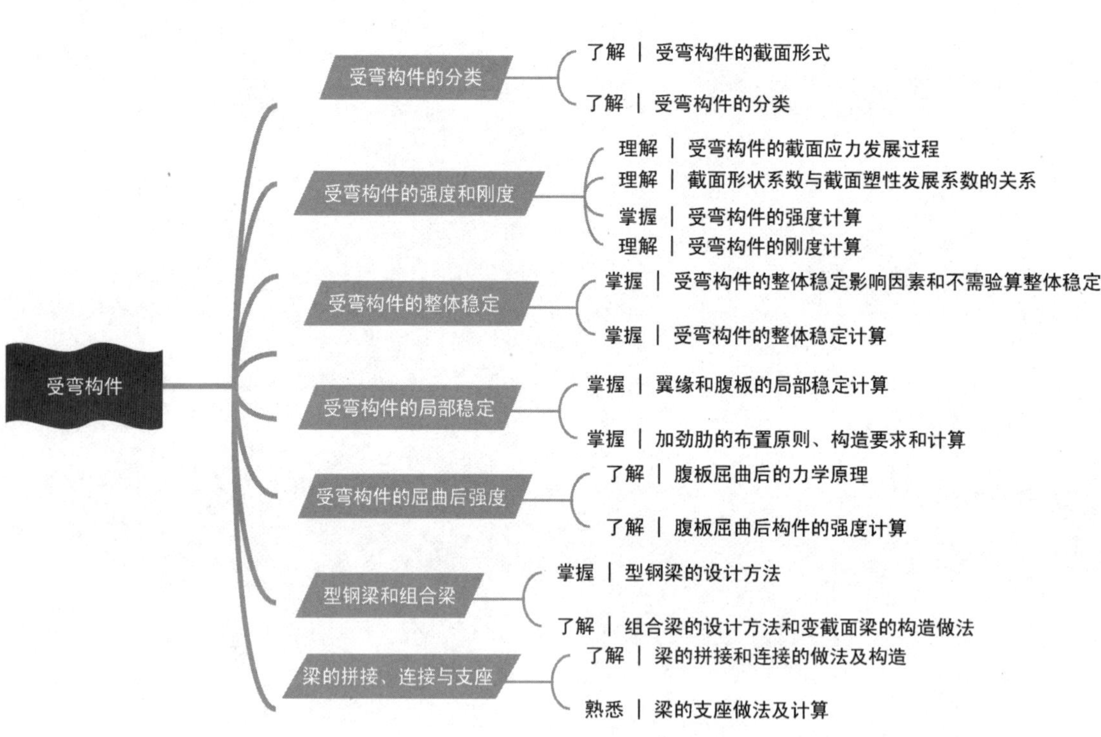

引例

某重型工业厂房内有一个操作平台，平台楼盖采用主次梁结构布置，平台梁顶标高6.0m，次梁跨度6.0m，间距3.0m，主梁跨度18.0m，工艺要求平台下部净空尺寸不得小于4.0m。平台设计难点在于梁的跨度与荷载都比较大，该如何确定梁的截面？对于这种受弯构件，其截面设计有什么要求呢？具体该如何进行这类构件的设计？本章将详细讲述其设计验算方法。

5.1 受弯构件的种类和截面形式

受弯构件主要是承受弯矩作用或弯矩与剪力共同作用的平面构件（flexural member），是钢结构工程中应用非常广泛的一类基本构件。其截面形式有实腹式和空腹式两大类，实腹式受弯构件工程上通常称为梁（beam），空腹式受弯构件分为蜂窝梁（cellular beam）与桁架（truss）两种。

5.1.1 实腹式受弯构件

实腹式受弯构件按制作方法可以分为型钢梁和组合梁（图 5-1）。型钢梁可以分为热轧型钢梁和冷弯薄壁型钢梁。热轧型钢梁常采用普通槽钢梁、工字钢梁、T 型钢梁、H 型钢梁 [图 5-1 (a) ～ (d)]，其中 H 型钢梁的截面分布最为合理，翼缘内外边缘平行，与其他构件连接方便。对承受荷载较小和跨度不大的梁，可采用带有卷边的冷弯薄壁 Z 型钢梁或 C 型钢梁 [图 5-1 (e)、(f)]，可以显著降低钢材用量，但要特别注意梁腐蚀问题。型钢梁加工方便、制作成本低，应优先选用。

当型钢梁规格不能满足承载力或刚度的要求时，可采用由钢板、型钢等制作的组合梁。组合梁截面的比较灵活，最常采用的是由三块钢板焊接的工字形截面[图 5-1 (g)]，其构件简单、制造方便、经济性好。对于荷载较大而高度受到限制的组合梁，可考虑采用双腹板的箱形梁 [图 5-1 (h)]，其具有较高的抗扭刚度和抗弯承载力。

为了充分利用钢材的强度，在组合梁中对受力较大的翼缘板采用强度等级较高的钢材，而对受力较小的腹板则采用强度等级较低的钢材，工程上称这种组合梁为异种钢板梁（hybrid girder）[图 5-1 (i)]。

钢材和混凝土分别宜用于受拉和受压，采用钢材-混凝土组合梁（steel-concrete composite beams）[图 5-1 (k)]，可以充分发挥两种材料的优势，经济效果较好。《钢结构设计标准》(GB 50017—2017) 对这种梁的设计做了相关规定。

根据梁截面沿跨长方向有无变化，梁可以分为等截面梁和变截面梁。等截面梁构件简单、制作方便。对于跨度较大的梁，为了合理使用和节省钢材，常根据弯矩沿跨长的变化而改变梁的截面尺寸，做成变截面梁。

根据梁支撑情况的不同，梁可以分为简支梁、悬臂梁和连续梁等。梁多采用简支梁，简支梁不仅制造简单、安装方便，还可以避免支座沉陷所产生的内力。

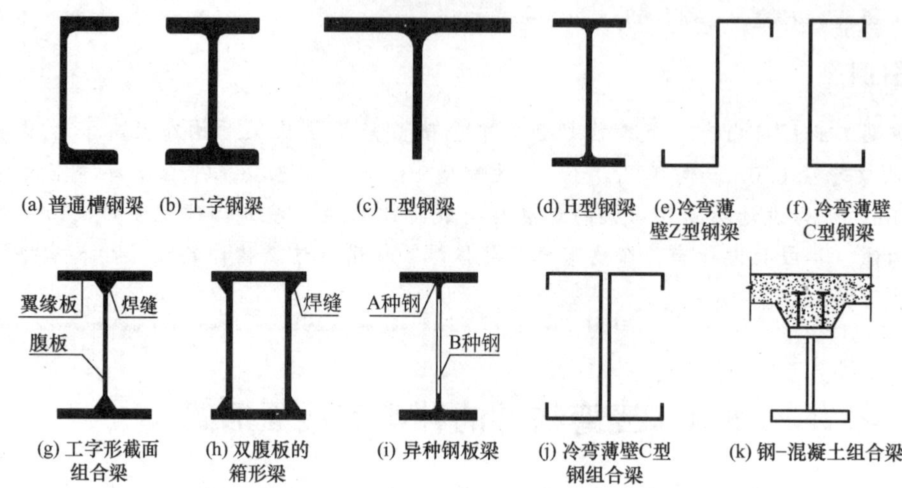

(a) 普通槽钢梁 (b) 工字钢梁 (c) T型钢梁 (d) H型钢梁 (e)冷弯薄壁Z型钢梁 (f) 冷弯薄壁C型钢梁

(g) 工字形截面组合梁 (h) 双腹板的箱形梁 (i) 异种钢板梁 (j) 冷弯薄壁C型钢组合梁 (k) 钢-混凝土组合梁

图 5-1　型钢梁和组合梁

梁在荷载作用下，可能在一个主轴平面内受弯，也可能在两个主轴平面内受弯，前者称为单向受弯构件，后者称为双向受弯构件。屋面与墙面的檩条、吊车梁是钢结构工程中最常见的双向受弯构件（图 5-2）。

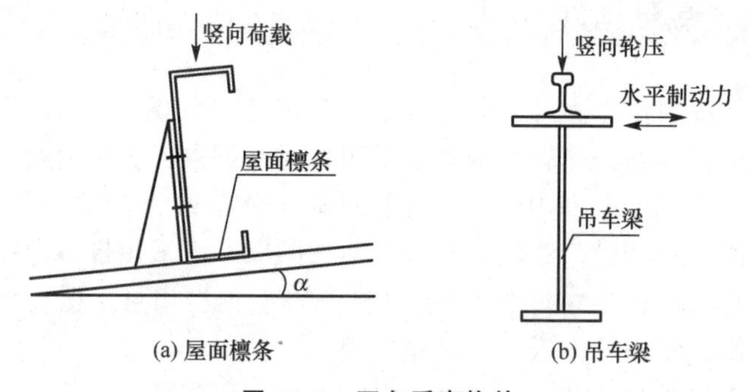

(a) 屋面檩条 (b) 吊车梁

图 5-2　双向受弯构件

5.1.2　空腹式受弯构件

第一类空腹式受弯构件为蜂窝梁，通常是将工字钢或 H 型钢的腹板沿图 5-3（a）所示的锯齿形折线切开，再焊成图 5-3（b）所示的空腹梁。蜂窝梁的自重较轻、截面惯性矩大、经济性好、与其他构件连接方便；蜂窝孔便于管线设施穿过，能起到调整空间韵律变化的作用，在国内外得到了比较广泛的研究和应用，引例中讲述的大跨度楼面梁，采用蜂窝梁就具有较明显的优势。

第二类空腹式受弯构件，工程上称之为桁架。与蜂窝梁相比，桁架是以弦杆代替翼缘、以腹杆代替腹板，而在各节点将腹杆与弦杆连接。这样，桁架整体受弯时，弯矩表现为上、下弦杆的轴心压力和轴心拉力，剪力则表现为各腹杆的轴心压力或轴心拉力。桁架可以根据使用要求制成所需的外形，对跨度和高度较大的构件，桁架钢材用量比梁钢材用量有所减少，而刚度却有所增加。只是桁架的杆件和节点较多、构造较复杂、制造较为费工。

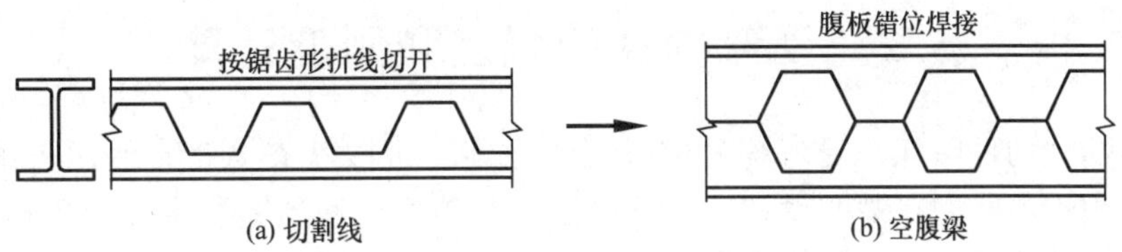

(a) 切割线 (b) 空腹梁

图 5-3 蜂窝梁

根据所受的约束状况不同，桁架可以分为以下五种类型。

(1) 简支梁式桁架（图 5-4）。该类桁架受力明确，杆件内力不受支座沉陷内力的影响，施工方便，使用广泛。三角形屋架和梯形屋架是两种常见的桁架形式，对单坡屋面结构或大跨度楼盖结构等情况，也可采用平行弦桁架形式。

(2) 刚架横梁式桁架（图 5-5）。该类桁架是将桁架端部上、下弦与柱相连组成单跨或多跨刚架，可提高结构整体水平刚度，常用于单层厂房结构。

(3) 连续式桁架（图 5-6）。该类桁架可跨越较大距离的桥架，常用多跨连续的桁架，可增加刚度并节约钢材。

(4) 伸臂式桁架（图 5-7）。该类桁架既有连续式桁架节约钢材的优点，又有简支梁式桁架不受支座沉陷内力影响的优点，只是铰接处构造较复杂。

(5) 悬臂式桁架。该类桁架主要用于无线电发射塔、输电线路塔、气象塔等，主要承受水平风荷载引起的弯矩。

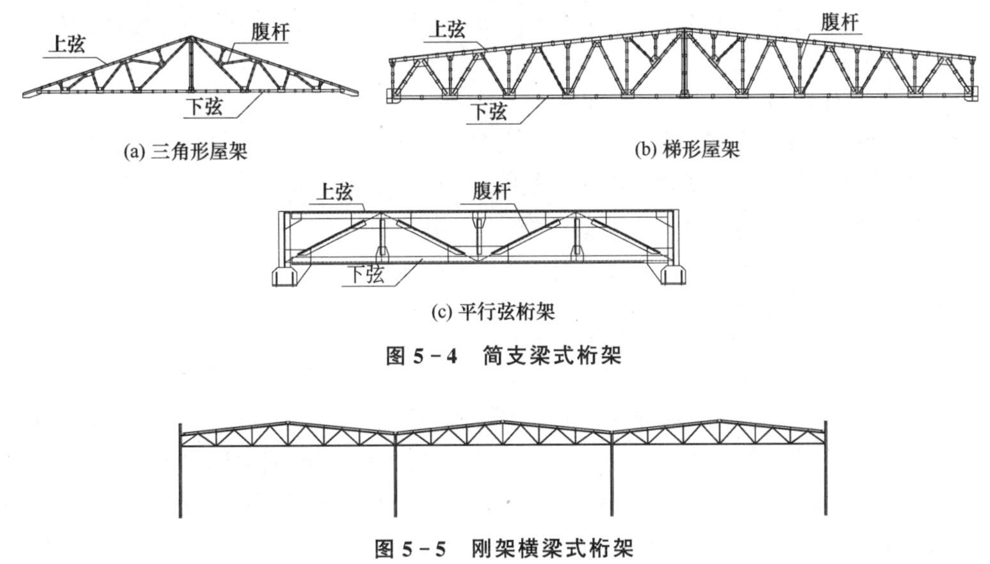

(a) 三角形屋架 (b) 梯形屋架

(c) 平行弦桁架

图 5-4 简支梁式桁架

图 5-5 刚架横梁式桁架

图 5-6 连续式桁架 **图 5-7 伸臂式桁架**

桁架的杆件主要为轴心拉杆和轴心压杆，其设计方法已在第 4 章叙述；在特殊情况下，也可能出现压-弯杆件，其设计方法详见第 6 章。

5.2 受弯构件的强度和刚度计算

同其他结构构件一样，受弯构件应满足承载能力极限状态与正常使用极限状态的要求，承载能力极限状态在梁的设计中包括强度、整体稳定和局部稳定三个方面。设计时，要求在荷载设计值作用下，梁的弯曲正应力、剪应力、局部压应力和折算应力均不超过规范规定的相应设计值；整根梁不会侧向弯扭屈曲；组成梁的板件不会出现波状的局部屈曲。正常使用极限状态在梁的设计中主要考虑梁的刚度，设计时要求梁有足够的抗弯刚度，即在荷载标准值作用下，梁的最大挠度不大于规范规定的容许挠度。

5.2.1 受弯构件的强度计算

在横向荷载作用下，受弯构件截面上会产生弯矩和剪力。梁的强度主要是抗弯强度，其次是抗剪强度。除此之外，在一些规定情形下，梁还应保证其局部承压应力和复杂应力状态下的折算应力不超过《钢结构设计标准》（GB 50017—2017）规定的相应设计值。

1. 梁的抗弯强度（bending strength）

梁受弯时的应力一应变曲线与受拉时相似，屈服强度也相差不大，因此，在梁的抗弯强度计算中，仍然假定钢材是理想弹塑性体。

当梁截面［图5-8（a）］弯矩 M_x 由零逐渐加大时，截面中的应变始终符合平截面假定［图5-8（b）］，截面上、下边缘的应变最大，用 $\varepsilon_{\max}$ 表示。截面上的正应力发展过程可分为以下三个阶段。

（1）弹性工作阶段。

当作用于梁上的弯矩 M_x 较小时，截面上最大应变 $\varepsilon_{\max} \leqslant f_y/E$，梁截面处于弹性工作阶段，应力与应变成正比，此时梁截面上的应力为直线分布，弹性工作的极限情况是 $\varepsilon_{\max}=f_y/E$［图5-8（c）］，相应的弯矩为梁弹性工作阶段的最大弯矩，其计算见式(5-1)。

$$M_{xe}=f_y W_{nx} \tag{5-1}$$

式中 M_{xe}——边缘屈服弯矩；

W_{nx}——梁净截面对 x 轴的弯曲模量。

（2）弹塑性工作阶段。

当作用于梁上的弯矩 M_x 继续增加时，最大应变 $\varepsilon_{\max}>f_y/E$，截面上、下边缘各有一个高为 a 的区域，其最大应变 $\varepsilon_{\max} \geqslant f_y/E$。由于钢材为理想弹塑性体，所以这个区域的正应力恒等于 f_y，为塑性区。然而，最大应变 $\varepsilon_{\max}<f_y/E$ 的梁截面中间部分区域仍保持为弹性，应力和应变成正比［图5-8（d）］。

（3）塑性工作阶段。

当作用于梁上的弯矩 M_x 继续增加时，截面的塑性区便不断向内发展，弹性核心区不断减小。当弹性核心区几乎完全消失［图5-8（e）］时，弯矩 M_x 不再增加，而变形却继续发展，形成“塑性铰”，梁的承载能力达到极限，其最大弯矩见式(5-2)。

$$M_{xp}=f_y(S_{1nx}+S_{2nx})=f_y W_{pnx} \tag{5-2}$$

式中 M_{xp}——全塑性弯矩；

S_{1nx}、S_{2nx}——中和轴上、下净截面对中和轴 x 的面积矩；

$W_{pnx}=(S_{1nx}+S_{2nx})$ ——净截面对 x 轴的塑性模量。

Mp 与 Me 的比值见式(5-3)。

$$\gamma_F = Mp/Me = Wpn/Wn \tag{5-3}$$

γ_F 称为截面形状系数，γ_F 仅与截面的几何形状有关，而与材料的性质无关。矩形截面 $\gamma_F=1.5$；圆形截面 $\gamma_F=1.7$；圆管截面 $\gamma_F=1.27$；工字形截面对 x 轴：$\gamma_F=1.10$～1.17，对 y 轴 $\gamma_F=1.5$。一般梁截面的 γ_F 如图 5-9 所示。

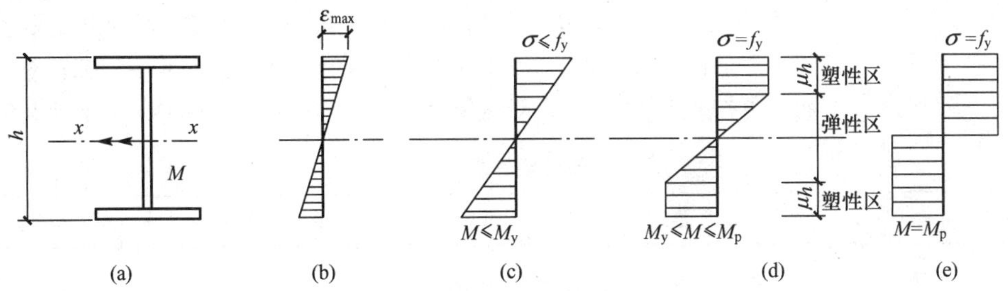

图 5-8　钢梁受弯时各阶段正应力的分布情况

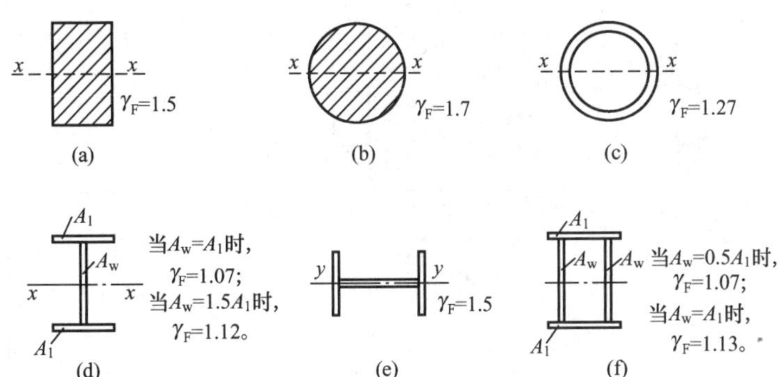

图 5-9　一般梁截面的 γ_F 值

通过上面的讲述可知，边缘屈服弯矩 M_{xe} 为最小，全塑性弯矩 M_{xp} 为最大，弹塑性弯矩则介于两者之间。若弹塑性弯矩 M_x 为 $f_y\gamma W$，则得式(5-4)。

$$W<\gamma W<\gamma_F W \text{ 或 } 1.0<\gamma<\gamma_F \tag{5-4}$$

式中　γ——截面塑性发展系数。

可见，梁截面上塑性发展深度 μh 愈大，γ 也愈大；当梁截面发展为全塑性时，$\gamma=\gamma_F$。

计算梁的抗弯强度时，考虑截面塑性发展比不考虑显然要节省钢材。但若按截面形成塑性铰来设计，可能梁的挠度过大，受压翼缘过早失去局部稳定。因此，《钢结构设计标准》(GB 50017—2017) 对承受静力荷载或间接承受动力荷载的简支梁，只是有限制地利用塑性发展，取塑性发展深度 $\mu\leqslant 0.125h$。

《钢结构设计标准》(GB 50017—2017) 规定梁的抗弯强度计算见式(5-5)、式(5-6)。

在弯矩 M_x 的作用下：

$$\frac{M_x}{\gamma_x W_{nx}}\leqslant f \tag{5-5}$$

在弯矩 M_x 和 M_y 的共同作用下：

$$\frac{M_x}{\gamma_x W_{nx}}+\frac{M_y}{\gamma_y W_{ny}}\leqslant f \tag{5-6}$$

式中 M_x、M_y——绕 x 轴和 y 轴的弯矩（对工字形截面，x 轴为强轴，y 轴为弱轴）；

W_{nx}、W_{ny}——对 x 轴和 y 轴的净截面模量；

f——钢材的抗弯强度设计值；

γ_x、γ_y——截面塑性发展系数（对工字形和箱形截面，当截面板件宽厚比等级为 S4 或 S5 级时（详见附录 6），截面塑性发展系数应取为 1.0。当截面板件宽厚比等级为 S1、S2 及 S3 时，截面塑性发展系数应按下列规定取值：对工字形截面，$\gamma_x=1.05$，$\gamma_y=1.2$；对箱形截面，$\gamma_x=\gamma_y=1.05$；对其他截面，可按表 5-1 取值；对需要计算疲劳强度的梁，宜取$\gamma_x=\gamma_y=1.0$）。

表 5-1 截面塑性发展系数 γ_x、γ_y

截面形式	γ_x	γ_y
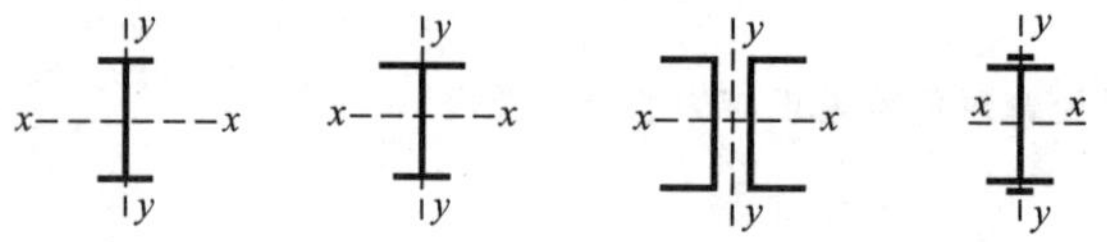	1.05	1.2
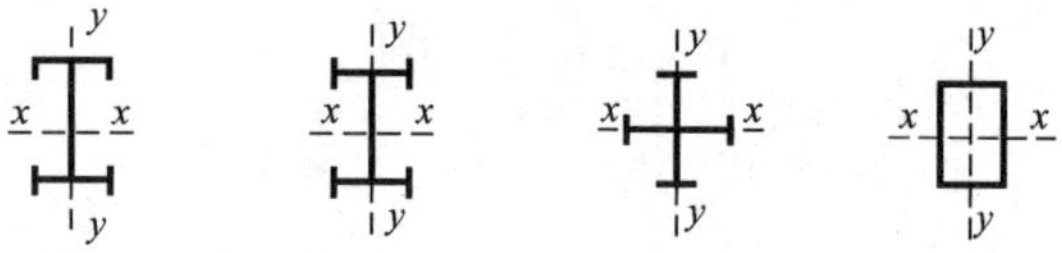		1.05
	1.05（γ_{x1}） 1.2（γ_{x2}）	1.2
		1.05
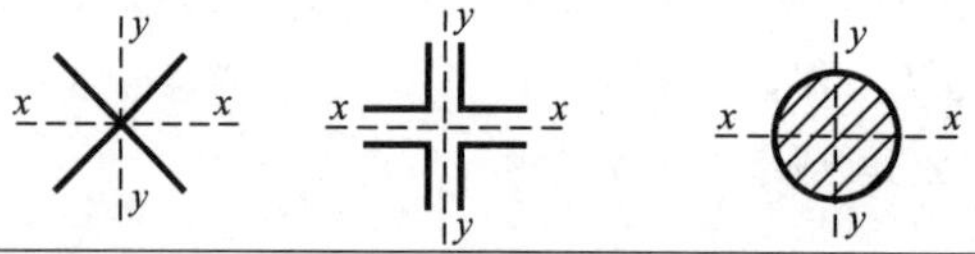	1.2	1.2
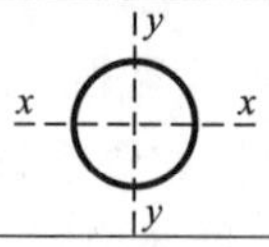	1.15	1.15
	1.0	1.05
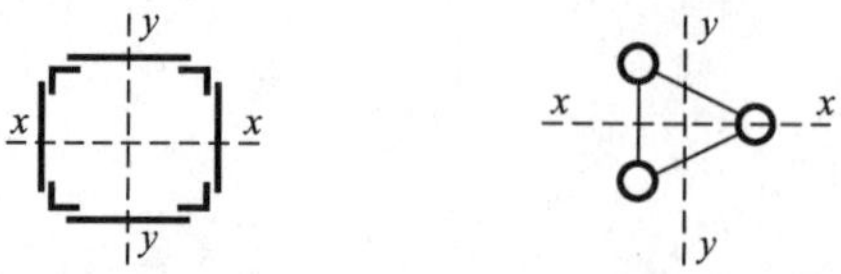		1.0

标准规定在下列两种情况下 $\gamma_x=\gamma_y=1.05$：一是当需计算疲劳强度时，二是当工字形截面受压翼缘板的自由外伸宽度与其厚度之比（宽厚比）大于 $13\sqrt{235/f_y}$ 而不超过 $15\sqrt{235/f_y}$ 时。之所以做这样的规定，其一是考虑到塑性变形状态下梁抵抗疲劳的性能目前还研究得不足，为了可靠暂时做此规定；其二是考虑到工字形受压翼缘板的局部稳定要求，容许截面部分发展塑性变形时对翼缘板宽厚比要比不考虑塑性变形时更严，因而当宽厚比超过 $13\sqrt{235/f_y}$ 时按弹性工作阶段计算。

标准规定对不直接承受动力荷载的固端梁、连续梁等超静定梁，可采用塑性设计，容许截面的应力状态进入塑性工作阶段。此时截面处形成了可以转动的塑性铰，原则上可以将 Mp 作为承载能力极限状态。但超静定梁的塑性设计允许出现若干个塑性铰，直至形成机构。直接承受动力荷载及静定梁的设计，标准规定不采用塑性设计。限于篇幅，本章今后涉及梁的内容，都不包含塑性设计。

关于截面塑性发展系数，前面已介绍标准对其取值规定，主要考虑的是限制截面塑性变形发展的深度，使 $\mu h\leqslant h/8$，以免使梁产生过大的塑性变形而影响使用。表 5-1 中的规定实际上可归纳为如下 3 点。

（1）对截面为平翼缘板的一侧，$\gamma=1.05$。

（2）对无翼缘板的一侧，$\gamma=1.20$。

（3）对圆管边缘，$\gamma=1.15$。

图 5-10 中的几个截面，不必查表 5-1，利用上述（1）和（2）两点，就很易得到截面塑性发展系数。

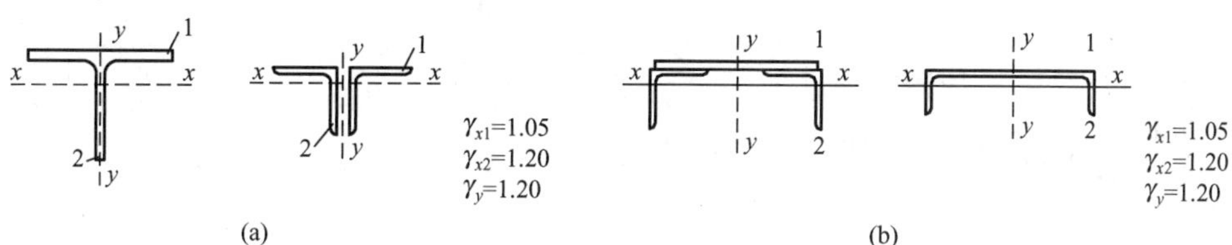

图 5-10　截面塑性发展系数

2. 梁的抗剪强度（shear strength）

一般情况下，梁既承受弯矩，又承受剪力。工字形截面梁和槽形截面梁腹板上的剪应力分布如图 5-11 所示。

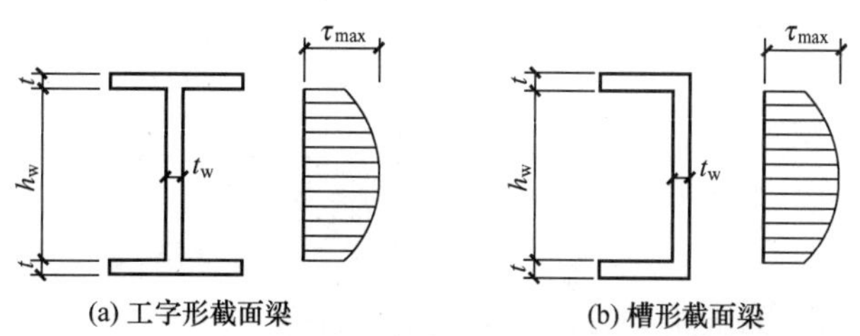

图 5-11　工字形截面梁和槽形截面梁腹板上的剪应力分布

在主平面内的梁，应考虑腹板屈曲后的强度，其受剪强度应按式(5-7) 计算。

$$\tau=\frac{VS}{It_{\mathrm{w}}}\leqslant f_{\mathrm{v}} \tag{5-7}$$

式中 V——计算截面沿腹板平面作用的剪力设计值；

S——计算剪应力处以上（或以下）毛截面对中和轴的面积矩；

I——构件的毛截面惯性矩；

t_{w}——构件的腹板厚度；

f_{v}——钢材的抗剪强度设计值。

当梁的抗剪强度不足时，最有效的办法是增大腹板的面积，但腹板高度 h_{w} 一般由梁的刚度和构造要求确定，故设计时常采用加大腹板厚度 t_{w} 的办法来增大梁的抗剪强度。

3. *局部承压强度*

上面讲述了梁的抗弯强度和抗剪强度，这两者在梁的计算中通常都需进行验算。当梁的翼缘受有沿腹板平面的固定集中荷载作用（包括支座反力）且该荷载作用处又未设置支承加劲肋时［图5-12（a）］，或受有移动的集中荷载（如吊车的轮压）作用时［图5-12（b）］，应验算腹板计算高度边缘的局部承压强度。

在集中荷载作用下，梁翼缘板（在吊车梁中还应包括吊车轨道）类似于支承在腹板上的弹性地基梁，腹板边缘压应力分布如图5-12（c）所示。为了简化计算，假定集中荷载在作用处以1∶2.5（h_y 范围内）和1∶1（h_{R} 范围内）的比例向两侧扩散且均匀分布于腹板边缘，则按假定计算出的均布压应力 σ_{c} 与理论的局部压应力最大值接近。

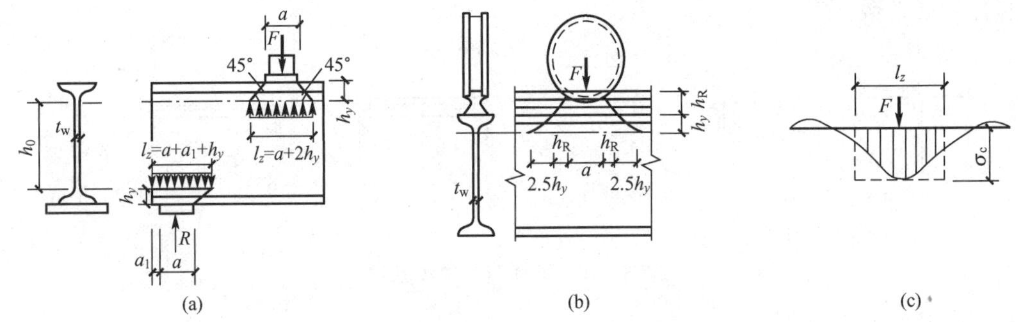

图5-12 集中荷载作用下的梁

当梁受集中荷载且该荷载作用处又未设置支承加劲肋时，其强度计算应符合下列规定。

（1）当梁上翼缘有沿腹板平面作用的集中荷载且荷载作用处又未设置支承加劲肋时，腹板计算高度上边缘的局部压应力及分布长度计算见式(5-8)—式(5-10)。

$$\sigma_{\mathrm{c}}=\frac{\psi F}{l_z t_{\mathrm{w}}}\leqslant f \tag{5-8}$$

$$l_z=3.25\sqrt[3]{\frac{I_{\mathrm{R}}+I_{\mathrm{f}}}{t_{\mathrm{w}}}} \tag{5-9}$$

或

$$l_z=a+5h_y+2h_{\mathrm{R}} \tag{5-10}$$

式中 F——集中荷载，对动力荷载应考虑动力系数；

ψ——集中荷载增大系数（重级工作制吊车轮压 $\psi=1.35$，其他荷载 $\psi=1.0$）；

l_z——集中荷载在腹板计算高度上边缘的分布长度，宜按式(5-9)计算，也可采用式(5-10)计算；

I_R——轨道绕自身形心轴的惯性矩；

I_f——梁上翼缘绕翼缘中面的惯性矩；

a——集中荷载沿梁跨度方向的支承长度（对钢轨上的轮压可取50mm）；

h_y——梁顶面至腹板计算高度上边缘的距离（焊接梁：上翼缘厚度；轧制工字形截面梁：梁顶面到腹板过渡完成点的距离）；

h_R——轨道的高度（梁顶无轨道的梁 $h_R=0$）；

f——钢材的抗压强度设计值。

(2) 在梁的支座处不设置支承加劲肋时，应按式(5-8) 计算腹板计算高度下边缘的局部压应力，但 ψ 取1.0。支座集中反力的假定分布长度应根据支座具体尺寸按式(5-10) 计算。

当强度不能满足要求时，在固定集中荷载作用处（包括支座处），应对腹板用支承加劲肋予以加强（图5-13），并对支承加劲肋进行计算；而对于移动集中荷载，则只能修改梁截面尺寸，加大腹板厚度。

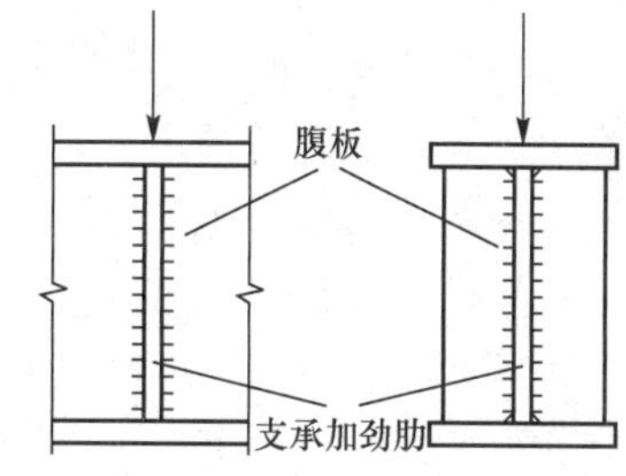

图5-13 腹板用支承加劲肋加强

4. 折算应力

在连续梁的支座处或简支板梁翼缘截面改变处，腹板计算高度边缘常同时受到较大的正应力、剪应力和局部压应力，或同时受到较大的正应力和剪应力，使该处处于复杂应力状态。为此应按式(5-11) 验算该处的折算应力。

$$\sqrt{\sigma^2+\sigma_c^2-\sigma\sigma_c+3\tau^2}\leqslant\beta_1 f \tag{5-11}$$

式中 σ、τ、σ_c——腹板计算高度同一点上同时产生的正应力、剪应力和局部压应力。

σ 和 σ_c 以拉应力为正值，压应力为负值。考虑到需验算折算应力的部位只是梁的局部区域，设计强度予以提高，故式(5-11) 中引入了大于1的强度设计值增大系数 β_1。当 σ 与 σ_c 异号时梁的塑性变形能力高于 σ 与 σ_c 同号时的塑性变形能力，故规定 β_1：当 σ 与 σ_c 异号时，$\beta_1=1.2$；当 σ 与 σ_c 同号或 $\sigma_c=0$ 时，$\beta_1=1.1$。

5.2.2 受弯构件的刚度计算

梁的刚度计算属于正常使用极限状态问题，用荷载作用下的挠度 υ 的大小来度量，υ 可按工程力学的方法计算。若梁的刚度不足，就不能保证梁的正常使用。如楼盖梁的挠度超过正常使用的某一挠度限值时，一方面给人们一种不舒服和不安全的感觉，另一方面可能使其上部的楼面及下部的抹灰开裂，影响结构的使用功能，如吊车梁挠度过大，会加剧吊车运行时的冲击和振动，甚至使吊车运行困难等。因此，需对梁进行刚度验算，其验算条件见式(5-12)。

$$\upsilon_{max}\leqslant[\upsilon] \tag{5-12}$$

式中 υ_{max}——由荷载标准值（不考虑荷载分项系数和动力系数）产生的最大挠度；

$[\upsilon]$——梁的容许挠度值。

对某些常用的受弯构件，规范根据实践经验规定的容许挠度值 $[\upsilon]$ 见附表3-1。

5.3 受弯构件的整体稳定

5.3.1 梁的变形

为了提高梁的抗弯强度、节省钢材，梁截面一般做成高而窄的形式，从而使梁受荷载作用方向的刚度较大而侧向刚度较小。如果梁的侧向支承较弱（比如仅在支座处有侧向支承），梁的弯曲会随荷载大小而呈现两种截然不同的平衡状态。

图 5－14 所示的工字形截面梁，荷载作用在其最大刚度平面内。当截面弯矩 M_x 较小时，梁的弯曲平衡状态是稳定的。虽然外界各种因素会使梁产生微小的侧向弯曲和扭转变形，但外界影响因素消失后，梁仍能恢复原来的弯曲平衡状态。然而，当截面弯矩 M_x 增大到某一数值（M_{cr}）后，梁在向下弯曲的同时，将突然发生侧向弯曲和扭转变形而产生破坏，这种现象称为梁的侧向弯扭屈曲（overall flexural-torsional buckling）或整体失稳（integral instability）。梁维持其稳定弯曲平衡状态所承担的最大荷载或最大弯矩 M_{cr}，称为临界荷载（critical load）或临界弯矩（critical moment）。对于跨中无侧向支承的中等跨度或较大跨度的梁，其整体失稳时的临界弯矩往往低于按其抗弯强度确定的截面承载能力。因此，这类梁的截面大小也就往往由整体稳定性所控制。

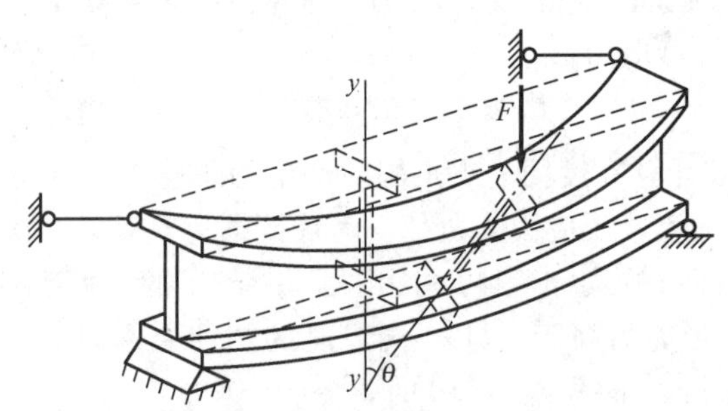

图 5－14 工字形截面梁

5.3.2 梁在弹性工作阶段的临界弯矩

1. 双轴对称工字形截面简支梁在纯弯曲时的临界弯矩

当简支梁为双轴对称工字形截面时，在不同荷载作用下，用弹性稳定理论，通过在梁整体失稳后的位置上建立平衡微分方程，求出梁整体失稳的临界弯矩，其计算见式(5－13)。

$$M_{cr}=\frac{\pi^2 EI_y}{l^2}\sqrt{\frac{I_\omega}{I_y}\left(1+\frac{l^2 GI_t}{\pi^2 EI_\omega}\right)} \tag{5-13}$$

式中 $\pi^2 EI_y/l^2$——绕 y 轴屈曲的轴心受压构件欧拉公式。

由式(5－13) 可知，影响纯弯曲时双轴对称工字形截面简支梁临界弯矩大小的因素包含了 EI_y、GI_t 和 EI_ω 三种刚度及梁侧向无支承长度 l。

对式(5－13) 进行整理后可得式(5－14)。

$$M_{cr}=\frac{\pi}{l}\sqrt{EI_yGI_t}\sqrt{1+\frac{\pi^2}{l^2}\frac{EI_\omega}{GI_t}} \tag{5-14}$$

令：$\psi=\frac{E}{l^2GI_t}I_\omega=\frac{E}{l^2GI_t}\left(\frac{I_yh^2}{4}\right)=\left(\frac{h}{2l}\right)^2\frac{EI_y}{GI_t}$，$k=\pi\sqrt{1+\pi^2\psi}$

则式(5－14) 可表示为式(5－15)。

$$M_{cr}=\frac{k}{l}\sqrt{EI_yGI_t} \tag{5-15}$$

式中 k——梁整体稳定屈曲系数；

l——梁侧向无支承长度。

k 与作用在梁上的荷载类型有关，双轴对称工字形截面简支梁在不同荷载作用下的 k 值列于表 5－2。

表 5－2 双轴对称工字形截面简支梁在不同荷载作用下的 k 值

荷载作用位置	荷载类型		
	M M l	q l	P l
截面形心上	$\pi\sqrt{1+\pi^2\psi}$	$1.13\pi\sqrt{1+10\psi}$	$1.35\pi\sqrt{1+10.2\psi}$
上下翼缘上		$1.13\pi(\sqrt{1+11.9\psi}\mp 1.44\sqrt{\psi})$	$1.13\pi(\sqrt{1+12.9\psi}\mp 1.74\sqrt{\psi})$

注：表中“－”号表示荷载作用于上翼缘，“＋”号表示荷载作用于下翼缘。

2. 单轴对称工字形截面简支梁受横向荷载作用时的临界弯矩

当简支梁为单轴对称工字形截面时（图 5－15)，在不同荷载作用下，用能量法求得的临界弯矩见式(5－16)。

$$M_{cr}=C_1\frac{\pi^2EI_y}{l_0^2}\left[C_2a+C_3\beta_y+\sqrt{(C_2a+C_3\beta_y)^2+\frac{I_\omega}{I_y}(1+\frac{GI_tl^2}{\pi^2EI_\omega})}\right] \tag{5-16}$$

式中 C_1、C_2、C_3——荷载类型系数，取值见表 5－3；

β_y——截面特征系数，$\beta_y=\frac{1}{2I_x}\int_A y\ (x^2+y^2)\ dA-y_0$；

y_0——剪力中心的纵坐标，$y_0=-\ (I_1h_1-I_2h_2)\ /I_y$（$I_1$、$I_2$ 分别为受压翼缘、受拉翼缘对 y 轴的惯性矩）；

a——荷载在截面上的作用点与剪力中心之间的距离（当荷载作用点在剪力中心以下时，取正值，反之取负值）；

l_0——梁的侧向计算长度，$l_0=\mu l_1$；

μ——梁侧向计算长度系数；

l——梁侧向无支承长度。

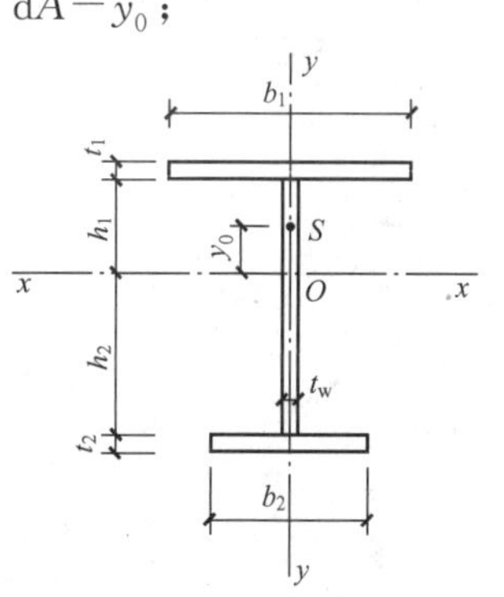

图 5－15 单轴对称工字形截面

由式(5－16) 可见，弯矩沿梁的侧向计算长度方向分布越均匀，M_{cr}越小；荷载在梁截面上的作用点位置越低，M_{cr}越大；较大翼缘受压（拉）时 $\beta_y>0$（<0），M_{cr}增大（减小）。

表 5－3　荷载类型系数

项次	荷载类型	梁端支座对 y 轴转动约束情况	μ	C_1	C_2	C_3
1	跨中作用一个集中荷载	没约束	1.00	1.35	0.55	0.41
		完全约束	0.50	1.07	0.42	
2	满跨均布荷载	没约束	1.00	1.13	0.45	0.53
		完全约束	0.50	0.97	0.29	
3	纯弯曲	没约束	1.00	1.00	0	1.00
		完全约束	0.50	1.00	0	1.00

3. 影响梁整体稳定的主要因素

分析式(5－15)、式（5－16）及表 5－3 中荷载类型系数的取值情况，不难发现，影响梁临界弯矩大小的主要因素如下。

（1）梁侧向无支承长度或受压翼缘侧向支承点的间距越小，则梁整体稳定性越好、临界弯矩值越高。

（2）梁截面尺寸，包括各种惯性矩。惯性矩 I_y、I_t 和 I_ω 越大，则梁整体稳定性就越好，特别是梁的受压翼缘宽度 b_1 增大，还可使式(5－16) 中的 β_y 增大，可大大提高梁整体稳定性。

（3）梁端支座对截面的约束。梁端支座如能提供对截面 y 轴的转动约束，梁的整体稳定性可大大提高。由表 5－3 可知，当支座对 y 轴为完全约束时，$\mu=0.50$，可使梁的临界弯矩提高近 3 倍。支座如能提供对 x 轴的转动约束，对临界弯矩的提高也有作用。

（4）荷载性质。当单独对称截面简支梁受不同荷载作用时，由式(5－16) 和表 5－3 可知：三种典型荷载情形下，纯弯曲（弯矩图为矩形）的 C_1 为最小，跨中作用一个集中荷载（弯矩图形为等腰三角形）的 C_1 为最大，满跨均布荷载（弯矩图形为抛物线）的 C_1 介于两者之间。荷载性质对梁的临界弯矩影响较大。

（5）沿梁截面高度方向的荷载作用点位置。荷载作用点位置不同，临界弯矩也不同。荷载作用于梁的上翼缘时，式(5－16) 中 a 值为负，临界弯矩降低；荷载作用于梁的下翼缘时，式(5－16) 中的 a 值为正，临界弯矩提高。由图 5－16 也可以看出，当荷载作用在梁的上翼缘时，荷载对梁截面的转动有加大作用，因而降低了梁的稳定性；反之则提高了梁的稳定性。

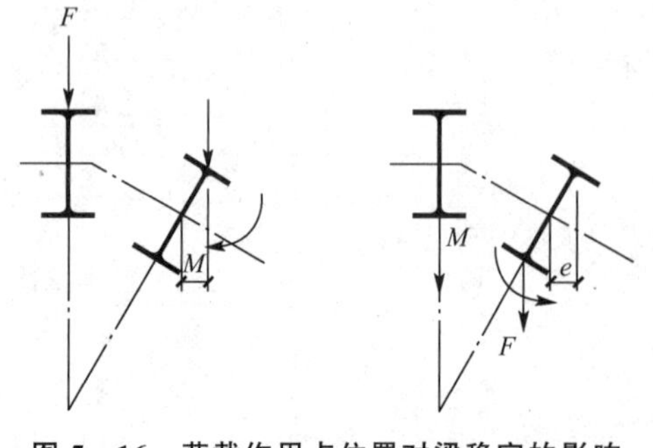

图 5－16　荷载作用点位置对梁稳定的影响

（6）梁的初始缺陷影响。上述分析均未考虑工程中实际梁存在的初始缺陷，事实上，梁的残余应力、初弯曲、加载存在的初偏心也会降低梁的稳定性。

5.3.3 梁整体稳定性计算的规定

1. 梁整体稳定性计算

若要保证梁不丧失整体稳定性，应使梁所承受的绕强轴作用的最大弯矩设计值 M_x 小于临界弯矩 M_{cr} 除以抗力分项系数 γ_R，即：$M_x \leqslant M_{cr}/\gamma_R$。写成应力表达为式(5-17)。

$$\sigma=\frac{M_x}{W_x}\leqslant\frac{M_{cr}}{W_x}\frac{1}{\gamma_R}=\frac{\sigma_{cr}}{\gamma_R}=\frac{\sigma_{cr}}{f_y}\frac{f_y}{\gamma_R}=\varphi_b f \tag{5-17}$$

式中 φ_b——梁的整体稳定性系数，见式(5-18)。

$$\varphi_b=\sigma_{cr}/f \tag{5-18}$$

式(5-17) 也可写为式(5-19)。

$$\frac{M_x}{\varphi_b W_x f}\leqslant 1.0 \tag{5-19}$$

式中 M_x——绕强轴（y 轴）作用的最大弯矩设计值；

W_x——按受压最大纤维确定的梁毛截面模量（当截面板件宽厚比等级为 S1、S2、S3 或 S4 级时，应取全截面模量；当截面板件宽厚比等级为 S5 级时，应取有效截面模量，具体参考《钢结构设计标准》(GB 50017—2017) 的相关规定)。

双向受弯时，梁整体稳定性计算见式(5-20)。

$$\frac{M_x}{\varphi_b W_x f}+\frac{M_y}{\gamma_y W_y f}\leqslant 1.0 \tag{5-20}$$

式(5-19) 和式(5-20) 为《钢结构设计标准》(GB 50017—2017) 中的梁整体稳定性计算式。

若采用式((5-16) 来求临界弯矩 M_{cr}，再用式(5-18) 求 φ_b，计算较烦琐。《钢结构设计标准》(GB 50017—2017) 通过简化处理后给出的等截面焊接工字形简支梁和轧制 H 型钢简支梁的 φ_b 计算见式(5-21)。

$$\varphi_b=\beta_b\frac{4320Ah}{\lambda_y^2 W_x}\left[\sqrt{1+\left(\frac{\lambda_y t_1}{4.4h}\right)^2}+\eta_b\right]\varepsilon_k^2 \tag{5-21}$$

式中 β_b——等效临界弯矩系数，取值见附表 4-1；

λ_y——梁在侧向支承点间对 y 轴的长细比，回转半径按毛截面计算；

h、t_1——梁截面高度、受压翼缘厚度；

η_b——截面不对称影响系数（双轴对称的工字形截面 $\eta_b=0$；加强受压翼缘的工字形截面 $\eta_b=0.8(2\alpha_b-1)$；加强受拉翼缘的工字形截面 $\eta_b=2\alpha_b-1$，$\alpha_b=I_1/(I_1+I_2)$，I_1 和 I_2 分别为受压翼缘和受拉翼缘对 y 轴的惯性矩)。

由式(5-21) 可知，对加强受压翼缘的工字形截面，η_b 为正值，φ_b 增大；对加强受拉翼缘的工字形截面，η_b 为负值，φ_b 减小。采用加强受压翼缘的工字形截面更有利于提高梁的整体稳定。

式(5-21) 是按照弹性工作阶段导出的，当考虑残余应力影响时，可取比例极限 $f_p=0.6f_y$。因此，当用式(5-21) 算出的 $\varphi_b>0.6$ 时，梁已进入弹塑性工作阶段。根据理论与试验研究，应按式(5-22) 算出相应的 φ_b' 值来代替 φ_b 值。

$$\varphi_b'=1.07-0.282/\varphi_b\leqslant 1 \tag{5-22}$$

对于轧制普通工字形简支梁的整体稳定系数 φ_b，可由附表 4-2 直接查得。当查得的 φ_b 值大于 0.6 时，同样应以式(5-22) 算出的 φ_b'值代替 φ_b 值。

双轴对称工字形等截面（含 H 型钢）悬臂梁的 φ_b 可按式(5-21) 计算，但 β_b 应按附表 4-3 查得，$\lambda_y = l_1/i_y$（l_1 为悬臂梁的悬伸长度）。当查得的 $\varphi_b > 0.6$ 时，应按式(5-22) 算出的 φ_b'值代替 φ_b 值。

热轧槽钢简支梁的 φ_b 值计算见式(5-23)。

$$\varphi_b = \frac{570bt}{l_1 h} \cdot \varepsilon_k^2 \tag{5-23}$$

式中　h、b、t——槽钢截面的高度、翼缘宽度和翼缘平均厚度。

当算出的 $\varphi_b > 0.6$ 时，应按式(5-22) 算出的 φ_b'值代替 φ_b 值。

2. 不需要验算梁整体稳定性的情形

《钢结构设计标准》(GB 50017—2017) 规定符合下列情况之一的梁可不计算其整体稳定性。

(1) 当铺板密铺在梁的受压翼缘上并与其牢固相连，能阻止梁受压翼缘的侧向位移时。

(2) 对于箱形截面梁（图 5-17），只要梁截面尺寸满足 $h/b_0 \leqslant 6$，$l_1/b_1 \leqslant 95\varepsilon_k^2$，[$l_1$ 为受压翼缘侧向支承点间的距离（梁的支座处视为有侧向支承）]。

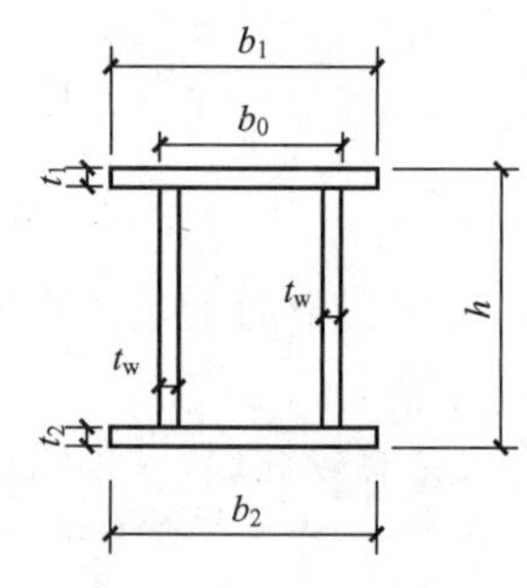

图 5-17　箱形截面梁

3. 梁整体稳定性系数 φ_b 的近似计算

均匀弯曲的梁，当 $\lambda_y \leqslant 120\varepsilon_k$ 时，其整体稳定性系数 φ_b 可按式(5-24) —式(5-28) 计算。

(1) 工字形截面。

截面双轴对称：

$$\varphi_b = 1.07 - \frac{\lambda_y^2}{44000\varepsilon_k^2} \tag{5-24}$$

截面单轴对称：

$$\varphi_b = 1.07 - \frac{W_{1x}}{(2\alpha_b + 0.1)Ah} \cdot \frac{\lambda_y^2}{14000\varepsilon_k^2} \tag{5-25}$$

式中　W_{1x}——按受压最大纤维确定的梁毛截面模量。

(2) T 形截面（弯矩作用在对称轴平面，绕 x 轴）。

弯矩使翼缘受压时：

双角钢组成的 T 形截面

$$\varphi_b = 1 - 0.0017\lambda_y/\varepsilon_k \tag{5-26}$$

剖分 T 型钢和两块钢板组合的 T 形截面

$$\varphi_b = 1 - 0.0022\lambda_y/\varepsilon_k \tag{5-27}$$

弯矩使翼缘受拉且腹板高厚比不大于 $18\varepsilon_k$ 时：

$$\varphi_b = 1 - 0.0005\lambda_y/\varepsilon_k \tag{5-28}$$

式(5-24) —式(5-28) 中的 φ_b 已考虑了非弹性屈曲问题。因此，当算得的 $\varphi_b > 0.6$ 时，不需要再换算成 φ_b'值。当算出的 $\varphi_b > 1.0$ 时，$\varphi_b = 1.0$。

实际工程中能满足上述 φ_b 近似计算条件的梁很少见，因此，它们很少用于梁的整体稳定性计算。这些近似式主要用于受弯构件在弯矩作用平面外的整体稳定性计算。

当梁的整体稳定性计算不满足要求时，可采取增加侧向支承或加大梁的截面尺寸（以增加受压翼缘宽度最为有效）等办法予以解决。无论梁是否需要计算整体稳定性，梁的支座处均应采取构造措施阻止端面发生扭转。

例 5-1 某焊接工字形截面简支梁，跨度 $l=12\text{m}$，跨度中间无侧向支承。跨度中点上翼缘处承受一集中荷载标准值 P_k，其中：永久荷载占 20%，可变荷载占 80%。钢材采用 Q235B 钢。已选定两个截面如图 5-18 所示：图 5-18（a）所示为双轴对称工字形截面，图 5-18（b）所示为单轴对称工字形截面。两者的总截面面积和梁高均相等。求两个截面的梁各能承受的集中荷载标准值 P_k（梁自重略去不计），设 P_k 由梁的整体稳定和抗弯强度控制。

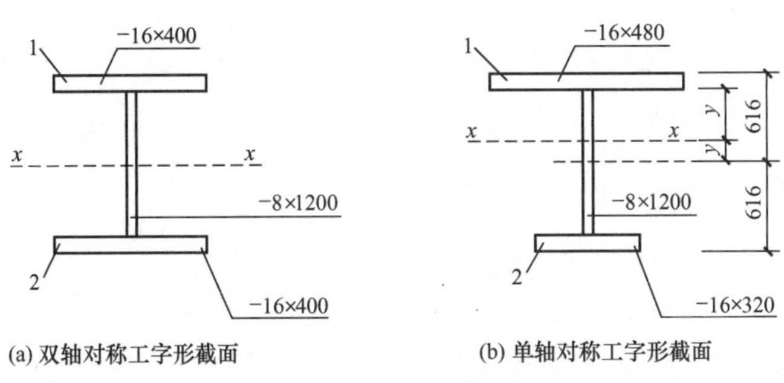

图 5-18　两个截面

解：（1）双轴对称工字形截面［图 5-18（a）］梁所能承受集中荷载的大小由其整体稳定所控制。

截面惯性矩：

$$I_x=\frac{1}{12}\times 0.8\times 120^3+2\times 40\times 1.6\times 60.8^2\approx 588370(\text{cm}^4)$$

$$I_y=2\times\frac{1}{12}\times 1.6\times 40^3\approx 17067(\text{cm}^4)$$

毛截面模量：

$$W_x=\frac{2I_x}{h}=\frac{2\times 588370}{123.2}\approx 9551(\text{cm}^3)$$

截面面积：

$$A=2\times 40\times 1.6+120\times 0.8=224(\text{cm}^2)$$

回转半径：

$$i_y=\sqrt{\frac{I_y}{A}}=\sqrt{\frac{17067}{224}}=8.73(\text{cm})$$

侧向长细比：

$$\lambda_y=\frac{l_1}{i_y}=\frac{1200}{8.73}\approx 137.5$$

参数：

$$\xi=\frac{l_1 t_1}{b_1 h}=\frac{1200\times 1.6}{40\times 123.2}\approx 0.4<2.0$$

查附表4－1得梁的整体稳定等效弯矩系数和截面不对称影响系数：

$$\beta_b = 0.73 + 0.18\xi = 0.73 + 0.18 \times 0.4 \approx 0.80$$

$$\eta_b = 0$$

整体稳定性系数：

$$\varphi_b = \beta_b \frac{4320}{\lambda_y^2} \cdot \frac{Ah}{W_x}\left[\sqrt{1+\left(\frac{\lambda_y t_1}{4.4h}\right)^2} + \eta_b\right]\varepsilon_k$$

$$\varphi_b = 0.80 \times \frac{4320}{137.5^2} \times \frac{224 \times 123.2}{9551}\sqrt{1+\left(\frac{137.5 \times 1.6}{4.4 \times 123.2}\right)^2} \times 1.0$$

$$\approx 0.8 \times 0.713 \approx 0.57 < 0.60$$

该截面的梁能承受的弯矩设计值：

$$M_x = \varphi_b f W_x = 0.57 \times 215 \times 9551 \times 10^3 \times 10^{-6} \approx 1170.5(\text{kN} \cdot \text{m})$$

集中荷载设计值：

$$P = \frac{4M_x}{l} = \frac{4 \times 1170.5}{12} \approx 390.2(\text{kN})$$

$$P = 1.3 \times (0.2P_k) + 1.5 \times (0.8P_k) = 1.46P_k$$

该梁能承受的跨度中点上的集中荷载标准值：

$$P_k = \frac{P}{1.46} = \frac{390.2}{1.46} \approx 267(\text{kN})$$

(2) 单轴对称工字形截面［图5－18 (b)］。

形成轴位置（由对梁顶面求面积矩直接求 y_1）：

$$y_1 = \frac{48 \times 1.6 \times 0.8 + 120 \times 0.8 \times 61.6 + 32 \times 1.6 \times 122.4}{48 \times 1.6 + 120 \times 0.8 + 32 \times 1.6} = \frac{12241.92}{224} \approx 54.65(\text{cm})$$

惯性矩：

$$I_x = 48 \times 1.6 \times 53.85^2 + \frac{1}{3} \times 0.8 \times 53.05^3 + \frac{1}{3} \times 0.8 \times 66.95^3 + 32 \times 1.6 \times 67.75^2$$

$$\approx 577555(\text{cm}^4)$$

$$I_y = I_1 + I_2 = \frac{1}{12} \times 1.6 \times 48^3 + \frac{1}{12} \times 1.6 \times 32^3 \approx 14746 + 4369 = 19115(\text{cm}^4)$$

梁截面对受压翼缘的截面模量：

$$W_{1x} = \frac{I_x}{y_1} = \frac{577555}{54.65} \approx 10568(\text{cm}^3)$$

截面面积：

$$A = 224(\text{cm}^2)$$

回转半径：

$$i_y = \sqrt{\frac{I_y}{A}} = \sqrt{\frac{19115}{224}} \approx 9.24(\text{cm})$$

侧向长细长：

$$\lambda_y = \frac{1200}{9.24} \approx 129.9$$

参数：

$$\xi = \frac{l_1 t_1}{b_1 h} = \frac{1200 \times 1.6}{48 \times 123.2} \approx 0.3 < 2.0$$

$$a_b=\frac{I_1}{I_1+I_2}=\frac{14746}{19115}\approx 0.77<0.80$$

查附表 4－1 得梁的整体稳定等效弯矩系数：

$$\beta_b=0.73+0.18\xi=0.73+0.18\times 0.3=0.784$$

截面不对称影响系数：

$$\eta_b=0.8\times(2a_b-1)=0.8\times(2\times 0.77-1)=0.432$$

梁整体稳定性系数：

$$\varphi_b=\beta_b\frac{4320}{\lambda_y^2}\frac{Ah}{W_x}\left[\sqrt{1+\left(\frac{\lambda_y t_1}{4.4h}\right)^2}+\eta_b\right]\varepsilon_k$$

$$\varphi_b=0.784\times\frac{4320}{129.9^2}\times\frac{224\times 123.2}{10568}\times\left[\sqrt{1+\left(\frac{129.9\times 1.6}{4.4\times 123.2}\right)^2}+0.432\right]\times 1.0$$

$$\approx 0.75>0.60$$

φ_b 应换算成 φ_b'：

$$\varphi_b'=1.07-\frac{0.282}{\varphi_b}=1.07-\frac{0.282}{0.75}=0.694<1.0$$

按整体稳定条件此梁能承受的弯矩设计值：

$$M_x=\varphi_b' fW_{1x}=0.694\times 215\times 10568\times 10^3\times 10^{-6}\approx 1577(\text{kN}\cdot\text{m})$$

对加强受压翼缘的单轴对称工字形截面，还需计算按受拉翼缘考虑的梁的抗弯强度弯矩设计值。

$$\gamma_x=1.05$$

$$W_{2x}=\frac{I_x}{h-y_1}=\frac{577555}{123.2-54.65}\approx 8425(\text{cm}^3)$$

$$M_x=\gamma_x fW_{2x}=1.05\times 215\times 8425\times 10^3\times 10^{-6}$$

$$=1902(\text{kN}\cdot\text{m}),1902\text{kN}\cdot\text{m}>1625\text{kN}\cdot\text{m}$$

因此，本题单轴对称工字形截面梁所能承受的集中荷载由梁的整体稳定条件所控制。

能承受的集中荷载设计值：

$$P=\frac{4M_x}{l}=\frac{4\times 1902}{12}=634(\text{kN})$$

能承受的集中荷载标准值：

$$P_k=\frac{P}{1.46}=\frac{634}{1.46}\approx 434(\text{kN})$$

比较上述计算结果，两个梁的截面面积和截面高度均相同，加强受压翼的单轴对称截面梁所能承受的集中荷载标准值比双轴对称截面梁约大 62%，但 I_x 约降低 2%（挠度值约增加 2%）。

5.4 受弯构件的局部稳定和加劲肋设计

在进行梁的截面设计时，考虑强度，腹板宜高又薄；考虑整体稳定，翼缘宜宽又薄。与轴心受压构件类似，在荷载作用下，受压翼缘和腹板有可能发生波形屈曲，即梁丧失局部稳定（local stability）（图 5－19）。梁丧失局部稳定后，会恶化构件的受力性能，使梁的强度承载力和整体稳定降低。

热轧型钢板件宽厚比较小，能满足局部稳定要求，可不验算局部稳定性。对冷弯薄壁型钢梁的受压板件或受弯板件，其宽厚比不超过规定的限值时，认为板件全部有效；当超过规定的限值时，则只认为一部分宽度有效（称为有效宽度），应按现行《冷弯薄壁型钢结构技术规范》(GB 50018—2002) 计算。

本节主要讲述一般钢结构组合梁中翼缘和腹板的局部稳定。

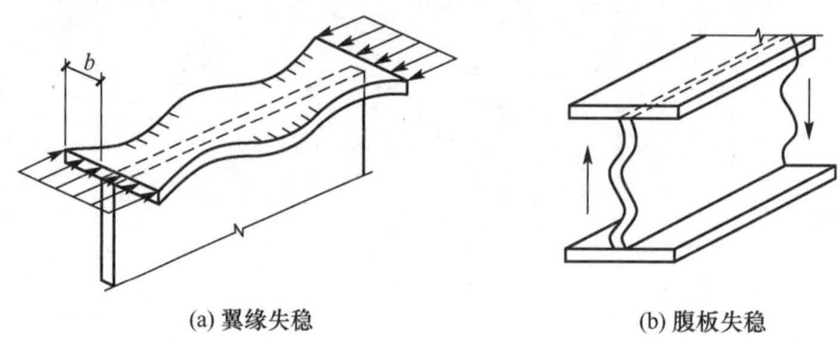

图 5-19　梁的局部失稳

5.4.1　翼缘的局部稳定

受压翼缘（图 5-20）主要受均布压应力作用。为了充分发挥材料强度，翼缘的合理设计是采用一定厚度的钢板，使其临界应力 σ_{cr} 不低于钢材的屈服强度 f_y，从而使翼缘不丧失稳定。一般采用限制宽厚比的办法来保证梁受压翼缘的稳定。

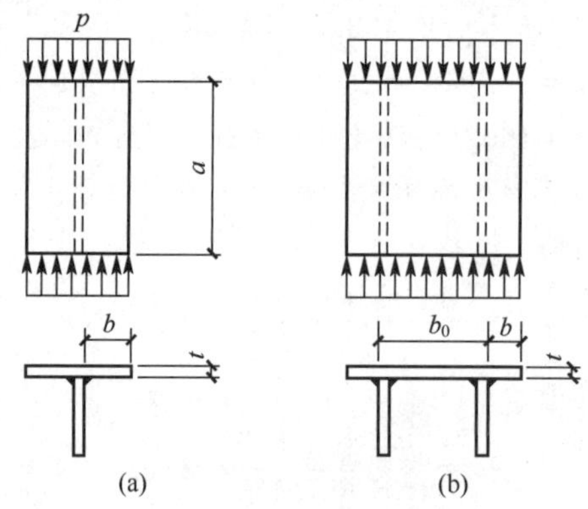

图 5-20　受压翼缘

根据弹性稳定理论，单向均匀受压板的宽厚比可用式(5-29) 表达。

$$\left(\frac{b}{t}\right)_y=\sqrt{\frac{K\pi^2 E}{12(1-\upsilon^2)f_y}} \tag{5-29}$$

式中　K——屈曲系数；

E——钢材的弹性模量；

υ——钢材的泊松比；

f_y——钢材的屈服强度。

对工字形截面的受压翼缘，三边简支一边自由的板件的屈曲系数 K 为 0.43，由式(5-29) 计算其临界应力达到屈服强度 $f_y=235\text{N/mm}^2$ 时，板件的宽厚比为 18.60。对箱形截面的受压翼缘，四边简支板的屈曲系数 K 为 4，由式(5-29) 计算其临界应力达到屈服强度 $f_y=235\text{N/mm}^2$ 时，板件的宽厚比为 56.29。具体设计板件的宽厚比时，应根据截面允许达到的塑性范围，按附表 6-1、附表 6-2 确定板件的宽厚比限值。

5.4.2 腹板的局部稳定

腹板的受力状态较为复杂。承受均布荷载作用的简支梁，靠近支座的腹板区段以承受剪应力 τ 为主，跨中的腹板区段则以承受弯曲应力 σ 为主。当梁承受较大集中荷载时，腹板还承受局部压应力 σ_c。在腹板的某些区段，可能共同承受剪应力、弯曲应力和局部压应力。因此，应按不同受力状态来分析腹板的局部稳定问题。

1. *无加劲肋腹板的局部稳定*

(1) 腹板在纯弯曲状态下的失稳。

纯弯曲状态下的四边支承腹板屈曲状态如图 5-21 所示。失稳部位主要发生在腹板的受压区域，沿梁高方向为一个半波，沿梁长方向一般为每区格 1～3 个半波（半波宽约为 0.7 倍腹板高)。设计时常采用设纵向加劲肋的办法来提高腹板纯弯曲状态下的稳定性能。

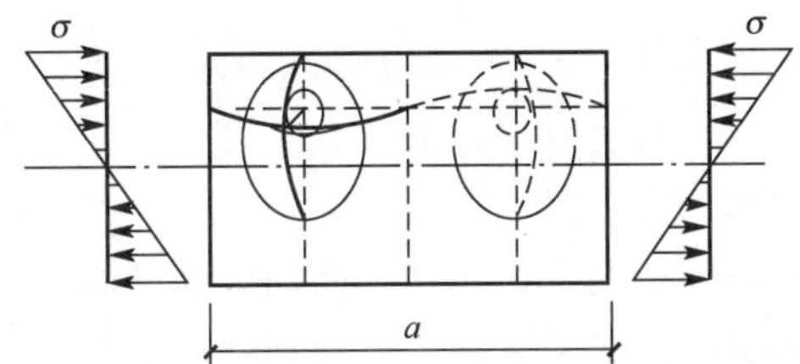

图 5-21 纯弯曲状态下的四边支承腹板屈曲状态

(2) 腹板在纯剪状态下的失稳。

纯剪状态下的四边支承腹板屈曲状态如图 5-22 所示。腹板中压应力与剪应力大小相等，并成 45°角。主压应力可能引起腹板屈曲，以致板面屈曲成若干斜向菱形曲面，其节线（凸面与凹面分界处无侧向位移的直线）与板边长的夹角为 35°～45°。实际工程中，受纯剪作用的腹板几乎不存在，基本上都是剪应力和压应力共同作用的情况。设计时常采用设横向加劲肋的办法来提高腹板抗剪时的稳定性。

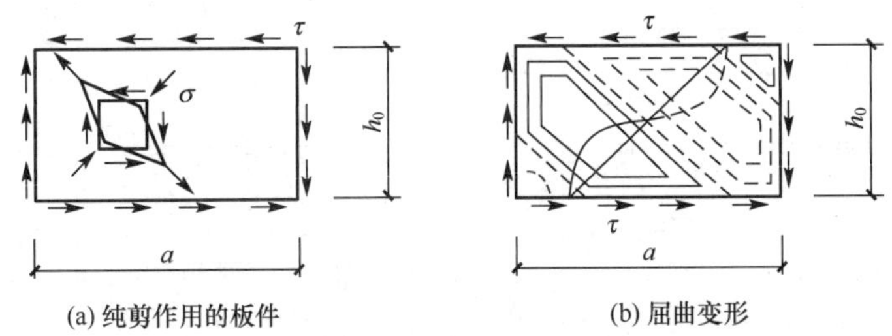

(a) 纯剪作用的板件　　(b) 屈曲变形

图 5-22 纯剪状态下的四边支承腹板屈曲状态

(3) 腹板局部承受压应力作用下的临界应力。

图 5-23 所示为腹板局部承受压应力作用下的屈曲状态。屈曲时，在腹板的纵向和横

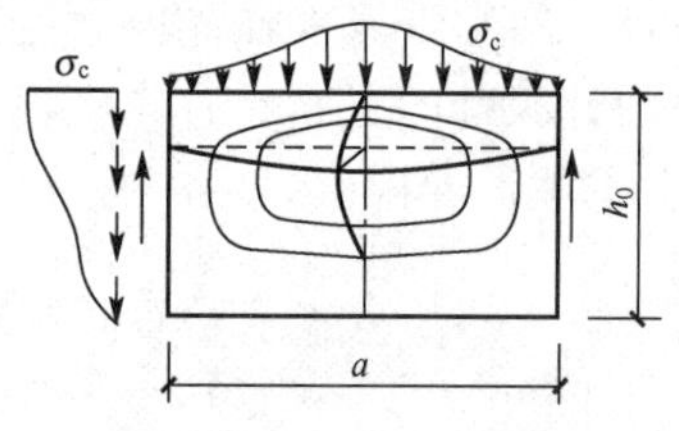

图5-23 腹板局部承受压应力作用下的屈曲状态

向都出现了一个半波，屈曲部分偏向于局部压应力侧。设计时常采用在腹板的压应力侧附近布置短加劲肋的办法来提高腹板在局部承受压力时的稳定性。

无加劲肋设置的腹板宽厚比可参考式(5-29)计算，根据上述三种应力作用情况，当四边简支腹板承受压弯荷载时，屈曲系数K按式(5-30)、式(5-31)计算。

$$K=\frac{16}{\sqrt{(2-\alpha_0)^2+0.112\alpha_0^2}+2-\alpha_0} \tag{5-30}$$

$$\alpha_0=\frac{\sigma_{\max}-\sigma_{\min}}{\sigma_{\max}} \tag{5-31}$$

式中 $\sigma_{\max}$——腹板计算边缘的最大压应力；

$\sigma_{\min}$——腹板计算高度另一边缘相应的应力，压应力取正值，拉应力取负值。

《钢结构设计标准》(GB 50017—2017) 规定：对无加劲肋腹板的宽厚比控制应根据截面允许达到的塑性范围，按附表6-1、附表6-2的规定确定宽厚比限值。

2. 带加劲肋腹板的局部稳定

当腹板的局部稳定不满足设计要求时，增加腹板厚度或设计加劲肋是提高腹板稳定性的有效措施，从经济效果上讲，后者是最佳的处理方式。

(1) 加劲肋的形式与作用。

常用的加劲肋形式有横向加劲肋、纵向加劲肋和短加劲肋三种。横向加劲肋主要防止由剪应力和局部压应力可能引起的腹板失稳，纵向加劲肋主要防止由弯曲应力可能引起的腹板失稳，短加劲肋主要防止由局部压应力可能引起的腹板失稳。当集中荷载作用处设有支承加劲肋时，将不再考虑集中荷载对腹板产生的局部压应力，即取$\sigma_c=0$。

(2) 腹板加劲肋的布置原则与构造要求。

依据《钢结构设计标准》(GB 50017—2017) 的规定，对不考虑腹板屈曲后强度的组合梁，应按以下原则布置腹板加劲肋（图5-24），并计算各区格板段的稳定性。

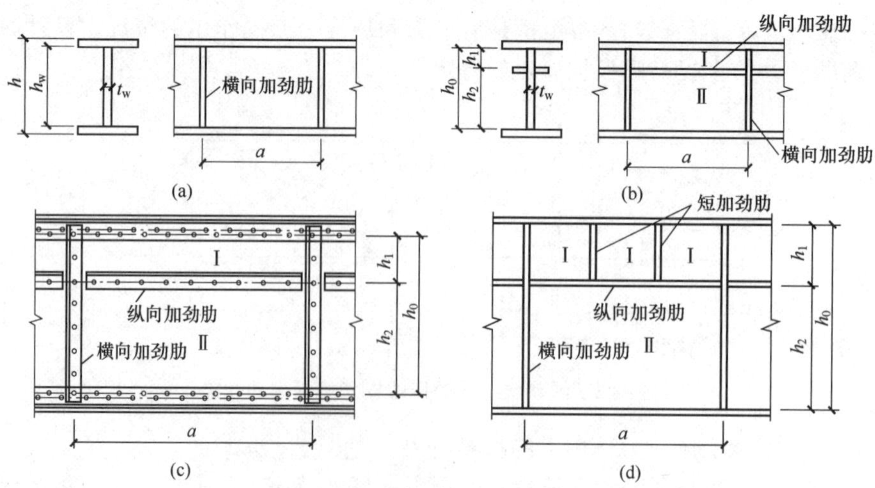

图5-24 腹板加劲肋的布置

① 当 $h_0/t_w \leqslant 80\varepsilon_k$ 时，对有局部压应力的梁，宜按构造设置横向加劲肋［图 5-24（a）］；若局部压应力较小，可不设置加劲肋。

② 直接承受动力荷载的吊车梁及类似构件，应按下列规定设置加劲肋。

a. 当 $h_0/t_w > 80\varepsilon_k$ 时，应设置横向加劲肋［图 5-24（a）］。

b. 当受压翼缘扭转受到约束且 $h_0/t_w > 170\varepsilon_k$、受压翼缘扭转未受到约束且 $h_0/t_w > 150\varepsilon_k$，或计算需要时，应在弯曲应力较大区格的受压区设置纵向加劲肋。局部压应力很大的梁，必要时宜在受压区设置短加劲肋。对单轴对称梁，在决定是否要设置纵向加劲肋时，h_0 应取腹板受压区高度 h_c 的 2 倍。

③ 不考虑腹板屈曲后强度，当 $h_0/t_w > 80\varepsilon_k$ 时，宜设置横向加劲肋。

④ h_0/t_w 不宜超过 250。

⑤ 梁的支座处和上翼缘承受较大固定集中荷载处，宜设置支承加劲肋。

⑥ 腹板的计算高度 h_0 应按下列规定计算：对轧制型钢梁，h_0 为腹板与上下翼缘相接处两内弧起点间的距离；对焊接截面梁，h_0 为腹板高度；对高强度螺栓连接（或铆接）梁，h_0 为上下翼缘与腹板连接的高强度螺栓（或铆钉）线间的最近距离。

⑦ 横向加劲肋的间距 a 应满足下列构造要求：$a \geqslant 0.5h_0$，一般情况下，$a \leqslant 2h_0$；无局部压应力的梁，当 $h_0/t_w \leqslant 100$ 时，$a \leqslant 2.5h_0$；无局部压应力的梁同时还设纵向加劲肋时，$a \leqslant 2h_2$；纵向加劲肋至腹板计算高度受压边缘的距离 h_1 应为 $h_c/2.5 \sim h_c/2.0$；短加劲肋的间距 $a \geqslant 0.75h_1$。

当需设置加劲肋时，需先按照上述要求进行加劲肋的设置。横向加劲肋宜设置在固定集中荷载作用处，通常间距相等，且应满足构造要求。然后对各区格进行验算、调整，直至满足《钢结构设计标准》(GB 50017—2017) 的要求且经济合理为止。

(3) 梁腹板的局部稳定计算。

《钢结构设计标准》(GB 50017—2017) 采用了考虑弹塑性特性的多种应力共同作用的临界条件，按下列要求计算腹板稳定性。

① 仅设置横向加劲肋的腹板［图 5-24（a）］，其各区格的局部稳定应按式(5-32)、式(5-33) 计算。

$$\left(\frac{\sigma}{\sigma_{cr}}\right)^2 + \left(\frac{\tau}{\tau_{cr}}\right)^2 + \frac{\sigma_c}{\sigma_{c,cr}} \leqslant 1.0 \tag{5-32}$$

$$\tau = \frac{V}{h_w t_w} \tag{5-33}$$

式中 σ——计算腹板区格内，由平均弯矩在腹板计算高度边缘处产生的弯曲压应力；

τ——计算腹板区格内，由平均剪力产生的平均剪应力；

σ_c——腹板计算高度边缘处的局部压应力，应按式(5-8) 计算，但式中的 $\psi=1.0$；

h_w——腹板高度；

σ_{cr}、τ_{cr}、$\sigma_{c,cr}$——各种应力单独作用下的临界应力。

σ_{cr} 应按式(5-34)—式(5-36) 计算。

当 $\lambda_{n,b} \leqslant 0.85$ 时：

$$\sigma_{cr} = f \tag{5-34}$$

当 $0.85 < \lambda_{n,b} \leqslant 1.25$ 时：

$$\sigma_{cr} = [1 - 0.75(\lambda_{n,b} - 0.85)]f \tag{5-35}$$

当 $\lambda_{n,b}>1.25$ 时：

$$\sigma_{cr}=1.1f/\lambda_{n,b}^2 \tag{5-36}$$

梁腹板受弯计算的正则化宽厚比 $\lambda_{n,b}$ 计算见式(5-37)、式(5-38)。

当梁受压翼缘扭转受到约束时：

$$\lambda_{n,b}=\frac{2h_c/t_w}{177}\cdot\frac{1}{\varepsilon_k} \tag{5-37}$$

当梁受压翼缘扭转未受到约束时：

$$\lambda_{n,b}=\frac{2h_c/t_w}{138}\cdot\frac{1}{\varepsilon_k} \tag{5-38}$$

式中　h_c——梁腹板受压区高度，双轴对称截面梁 $h_c=h_0/2$。

τ_{cr} 应按式(5-39) —式(5-41) 计算。

当 $\lambda_{n,s}\leqslant 0.8$ 时：

$$\tau_{cr}=f_v \tag{5-39}$$

当 $0.8<\lambda_{n,s}\leqslant 1.2$ 时：

$$\tau_{cr}=[1-0.59(\lambda_{n,s}-0.8)]f_v \tag{5-40}$$

当 $\lambda_{n,s}>1.2$ 时：

$$\tau_{cr}=1.1f_v/\lambda_{n,s}^2 \tag{5-41}$$

梁腹板受剪计算的正则化宽厚比 $\lambda_{n,s}$ 计算见式(5-42)、式(5-43)。

当 $a/h_0\leqslant 1.0$ 时：

$$\lambda_{n,s}=\frac{h_0/t_w}{37\eta\sqrt{4+5.34(h_0/a)^2}}\cdot\frac{1}{\varepsilon_k} \tag{5-42}$$

当 $a/h_0>1.0$ 时：

$$\lambda_{n,s}=\frac{h_0/t_w}{37\eta\sqrt{5.34+4(h_0/a)^2}}\cdot\frac{1}{\varepsilon_k} \tag{5-43}$$

式中　η——简支梁取 1.11，框架梁梁端最大应力区取 1.0。

$\sigma_{c,cr}$ 应按式(5-44) —式(5-46) 计算。

当 $\lambda_{n,c}\leqslant 0.9$ 时：

$$\sigma_{c,cr}=f \tag{5-44}$$

当 $0.9<\lambda_{n,c}\leqslant 1.2$ 时：

$$\sigma_{c,cr}=[1-0.79(\lambda_{n,c}-0.9)]f \tag{5-45}$$

当 $\lambda_{n,c}>1.2$ 时：

$$\sigma_{c,cr}=1.1f/\lambda_{n,c}^2 \tag{5-46}$$

计算梁腹板受局部压力时的正则化宽厚比 $\lambda_{n,c}$ 见式(5-47)、式(5-48)。

当 $0.5<a/h_0\leqslant 1.5$ 时：

$$\lambda_{n,c}=\frac{h_0/t_w}{28\sqrt{10.9+13.4(1.83-a/h_0)^3}}\cdot\frac{1}{\varepsilon_k} \tag{5-47}$$

当 $1.5<a/h_0\leqslant 2.0$ 时：

$$\lambda_{n,c}=\frac{h_0/t_w}{28\sqrt{18.9-5a/h_0}}\cdot\frac{1}{\varepsilon_k} \tag{5-48}$$

② 同时设置横向加劲肋和纵向加劲肋加强的腹板［图 5-24 (b)］，其局部稳定性应

按式(5－49)—式(5－56)计算。

a. 受压翼缘与纵向加劲肋之间的区格稳定性计算：

$$\frac{\sigma}{\sigma_{cr1}}+\left(\frac{\sigma_c}{\sigma_{c,cr1}}\right)^2+\left(\frac{\tau}{\tau_{cr1}}\right)^2\leqslant 1.0 \tag{5-49}$$

其中，σ_{cr1}、τ_{cr1}、$\sigma_{c,cr1}$分别按下列方法计算。

σ_{cr1}按式(5－34)—式(5－36)计算，但式中的$\lambda_{n,b}$改用$\lambda_{n,b1}$代替，$\lambda_{n,b1}$的计算见式(5－50)、式(5－51)。

当梁受压翼缘扭转受到约束时：

$$\lambda_{n,b1}=\frac{h_1/t_w}{75\varepsilon_k} \tag{5-50}$$

当梁受压翼缘扭转未受到约束时：

$$\lambda_{n,b1}=\frac{h_1/t_w}{64\varepsilon_k} \tag{5-51}$$

式中 h_1——纵向加劲肋至腹板计算高度受压翼缘的距离。

τ_{cr1}按式(5－39)—式(5－41)计算，将式(5－42)、式(5－43)中的h_0改为h_1。

$\sigma_{c,cr1}$按式(5－44)—式(5－46)计算，但式中的$\lambda_{n,c}$改用$\lambda_{n,c1}$代替，$\lambda_{n,c1}$的计算见式(5－52)、式(5－53)。

当梁受压翼缘扭转受到约束时：

$$\lambda_{n,c1}=\frac{h_1/t_w}{56\varepsilon_k} \tag{5-52}$$

当梁受压翼缘扭转未受到约束时：

$$\lambda_{n,c1}=\frac{h_1/t_w}{40\varepsilon_k} \tag{5-53}$$

b. 受拉翼缘与纵向加劲肋之间的区格稳定性计算：

$$\left(\frac{\sigma_2}{\sigma_{cr2}}\right)^2+\left(\frac{\tau}{\tau_{cr2}}\right)^2+\frac{\sigma_{c2}}{\sigma_{c,cr2}}\leqslant 1.0 \tag{5-54}$$

其中，σ_{cr2}、τ_{cr2}、$\sigma_{c,cr2}$应分别按下列方法计算。

σ_{cr2}按式(5－34)—式(5－36)计算，但式中的$\lambda_{n,b}$用$\lambda_{n,b2}$代替，λ_{n,b_2}的计算见式(5－55)。

$$\lambda_{n,b2}=\frac{h_2/t_w}{194\varepsilon_k} \tag{5-55}$$

τ_{cr2}按式(5－39)—式(5－41)计算，但应将式中的h_0改为h_2($h_2=h_0-h_1$)。

$\sigma_{c,cr2}$按式(5－44)—式(5－48)计算，但式中的h_0改为h_2。当$a/h_2>2$时，取$a/h_2=2$。

式中 σ_2——所计算区格内腹板在纵向加劲肋处由平均弯矩产生的弯曲压应力；

σ_{c2}——腹板在纵向加劲肋处的横向压应力，取为$0.3\sigma_c$。

c. 在受压翼与纵向加劲肋之间设有短劲肋的区格［图5－24(d)］，其局部稳定性按式(5－49)计算。其中，σ_{cr1}按式(5－34)—式(5－36)计算；τ_{cr1}按式(5－39)—式(5－41)计算，但计算时应将h_0和a改为h_1和a_1(短加劲肋的间距)；$\sigma_{c,cr1}$按式(5－44)—式(5－46)计算，但式中的$\lambda_{n,c}$改用$\lambda_{n,c1}$代替，$\lambda_{n,c1}$的计算见式(5－56)、式(5－57)。

当梁受压翼缘扭转受到约束时：

$$\lambda_{n,c1}=\frac{a_1/t_w}{87\varepsilon_k} \tag{5-56}$$

当梁受压翼缘扭转未受到约束时：

$$\lambda_{n,c1}=\frac{a_1/t_w}{73\varepsilon_k} \tag{5-57}$$

对于 $a_1/h_1>1.2$ 的区格，式(5-56)、式(5-57) 右侧应乘以 $1/\sqrt{0.4+0.5a_1/h_1}$。

(4) 腹板中间加劲肋设计。

腹板中间加劲肋指专为加强腹板局部稳定而设置的纵向加劲肋、横向加劲肋（图5-25)。腹板中间加劲肋一般在腹板两侧成对设置，也可单侧设置。但支承加劲肋、重级工作制吊车梁的加劲肋不应单侧设置。加劲肋大多采用钢板制作，也可用型钢制作。加劲肋必须具有足够的抗弯刚度，以保证腹板屈曲时在该处基本无出平面的位移。加劲肋截面设计时应满足下列要求。

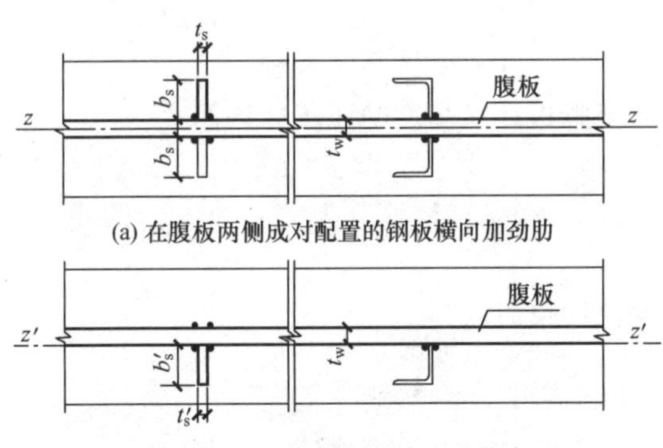

图5-25 腹板中间加劲肋

① 在腹板两侧成对设置的钢板横向加劲肋［图5-25 (a)］，其截面尺寸应符合式(5-58)、式(5-59) 的要求。

外伸宽度：

$$b_s=\frac{h_0}{30}+40 \tag{5-58}$$

厚度：

$$t_s\geqslant\frac{b_s}{15}(\text{承压加劲肋}),\ t_s\geqslant\frac{b_s}{19}(\text{不受力加劲肋}) \tag{5-59}$$

② 在腹板单侧设置的钢板横向加劲肋［图5-25 (b)］，其外伸宽度应大于式(5-58) b_s 值的1.2倍，厚度应满足式(5-59) 的要求。采用 $b'_s=1.2b_s$，为的是使与腹板两侧设置加劲肋时的刚度基本相同。

③ 在同时设置横向加劲肋和纵向加劲肋加强的腹板中，在其相交处应将纵向加劲肋断开，横向加劲肋保持连续。横向加劲肋的截面尺寸除应满足上述要求外，其绕 z 轴（图5-25）的惯性矩还应满足式(5-19) 的要求。

$$I_z\geqslant 3h_0t_w^3 \tag{5-60}$$

纵向加劲肋的截面绕 y 轴的惯性矩应满足式(5-61)、式(5-62) 的要求。

当 $\frac{a}{h_0}\leqslant 0.85$ 时：

$$I_y\geqslant 1.5h_0t_w^3 \tag{5-61}$$

当$\frac{a}{h_0}>0.85$时：

$$I_y \geqslant \left(2.5-0.45\frac{a}{h_0}\right)\left(\frac{a}{h_0}\right)^2 h_0 t_w^3 \tag{5-62}$$

④ 当设置短加劲肋时，短加劲肋的外伸宽度应取为横向加劲肋外伸宽度的0.7～1.0倍，厚度不应小于短加劲肋外伸宽度的1/15。

⑤ 用型钢（H型钢、工字钢、槽钢、肢尖焊于腹板的角钢）做成的梁腹板加劲肋（图5-26），其截面惯性矩不得小于相应的钢板加劲肋惯性矩。在梁腹板两侧成对设置的加劲肋，其截面惯性矩应按梁腹板中心线为轴线进行计算。在腹板单侧设置的加劲肋，其截面惯性矩应按加劲肋相连的腹板边缘为轴线［图5-25（b）中的z'—z'轴线］进行计算。纵向加劲肋截面惯性矩的计算均同此规定。

⑥ 为了减少焊接应力，避免焊缝过分集中，焊接梁的横向加劲肋与翼缘板、腹板相接处应切角［图5-26（a）］，当作为焊接工艺孔时，切角宜采用半径R=30mm的1/4圆弧。在纵向加劲肋与横向加劲肋相交处，应将纵向加劲肋两端切去相应的斜角，使横向加劲肋与腹板的焊接连续。

吊车梁横向加劲肋的宽度应不小于90mm。支座处的横向加劲肋应在腹板两侧成对设置，并与梁上下翼缘刨平顶紧。中间横向加劲肋的上端应在上翼缘腹板两侧成对设置，而中、轻级工作制吊车梁的横向加劲肋则可单侧设置或两侧错开设置。焊接吊车梁的下端一般在距受拉翼缘10～50mm处断开（图5-26）。

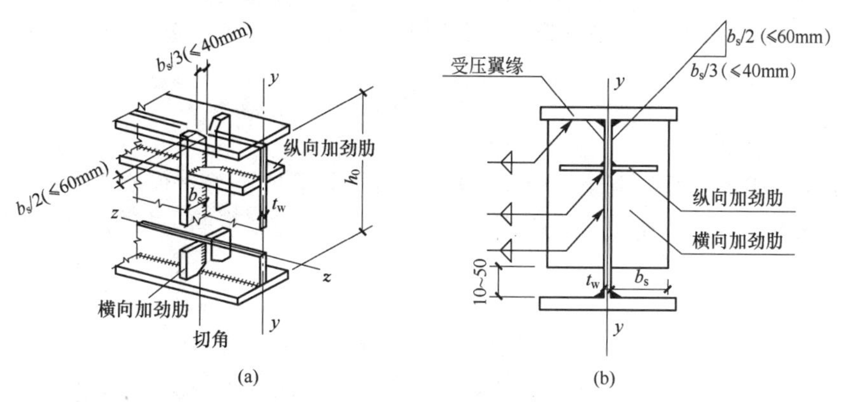

图5-26 梁腹板加劲肋

（5）支承加劲肋的设计。

在组合梁承受较大的固定集中荷载处（包括梁的支座处），常需设置支承加劲肋将集中荷载传递至腹板。支承加劲肋必须具有加强腹板局部稳定的中间横向加劲肋的作用，因此，对支承加劲肋的截面需满足式(5-58)和式(5-59)的要求。此外，支承加劲肋必须在腹板两侧成对设置，不应单侧设置。图5-27所示为支承加劲肋的设置。

支承加劲肋截面的计算主要包含两个内容。一是按承受集中荷载或支座反力的轴心受压构件计算其在腹板平面外的稳定性。二是按承受集中荷载或支座反力进行加劲肋端部承压截面或连接的计算：当端部为刨平顶紧时，应计算其端部承压应力并在施工图纸上注明刨平顶紧的部位；当端部为焊接时，应计算其焊缝应力，此外还需计算加劲肋与腹板的角焊缝连接，但通常算得的角焊脚尺寸很小，往往由构造要求控制。

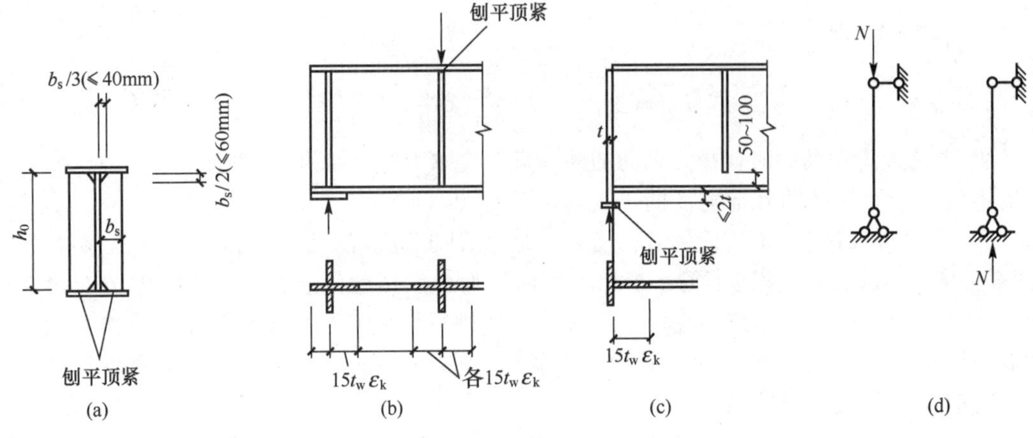

图 5－27　支承加劲肋的设置

① 按轴心受压构件计算腹板平面外的稳定。

当支承加劲肋在腹板平面外屈曲时，会带动部分腹板一起屈曲，因而支承加劲肋的截面除加劲肋本身截面外还可计入与其相邻的部分腹板的截面。标准规定取加劲肋每侧 $15t_w\varepsilon_k$范围内的腹板，如图 5－27 所示，当加劲肋一侧的腹板实际宽度小于 $15t_w\varepsilon_k$ 时，则用此实际宽度。中心受压构件的计算简图如图 5－27（d）所示，在集中荷载 N 作用下，其反力分布于杆长范围内，杆长的计算长度理论上可小于腹板的高度 h_0，标准中规定取 h_0。求稳定系数 φ 时，图 5－27（a）所示的对称设置支承加劲肋时，截面为 b 类截面，单侧布置支承加劲肋时，截面为 c 类截面。强度验算条件见式(5－63)。

$$\frac{N}{\varphi A_s}\leqslant f \tag{5-63}$$

② 端部压应力的计算。

当支座反力或集中荷载 N 通过支承加劲肋端部刨平顶紧于柱顶或梁翼缘传递时，通常按传递全部集中荷载计算其端部压应力（不考虑翼缘与腹板间焊接的部分传力），其计算见式(5－64)。

$$\sigma_{ce}=N/A_{ce}\leqslant f_{ce} \tag{5-64}$$

式中　A_{ce}——端部承压面积，取支承加劲肋与柱顶或梁翼缘接触面的面积；

f_{ce}——钢材端部承压强度设计值，由钢材抗拉强度标准值 f_u 除以抗力分项系数 γ_R 而得。

当集中荷载较小时，支承加劲肋和翼缘间也可不刨平顶紧，而靠焊缝传力。

③ 支承加劲肋与梁的角焊缝连接强度。

支承加劲肋与梁的角焊缝连接强度按式(5－65) 进行计算。

$$\frac{N}{0.7h_f\sum l_w}\leqslant f_f^w \tag{5-65}$$

焊脚尺寸 h_f 应满足构造要求：$h_f\geqslant h_{f,\min}$，$h_{f,\min}$按表 3－3 取值。在确定每条焊缝长度 l_w 时，要扣除加劲肋端部的切角长度。因焊缝所受内力可看作沿焊缝全长均布，故不必考虑 l_w 是否大于限值 $60h_f$。

例 5－2　梁的受力如图 5－28（a）所示（设计值），图中集中荷载 $P=292.8\text{kN}$，均布线荷载 $q=1.32\text{kN/m}$。梁截面尺寸和加劲肋设置如图 5－28（b）～（d）所示，在离支座 1.5m 处梁翼缘的宽度改变一次（280mm 变为 140mm），钢材为 Q235 钢，受压翼缘扭转未受到约束。试进行梁腹板稳定性计算和加劲肋的设计。

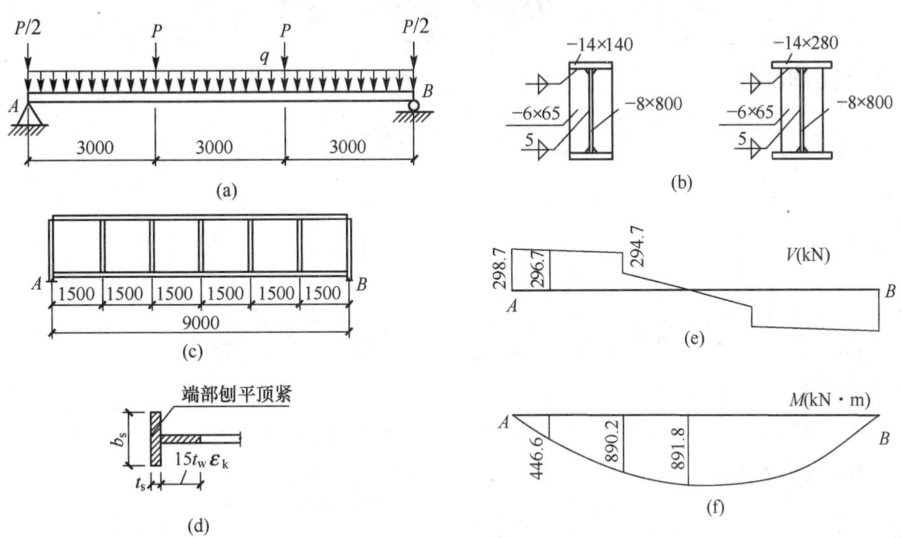

图 5－28　例 5－2 图

解：(1) 梁的内力和截面尺寸的计算。

经计算，梁所受的剪力 V 和弯矩 M 如图 5－28 (e) 和图 5－28 (f) 所示。

支座附近截面的惯性矩：

$$I_{x1}=9.91\times10^{8}(\text{mm}^4)$$

跨中附近截面的惯性矩：

$$I_{x2}=1.64\times10^{9}(\text{mm}^4)$$

(2) 加劲肋的设置。

$\dfrac{h_0}{t_w}=\dfrac{800}{8}=100>80\varepsilon_k=80$，则需设置横向加劲肋。

$\dfrac{h_0}{t_w}=100<150\varepsilon_k=150$，则不需要设置纵向加劲肋。

因为 1/3 跨处有集中荷载，所以该处应设置支承加劲肋；又因为横向加劲肋的最大间距为 $2.5h_0=2.5\times800=2000$ (mm)。故取横向加劲肋的间距为 1500mm，其设置如图 5－28 (c) 所示。

(3) 区格①（支座部位）的稳定性计算。

① 区格①所受应力。

区格①两边的弯矩：

$$M_1=0,\ M_2=298.7\times1.5-\frac{1}{2}\times1.32\times1.5^2\approx446.6(\text{kN}\cdot\text{m})$$

区格①所受正应力：

$$\sigma=\frac{M_1+M_2}{2}\frac{y_1}{I_{x1}}=\frac{1}{2}\times(0+446.6\times10^6)\times\frac{400}{9.91\times10^8}\approx90.1\ \text{N/mm}^2$$

区格①两边的剪力：

$$V_1=298.7\text{kN},\qquad V_2=298.7-1.32\times1.5\approx296.7(\text{kN})$$

区格①所受剪应力：

$$\tau=\frac{V_1+V_2}{2}\frac{1}{h_w t_w}=\frac{1}{2}\times\frac{(298.7+296.7)\times10^3}{800\times8}\approx46.5(\text{N/mm}^2)$$

② 区格①的临界应力。

$$\lambda_{n,b}=\frac{h_0/t_w}{138}\cdot\frac{1}{\varepsilon_k}=\frac{800/8}{138}\times1.0=\frac{100}{138}\approx0.7<0.8$$

$$\sigma_{cr}=f=215\text{N/mm}^2$$

$$\frac{a}{h_0}=\frac{1500}{800}\approx1.9>1.0$$

$$\lambda_{n,s}=\frac{h_0/t_w}{37\eta\sqrt{5.34+4(h_0/a)^2}}\cdot\frac{1}{\varepsilon_k}=\frac{100}{37\times1.11\times\sqrt{5.34+4\times(800/1500)^2}}\times1.0\approx1.0$$

$0.8<\lambda_{n,s}=1.0<1.2$：

$$\tau_{cr}=[1-0.59(\lambda_{n,s}-0.8)]f_v=[1-0.59\times(1.0-0.8)]\times125\approx110.3(\text{N/mm}^2)$$

③ 区格①稳定计算。

验算条件：

$$\left(\frac{\sigma}{\sigma_{cr}}\right)^2+\left(\frac{\tau}{\tau_{cr}}\right)^2+\frac{\sigma_c}{\sigma_{c,cr}}\leqslant1.0$$

即$\left(\frac{90.1}{215}\right)^2+\left(\frac{46.5}{110.3}\right)^2+0\approx0.4<1.0$，满足要求。

(4) 其他区格的稳定性计算与区格①的稳定性计算类似，详细过程略。

(5) 横向加劲肋的截面尺寸和连接焊缝。

$$b_s\geqslant\frac{h_0}{30}+40=\frac{800}{30}+40\approx66.7(\text{mm})\text{，采用 }b_s=65\text{mm。}$$

$$t_s\geqslant\frac{b_s}{15}=\frac{65}{15}\approx4.3(\text{mm})\text{，采用 }t_s=6\text{mm。}$$

这里选用 $b_s=65$mm，主要是使加劲肋外边缘不超过翼缘板的边缘。

加劲肋与腹板的角焊缝连接，按构造要求确定，由表 3-3 可知，取 $h_f=5$mm。

(6) 支座处加劲肋的设计。

采用突缘式支承加劲肋，如图 5-28 (c) 所示。

① 按端面承压强度试选加劲肋厚度。

已知 $f_{ce}=320\ \text{N/mm}^2$，支座反力：$N=\frac{3}{2}\times292.8+\frac{1}{2}\times1.32\times9\approx445.1$ (kN)

$b_s=140$mm（与翼缘板等宽），则需要：$t_s\geqslant\frac{N}{b_s\cdot f_{ce}}=\frac{445.1\times10^3}{140\times320}=9.9$ (mm)

考虑到支座加劲肋是主要传力构件，为保证梁在支座处有较强的刚度，取加劲肋厚度与梁翼缘板厚度大致相等，$t_s=12$mm。加劲肋端面刨平顶紧，突缘伸出板梁下翼缘底面的长度为 20mm，小于构造要求 $2t_s=24$mm。

② 按轴心受压构件验算加劲肋在腹板平面外的稳定。

支承加劲肋的截面尺寸：

$$A_s=b_s t_s+15t_w^2\varepsilon_k=140\times12+15\times8\times8\times1.0=2.64\times10^3(\text{mm}^2)$$

$$I_z=\frac{1}{12}t_s b_s^3=\frac{1}{12}\times 12\times 140^3\approx 2.74\times 10^6(\text{mm}^4)$$

$$i_z=\sqrt{\frac{I_z}{A_z}}=\sqrt{\frac{2.74\times 10^6}{2.64\times 10^3}}\approx 32.2(\text{mm})$$

$$\lambda_z=\frac{h_0}{i_z}=\frac{800}{32.2}\approx 24.8$$

查附表 2－3（适用于 Q235 钢，c 类截面）得轴心受压稳定系数 $\varphi=0.935$。

$$\frac{N}{\varphi A_s f}=\frac{445.1\times 10^3}{0.935\times 2.64\times 10^3\times 215}\approx 0.8<1.0\text{，满足要求。}$$

③ 加劲肋与腹板的角焊缝连接计算。

$$\sum l_w=2(h_0-2h_f)=2\times(800-10)=1580(\text{mm})$$

$$f_f^w=160\ \text{N/mm}^2$$

$$h_f\geqslant\frac{N}{0.7\sum l_w\cdot f_f^w}=\frac{445.1\times 10^3}{0.7\times 1580\times 160}\approx 2.5(\text{mm})$$

由表 3－3 可知，取 $h_f=6\text{mm}$。

5.5 考虑腹板屈曲后强度的组合梁设计

《钢结构设计标准》(GB 50017—2017) 在处理梁腹板稳定问题时，针对梁承受荷载性质的不同，采取了不同的处理方法：对于直接承受动荷载的吊车梁或类似构件，通过控制腹板的高厚比、设置腹板加劲肋等方式保证腹板的局部稳定；对承受静荷载或间接承受动荷载的组合梁，其腹板宜考虑屈曲后强度 (post buckling strength)，可仅在支座处和固定集中荷载处设置支承加劲肋；若设置横向加劲肋，其高厚比达到 250 可不必设置纵向加劲肋。以上方法不适用于直接承受动荷载的吊车梁。

对于有较强侧向支承的板，凸曲后板的中面会产生薄膜效应，从而产生薄膜应力。如果在板的一个方向有外力作用而凸曲时，在另一个方向的薄膜应力会对它产生支持作用，从而增强板的抗弯刚度，这种屈曲后的强度提高称为屈曲后强度。

简支梁的腹板设置横向加劲肋时，横向加劲肋与翼缘即为腹板的侧向支承板。腹板一旦受剪产生屈曲，腹板在一个斜方向因受斜向压力而形成波浪变形，不能继续承受斜向压力，但在另一个方向则因薄膜张力作用而可继续受拉，腹板张力场中拉力的水平分力和竖向分力需由翼缘和加劲肋承受，此时梁的作用犹如一桁架，翼缘相当于桁架的上下弦杆，横向加劲肋相当于桁架的竖腹杆，而腹板的张力场则相当于桁架的斜腹杆。梁受剪屈曲后形成的桁架机制如图 5－29 所示。

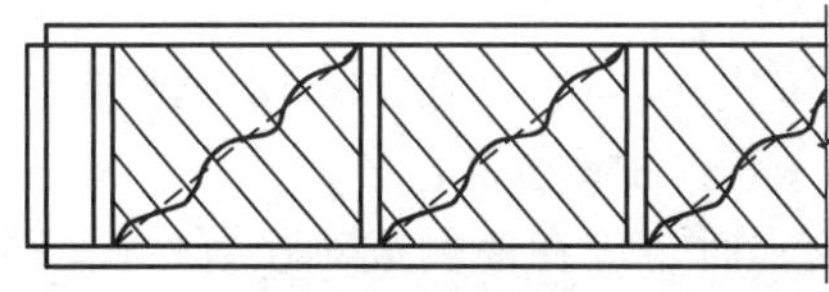

(a) 屈曲后形成的波浪变形

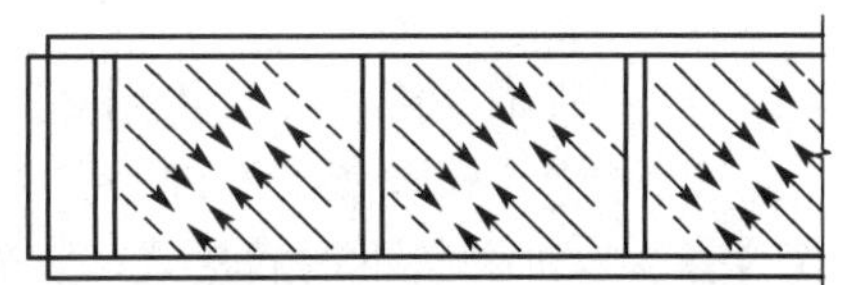

(b) 腹板的张力场

图 5－29 梁受剪屈曲后形成的桁架机制

腹板仅配置支承加劲肋且在较大荷载处有横向加劲肋，同时考虑屈曲后强度的工字形焊接截面梁，应按式(5-66)、式(5-67)验算受弯和受剪承载力。

$$\left(\frac{V}{0.5V_u}-1\right)^2+\frac{M-M_f}{M_{eu}-M_f}\leqslant 1.0 \tag{5-66}$$

$$M_f=\left(A_{f1}\frac{h_{m1}^2}{h_{m2}}+A_{f2}h_{m2}\right)f \tag{5-67}$$

式中 V、M——所计算的同一截面上梁的剪力设计值和弯矩设计值（当 $V<0.5V_u$ 时，取 $V=0.5V_u$，当 $M<M_f$ 时，取 $M=M_f$）；

M_f——梁两个翼缘所能承担的弯矩设计值；

A_{f1}、h_{m1}——较大翼缘的截面面积及其形心至梁中和轴的距离；

A_{f2}、h_{m2}——较小翼缘的截面面积及其形心至梁中和轴的距离；

V_u、M_{eu}——梁抗剪和受抗承载力设计值。

梁抗弯承载力设计值 M_{eu} 应按式(5-68)—式(5-72)计算。

$$M_{eu}=\gamma_x\alpha_e W_x f \tag{5-68}$$

$$\alpha_e=1-\frac{(1-\rho)h_c^3 t_w}{2I_x} \tag{5-69}$$

式中 α_e——梁截面模量考虑腹板有效高度的折减系数；

I_x——按梁截面全部有效算得的绕 x 轴的惯性矩；

h_c——按梁截面全部有效算得的腹板受压区高度；

γ_x——梁截面塑性发展系数；

ρ——腹板受压区有效高度系数。

当 $\lambda_{n,b}\leqslant 0.85$ 时：

$$\rho=1.0 \tag{5-70}$$

当 $0.85<\lambda_{n,b}\leqslant 1.25$ 时：

$$\rho=1-0.82(\lambda_{n,b}-0.85) \tag{5-71}$$

当 $\lambda_{n,b}>1.25$ 时：

$$\rho=\frac{1}{\lambda_{n,b}}\left(1-\frac{0.2}{\lambda_{n,b}}\right) \tag{5-72}$$

梁抗剪承载力设计值 V_u 应按式(5-73)—式(5-75)计算。

当 $\lambda_{n,s}\leqslant 0.8$ 时：

$$V_u=h_w t_w f_v \tag{5-73}$$

当 $0.8<\lambda_{n,s}\leqslant 1.2$ 时：

$$V_u=h_w t_w f_v[1-0.5(\lambda_{n,s}-0.8)] \tag{5-74}$$

当 $\lambda_{n,s}>1.2$ 时：

$$V_u=h_w t_w f_v/\lambda_{n,s}^{1.2} \tag{5-75}$$

式中 $\lambda_{n,s}$——梁腹板受剪计算的正则化宽厚比，按式(5-42)、式(5-43)计算，当焊接截面梁仅设置支座加劲肋时，式(5-43)中的 $h_0/a=0$。

当仅设置支座加劲肋不能满足式(5-66)的要求时，应在两侧成对设置中间横向加劲肋。中间横向加劲肋和上端承受集中压力的中间支承加劲肋，其截面尺寸除应满足式(5-58)和式(5-59)的要求外，尚应按轴心受压构件计算其在腹板平面外的稳定性，轴心压力应按式(5-76)计算。

$$N_s=V_u-\tau_{cr}h_w t_w+F \tag{5-76}$$

式中 V_u——梁受剪承载力设计值，按式(5－73)—式(5－75)计算；

h_w——腹板高度；

τ_{cr}——按式(5－39)—式(5－41)计算；

F——中间支承加劲肋上端承受的集中压力。

当腹板在支座旁的区格 $\lambda_{n,s}>0.8$ 时，支座加劲肋除承受梁的支座反力外，还承受拉力场的水平分力 H，应按压弯构件计算其强度和在腹板平面外的稳定性。水平分力的计算见式(5－77)。

$$H=(V_u-\tau_{cr}h_w t_w)\sqrt{1+(a/h_0)^2} \tag{5-77}$$

式中 a——对设中间横向加劲肋的腹板，取支座处区格的加劲肋间距；对不设中间横向加劲肋的腹板，取梁支座至跨内剪力为零点的距离。

拉力场的水平分力 H 的作用点在距腹板计算高度上边缘 $h_0/4$ 处。此压弯构件的截面和计算长度与一般支座加劲肋相同。当支座加劲肋采用图 5－30 所示的构造形式时，可按下述简化方法进行计算：加劲肋作为承受支座反力 R 的轴心压杆计算，封头肋板的截面面积不应小于式(5－78)计算的结果。

$$A_c=\frac{3h_0 H}{16ef} \tag{5-78}$$

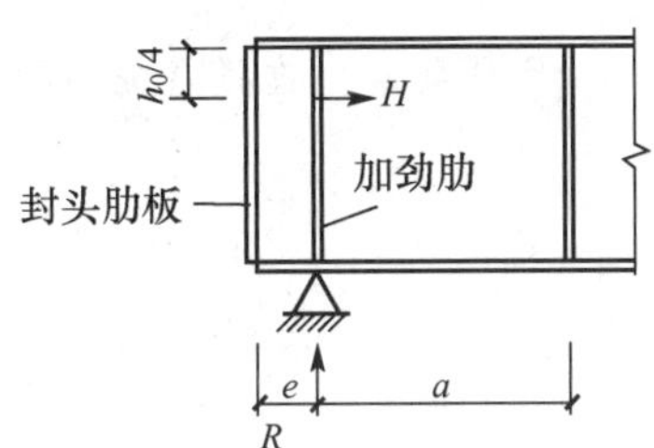

图 5－30 支座加劲肋的构造形式

考虑腹板屈曲后强度的梁，腹板高厚比不应大于 250，可按构造需要设置中间横向加劲肋。$a>2.5h_0$ 和不设中间横向加劲肋的腹板，当满足式(5－32)时，可取水平分力 $H=0$。

5.6 型钢梁的设计

5.6.1 单向弯曲型钢梁

单向弯曲型钢梁的设计比较简单，其截面选择步骤如下。

(1) 计算最大弯矩和剪力（型钢梁腹板较厚，除剪力很大的短梁，或梁的支承截面受到较大的削弱等情况外，一般可不验算抗剪强度）。

(2) 由式(5－5)求所需的净截面模量：$W_{nx}\geqslant M_{max}/(\gamma_x f)$。当弯矩最大截面有孔洞（如螺栓孔）时，所需的毛截面模量 W_x 一般比 W_{nx} 大 10%～15%，由 W_x 查附录 5 的型钢表，选出适当规格的型钢。

(3) 分别按式(5－5)、式(5－12)、式(5－19)验算抗弯强度、刚度和整体稳定性。

由于型钢梁截面的翼缘和腹板厚度较大，因此不必验算局部稳定；梁端部截面无大的削弱时，也不必验算剪应力；局部压应力也只在较大集中荷载作用处或支座反力作用处验算。

例 5－3 某重型工业厂房室内要增设一工作平台，平台梁格布置如图 5－31 所示，梁上空铺预制钢筋混凝土平台板和水泥砂浆面层，其自重（标准值）为 $2kN/m^2$，活荷载标准值为 $20kN/m^2$（静荷载）。试按下述两种情形选择次梁截面（钢材为 Q345B 钢）：①平台板与次梁焊接；②平台板与次梁不焊接。

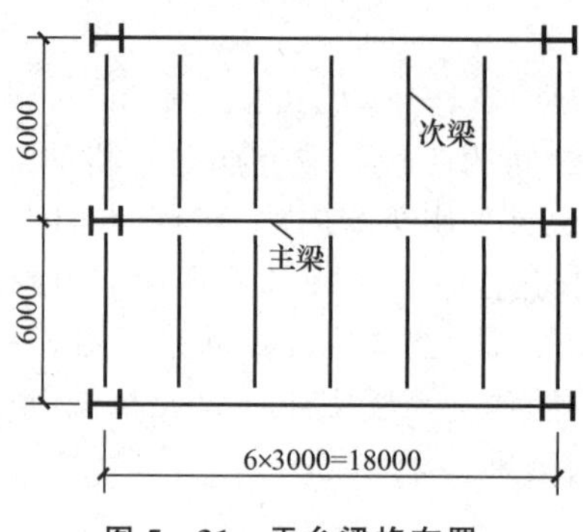

图 5－31 平台梁格布置

解：①平台板与次梁焊接。

该情形下梁整体稳定有保证，无须验算，故只需按强度和刚度选择截面。

a. 最大弯矩设计值。

次梁承受荷载见表 5－4。

次梁截面最大弯矩：$M_{\max}=\frac{1}{8}ql^2=\frac{1}{8}\times97.8\times6^2=440.1$（kN·m）

表 5－4 次梁承受荷载 单位：kN/m^2

类型	标准值	设计值
平台板恒载	2×3=6	6×1.3=7.8
平台板活载	20×3=60	60×1.5=90
合计	66	97.8

b. 选择次梁截面。

按抗弯强度计算型钢深所需的截面矩：

$$W_{x,\mathrm{req}}=\frac{M_{\max}}{\gamma_x f}=\frac{440.1\times10^3}{1.05\times310}\approx1352(\mathrm{cm}^3)$$

采用工字钢，查附录 5 的型钢表，选 I45a，$W_x=1430\mathrm{cm}^3$，$I_x=32240\mathrm{cm}^4$，自重 $g_0=80.42\times9.8\approx0.8$（kN/m）。

c. 验算次深截面。

加上自重后的次深截面最大弯矩设计值：

$$M_{1,\max}=440.1+\frac{1}{8}\times1.3\times0.8\times6^2\approx444.8(\mathrm{kN\cdot m})$$

抗弯强度：

$\dfrac{M_{1,\max}}{\gamma_x W_{nx}}=\dfrac{444.8\times10^6}{1.05\times1430\times10^3}\approx296.2(\mathrm{N/mm^2})$，$296.2\mathrm{N/mm^2}<f=310\mathrm{N/mm^2}$，满足要求。

刚度：

$$q_k=66+0.8=66.8(\mathrm{kN/m})$$

$$\upsilon_{\max}=\frac{5}{384}\cdot\frac{q_k l^4}{EI_x}=\frac{5}{384}\times\frac{66.8\times10^3\times6\times6000^3}{206\times10^3\times32240\times10^4}\approx17(\mathrm{mm})$$

$17\mathrm{mm}<\dfrac{l}{250}=\dfrac{6000}{250}=24(\mathrm{mm})$，满足要求。

局部承压强度：

若次梁叠接于主梁上，则应验算支座处即腹板下边缘的局部承压强度。

支座反力：

$$R=\frac{1}{2}\times(97.8+1.3\times0.8)\times6\approx296.5(\mathrm{kN})$$

设支承长度 $a=80\mathrm{mm}$，查附表 5-5 得：$h_y=r+t=13.5+18=31.5$（mm），$t_w=11.5$（mm）。

$\sigma_c=\dfrac{\varphi R}{t_w l_z}=\dfrac{1\times296.5\times10^3}{11.5\times(80+5\times31.5)}\approx108.6(\mathrm{N/mm^2})$，$108.6\mathrm{N/mm^2}<f=310\mathrm{N/mm^2}$，满足要求，通常如果截面无太大的削弱，局部承压强度都能满足要求。

② 平台板与次梁不焊接。

此种情形下次梁的整体稳定没有可靠的保证，需按梁的整体稳定选择截面，查附表 4-2得 $\varphi_b=0.59$，型钢截面需要的截面抵抗矩：

$$W_{x,\mathrm{req}}=\frac{M_{\max}}{\varphi_b f}=\frac{440.1\times10^3}{0.59\times310}\approx2406.2(\mathrm{cm^3})$$

查附录 5 的型钢表，选 I56b，$W_x=2446.5\mathrm{cm^3}$，自重 $g_0=115.06\times9.8=1.13$（kN/m）。

加上自重后的梁截面最大弯矩设计值：

$$M_{2,\max}=440.1+\frac{1}{8}\times1.3\times1.13\times6^2\approx446.7(\mathrm{kN\cdot m})$$

梁的整体稳定性：

$\dfrac{M_{2,\max}}{\varphi_x W_x}=\dfrac{446.7\times10^6}{0.59\times2446.5\times10^3}\approx309.5\mathrm{N/mm^2}$，$309.5\mathrm{N/mm^2}<f=310\mathrm{N/mm^2}$，满足要求。

对比上述两种情形可知，后者用钢量增加较多，故设计中一般应尽可能采用保证梁整体稳定的措施，以节约钢材。

5.6.2 双向弯曲型钢梁

双向弯曲型钢梁承受两个主平面方向的荷载，设计方法与单面弯曲型钢梁相同，应考虑抗弯强度、整体稳定、刚度等，局部压应力只有在有较大集中荷载作用处或支座反力作用处，才有必要验算，而剪应力和局部稳定性一般不必验算。

双向弯曲型钢梁的抗弯强度按式(5-6) 计算。

双向弯曲型钢梁整体稳定的理论分析较为复杂，一般按经验公式近似计算，标准规定双向受弯的H型钢梁或工字钢截面梁应按式(5-20) 计算其整体稳定性。

设计时，应尽量满足不需计算双向弯曲型钢梁整体稳定的条件，这样可按其抗弯强度条件选择型钢截面，由式(5-6) 可得式(5-79)。

$$W_{nx}=\left(M_x+\frac{\gamma_x}{\gamma_y}\cdot\frac{M_y}{\gamma_y W_y}M_y\right)\frac{1}{\gamma_x f}=\frac{M_x+\alpha M_y}{\gamma_x f} \tag{5-79}$$

对小型号的型钢，α 可近似取6（窄翼缘H型钢和工字钢）或5（槽钢）。

双向弯曲型钢梁最常用于檩条，其截面一般为H型钢（檩条跨度较大时）、槽钢（檩条跨度较小时）、冷弯薄壁Z形钢（跨度不大且为轻型屋面时）等。这些型钢的腹板垂直于屋面放置，因而竖向线荷载 q 可分解为垂直于截面两个主轴 $x-x$ 和 $y-y$ 的分荷载 $q_x=q\cos\varphi$ 和 $q_y=q\sin\varphi$（图5-32），从而引起梁双向弯曲。φ 为荷载 q 与主轴 $y-y$ 的夹角：对H型钢和槽钢，φ 等于屋面坡角 α；对Z形钢面，$\varphi=|\alpha-\theta|$，θ 为主轴 $x-x$ 与平行于屋面轴 x_1-x_1 的夹角。

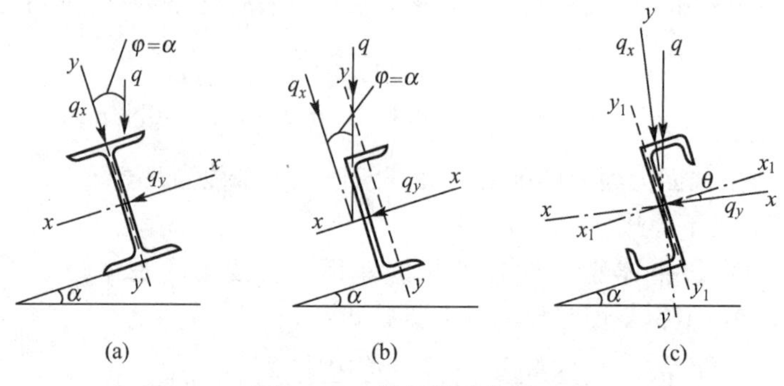

图5-32　檩条计算简图

槽钢和Z形钢檩条通常用于屋面坡度较大的情况，为了减少其侧向弯矩，提高檩条的承载能力，一般在其跨中平行于屋面布置一两道拉条（图5-33），把侧向变为跨度缩至1/3～1/2的连续梁。通常檩条跨度 $l\leqslant4.5$m 时，布置一道拉条；檩条跨度 $l>4.5$m 时，布置两道拉条。拉条一般用 ϕ16（最小 ϕ12）圆钢。

拉条把檩条平行于屋面的反力向上传递，直到屋脊上左右坡面的力互相平衡［图5-33（a)］。为使传力更好，常在顶部区格（或天窗两侧区格）布置斜拉条和撑杆，将坡向力传至屋架［图5-33（b）～（f)］。Z形钢檩条的主轴倾斜角可能接近或超过屋面坡角，拉力是向上还是向下，并不十分确定，故除在屋脊处（或天窗架两侧）用上述方法外，还应在檐檩处布置斜拉条和撑杆［图5-33（e)］或将拉条连于刚度较大的承重天沟或圈梁上［图5-33（f)］，以防止Z形钢檩条向上倾覆。

拉条应布置于檩条顶部下30～40mm处［图5-33（g)］。拉条不但减少了檩条的侧向弯矩，且大大增强了檩条的整体稳定性。

檩条的支座处应有足够的侧向约束，一般每端用两个螺栓连于预先焊接在屋架上弦的短角钢上（图5-34）。H型钢檩条宜在连接处将下翼缘切去一半，以便与支承短角钢相连；H型钢的翼缘宽度较大时，可直接用螺栓连于屋架上，但应设置支座加劲肋，以加强檩条端部的抗扭能力。短角钢的垂直高度不宜小于檩条截面高度的3/4。檩条与屋架弦杆的连接示意见图 5-34。

设计檩条时，按水平投影面积计算的屋面均布活荷载标准值取 0.5 kN/m²。屋面均布活荷载不与雪荷载同时考虑，取两者的较大值。积灰荷载应与屋面均布活荷载或雪荷载同时考虑。

在屋面天沟、阴角、天窗挡风板内、高低跨相接等处的雪荷载和积灰荷载应考虑荷载增大系数。对设有自由锻锤、铸件水爆池等振动较大的设备的厂房，要考虑竖向振动的影响，应将屋面总荷载增大 10%～15%。

雪荷载、积灰荷载、风荷载及荷载增大系数等应按现行《建筑结构荷载规范》（GB 50009—2012）的规定采用。

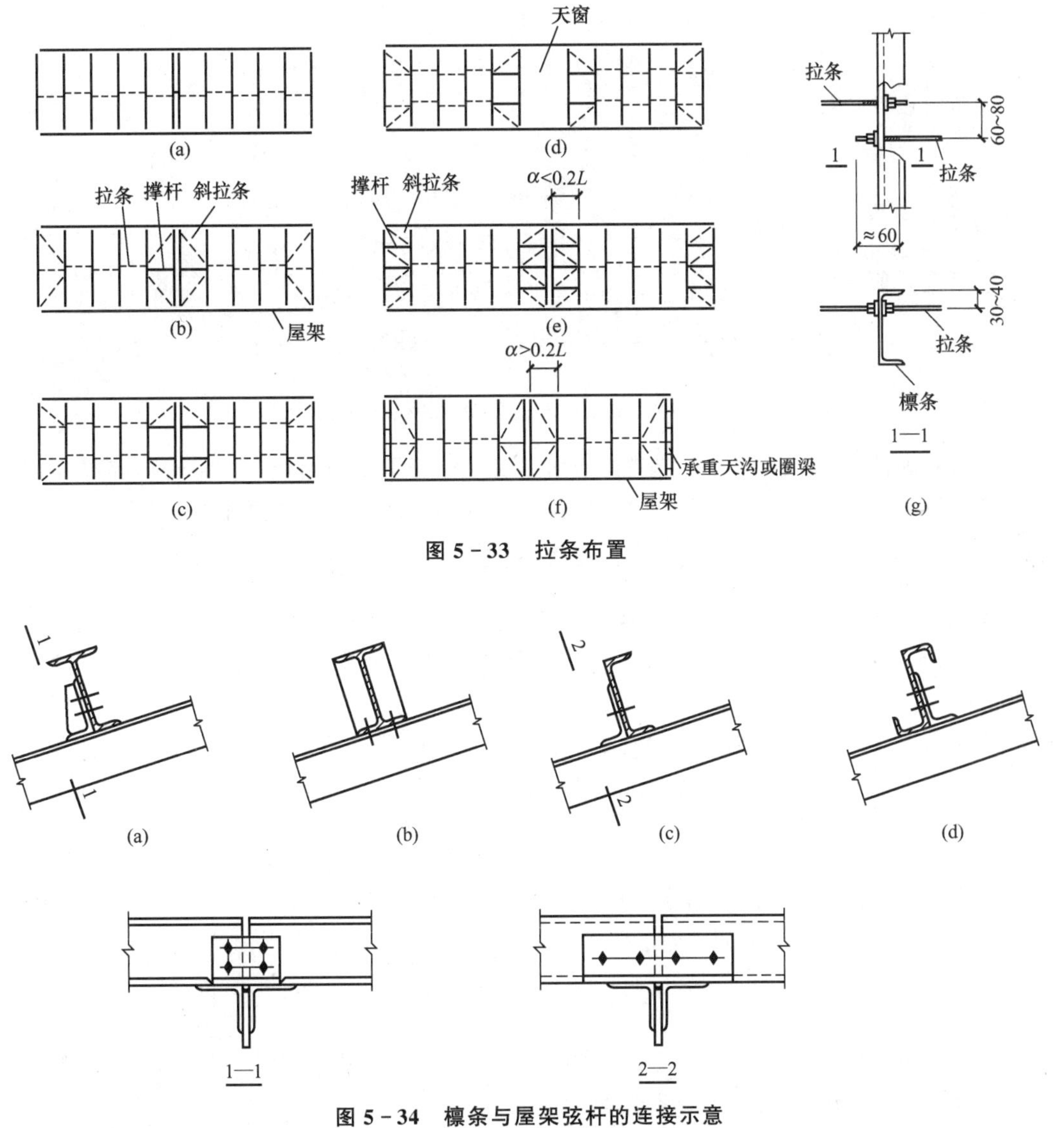

图 5-33 拉条布置

图 5-34 檩条与屋架弦杆的连接示意

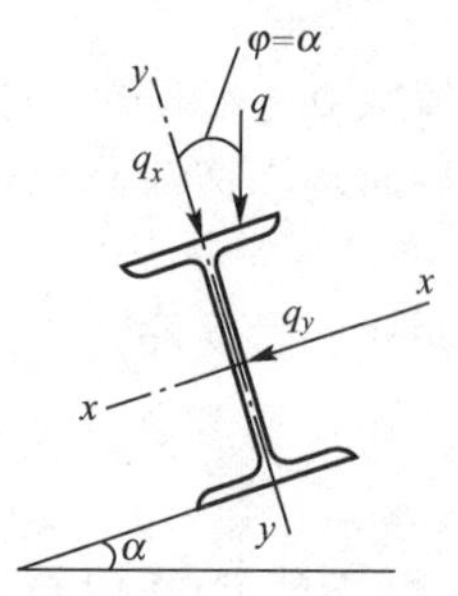

图 5-35 承压型钢板屋面的檩条

例 5-4 设计一承压型钢板屋面的檩条（图 5-35），屋面坡度为 1/10，雪荷载为 0.45 kN/m^2，无积灰荷载。檩条跨度为 12m，水平间距为 5m（坡向间距为 5.025m）。采用 H 型钢，钢材为 Q235B 钢。

解： 承压型钢板屋面自重约为 0.15 kN/m^2（坡向），檩条自重假设为 0.5kN/m。

檩条承受荷载的水平投影面积为 5×12＝60（m^2），未超过 60m^2。故屋面均布活荷载取 0.5 kN/m^2，大于雪荷载，故不考虑雪荷载。对轻型屋面，檩条线荷载只考虑可变荷载效应控制的组合。

线荷载标准值：

$$q_k = 0.15 \times 5.025 + 0.5 + 0.5 \times 5 \approx 3.754(\text{kN/m})$$

线荷载设计值：

$$q = 1.3 \times (0.15 \times 5.025 + 0.5) + 1.5 \times 0.5 \times 5 \approx 5.380(\text{kN/m})$$

$$q_x = q \cdot \cos\varphi = 5.38 \times 10/\sqrt{101} \approx 5.35(\text{kN/m})$$

$$q_y = q \cdot \sin\varphi = 5.38 \times 1/\sqrt{101} \approx 0.535(\text{kN/m})$$

弯矩设计值：

$$M_x = \frac{1}{8} \times 5.35 \times 12^2 = 96.3(\text{kN} \cdot \text{m})$$

$$M_y = \frac{1}{8} \times 0.535 \times 12^2 = 9.63(\text{kN} \cdot \text{m})$$

采用紧固件（自攻螺钉、刚拉铆钉或射钉等）保证承压型钢板与檩条受压翼缘连接牢靠，可不计算檩条的整体稳定性。由抗弯强度要求的截面模量的计算如下。

$$W_{nx} = \frac{M_x + \alpha M_y}{\gamma_x f} = \frac{(96.3 + 6 \times 9.63) \times 10^6}{1.05 \times 215} \approx 683 \times 10^3(\text{mm}^3)$$

选用 HN350×175×7×11。其中，$I_x = 13700\text{cm}^4$，$W_x = 782\text{cm}^3$，$W_y = 113\text{cm}^3$。檩条自重 0.5kN/m，加上连接承压型钢板零配件的重力，约等于假设重力，可不进行荷载调整。

验算强度（跨中无孔洞削弱，$W_{nx} = W_x$，$W_{ny} = W_y$）如下。

$$\frac{M_x}{\gamma_x W_{nx}} + \frac{M_y}{\gamma_y W_{ny}} = \frac{96.3 \times 10^6}{1.05 \times 782 \times 10^3} + \frac{9.63 \times 10^6}{1.2 \times 113 \times 10^3} \approx 188.3(\text{N/mm}^2)$$

$$188.3\text{N/mm}^2 < f = 215\text{N/mm}^2$$

为使屋面平整，檩条在垂直于屋面方向的挠度 υ（或相对挠度 υ/l）不能超过其挠度容许值 $[\upsilon]$（对承压型钢板屋面 $[\upsilon] = l/200$）。

$$\frac{\upsilon}{l} = \frac{5}{384} \cdot \frac{3.754 \times (10/\sqrt{101}) \times 12000^3}{206 \times 10^3 \times 13700 \times 10^4} \approx \frac{1}{336} < \frac{[\upsilon]}{l} = \frac{1}{200}$$

作为屋架上弦水平支撑横杆或刚性系杆的檩条，应验算其长细比（屋面坡向有承压型钢板连接时，可不验算此方向的构件长细比）。

$$\lambda_x = 1200/14.7 \approx 81.6 < [\lambda] \approx 200$$

5.7 组合梁的截面设计

组合梁的截面设计包括两部分内容：一是如何初选截面尺寸；二是对初选的截面进行强度验算、刚度验算、整体稳定性验算和局部稳定验算。这些内容在前面几节中都已有所介绍，本节的重点是初选截面尺寸，包括梁截面的高度（腹板高度）、腹板厚度、翼缘板的宽度与厚度的确定方法。

5.7.1 初选梁截面尺寸

选择组合梁的截面时，首先要初步估算梁截面高度、腹板厚度、翼缘板的宽度与厚度。下面介绍焊接组合梁初选截面尺寸的方法。

1. 梁截面高度

确定梁截面高度应考虑建筑高度、刚度条件和经济条件。

建筑高度是指梁的底面到铺板顶面之间的高度，它往往由生产工艺和使用要求决定。给定了建筑高度也就决定了梁截面的最大高度 $h_{\max}$，有时还限制了梁与梁之间的连接形式。

刚度条件决定了梁截面的最小高度 $h_{\min}$。刚度条件是要求梁在全部荷载标准值作用下的挠度 υ 不大于容许挠度 $[\upsilon]$。

受均布荷载 p_k 的双轴对称等截面简支梁，挠度计算见式(5-80)。

$$\upsilon_{\max}=\frac{5}{384}\cdot\frac{p_k l^4}{EI_x}=\frac{5}{48}\times\frac{p_k l^2}{8}\times\frac{l^2}{EI_x}\approx\frac{M_{xk}l^2}{10EI_x} \tag{5-80}$$

单向弯曲梁的强度条件为：$\frac{M_x}{\gamma_x W_x}\leqslant f$，取 $M_x=1.4M_{xk}$，1.4 为平均荷载分项系数，强度条件可表示为式（5-81）。

$$\frac{M_{xk}}{\gamma_x W_x}\leqslant\frac{f}{1.4} \tag{5-81}$$

因 $I_x=W_x\cdot\frac{h}{2}$，式(5-81) 可改写为$\frac{M_{xk}}{I_x}\leqslant\frac{2\gamma_x f}{1.4h}$。

将式(5-81) 代入式(5-80) 并使$\frac{\upsilon}{l}\leqslant\frac{[\upsilon]}{l}=\frac{1}{n}$，取 $E=2.06\times10^5\text{N/mm}^2$，可得式(5-82)。

$$\frac{h_{\min}}{l}=\frac{\gamma_x nf}{7E}=\frac{\gamma_x nf}{1442\times10^3} \tag{5-82}$$

式中 $h_{\min}$——梁截面的最小高度；

f——钢材的抗弯强度；

γ_x——截面塑性发展系数。

由式(5-82) 即可根据挠度要求估算梁截面的最小高度。

式(5-65) 的应用还必须考虑实际条件。例如所设计梁需考虑整体稳定，则应预先估计整体稳定性系数 φ_b 以取代式(5-82) 中的 γ_x。因 φ_b 恒小于 γ_x，保证整体稳定的梁截面的最小高度就可以小一些。其他型钢梁也可以用类似的方法求梁截面的最小高度。

从用料最省出发，可以定出梁截面的经济高度。在一定的荷载作用下，若梁截面的高度较大，腹板和加劲肋所用钢材将增加，而翼缘板的面积将减小；反之则相反。因此，理论上可推导出一个梁截面的高度，使整个梁的用钢量最少，这个高度就称为经济高度 h_e。目前设计实践中经常采用的经济高度见式(5-83)。

$$h_e=7\sqrt[3]{W_x}-30 \tag{5-83}$$

其中，$W_x=\dfrac{M_x}{\gamma_x f}\left(或 W_x=\dfrac{M_x}{\varphi_x f}\right)$，单位为 cm^3。

具体设计时，通常先按式(5-83) 求出 h_e，取腹板高度 $h_w \approx h_e$，从而估算出梁截面高度 h 并满足式(5-84)。

$$h_{min}<h<h_{max} \tag{5-84}$$

为了便于备料，h_w 宜取为 50mm 或 100mm 的倍数。

2. 腹板厚度

腹板厚度应满足抗剪强度的要求。初选梁截面尺寸时，可近似地假定梁的最大剪应力为腹板平均剪应力的 1.2 倍，腹板的抗剪强度计算简化为式(5-85)。

$$\tau_{max}\approx 1.2\frac{V_{max}}{h_w t_w}\leqslant f_v$$

则，

$$t_w\geqslant 1.2\frac{V_{max}}{h_w f_v} \tag{5-85}$$

由于梁的抗剪强度通常不是控制梁截面尺寸的条件，因此由式(5-85) 确定的 t_w 往往偏小。考虑局部稳定和构造因素，腹板厚度一般根据经验按式(5-86) 进行估算。

$$t_w=\sqrt{h_w}/3.5 \tag{5-86}$$

t_w 和 h_w 的单位均为 mm，实际采用的腹板厚度应考虑钢板的现有规格，一般为 2mm 的倍数。对于非吊车梁，腹板厚度取值宜比式(5-86) 的计算值略小；对于考虑腹板屈曲后强度的梁，腹板厚度可更小一些，但不得小于 6mm，也不宜使腹板高厚比超过 250。

3. 翼缘尺寸

确定翼缘尺寸时，常先估算每个翼缘的截面面积 A_f。

梁截面的惯性矩见式(5-87)。

$$I_x=\frac{1}{12}t_w h_w^3+2A_f\left(\frac{h_1}{2}\right)^2 \tag{5-87}$$

式中 h_1——上下两翼缘形心间的距离。

在推导估算公式时，可近似取 $h_1=h_w=h$，因而可得梁截面弹性截面模量 W_x，见式(5-88)。

$$W_x=\frac{I_x}{h/2}=\frac{1}{6}t_w h_w^2+A_f h_w \tag{5-88}$$

则可得每个翼缘的截面面积，见式(5-89)。

$$A_f=\frac{W_x}{h_w}-\frac{1}{6}t_w h_w \tag{5-89}$$

对焊接板梁，$A_f = b_f t_f$，因而在求得 A_f 后，设定 b_f（或 t_f）即可求得 t_f（或 b_f）。在确定翼缘尺寸时需注意以下几点。

(1) 为了保证受压翼缘的局部稳定（可按 S4 级考虑），翼缘尺寸必须满足式(5-90)。

$$\frac{b_f}{t_f} \leqslant 30\varepsilon_k \tag{5-90}$$

若在估算 W_x 时采用了截面塑性发展系数 $\gamma_x = 1.05$，即取 $W_x = M_x/(1.05f)$ 时，则式（5-90）应改为式(5-91)。

$$\frac{b_f}{t_f} \leqslant 26\varepsilon_k \tag{5-91}$$

为了简化，b_f 和 t_f 可简写作 b 和 t。

(2) 翼缘宽度 b 与梁高 h 间的关系见式(5-92)。

$$\frac{h}{2.5} > b > \frac{h}{6} \tag{5-92}$$

(3) 翼缘宽度宜取厘米的整数倍，厚度宜取毫米的偶数倍，以便备料。

在试选了截面尺寸后，即可进行其他验算。验算的截面几何特性等应按材料力学的公式计算。如验算中某些项不符合要求，应先对初选的截面尺寸进行修改再重新验算，直至全部项满足要求。

5.7.2 梁截面验算

根据初选的梁截面尺寸，求出截面的各种几何数据，如惯性矩、截面模量等，然后进行验算。梁截面验算包括强度、刚度、整体稳定和局部稳定等几个方面。其中，腹板的局部稳定通常是采用配置加劲肋来保证的。

5.7.3 组合梁截面沿长度的改变

对跨度较大的简支组合梁，为了节省钢材，可在离跨度中点弯矩最大截面一定距离处改变截面的尺寸，常用的方法如下。

(1) 改变单层翼缘焊接工字形梁翼缘宽度（腹板保持不变），如图 5-36 所示。

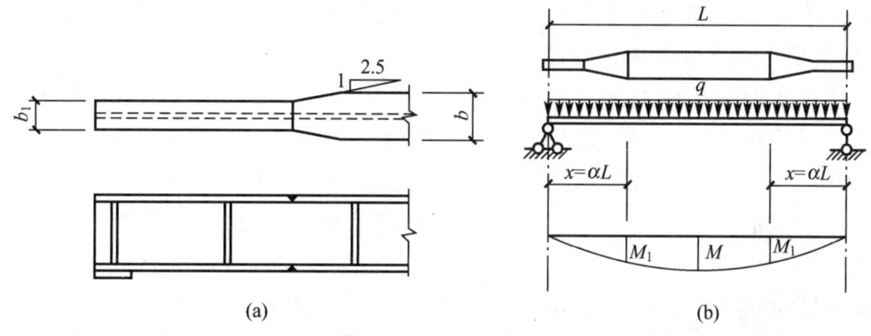

图 5-36 改变单层翼缘焊接工字形梁翼缘宽度（腹板保持不变）

(2) 切断双层翼缘焊接工字形梁外层翼缘（腹板保持不变），如图 5-37 所示。

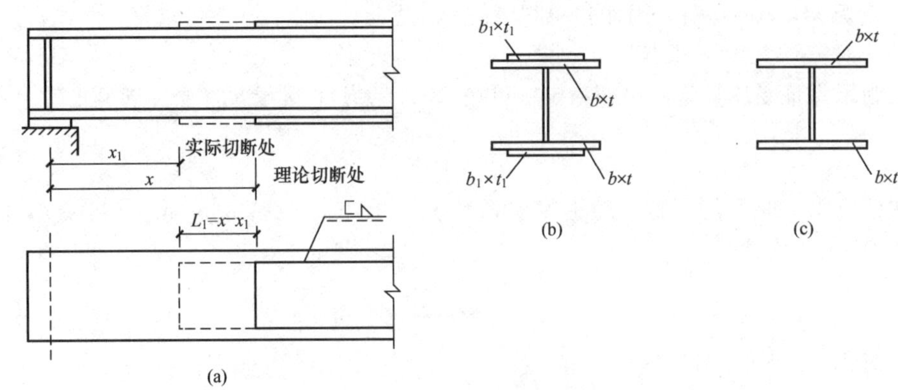

图 5－37　切断双层翼缘焊接工字形梁外层翼缘（腹板保持不变）

（3）改变单层翼缘焊接工字形梁腹板高度（翼缘保持不变），如图 5－38 所示。

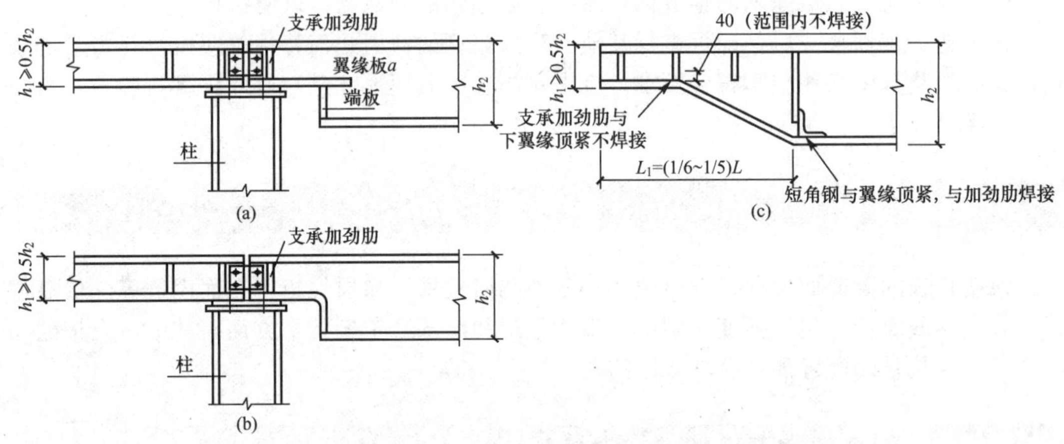

图 5－38　改变单层翼缘焊接工字形梁腹板高度（翼缘板保持不变）

1. 改变单层翼缘焊接工字形梁翼缘宽度（腹板保持不变）

由于改变翼缘宽度后的钢板需与原翼缘焊接，增加了制造工作量，因此一般情况下，一根梁的每端只宜改变一次翼缘宽度。

首先，应确定改变翼缘宽度的理论改变处，确定的依据是节省的翼缘钢材最多。经计算分析，翼缘截面的理论改变处应在距支座 $l/6$ 处。

其次，应确定改变后的翼缘面积 A_{f1} 或翼缘宽度 b_1。通常可先求出理论改变处截面上的最大弯矩，然后由式(5－89）求出 A_{f1} 的近似值。因为式(5－89）是近似的，所以确定 A_{f1} 或 b_1 后还要对其按精确的截面特性进行抗弯强度和折算应力的验算。

最后，需注意的是，为了避免在理论改变处因突然改变截面而产生严重的应力集中，《钢结构设计标准》（GB 50017—2017）规定：应在宽度方向从两侧做成不大于 1∶2.5 的斜坡，使翼缘宽度逐渐由 b 过渡到 b_1，如图 5－36（a）所示。由于在 $l/6$ 处改变翼缘宽度有时会使改变后的翼缘宽度过于狭小而不实用，因此，可先任意确定一最小翼缘宽度，而后再确定其理论改变处。理论改变处的确定方法与下述第 2 种方法相同。

2. 切断双层翼缘焊接工字形梁外层翼缘（腹板保持不变）

切断处层翼缘要求确定以下两个内容：一是外层翼缘的理论切断处；二是实际切断处。

图 5 - 37（a）所示为一双层翼缘焊接工字形梁。在外层翼缘理论切断处 x，翼缘截面由图 5 - 37（b）转变成图 5 - 37（c），按图 5 - 37（c）所示翼缘截面的抗弯强度可得此截面能承受的弯矩 M_1，即可求得理论切断处。

由于理论切断处右边截面的外层翼缘需立即参与工作而受力，因此，该翼缘必须向左延伸一段长度至实际切断处 x_1。《钢结构设计标准》（GB 50017—2017）规定，理论切断处的延伸长度 L_1 应符合下列要求。

① 外层翼缘端部有正面角焊缝。

当焊脚尺寸 $h_f \geqslant 0.75t_1$ 时，$L_1 \geqslant b_1$；当焊脚尺寸 $h_f < 0.75t_1$ 时，$L_1 \geqslant 1.5b_1$。

② 外层翼缘端部无正面角焊缝：$L_1 \geqslant 2b_1$。

如此规定的目的是为确保延伸部分的所有角焊缝能传递的内力大于外层翼缘的强度。

3. 改变单层翼缘焊接工字形梁腹板高度（翼缘保持不变）

由于改变腹板高度较改变翼缘宽度会增加制造工作量，因此，这种使用情形常限于构造要求必须如此时。例如，当左右两侧梁的跨度不等且相差较大，而在支座处又需使左右两侧梁的高度相同时，对较大跨度的梁就需在端部附近改变腹板的高度，如图 5 - 38 所示。

与改变翼缘宽度情形类似，腹板高度改变区段长度 L_1 通常取（1/6～1/5）L，L 为梁跨度。梁端部高度 h_1 应按支座抗剪强度要求计算，同时不宜小于跨中高度的 1/2。对于有抗疲劳要求的梁，理论分析与工程实际都表明图 5 - 38（a）、（c）的构造形式要比图 5 - 38（b）的抗疲劳性能好。

4. 简支梁沿跨度改变截面后的挠度计算

图 5 - 39 所示是简支梁沿跨度改变截面后的计算简图，x 为理论改变处的位置，截面改变前后的惯性矩各为 I 和 I_1，梁跨度为 l。挠度计算见式(5 - 93)。

$$\upsilon=\frac{M_{xk}l^2}{10EI}\left[1+\frac{1}{5}\left(\frac{I}{I_1}-1\right)\left(\frac{x}{l}\right)^3\left(64-48\,\frac{x}{l}\right)\right]=\eta_\upsilon\,\frac{M_{xk}l^2}{10EI} \tag{5-93}$$

式中 M_{xk}——跨中最大弯矩的标准值；

η_υ——挠度增大系数。

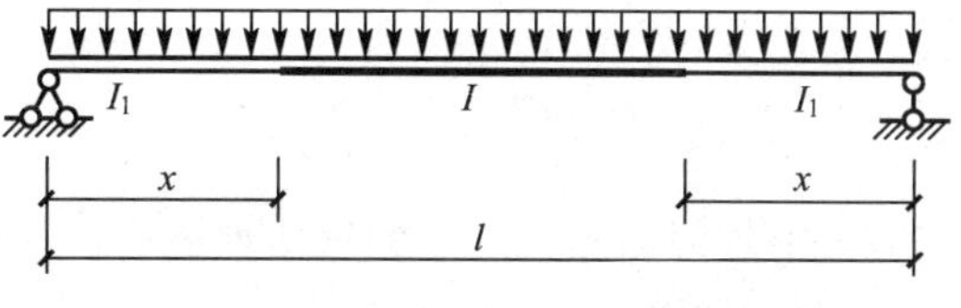

图 5 - 39 简支梁沿跨度改变截面的计算简图

式(5 - 93) 由满跨均布荷载情形导出，只要把系数 1/10 改换成 5/48，可近似地适用于其他荷载情形。

当 $x=\frac{1}{6}l$ 时可得式(5-94)。

$$\begin{aligned}\eta_v&=1+\frac{1}{5}\left(\frac{I}{I_1}-1\right)\left(\frac{1}{6}\right)^3\left(64-\frac{48}{6}\right)\\&=1+0.052\left(\frac{I}{I_1}-1\right)\end{aligned}\tag{5-94}$$

5.7.4 焊接组合梁翼缘焊缝的计算

当梁弯曲时，由于相邻截面中作用在翼缘截面的弯曲正应力有差值，翼缘与腹板间产生水平剪力 V_h（图5-40）。沿梁长度的水平剪力计算见式(5-95)。

$$V_h=\tau_1 t_w=\frac{VS_1}{I_x t_w}\cdot t_w=\frac{VS_1}{I_x}\tag{5-95}$$

式中 τ_1——腹板与翼缘交界处的水平剪应力（与竖向剪应力相等），$\tau_1=\frac{VS_1}{I_x t_w}$；

S_1——翼缘截面对梁中和轴的面积矩。

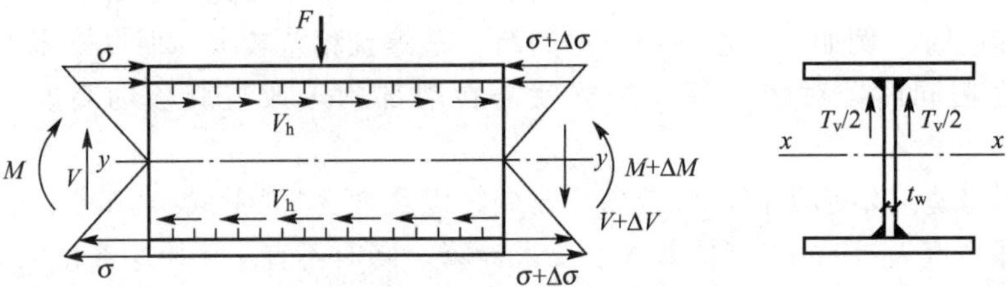

图5-40 翼缘与腹板间的水平剪力

当腹板与翼缘用角焊缝连接时，角焊缝有效截面上承受的剪力 τ_f 不应超过角焊缝强度设计值 f_f^w，见式(5-96)。

$$\tau_f=\frac{V_h}{2\times0.7h_f}=\frac{VS_1}{1.4h_f I_x}\leqslant f_f^w\tag{5-96}$$

需要的焊脚尺寸见式(5-97)。

$$h_f\geqslant\frac{VS_1}{1.4h_f f_f^w}\tag{5-97}$$

当翼缘承受固定集中荷载而未设置支承加劲肋，或承受移动力荷载（如有吊车轮压）时，上翼缘与腹板之间的焊缝除存在沿焊缝长度方向的剪应力 τ_f 外，还有垂直于焊缝长度方向的局部压应力 σ_c，其计算见式(5-98)。

$$\sigma_c=\frac{\psi F}{2h_e l_z}=\frac{\psi F}{1.4h_f l_z}\tag{5-98}$$

因此，承受局部压应力的上翼缘与腹板之间的连接焊缝应按式(5-99)计算强度。

$$\frac{1}{1.4h_f}\sqrt{\left(\frac{\psi F}{\beta_f l_z}\right)^2+\left(\frac{VS}{I_x}\right)^2}\leqslant f_f^w\tag{5-99}$$

从而可得式(5-100)。

$$h_f\geqslant\frac{1}{1.4f_f^w}\sqrt{\left(\frac{\psi F}{\beta_f l_z}\right)^2+\left(\frac{VS}{I_x}\right)^2}\tag{5-100}$$

式中 β_f——系数［对直接承受动力荷载的梁（如吊车梁），$\beta_f=1.0$；对其他梁，$\beta_f=1.22$］。

对承受动力荷载的梁（如重级工作制梁和大吨位中级工作制吊车梁），腹板与上翼缘之间的连接采用T形焊缝（图5-41），此种焊缝强度与钢材强度相等。

例5-5 试设计例5-3中的平台主梁（梁顶与楼面板可靠连接），采用焊接工字形截面组合梁，改变翼缘宽度一次。钢材为Q345B钢，焊条为E50型。

解：(1) 跨中截面选择。

次梁传来的集中荷载设计值（图5-42）：

$$F=6\times(97.8+1.3\times0.79)\approx593.0(\text{kN})$$

最大剪力设计值（不包括自重）：

$$V_{max}=2.5\times593.0=1482.5(\text{kN})$$

最大弯矩设计值（不包括自重）：

$$M_{max}=\frac{1}{2}\times5\times593.0\times9-593.0\times(6+3)$$
$$=8005.5(\text{kN}\cdot\text{m})$$

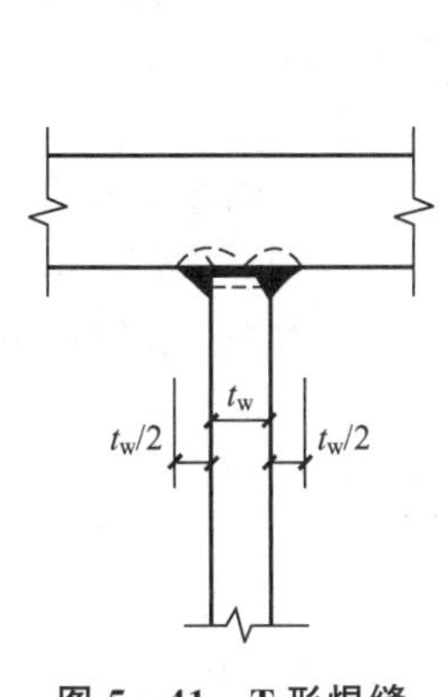

图5-41 T形焊缝

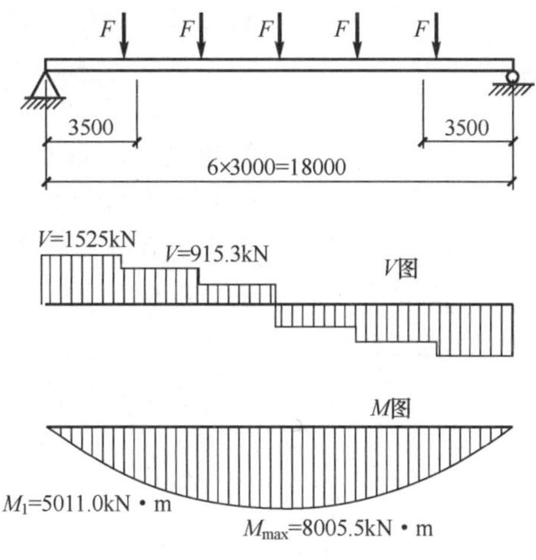

图5-42 例5-5图

需要的截面抵抗矩：

设翼缘厚度16mm<t<40mm，查附表1-2取第二组钢材 $f=300\text{N/mm}^2$，则

$$W_x=\frac{M_{max}}{\gamma_x f}=\frac{8005.5\times10^6}{1.05\times300}\approx25414000(\text{mm}^3)=25414(\text{cm}^3)$$

① 梁高。

a. 梁最小高度。

查附录3得主梁容许挠度［v］/l=1/400，由式(5-81) 可得梁的最小高度 h_{min}。

$$h_{min}=\frac{\gamma_x nf}{7E}l=\frac{1.05\times400\times300}{1406\times10^3}\times18000\approx1613.1(\text{mm})$$

b. 梁的经济高度。

$$h_e=7\sqrt[3]{W_x}-30=7\sqrt[3]{25414}-30\approx175.8(\text{cm})$$

取腹板高度 $h_0=1800\text{mm}$，梁高约为1850mm。

② 腹板厚度。

假定腹板最大剪应力为腹板平均剪应力的1.2倍，则

$$t_w=1.2\frac{V_{max}}{h_0 f_v}=1.2\times\frac{1482.5\times10^3}{1800\times175}\approx5.6(\text{mm})$$

或
$$t_w=\frac{\sqrt{h_0}}{3.5}=\frac{\sqrt{1800}}{3.5}\approx12.1(\text{mm})$$

取 $t_w=12\text{mm}$。

③ 翼缘尺寸。

近似取 $h=h_1=h_0$，则一个翼缘的截面面积为：

$$A_1=bt=\frac{W_x}{h_0}-\frac{t_w h_0}{6}=\frac{25414\times10^3}{1800}-\frac{12\times1800}{6}\approx10518(\text{mm}^2)$$

$$b=\left(\frac{1}{2.6}\sim\frac{1}{6}\right)h=\left(\frac{1}{2.5}\sim\frac{1}{6}\right)\times1850=740\sim308(\text{mm})\text{，取 }b=450\text{mm}$$

$$t=\frac{10518}{450}\approx23.4(\text{mm})\text{，取 }t=24\text{mm}$$

所选梁截面如图5-43所示。

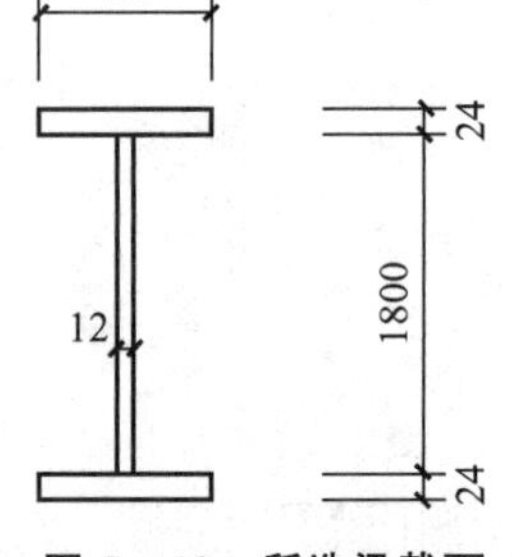

图5-43 所选梁截面

翼缘外伸宽度与其厚度之比：

$$\frac{b_1}{t}=\frac{225-6}{24}\approx9.1<13\varepsilon_k=10.7(\text{按 S3 级考虑})$$

抗弯强度计算可考虑部分截面塑性发展。

(2) 跨中截面验算。

截面面积：$A=180\times1.2+2\times45\times2.4=432$ (cm^2)

梁自重：$g_0=1.1\times432\times10^{-4}\times76.93\approx3.66$ (kN/m)，1.1为考虑加劲肋等的自重而采用的构造系数，76.93kN/m^3 为钢材的重度。

最大剪力设计值（加上自重后）：

$$V_{max}=1482.5+1.3\times3.66\times9\approx1525(\text{kN})$$

最大弯矩设计值（加上自重后）：

$$M_{max}=8005.5+\frac{1}{8}\times1.3\times3.66\times18^2\approx8198.20(\text{kN}\cdot\text{m})$$

$$I_x=\frac{1}{12}\times1.2\times180^3+2\times45\times2.4\times91.2^2\approx2379767(\text{cm}^4)$$

$$W_x=\frac{2379767}{92.4}\approx25755(\text{cm}^3)$$

① 抗弯强度。

$\frac{M_x}{\gamma_k W_{nx}}=\frac{8198.20\times10^6}{1.05\times25755\times10^3}\approx303$ (N/mm^2)，$303\text{N/mm}^2\approx f=300\text{N/mm}^2$，满足要求。

② 整体稳定。

由于楼面板与梁顶可靠连接，且考虑次梁的作用，故无须进行整体稳定性验算。

③ 抗剪强度、刚度的验算待截面改变后进行。

(3) 改变截面计算。

① 改变截面处的位置和截面的尺寸。

设改变截面处的位置距离支座为 a：

$$a=\frac{l}{6}=\frac{18}{6}=3(\mathrm{m})$$

改变截面处的弯矩设计值：

$$M_1=1525\times3-\frac{1}{2}\times1.3\times3.66\times3^2\approx4573.6(\mathrm{kN\cdot m})$$

需要的截面抵抗矩：

$$W_1=\frac{M_1}{\gamma_x f}=\frac{4573.6\times10^6}{1.05\times300}\approx15178630(\mathrm{mm}^3)$$

翼缘尺寸：

$$A_1'=b't=\frac{W_x}{h_0}-\frac{t_w h_0}{6}=\frac{15178630}{1800}-\frac{12\times1800}{6}\approx4833\ (\mathrm{mm}^2)$$

不改变翼缘厚度，即仍为 24mm，因此，$b'=4833/24\approx201$ (mm)。若按此取 $b'=200$mm，约为梁高的 1/9，梁截面较窄且不利于整体稳定，故取 $b'=240$mm（图 5-44）。

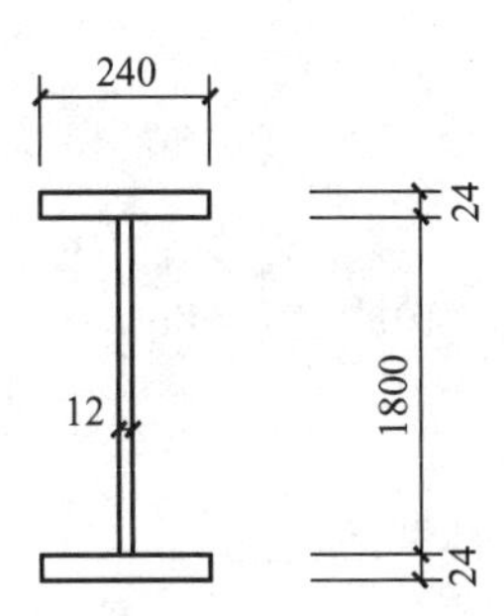

图 5-44 改变翼缘宽度的梁截面

可将改变截面的位置向跨中移动，现求改变处的位置。

截面特性：

$$I_1=\frac{1}{12}\times1.2\times180^3+2\times24\times2.4\times91.2^2=1541369(\mathrm{cm}^4)$$

$$W_1=\frac{1541369}{92.4}=16681(\mathrm{cm}^3)$$

可承受弯矩：

$$M_x=1.05\times16681\times10^3\times300=5255\times10^6(\mathrm{N\cdot mm})$$

改变截面处的理论位置：

$$1525x-593(x-3)-\frac{1}{2}\times1.2\times3.66x^2=5255$$

$x\approx3.76$m，取 $x=3.5$m。从 3.5m 处开始将跨中截面的翼缘按 1∶2.5 斜度向两支座端缩小，与改变截面处的翼缘连接，故改变截面处的实际位置为距支座 $3.5-2.5\times0.105\approx3.24$ (m) 处。

② 改变截面后梁的验算。

a. 抗弯强度（改变截面处）。

$$M_1=1525\times3.5-593\times0.5-\frac{1}{12}\times1.3\times3.66\times3.5^2\approx5011(\mathrm{kN\cdot m})$$

$\sigma_1=\dfrac{M_1}{\gamma_x W_1}=\dfrac{5011\times10^6}{1.05\times16681\times10^3}\approx286.1(\mathrm{N/mm^2})$，$286.1\mathrm{N/mm^2}<f=300\mathrm{N/mm^2}$，满足要求。

b. 折算应力（改变截面的腹板计算高度边缘处）。

$$V_1=1525-593-1.3\times3.66\times3.5\approx915.3(\mathrm{kN})$$

$$\sigma_1'=\sigma_1\frac{h_0}{h}=286.1\times\frac{180}{184.8}\approx278.7(\mathrm{N/mm^2})$$

$$S_1=24\times2.4\times91.2\approx5253(\mathrm{cm}^3)$$

$$\tau_1=\frac{V_1S_1}{I_1t_w}=\frac{915.3\times10^3\times5253\times10^3}{1541369\times10^4\times12}\approx26.0(\mathrm{N/mm^2})$$

$$\sqrt{\sigma_1'^2+3\tau_1^2}=\sqrt{278.7^2+3\times 26^2}\approx 282.3(\text{N/mm}^2)$$

$282.3\text{N/mm}^2<\beta_1 f=1.1\times 315=346.5(\text{N/mm}^2)$，满足要求。

c. 抗剪强度（支座处）。

$$S=S_1+S_w=5253+90\times 1.2\times 45=10113(\text{cm}^3)$$

$$\tau=\frac{V_{\max}S}{I_1 t_w}=\frac{1525\times 10^3\times 10113\times 10^3}{1541369\times 10^4\times 12}\approx 83.4(\text{N/mm}^2)$$

$83.4\text{N/mm}^2<f_v=175\text{N/mm}^2$，满足要求。

d. 整体稳定（改变截面处）。

由于楼面板与梁顶可靠连接，且考虑次梁的作用，故无须进行整体稳定性验算。

e. 刚度。

弯矩标准值：

$$F_k=6\times(66+0.79)\approx 400.7(\text{kN/m})$$

$$M_k=\frac{1}{2}\times 5\times 400.7\times 9-400.7\times(6+3)+\frac{1}{8}\times 3.66\times 18^2\approx 5557.7(\text{kN}\cdot\text{m})$$

$$\frac{\upsilon}{l}=\frac{M_k l}{10EI_x}\left(1+\frac{3}{25}\cdot\frac{I_x-I_1}{I_x}\right)=\frac{5557.7\times 10^6\times 18\times 10^3}{10\times 206\times 10^3\times 2379767\times 10^4}\left(1+\frac{3}{25}\times\frac{2379767-1541369}{2379767}\right)$$

$$\approx\frac{1}{470}<\frac{[\upsilon]}{l}=\frac{1}{400}，满足要求。$$

f. 翼缘焊缝。

$$h_f=\frac{1}{1.4f_f^w}\cdot\frac{V_{\max}S_1}{I_x}=\frac{1}{1.4\times 200}\times\frac{1525\times 10^3\times 5253\times 10^3}{1541369\times 10^4}\approx 1.9(\text{mm})$$

由表 3-3 可知，$h_{f,\min}=8\text{mm}$。

$$取\ h_f=8\text{mm}<h_{f,\max}=12-1=11(\text{mm})$$

5.8 梁的拼接、连接与支座

5.8.1 梁的拼接

梁的拼接有工厂拼接和工地拼接两种。由于钢材尺寸的限制，必须将钢材接长或拼大，这种拼接常在工厂中进行，称为工厂拼接。由于运输或安装条件的限制，梁必须分段运输，然后在工地拼接，这种拼接称为工地拼接。

型钢梁的拼接（图 5-45）可采用对接焊缝拼接 [图 5-45 (a)]，但由于翼缘和腹板处不易焊透，故有时采用拼板拼接 [图 5-45 (b)]。上述拼接位置均宜放在弯矩较小的部位 [图 5-45 (c)]。

焊接组合梁的工厂拼接，翼缘和腹板拼接位置最好错开并用对接焊缝连接。腹板的对接焊缝与横向加劲肋之间至少应相距 $10t_w$（图 5-46）。对接焊缝施焊时宜加引弧板，并采用Ⅰ级和Ⅱ级焊缝，这样焊缝与钢材的强度相等。

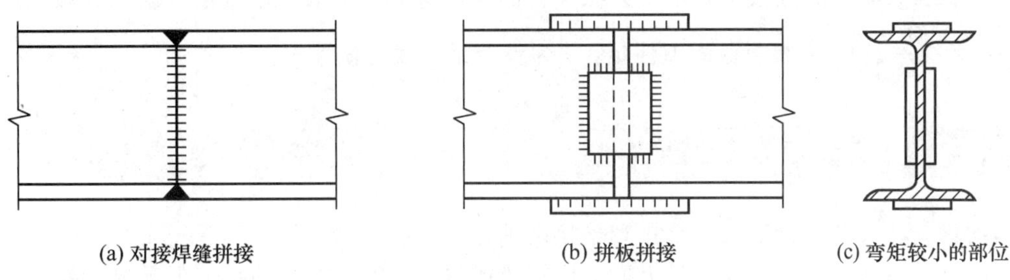

(a) 对接焊缝拼接
(b) 拼板拼接
(c) 弯矩较小的部位

图 5-45 型钢梁的拼接及拼接位置

组合梁的工地拼接应使翼缘和腹板基本上在同一截面处断开，以便分段运输。高大的梁在工地施焊时不便翻身，应将上下翼缘的拼接边缘均做成向上开口的 V 形坡口，以便俯焊（图 5-47）。为减小焊接收缩应力，工厂宜在拼接部位将翼缘焊缝在端部留出长约 500mm 不施焊，并按照图 5-47 的顺序在工地施焊，这样梁的受力情况较好，但运输过程中，翼缘凸出部分应特别保护，以免碰损。

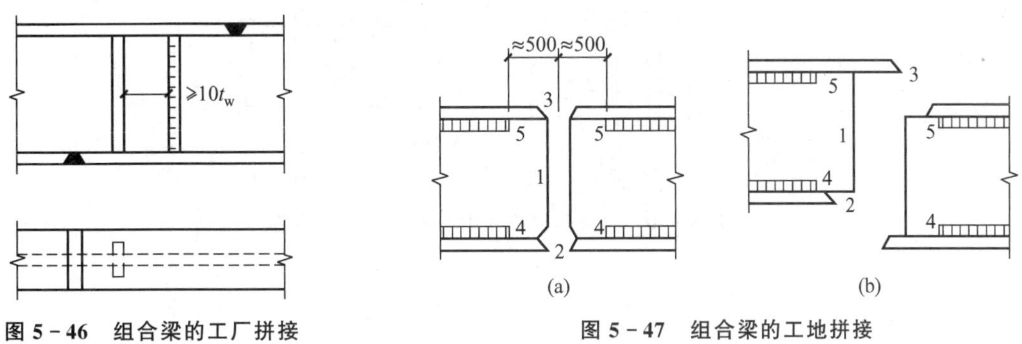

图 5-46 组合梁的工厂拼接　　**图 5-47 组合梁的工地拼接**

由于现场施焊条件较差，焊缝质量难于保证，所以较重要的梁或受动力荷载的大型梁，其工地拼接宜采用高强度螺栓连接（图 5-48）或栓焊混合连接（图 5-49）。

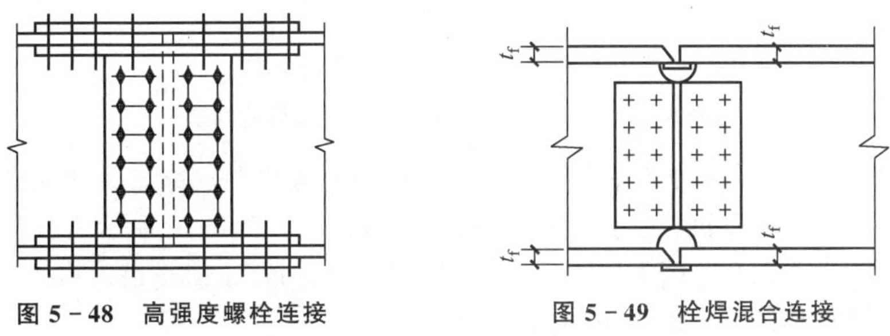

图 5-48 高强度螺栓连接　　**图 5-49 栓焊混合连接**

当梁拼接处的对接焊缝不能与钢材的等强时（如采用三级焊缝），应对受拉区翼缘焊缝进行计算，使拼接处弯曲拉应力不超过焊缝抗拉强度设计值。

对用拼接板的接头应按式(5-101) 规定的内力进行计算。翼缘拼接板及其连接所承受的内力 N_1 为翼缘板的最大承载力。

$$N_1 = A_{fn} \cdot f \tag{5-101}$$

式中 A_{fn}——被拼接的翼缘板净截面面积。

腹板拼接板及其连接主要承受梁截面上的全部剪力 V，以及按刚度分配到腹板上的弯矩 $M_w=\frac{MI_w}{I}$。I_w 为腹板截面惯性矩，I 为整个梁截面的惯性矩。

5.8.2 次梁与主梁的连接

次梁与主梁的连接形式有叠接和平接两种。

叠接是将次梁直接搁在主梁上面，用螺栓或焊缝连接，构造简单，但需要的结构高度大，使其使用受到限制。图 5－50 所示为次梁是简支梁时与主梁叠接的构造，图 5－51 所示为次梁是连续梁时与主梁叠接的构造。如次梁截面较大时，应另采取构造措施防止连接处截面的扭转。

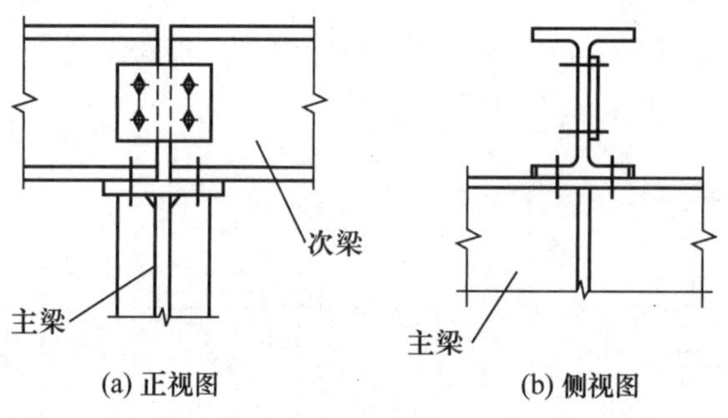

(a) 正视图　　(b) 侧视图

图 5－50　次梁是简支梁时与主梁叠接的构造

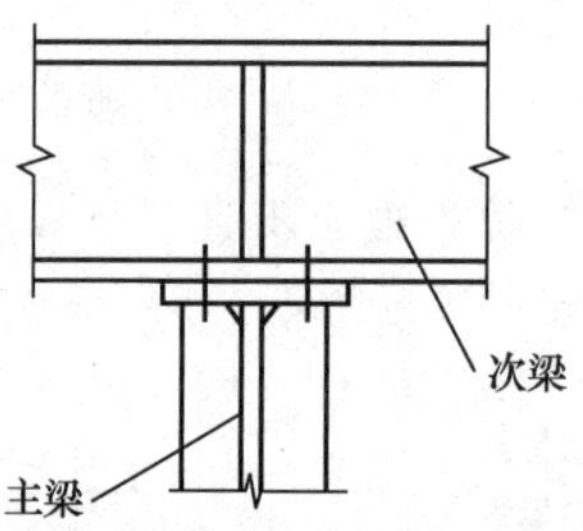

图 5－51　次梁是连续梁时与主梁叠接的构造

平接（图 5－52）是为使次梁顶面与主梁顶面相平或略高或略低，从侧面与主梁的加劲肋或腹板上专设的短角钢或支托相连接。图 5－52（a）～（c）所示为次梁是简支梁时与主梁平接的构造，图 5－52（d）所示为次梁是连续梁时与主梁平接的构造。平接虽构造复杂，但可降低结构高度，故在实际工程中应用较为广泛。

每种连接构造都要将次梁支座压力传给主梁，实质上这些支座压力就是主梁所受的剪力。而主梁腹板的主要作用是抗剪，所以应将次梁腹板或连接在主梁腹板上，或连接在与主梁腹板相连的铅垂方向抗剪刚度较大的加劲肋、支托竖直板上。在次梁支座压力的作用下，按传力的大小计算连接焊缝或螺栓的强度。由于主、次梁翼缘及支托的水平板的外伸部分在铅垂方向的抗剪强度较小，分析受力时不考虑它们传递次梁的支座压力。具体计算时，只需将次梁支座压力增大 20%～30%，以考虑实际上存在的偏心影响。

对于刚接构造，次梁与次梁之间还要传递支座弯矩。图 5-52（b）所示的次梁本身是连续的，支座弯矩可以直接传递，不必计算。图 5-52（d）所示的主梁两侧的次梁是断开的，支座弯矩靠焊缝连接的次梁上翼缘盖板、下翼缘支托水平顶板传递。由于梁的翼缘承受大部分弯矩，所以上翼缘盖板、下翼缘支托水平板的截面及其焊缝可按承受水平力偶 $H=M/h$ 计算（M 为次梁支座弯矩，h 为次梁高度）。支托水平顶板与主梁腹板的连接焊缝也按水平力偶计算。

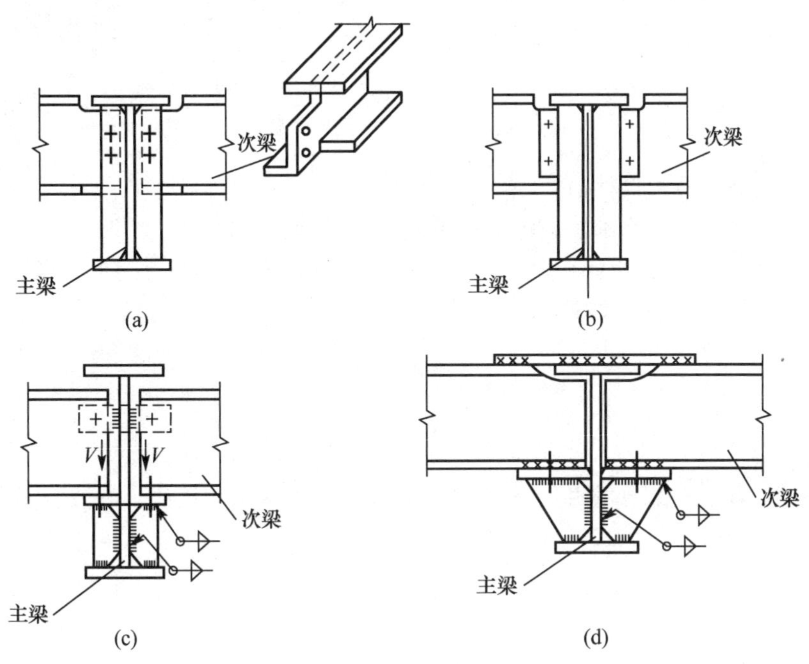

图 5-52　平接

5.8.3 梁的支座

梁通过在砌体、钢筋混凝土柱或钢柱上的支座，将荷载传给柱或墙体，柱或墙体再将荷载传给基础和地基。本节主要介绍砌体或钢筋混凝土柱或墙体上的支座，其主要有平板支座与弧形支座两种形式。

1. 平板支座

图 5-53 所示为型钢梁（包括普通工字钢梁和 H 型钢梁）的平板支座简图，梁端底部焊接尺寸为$-t\times a\times B$ 的钢板作为支座，支承于砌体或混凝土柱或墙体上。由于型钢梁的腹板高厚比较小，在满足腹板计算高度下边缘的抗压强度条件下，型钢梁端部常可不设置支承加劲肋，平板支座的设计可按下述步骤进行。

（1）平板应有足够的面积将支座压力 R 传给钢筋混凝土柱或砌体或墙体。通常假定平板下的压应力为均匀分布，因而得式(5-102)。

$$A=aB\geqslant\frac{R}{f_c} \tag{5-102}$$

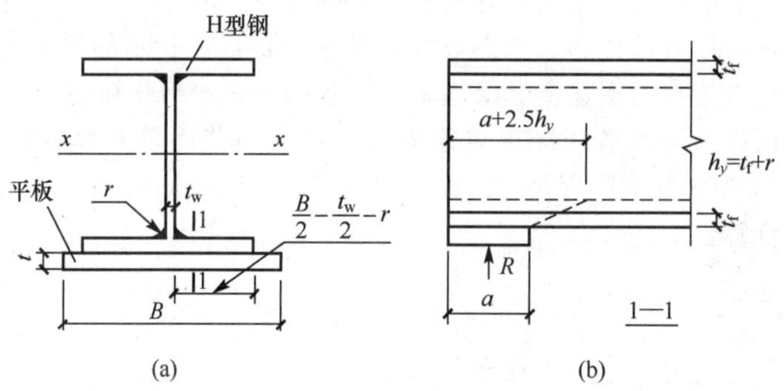

(a)　　　　(b)

图 5-53　型钢梁平板支座简图

式中　R——支座压力的设计值；

f_c——钢筋混凝土或砌体或墙体的抗压强设计值。

（2）根据型钢梁腹板计算高度下边缘的局部承压强度确定平板的最小宽度 a，其可由式(5-103) 和式(5-104) 计算。

$$\frac{R}{(a+2.5h_y)t_w}\leqslant f \text{ 和 } h_y=t_f+r \tag{5-103}$$

$$a\geqslant\frac{R}{ft_w}-2.5h_y \tag{5-104}$$

还需注意，平板的最小宽度 a 不宜过大，以避免平板下的压应力在支座内侧的不均匀分布过大。a 的经验数值见式(5-105)。

$$a\leqslant\frac{h}{3}+100 \tag{5-105}$$

式中　h——梁截面高度。

（3）平板的厚度 t 应根据支座反力对平板产生的弯矩进行计算。控制截面可取在图 5-53 端视图上的 1—1 截面。

1—1 截面的弯矩计算见式(5-106)。

$$M=\frac{1}{2}\cdot\frac{R}{B}\left(\frac{B-t_w}{2}-r\right)^2 \tag{5-106}$$

1—1 截面平板的厚度计算见式(5-107)。

$$t=\sqrt{\frac{4M}{af}} \tag{5-107}$$

之所以取 1—1 截面作为控制截面，是考虑到在支座反力作用下，因 H 型钢梁的下翼缘宽度较大而有可能向上弯曲。在求 1—1 截面平板厚度的计算式(5-107) 中，截面模量取平板的全塑性截面模量$\frac{1}{4}at^2$。当梁为普通工字形钢截面梁时，由于翼缘宽度较窄而不易上弯，控制截面可取在梁的翼缘趾尖处，截面模量宜取弹性截面模量$\frac{1}{6}at^2$。

2. 弧形支座

为了改善支座底板的压力分布情况，使其压力接近均匀分布，当型钢梁支座反力较大时，可改用弧形支座，即把支座底板表面做成圆弧面，如图 5-54 所示。此时，理论上梁与支座为线接触。当梁端轴线发生角位移时，支座反力可始终通过支座底板的中心线而使底板面的压应力均匀分布。

弧形支座的圆弧面、辊轴支座的辊轴与钢板接触面存在接触应力，为防止弧形支座的弧形垫块和辊轴支座发生接触破坏，《钢结构设计标准》（GB 50017—2017）规定，支座反力 R 应满足式(5－108）的要求。

$$R \leqslant 40ndlf^2/E \qquad (5-108)$$

式中 d——支座圆弧面接触点曲率半径 r 的 2 倍；

l——支座圆弧面与底板面的接触长度；

n——辊轴个数，弧形支座 $n=1$。

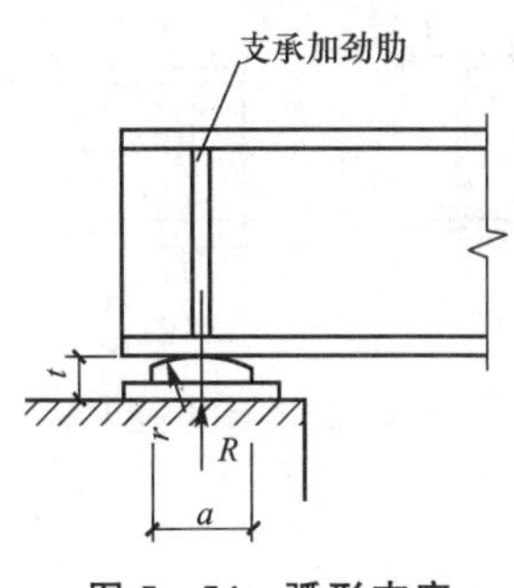

图 5－54 弧形支座

本章小结

本章讲述了钢结构受弯构件的截面类型、构件截面形式设计的基本原理与设计步骤，重点讲述了梁设计过程中，必须进行验算的 4 个方面：强度、刚度、整体稳定、局部稳定。

一般情形下，受弯构件强度计算实质是截面有限塑性发展的弹塑性强度分析，但要注意应采用边缘纤维屈服准则的相关情形。受弯构件的稳定计算相对来说是比较复杂的，梁设计过程中首先要尽可能地采取措施保证对受压翼缘的约束，使其可以不必进行整体稳定性计算；若必须进行整体稳定性计算时，应清楚对整体稳定性系数存在影响的各个因素。

习　　题

一、思考题

1. 梁的各项计算中，哪些属于承载能力极限状态计算？哪些属于正常使用极限状态计算？
2. 梁整体失稳的变形特征是什么？
3. 哪些因素影响梁的整体稳定？
4. 梁的侧向支承和加劲肋分别起什么作用？
5. 梁的弯扭屈曲和轴心受压构件的弯扭屈曲是否有区别？
6. 设计梁截面时，选择截面板件宽厚比需要综合考虑哪些因素？
7. 若截面板件宽厚比超过规范规定的限值，板件是否会发生局部失稳？
8. 假如梁的翼缘板不满足设计规范的宽厚比要求，应如何处理？
9. 梁的板件宽厚比限值规定是根据什么原则确定的？
10. 腹板加劲肋有哪些形式？其有哪些作用？设计时需要注意哪些问题？
11. 若梁的挠度超过设计规范的允许挠度，梁是否允许使用？
12. 提高梁的强度、整体稳定、局部稳定，在截面调整上采取哪些措施较为有效？

二、计算题

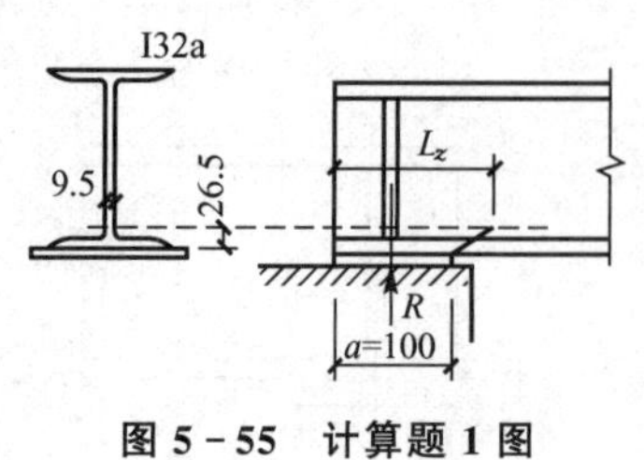

图 5-55 计算题 1 图

1. 简支梁跨度 4m，采用型钢梁 I32a（图 5-55），钢材为 Q235 钢。承受均布荷载，其中永久荷载（不包括梁自重）标准值为 9kN/m，可变荷载（非动力荷载）标准值为 28kN/m，结构安全等级为二级。跨中上翼缘无支承，铺板与梁上翼缘无刚性连接。试验算该简支梁。

2. 简支梁跨度 7m，焊接组合工字形对称截面 150×18 和 414×12（图 5-56），梁上作用有均布荷载，其中永久荷载（不包括梁自重）标准值为 17.1kN/m，可变荷载（非动力荷载）标准值为 6.8kN/m，距梁端 2.5m 处的集中荷载标准值为 60kN，支承长度 200mm，荷载作用面距梁顶面 120mm。钢材抗拉强度设计值 $215N/mm^2$，抗剪强度设计值 $125N/mm^2$，荷载分项系数对永久荷载取 1.3、对可变荷载取 1.5。试验算梁截面是否满足强度要求（不考虑疲劳的影响）。

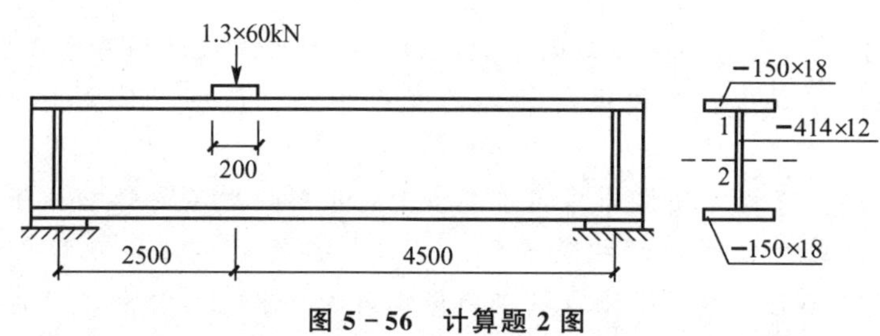

图 5-56 计算题 2 图

3. 简支梁跨度 6m，跨中无侧向支承。上翼缘承受满跨的均布荷载，其中永久荷载标准值为 75kN/m（包括梁自重），可变荷载标准值为 170kN/m。钢材为 Q345 钢，屈服强度 $345N/mm^2$。梁截面尺寸如图 5-57 所示。试验算梁的整体稳定性。

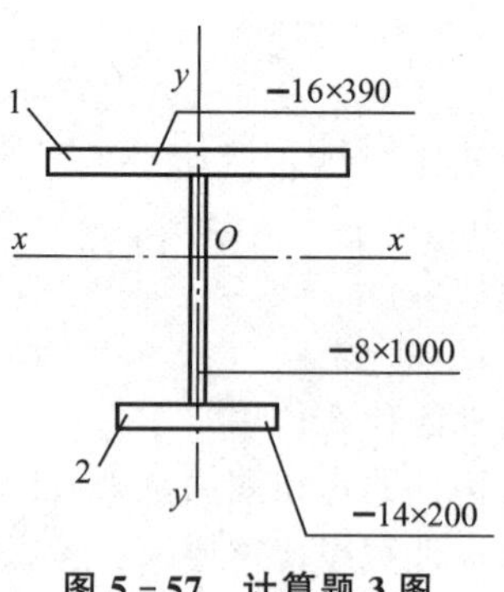

图 5-57 计算题 3 图

4. 某焊接工字形截面简支梁，跨度为 12m，承受均布荷载 235kN/m（包括梁的自重），如图 5-58 所示，钢材为 Q235 钢。截面尺寸如图 5-58 所示。跨中有侧向支承保证梁的整体稳定，但梁的上翼缘扭转变形不受约束。试验算考虑屈曲后强度的腹板承载力，并设置加劲肋。

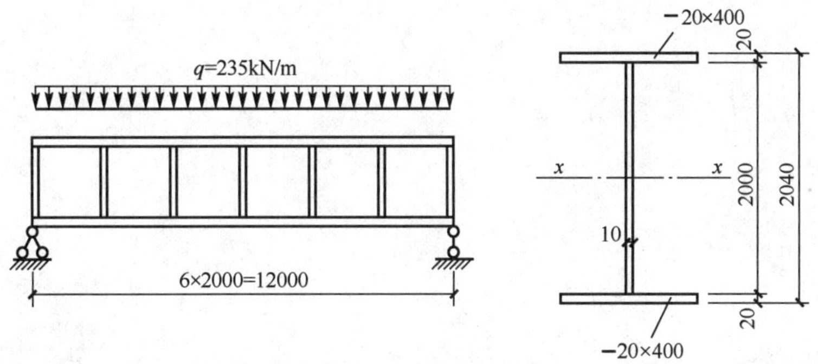

图 5 - 58 计算题 4 图

5. 简支梁跨度 3m，承受均布荷载，其中永久荷载标准值为 15kN/m，可变荷载标准值为 18kN/m，整体稳定性满足要求。试选择普通工字钢截面，结构安全等级为二级。

6. 假设一简支次梁，跨度 6m，承受均布荷载，其中永久荷载标准值为 9kN/m，可变荷载标准值为 13.5kN/m，钢材为 Q235 钢。试设计此型钢梁。

（1）假定梁上铺有平板，可保证梁的整体稳定。

（2）假定梁上铺有平板，不能保证梁的整体稳定。

第6章 拉弯构件和压弯构件

思维导图

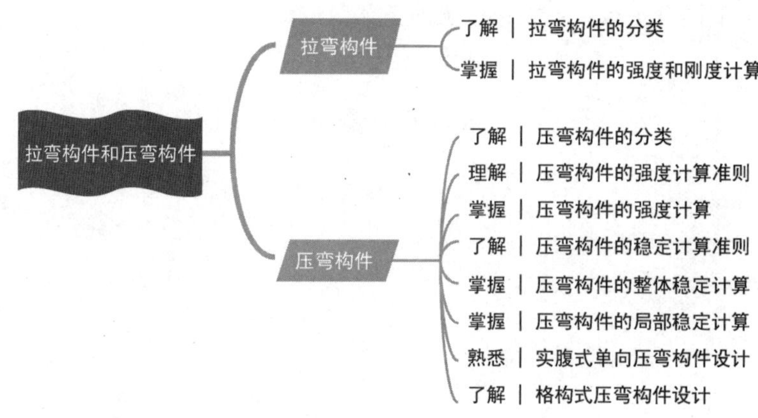

引例

拉弯构件与压弯构件广泛应用于工程中，比单纯的受弯构件和轴心受力构件复杂。拉弯构件应用于屋架的受节间荷载作用的桁架下弦。压弯构件应用于屋架（图 6－1）的上弦，多层及高层房屋的等截面柱、变截面柱（图 6－2），受风荷载的墙柱，天窗架的侧柱，厂房立柱（图 6－3），门式刚架的楔形柱（图 6－2）及塔架。在实际设计过程中，必须要对拉弯构件和压弯构件进行强度、刚度和稳定性验算，以确保工程的可靠性。

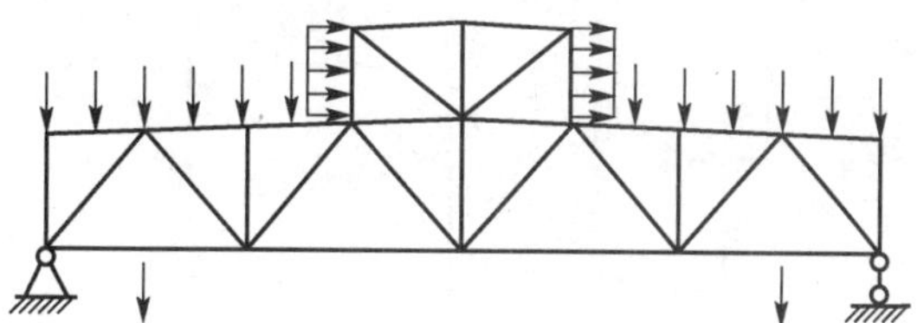

图 6-1 屋架

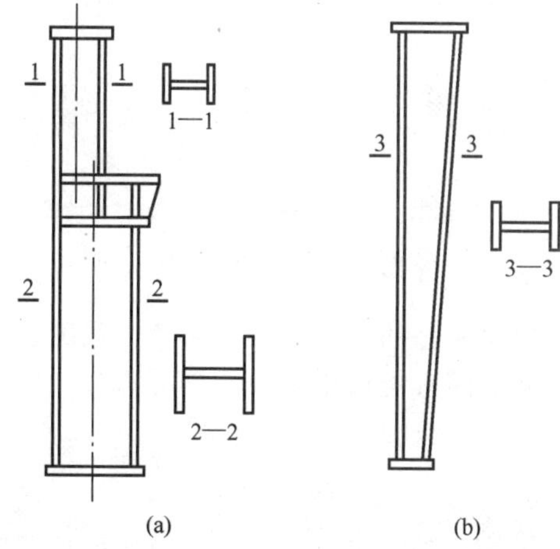

图 6-2 变截面柱

图 6-3 厂房立柱

6.1 拉弯构件和压弯构件的概念

6.1.1 拉弯构件的概念

同时承受轴心拉力和弯矩作用的构件，称为拉弯构件（图 6-4）或偏心受拉构件。弯矩的形成是由拉力偏心、端弯矩或者横向荷载（集中或均布）引起的。如果只有绕截面一个形心主轴的弯矩，则为单向拉弯构件；如果有绕两个形心主轴均有弯矩，则为双向拉弯构件。

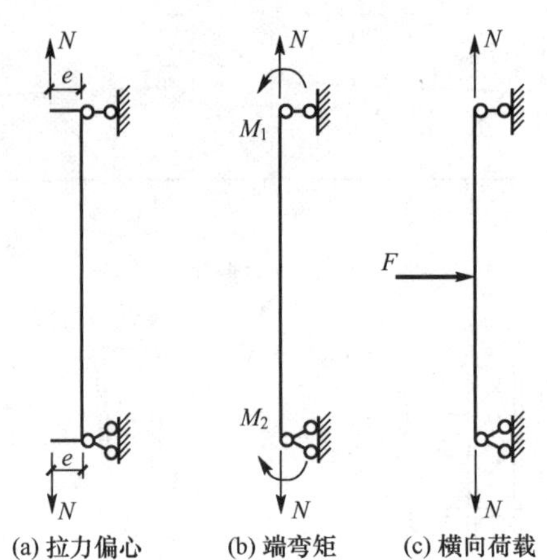

图6－4　拉弯构件

与轴心受拉构件相比，拉弯构件的计算一般只需考虑强度和刚度两个方面。但对以承受弯矩为主的拉弯构件，当截面因弯矩产生较大的压应力时，应考虑构件的整体稳定和局部稳定。

6.1.2　压弯构件的概念

同时承受轴心压力和弯矩作用的构件，称为压弯构件（图6－5）或偏心受压构件。压弯构件弯矩的形成与拉弯构件相似，可分为单向压弯构件和双向压弯构件。单向压弯构件应用相对较泛，多用于厂房和框架柱。

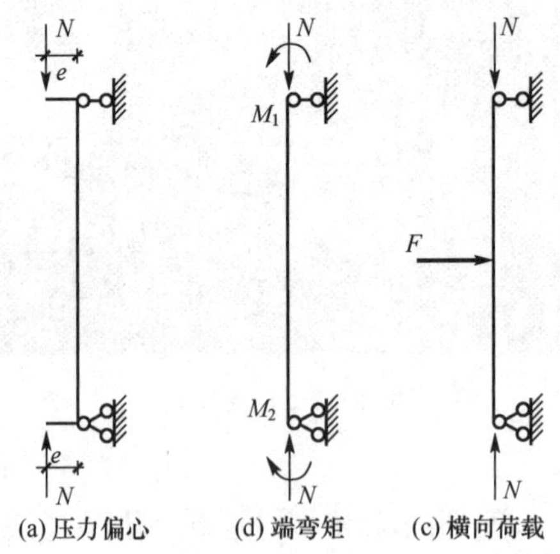

图6－5　压弯构件

与轴心受压构件相仿，压弯构件的计算除考虑强度和刚度两个方面外，更主要的是考虑构件的整体稳定和局部稳定。

当弯矩较小、正负弯矩绝对值大致相等或使用上有特殊要求时，拉弯构件和压弯构件常采用双轴对称截面，如H形截面。当构件的正负弯矩绝对值相差较大时，为了节省钢材，常采用单轴对称截面，如T形截面。

6.2 拉弯构件和压弯构件的强度和刚度

6.2.1 拉弯构件和压弯构件的强度计算条件准则

一般情况下，拉弯构件、截面有削弱或构件端部弯矩大于跨间弯矩的压弯构件，需要进行强度计算。

计算拉弯构件和压弯构件的强度时，根据截面上应力发展的不同程度，可取以下三种不同的强度计算准则。以双轴对称工字形截面压弯构件为例，构件在轴心压力 N 和绕主轴 x 轴弯矩 M_x 的共同作用下，其截面应力发展过程如图 6－6 所示。

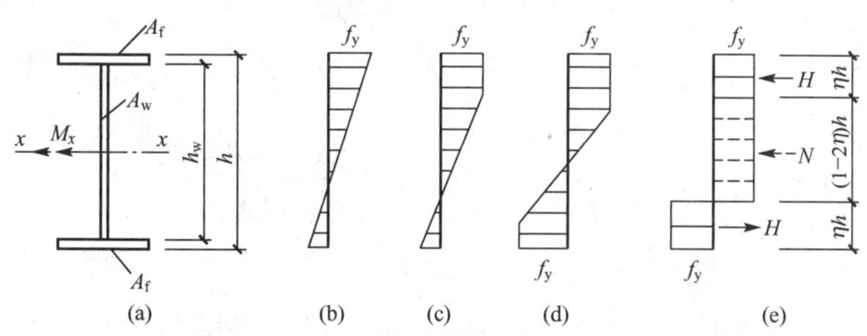

图 6－6　双轴对称工字形截面压弯构件截面应力发展过程

(1) 边缘纤维屈服准则。在构件受力最大的截面上，截面边缘处的最大应力达到屈服时即认为构件达到了强度极限状态，此时构件处于弹性工作阶段，适用于计算抗疲劳的构件［图 6－6(b)］。

(2) 部分发展塑性准则。构件受力最大的截面的部分受拉区和部分受压区的应力达到屈服，截面中塑性区发展的深度则需根据具体情况确定。此时，构件处于弹塑性工作阶段［图 6－6(c)、(d)］。

(3) 全截面屈服准则。构件受力最大的截面的全部受拉区和全部受压区的应力都达到屈服，此时该截面在压力和弯矩的共同作用下形成塑性铰［图 6－6(e)］。

按照钢结构设计标准，本章拉弯构件和压弯构件的强度计算和受弯构件一样，考虑塑性部分发展，即构件处于弹塑性工作阶段。

6.2.2 拉弯构件和压弯构件的强度公式推导

为简化计算推导过程，以单向压弯构件为例进行推导。单向压弯构件的强度公式是以全截面屈服准则为依据的，根据力平衡条件可得轴心压力与弯矩的相关方程，并绘出相关曲线，为简化的计算且偏于安全考虑，并用直线方程来表示 N 和 M 的相关关系。简化计算考虑部分塑性发展，引入塑性发展系数，进而给出实用的单向压弯构件强度公式。

图 6－7 所示为双轴对称工字形截面压弯构件，构件绕强轴 x 轴单向压弯，中和轴位于腹板内的全截面达到塑性时的应力分布，腹板受压屈服区的高度为 ch_0，相应受拉屈服

区的高度为 $(1-c)h_0$。

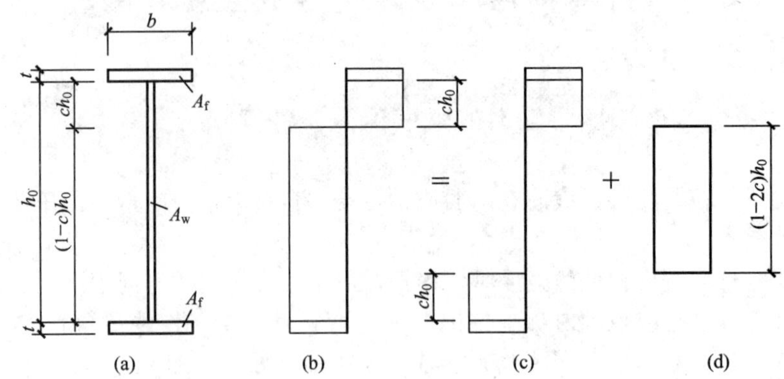

图 6-7　双轴对称工字形截面压弯构件

图 6-7（b）所示为组成的合力与外轴力平衡，图 6-7（c）所示为组成的力偶与外力弯矩平衡。力的平衡见式(6-1)、式(6-2)。

$$N=f_y(1-2c)h_0t_w=f_y(1-2c)A_w \tag{6-1}$$

$$M_x=f_y[(h_0+t)A_f+c(1-c)h_0A_w] \tag{6-2}$$

从以上两式消去 c，得式(6-3)。

$$M_x=f_y\left[(h_0+t)A_f+\frac{1}{4}A_wh_0\left(1-\frac{N^2}{A_w^2f_y^2}\right)\right] \tag{6-3}$$

令 $\alpha=\dfrac{A_w}{2A_f}$，$\beta=\dfrac{t}{h_0}$，截面完全达到屈服时，$N_p=Af_y$，$M_{px}=W_{px}f_y$，可得式(6-4)。

$$\frac{M}{W_pf_y}+\frac{(1+\alpha)^2}{\alpha[2(1+\beta)+\alpha]}\left(\frac{N}{Af_y}\right)^2=1 \tag{6-4}$$

从式(6-4) 可以看出，双轴对称工字形截面压弯构件的 N、M 和腹板与翼缘的面积比 α、翼缘厚度与腹板高度的比 β 有关，其相关曲线如图 6-8 所示。

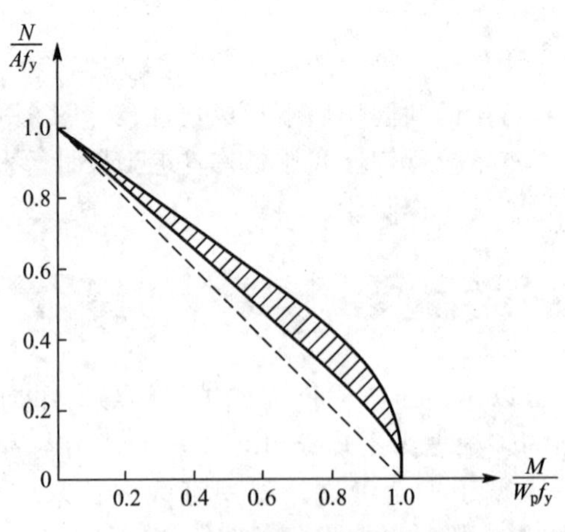

图 6-8　压弯构件强度相关曲线

设计时为了简化，没有考虑附加挠度的影响，可偏安全地采用直线关系式［图（6-8）中的虚线］，其表达见式(6-5)。

$$\frac{N_x}{N_p}+\frac{M}{M_p}=1 \quad 或 \quad \frac{N}{Af_y}+\frac{M}{W_p f_y}=1 \tag{6-5}$$

则部分塑性发展截面强度相关直线关系式见式(6-6)。

$$\frac{M_x}{M_{px}}+\frac{N}{N_p}=1 \tag{6-6}$$

《钢结构设计标准》(GB 50017—2017) 规定：弯矩作用在两个主平面内的拉弯构件和压弯构件（除圆管截面外），其截面强度应按式(6-7) 计算。

$$\frac{N}{A_n}\pm\frac{M_x}{\gamma_x W_{nx}}\pm\frac{M_y}{\gamma_y W_{ny}}\leqslant f \tag{6-7}$$

弯矩作用在两个主平面内的圆形截面拉弯构件和压弯构件，其截面强度应按式(6-8) 计算。

$$\frac{N}{A_n}+\frac{\sqrt{M_x^2+M_y^2}}{\gamma_m W_n}\leqslant f \tag{6-8}$$

式中 A_n——构件的净截面面积；

W_n——构件的净截面模量；

γ_x、γ_y——截面塑性发展系数（根据其受压板件的内力分布情况确定其截面板件宽厚比等级。当截面板件宽厚比等级不满足 S3 级要求时取 1.0；满足 S3 级要求时，可按表 5-1 的规定取值。需要验算疲劳强度的拉弯、压弯构件取 1.0)；

γ_m——圆形构件的截面塑性发展系数（实腹圆形截面取 1.2；当圆管截面板件宽厚比等级不满足 S3 级要求时取 1.0，满足 S3 级要求时取 1.15；需要验算疲劳强度的拉弯构件、压弯构件，宜取 1.0)。

6.2.3 拉弯构件和压弯构件的刚度

与轴心受压构件一样，拉弯构件和压弯构件的刚度也要按照规定的容许长细比进行限制，容许长细比取轴心受压构件的容许长细比，即 $\lambda_{max}=\left(\frac{l_0}{i}\right)_{max}\leqslant[\lambda]$。容许长细比具体取值见表 4-3。

例 6-1 验算图 6-9 所示的端弯矩（设计值）作用下压弯构件的强度和刚度是否满足要求。构件为普通热轧工字钢 I10，钢材为 Q235AF 钢，假定图示侧向支承保证不发生弯扭屈曲。工字钢截面的特性：$A=14.3\text{cm}^2$，$W_x=49\text{cm}^3$，$i_x=4.14\text{cm}$。

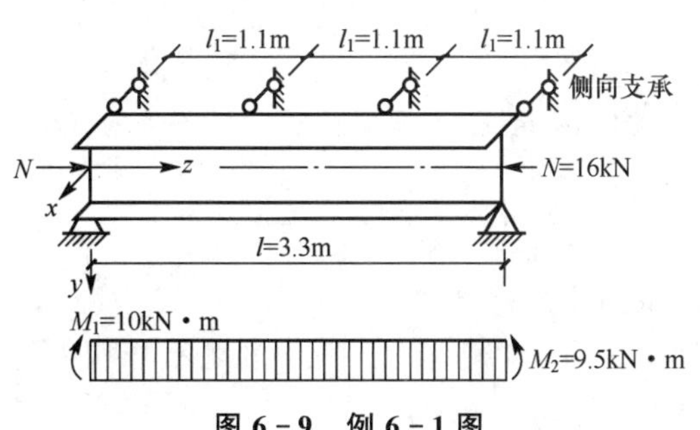

图 6-9 例 6-1 图

解：(1) 验算强度：

$\gamma_x=1.05$，$\dfrac{N}{A}+\dfrac{M_x}{\gamma_x W_x}=\dfrac{16\times10^3}{14.3\times10^2}+\dfrac{10\times10^6}{1.05\times49\times10^3}\approx11+194=205(\mathrm{MPa})$，

$205\mathrm{MPa}<f=215\mathrm{MPa}$

(2) 验算刚度：

$$\lambda_x=\frac{l_{0x}}{i_x}=\frac{3.3\times100}{4.14}\approx80<[\lambda]=150$$

6.3 压弯构件的整体稳定

当弯矩作用在刚度最大平面内，即弯矩位于腹板平面内时，构件绕强轴 x 轴弯曲，当荷载增大到某一数值时，挠度迅速增大，构件破坏，因为挠曲方向始终在弯矩作用平面内，故称为平面内失稳。

若构件的侧向抗弯刚度 EI_y 较小，且侧向又无足够的支撑，构件在平面内失稳之前，会突然产生侧向弯曲（绕 y 轴方向的弯曲）同时伴随着扭转而丧失整体稳定，因为挠曲方向偏离了弯矩作用平面，故称为平面外失稳。

压弯构件失稳的形式与其抗扭刚度、抗弯刚度及侧向支承的布置有关。

6.3.1 压弯构件在弯矩作用平面内的稳定性计算准则

确定压弯构件在弯矩作用平面内极限承载力的方法总体上可分为两类：一类是边缘纤维屈服准则；一类是最大强度准则，即采用解析法和数值法直接求解的计算方法。本章借用弹性压弯构件边缘纤维屈服准则计算式，考虑截面塑性发展和二阶弯矩，利用数值法得出比较符合实际又能满足工程精度要求的压弯构件弹塑性工作阶段的相关公式。

1. 边缘纤维屈服准则

以两端铰支、弯矩沿杆长均匀分布的压弯构件为例（图 6-10），其极限承载力的计算见式(6-9)。

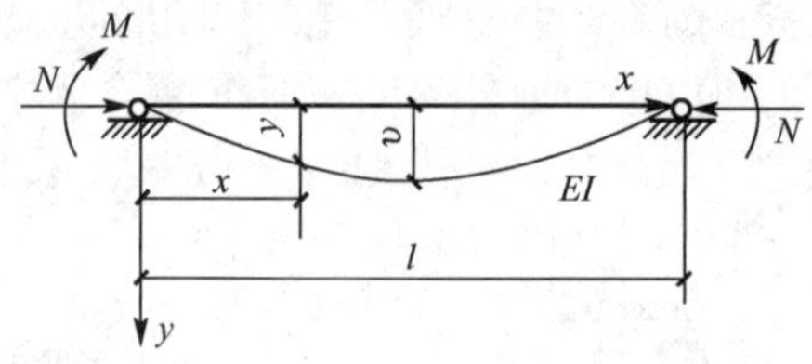

图 6-10 两端铰支，弯矩沿杆长均匀分布的压弯构件

$$\frac{N}{\varphi_x A}+\frac{M_x}{W_{1x}(1-\varphi_x N/N_{Ex})}=f_y \tag{6-9}$$

式中 N——压弯构件的轴向压力；

φ_x——在弯矩作用平面内不计弯矩作用时，轴心受压构件的稳定系数；

M_x——所计算构件段的最大弯矩；

N_{Ex}——欧拉临界力，$N_{Ex}=\pi^2 EA/1.1\lambda_x^2$；

W_{1x}——弯矩作用平面内受压最大边缘纤维的毛截面模量。

2. 最大强度准则

实腹式压弯构件受压最大边缘刚开始屈服时，尚有较大的强度储备，宜采用最大强度准则。实际上，考虑初弯曲和初偏心的轴心受压构件就是压弯构件。图 6-11 所示为火焰切割边的焊接工字形截面压弯构件的相关曲线，其中，实线为理论计算的结果，理论计算时分别考虑了 $l/1000$ 的初弯曲和实测残余应力。

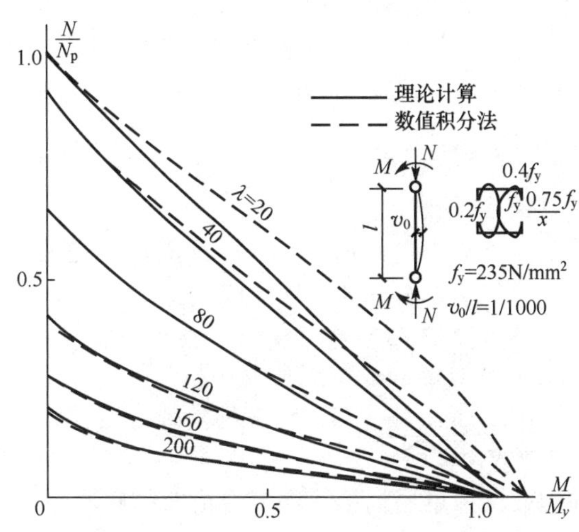

图 6-11 火焰切割边的焊接工字形截面压弯构件的相关曲线

相关曲线计算见式(6-10)。

$$\frac{N}{\varphi_x A}+\frac{M_x}{W_{px}(1-0.8N/N_{Ex})}=f_y \tag{6-10}$$

式中 W_{px}——截面塑性模量。

3. 压弯构件在弯矩作用平面内的稳定性计算

式(6-10) 仅适用于弯矩沿杆长方向均匀分布的两端铰支压弯构件，为了将此式推广应用于其他荷载作用时的压弯构件，可用等效弯矩 $\beta_{mx}M_x$（M_x 为最大弯矩，$\beta_{mx}\leqslant 1$）代替公式中的 M_x，考虑部分塑性深入的截面，采用 $W_{px}=\gamma_x W_{1x}$，并引入抗力分项系数，即可得到标准所采用的实腹式压弯构件（圆管截面除外）在弯矩作用平面内的稳定计算式，见式(6-11)。

$$\frac{N}{\varphi_x A f}+\frac{\beta_{mx}M_x}{\gamma_x W_{1x}(1-0.8N/N'_{Ex})f}\leqslant 1.0 \tag{6-11}$$

式中 N——所计算构件段范围内的轴心压力设计值；

N'_{Ex}——参数，$N'_{Ex}=\pi^2 EA/(1.1\lambda_x^2)$；

φ_x——弯矩作用平面内轴心受压构件的稳定系数；

M_x——所计算构件段的最大弯矩设计值；

W_{1x}——弯矩作用平面内受压最大纤维的毛截面模量；

β_{mx}——等效弯矩系数。

等效弯矩系数 β_{mx} 应按下列规定计算。

（1）无侧移框架柱和两端支承的构件。

① 无横向荷载作用时，β_{mx}应按式(6－12）计算。

$$\beta_{mx}=0.6+0.4\frac{M_2}{M_1} \tag{6-12}$$

式中 M_1、M_2——端弯矩，构件无反弯点时取同号，构件有反弯点时取异号，$|M_1|>|M_2|$。

② 无端弯矩但有横向荷载作用时，β_{mx}应按式(6－13)、式(6－14）计算。

跨中单个集中荷载：

$$\beta_{mx}=1-0.36N/N_{cr} \tag{6-13}$$

全跨均布荷载：

$$\beta_{mx}=1-0.18N/N_{cr} \tag{6-14}$$

式中 N_{cr}——弹性临界力，$N_{cr}=\dfrac{\pi^2 EI}{(\mu l)^2}$；

μ——构件的计算长度系数。

③ 端弯矩和横向荷载同时作用时，式(6－11）的 $\beta_{mx}M_x$ 应按式(6－15）计算。

$$\beta_{mx}M_x=\beta_{mqx}M_{qx}+\beta_{m1x}M_{1x} \tag{6-15}$$

式中 M_{qx}——横向荷载产生的最大弯矩；

β_{m1x}——按式(6－12）计算的等效弯矩系数；

β_{mqx}——取按式(6－13）或式(6－14）计算的等效弯矩系数。

（2）有侧移框架柱和悬臂构件。

① 有横向荷载的柱脚铰接的单层框架柱和多层框架的底层柱。

$\beta_{mx}=1.0$，其余情况 β_{mx}应按式(6－13）计算。

② 自由端作用有弯矩的悬臂构件。

$$\beta_{mx}=1-0.36(1-m)N/N_{cr} \tag{6-16}$$

式中 m——自由端弯矩与固定端弯矩之比，构件无反弯点时取正号，构件有反弯点时取负号。

对于T形等单轴对称截面压弯构件，当弯矩作用于对称轴平面且使较大翼缘受压时，除受压区屈服和受压、受拉区同时屈服情况外，还有可能受拉翼缘一侧屈服，这时，轴向压力 N 引起的压应力与弯矩引起的拉应力抵消。在这种情况下，除按式(6－11）计算 β_{mx}外，还应按式(6－17）计算。

$$\left|\frac{N}{Af}-\frac{\beta_{mx}M_x}{\gamma_x W_{2x}(1-1.25N/N'_{Ex})f}\right|\leqslant 1.0 \tag{6-17}$$

式中 W_{2x}——无翼缘端的毛截面模量。

例6－2 由热轧工字钢I25a制成的压弯杆件，两端铰接，杆长10m，钢材为Q235钢，$f=215\text{N/mm}^2$，$E=2.06\times10^5\text{N/mm}^2$，$\beta_{mx}=0.6+0.4\dfrac{M_2}{M_1}$，已知：截面 $I_x=33229\text{cm}^4$，$A=84.8\text{cm}^2$，b类截面，作用于杆长的轴向压力和杆端弯矩如图6－12所示，试由弯矩作用平面内的稳定性确定该杆件能承受多大的弯矩 M_x。

解：

$$i_x=\sqrt{\frac{I_x}{A}}=\sqrt{\frac{33229}{84.8}}\approx 19.8(\text{cm})$$

$$\lambda_x=\frac{L_{0x}}{i_x}=\frac{1000}{19.8}\approx 50.5$$

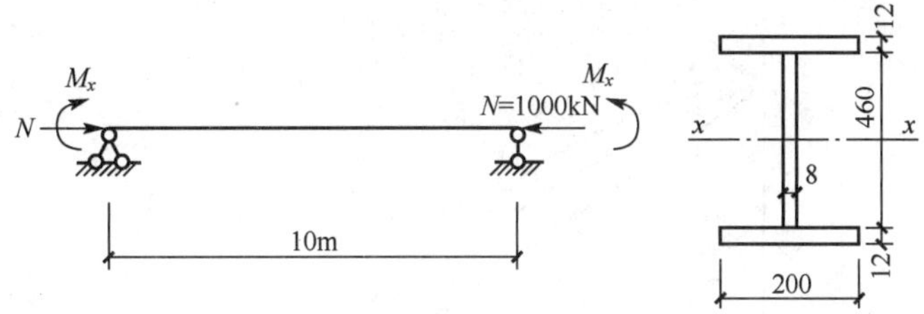

图 6-12　例 6-2 图

查附表 2-2，得 $\varphi_x=0.833$。

$$W_{1x}=\frac{I_x}{h/2}=\frac{33229\times 2}{48.4}\approx 1373\ (\mathrm{cm}^3)$$

$$\beta_{mx}=0.6+0.4\frac{M_2}{M_1}=1.0$$

$$N'_{Ex}=\frac{\pi^2 EA}{1.1\lambda_x^2}=\frac{3.14^2\times 2.06\times 10^5\times 84.8\times 100}{1.1\times 50.5^2}\times 10^{-3}\approx 6139.7(\mathrm{kN})$$

根据$\dfrac{N}{\varphi_x Af}+\dfrac{\beta_{mx}M_x}{\gamma_x W_{1x}(1-0.8\dfrac{N}{N'_{Ex}})f}\leqslant 1.0$，即：

$$\frac{1000\times 10^3}{0.833\times 84.8\times 10^2\times 215}+\frac{1.0\times M_x}{1.05\times 1373\times 10^{-3}(1-0.8\times\dfrac{1000}{6139.7})\times 215}\leqslant 1.0$$

得 $M_x\leqslant 92.1(\mathrm{kN\cdot m})$。

6.3.2 压弯构件在弯矩作用平面外的稳定性计算条件

以双轴对称工字形截面为例，根据弹性稳定理论，考虑扭转和弯曲的情形，得出构件在发生弯扭失稳时的临界条件，见式(6-18)。

$$\left(1-\frac{N}{N_{Ey}}\right)\left(1-\frac{N}{N_\omega}\right)-\left(\frac{M_x}{M_{cr}}\right)^2=0 \tag{6-18}$$

式中　N_{Ey}——绕截面弱轴弯曲屈曲的临界力，即 $N_{Ey}=\pi^2 EI_y/l_y^2$；

N_ω——绕截面纵轴扭转屈曲的临界力；

M_{cr}——构件绕 x 轴的纯弯曲的临界弯矩。

N_ω 的计算见式(6-19)。

$$N_\omega=\left(GI_t+\frac{\pi^2 EI_\omega}{l_\omega^2}\right)\Big/ i_0^2 \tag{6-19}$$

式中　l_y、l_ω——构件的侧向弯曲自由长度和扭转自由长度，对于两端铰接的杆 $l_y=l_\omega$。

将 N_ω/N_{Ey}代入式(6-18)，绘出$\dfrac{N}{N_{Ey}}$和$\dfrac{M_x}{M_{cr}}$的相关曲线（图 6-13）。

对于常用的工字形截面，其 N_ω/N_{Ey}总是大于 1.0，所以其值越大，曲线越凸。为安全考虑，N_ω/N_{Ey}取 1.0，则可得式(6-20)。

$$\frac{N}{N_{Ey}}+\frac{M_x}{M_{cr}}=1.0 \tag{6-20}$$

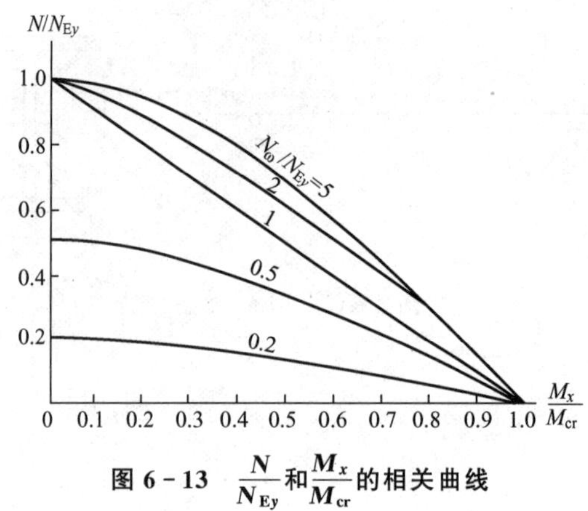

图 6-13 $\frac{N}{N_{Ey}}$和$\frac{M_x}{M_{cr}}$的相关曲线

理论分析和试验研究表明，式(6-20) 同样适用于弹塑性压弯构件的弯扭屈曲计算，且用弯扭屈曲临界力 $N_{cr}=\varphi_y A f_y$ 代替 N_{Ey}，相关公式仍然适用。

$M_{cr}=\varphi_b W_x f_y$ 代入式(6.20) 并引入非均布弯矩作用的等效弯矩系数 β_{tx}、闭口（箱形）截面的影响调整系数 η 及抗力分项系数 γ_R 后，可得压弯构件平面外稳定性计算公式，见式(6-21)。

$$\frac{N}{\varphi_y A f}+\eta\frac{\beta_{tx}M_x}{\varphi_b W_{1x}f}\leqslant 1.0 \tag{6-21}$$

式中 φ_y——弯矩作用平面外的轴心受压构件稳定系数；

φ_b——均匀弯矩作用时受弯构件的整体稳定系数；

η——截面的影响调整系数（闭合截面 $\eta=0.7$，其他截面 $\eta=1.0$）；

β_{tx}——等效弯矩系数。

等效弯矩系数 β_{tx} 应按下列规定计算。

(1) 在弯矩作用平面外有支承的构件，应根据相邻支承构件段内的荷载和内力情况确定。

① 无横向荷载作用时，β_{tx} 应按式(6-22) 计算。

$$\beta_{tx}=0.65+0.35\frac{M_2}{M_1} \tag{6-22}$$

② 端弯矩和横向荷载同时作用时，β_{tx} 应按以下规定取值：使构件产生同向曲率时，$\beta_{tx}=1.0$；使构件产生反向曲率时，$\beta_{tx}=0.85$。

③ 无端弯矩有横向荷载作用时，$\beta_{tx}=1.0$。

(2) 弯矩作用平面外为悬臂的构件，$\beta_{tx}=1.0$。

例 6-3 试验算图 6-14 所示压弯构件平面外的稳定性，钢材为 Q235 钢，$F=100\text{kN}$，$N=900\text{kN}$，$\varphi_b=1.07-\frac{\lambda_y^2}{44000\varepsilon_k^2}$，跨中有一侧向支承，其截面：$f=215\text{N/mm}^2$，$A=16700\text{mm}^2$，$I_x=792.4\times10^6\text{mm}^4$，$I_y=160\times10^6\text{mm}^4$，b 类截面。

解：

$$W_x=\frac{I_x}{h/2}=\frac{792.4\times10^6\times2}{500}\approx3.17\times10^6\ (\text{mm}^3)$$

$$i_x=\sqrt{\frac{I_x}{A}}=\sqrt{\frac{792.4\times10^6}{16700}}\approx217.8(\text{mm})$$

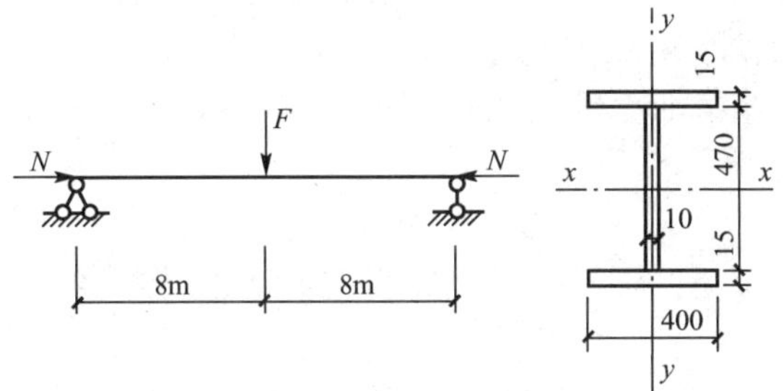

图 6-14 例 6-3 图

$$\lambda_x=\frac{L_{0x}}{i_x}=\frac{16000}{217.8}\approx 73.5$$

$$i_y=\sqrt{\frac{I_y}{A}}=\sqrt{\frac{160\times 10^6}{16700}}\approx 97.9(\mathrm{mm})$$

$$\lambda_y=\frac{L_{0y}}{i_y}=\frac{8000}{97.9}\approx 81.7$$

查附表 2-2 得 $\varphi_y=0.677$，查附表 1-1 得 $f_y=235\mathrm{N/mm^2}$。

$$\varphi_b=1.07-\frac{\lambda_y^2}{44000\times 1.0^2}=1.07-\frac{81.7^2}{44000}\approx 0.918$$

因无端弯矩有横向荷载作用，$\beta_{tx}=1.0$。

$$\frac{N}{\varphi_y Af}+\frac{\eta\beta_{tx}M_x}{\varphi_b W_x f}=\frac{900\times 10^3}{0.677\times 16700\times 215}+\frac{1.0\times 400\times 10^6}{0.918\times 3.17\times 10^6\times 215}\approx 1.0=1.0$$

压弯构件的平面外稳定性满足要求。

6.3.3 双向压弯构件的整体稳定

弯矩作用在两个主轴平面内为双向压弯构件。双向压弯构件的整体失稳常伴随着构件的扭转变形，其稳定承载力与 N、M_x、M_y 三者的比例相关，需要考虑几何非线性问题和物理非线性问题。即使只考虑问题的弹性解，所得到的结果也是非线性的表达式。为了设计方便，使双向弯矩压弯构件的稳定计算与轴心受压构件、单向压弯构件及双向压弯构件的稳定计算都能互相衔接，《钢结构设计标准》(GB 50017—2017) 采用了线性公式，对弯矩作用在两个主平面内的双轴对称实腹式工字形和箱形截面的压弯构件，其整体稳定性按式(6-23)、式(6-24) 计算。

$$\frac{N}{\varphi_x Af}+\frac{\beta_{mx}M_x}{\gamma_x W_{1x}(1-0.8N/N'_{Ex})f}+\eta\frac{\beta_{ty}M_y}{\varphi_{by}W_y f}\leqslant 1.0 \tag{6-23}$$

$$\frac{N}{\varphi_x Af}+\eta\frac{\beta_{tx}M_x}{\varphi_{bx}W_x f}+\frac{\beta_{my}M_y}{\gamma_y W_y(1-0.8N/N'_{Ey})f}\leqslant 1.0 \tag{6-24}$$

式中 φ_x、φ_y——对强轴 x 和弱轴 y 的轴心受压构件整体稳定系数；

φ_{bx}、φ_{by}——均匀弯矩作用时受弯构件的整体稳定系数；

M_x、M_y——所计算构件段范围内对强轴和弱轴的最大弯矩设计值；

W_x、W_y——对强轴和弱轴的毛截面模量；

N'_{Ey}——参数，$N'_{Ey}=\pi^2 EA/(1.1\lambda_y^2)$。

等效弯矩系数β_{mx}和β_{my}应按弯矩作用平面内稳定计算的有关规定，β_{tx}、β_{ty}和η应按弯矩作用平面外稳定计算的有关规定。

双向压弯圆管的整体稳定计算可参照《钢结构设计标准》（GB 50017—2017）的相关要求。

6.4 压弯构件的局部稳定

压弯构件的局部稳定是对构件翼缘宽厚比和腹板高厚比做出限制的。其中受压翼缘的局部稳定类同于梁受压翼缘；腹板的局部稳定由于受非均匀压应力和剪应力共同作用，由构件的长细比和沿腹板高度边缘的应力情况控制。腹板的应力情况如图6-15所示。

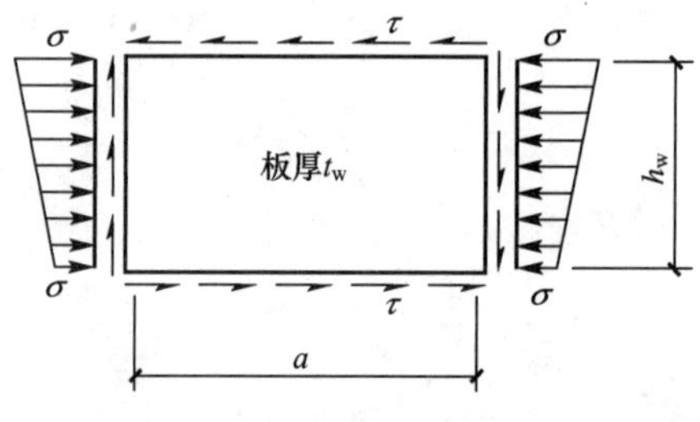

图6-15 腹板的应力情况

6.4.1 H形截面构件的局部稳定

《钢结构设计标准》（GB 50017—2017）规定，H形截面构件不出现局部失稳时，要求其腹板高厚比、翼缘宽厚比应符合式(6-25)、式(6-26)的要求。

翼缘：

$$\frac{b}{t}\leqslant 15\varepsilon_k \tag{6-25}$$

腹板：

$$\frac{h_0}{t_w}\leqslant (45+25\alpha_0^{1.66})\varepsilon_k \tag{6-26}$$

式中 α_0——应力梯度系数。

6.4.2 箱形截面构件的局部稳定

《钢结构设计标准》（GB 50017—2017）规定，箱形截面构件要求不出现局部失稳时，受压翼缘在两腹板间的翼缘宽度b_0与其厚度t之比应满足式(6-27)。

$$\frac{b_0}{t}\leqslant 45\varepsilon_k \tag{6-27}$$

6.4.3 圆钢管截面构件的局部稳定

《钢结构设计标准》(GB 50017—2017) 规定，圆钢管截面构件不出现局部失稳时，要求钢管的径厚比应满足式(6－28)。

$$\frac{D}{t}\leqslant 100\varepsilon_k^2 \tag{6-28}$$

当压弯构件的板件用纵向加劲肋加强已满足宽厚比限值时，加劲肋宜在板件两侧成对配置，其一侧外伸宽度不应小于板件厚度 t 的 10 倍，厚度不宜小于板件厚度 t 的 0.75 倍。

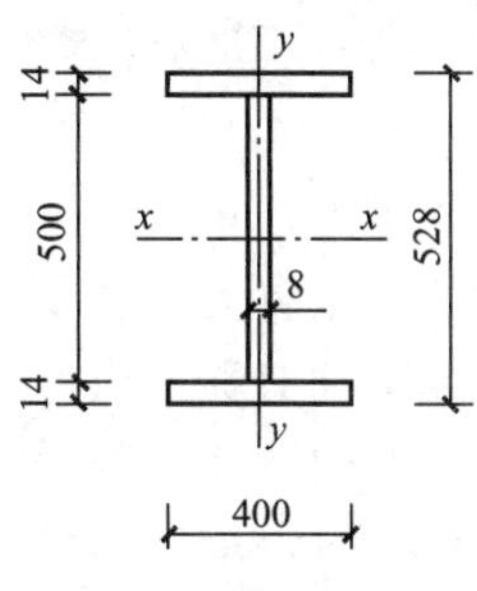

图 6－16 例 6－4 图

例 6－4 工字形压弯构件的截面如图 6－16 所示，其承受的轴心压力设计值 $N=800\text{kN}$，弯矩设计值 $M_x=420\text{kN}\cdot\text{m}$。计算长度 $L_{0x}=10\text{m}$，钢材为 Q235B 钢，试验算该构件的局部稳定性。

解：(1) 截面几何特性。

截面面积：$$A=2\times40\times1.4+50\times0.8=152\ (\text{cm}^2)$$

惯性矩：$$I_x=\frac{1}{12}\times0.8\times50^3+2\times1.4\times40\times(25+0.7)^2=82308(\text{cm}^4)$$

回转半径：$$i_x=\sqrt{\frac{I_x}{A}}=\sqrt{\frac{82308}{152}}\approx23.3$$

长细比：$$\lambda_x=\frac{l_{0x}}{i_x}=\frac{10\times10^2}{23.3}\approx42.9$$

(2) 受压翼缘板。

$$\frac{b}{t}=\frac{400-8}{2\times14}=14<15\varepsilon_k=15$$

(3) 腹板。

腹板计算高度边缘的最大应力和最小应力：

$$\sigma_{\max}=\frac{N}{A}+\frac{M_x}{I_x}\frac{h_0}{2}=\frac{800\times10^3}{152\times10^2}+\frac{420\times10^6}{82308\times10^4}\times\frac{500}{2}\approx180.2(\text{N/mm}^2)$$

$$\sigma_{\min}=\frac{N}{A}-\frac{M_x}{I_x}\frac{h_0}{2}=\frac{800\times10^3}{152\times10^2}-\frac{420\times10^6}{82308\times10^4}\times\frac{500}{2}\approx-74.9(\text{N/mm}^2)$$

应力梯度：$$\alpha_0=\frac{\sigma_{\max}-\sigma_{\min}}{\sigma_{\max}}=\frac{180.2-(-74.9)}{180.2}\approx1.4<1.6$$

$$\frac{h_0}{t_w}=\frac{500}{8}=62.5<(45+25\alpha_0^{1.66})\varepsilon_k=(45+25\times1.4^{1.66})\times1.0=88.7$$

满足要求。

6.5 实腹式单向压弯构件的计算

实腹式单向压弯构件的计算，应先选定构件截面的形式，再根据构件所承受的轴力 N、弯矩 M 和构件的计算长度 l_{0x}、l_{0y} 初步确定截面的尺寸，最后进行强度、整体稳定性、局部稳定性和刚度验算并注意构造要求。

6.5.1 截面形式与选择

当承受的弯矩较小时，实腹式单向压弯构件的截面形式与一般的轴心受压构件相同。当承受的弯矩较大时，实腹式单向压弯构件的截面形式宜采用弯矩平面内截面高度较大的双轴或单轴对称截面（图 6－17）。由于实腹式单向压弯构件的验算式中未知量较多，一般先根据构造要求或设计经验，初估适当的截面形式，然后进行各项验算。验算结果不满足要求时，应适当调整截面尺寸，再重新验算，直至验算结果满足要求为止。对于轴力 N 较大而弯矩 M 较小的实腹式单向压弯构件，可参照轴心受压构件初估截面形式；对于轴力 N 较小而弯矩 M 较大的实腹式单向压弯构件，可参照受弯构件初估截面形式。

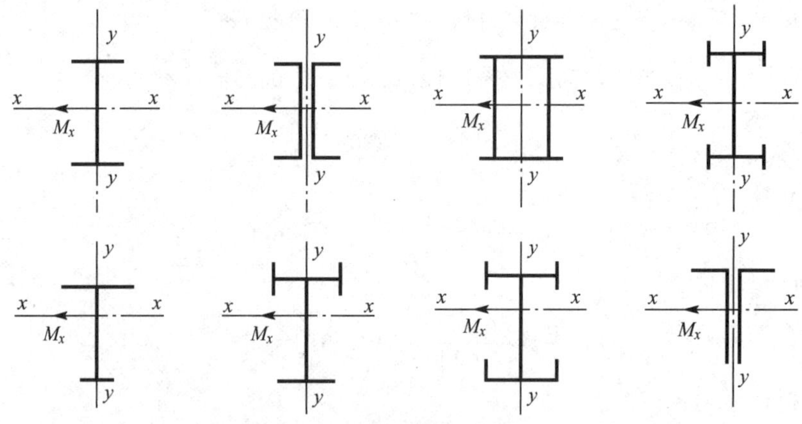

图 6－17　双轴和单轴对称截面

6.5.2 验算内容

（1）强度验算。用式(6－7）或式(6－8）进行计算。

（2）刚度验算。构件的长细比不超过其允许长细比。

（3）整体稳定性验算。用式(6－11)、式(6－17)、式(6－21）进行计算。

（4）局部稳定性验算。包括腹板高厚比和受压翼缘的宽厚比计算，可参考上一节相应的公式。

6.5.3 构造要求

实腹式单向压弯构件的构造要求与实腹式轴心受压构件相似。

对于大型实腹式单向压弯构件，应在承受较大横向荷载处和每个计算单元的两端设置横隔。在设置横向支承时，对于截面较小的构件，可仅在腹板中央部位通过加劲肋或横隔与支承连接；对截面高度较大或受力较大的构件，则应在两个翼缘内同时设置横向支承。

例 6－5 试计算图 6－18 所示的实腹式单向压弯构件的稳定性。$N=1000\text{kN}$，$F=100\text{kN}$，钢材为 Q235 钢，$f=205\text{N/mm}^2$，$E=2.06\times10^5\text{N/mm}^2$，$\beta_{mx}=1.0-0.36N/N_{cr}$，$\beta_{tx}=1.0$，$\gamma_x=1.05$，跨中有一侧向支承。截面几何特性：$A=184\text{cm}^2$，$I_x=120803\text{cm}^4$，$I_y=17067\text{cm}^4$。

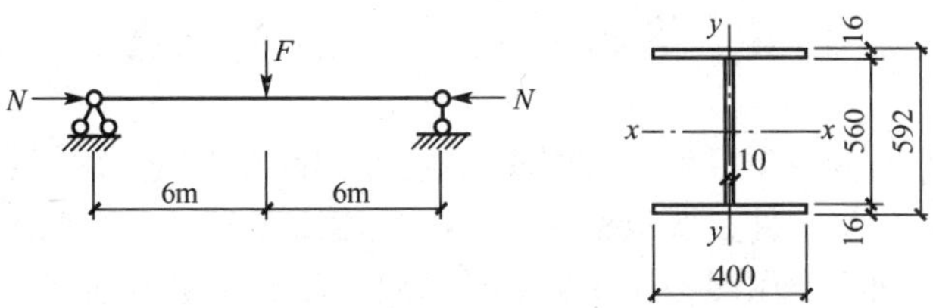

图 6－18 例 6－5 图

解：

$$W_{1x}=\frac{2I_x}{h}=\frac{120803\times2}{59.2}\approx4081\ (\text{cm}^3)$$

$$i_x=\sqrt{\frac{I_x}{A}}=\sqrt{\frac{120803}{184}}\approx25.62(\text{cm})$$

$$i_y=\sqrt{\frac{I_y}{A}}=\sqrt{\frac{17067}{184}}\approx9.63(\text{cm})$$

$$\lambda_x=\frac{l_{0x}}{i_x}=\frac{1200}{25.62}\approx46.84$$

查附表 2－2 可知，$\varphi_x=0.871$。

$$\lambda_y=\frac{l_{0y}}{i_y}=\frac{600}{9.63}\approx62.31$$

查附表 2－2 可知，$\varphi_y=0.795$。

$$N_{cr}=\frac{\pi^2EI}{(\mu l)^2}=\frac{3.14^2\times2.06\times10^5\times120803\times10^4}{(1.0\times12\times10^3)^2}$$

$$\approx17039\times10^3\text{N}$$

$$=17039\text{kN}$$

$$\beta_{mx}=1.0-0.36\text{N}/\text{N}_{cr}$$

$$=1.0-\frac{0.36\times1000}{17039}$$

$$\approx0.98$$

$$N'_{Ex}=\frac{\pi^2 EA}{1.1\lambda_x^{\ 2}}=\frac{3.14^2\times206\times10^3\times184\times10^2}{1.1\times46.84^2}\times10^{-3}\approx15485(\mathrm{kN})$$

平面内稳定性计算：

$$\frac{N}{\varphi_x Af}+\frac{\beta_{mx}M_x}{\gamma_x W_{1x}(1-0.8\frac{N}{N'_{Ex}})f}=\frac{1000\times10^3}{0.871\times184\times10^2\times205}+\frac{0.98\times300\times10^6}{1.05\times4081\times10^3\times(1-0.8\times\frac{1000}{15485})\times205}$$

$$\approx0.7<1.0$$

平面外稳定性计算：

$$\varphi_b=1.07-\frac{\lambda_y^{\ 2}}{44000\varepsilon_k^2}=1.07-\frac{62.31^2}{44000}\approx0.982$$

$$\frac{N}{\varphi_y Af}+\frac{\eta\beta_{tx}M_x}{\varphi_b W_{1x}f}=\frac{1000\times10^3}{0.795\times184\times10^2\times205}+\frac{1.0\times1.0\times300\times10^6}{0.982\times4081\times10^3\times205}\approx0.7<1.0$$

该实腹式单向压弯构件满足稳定性要求。

6.6 格构式压弯构件的计算

格构式压弯构件一般用于厂房的框架柱和高大的独立柱，且单向绕虚轴弯矩作用的构件较多。由于格构式压弯构件在弯矩作用平面内的截面高度较大，且通常又有较大的外部剪力作用，构件肢件间经常用缀条连接以节省材料，较少用缀板连接。与实腹式压弯构件相比，格构式压弯构件的计算，包括初选截面形式，进行强度计算、刚度计算、弯矩作用平面内整体稳定性计算、分肢稳定性计算、缀材的计算和构造要求。

6.6.1 截面形式与选择

格构式压弯构件的常用截面形式如图6-19所示。当柱中弯矩不大或正负弯矩的绝对值相差不大时，可用对称的截面形式；当正负弯矩的绝对值相差较大时，常采用不对称的截面形式，并将较大的分肢放在受压较大的一侧。

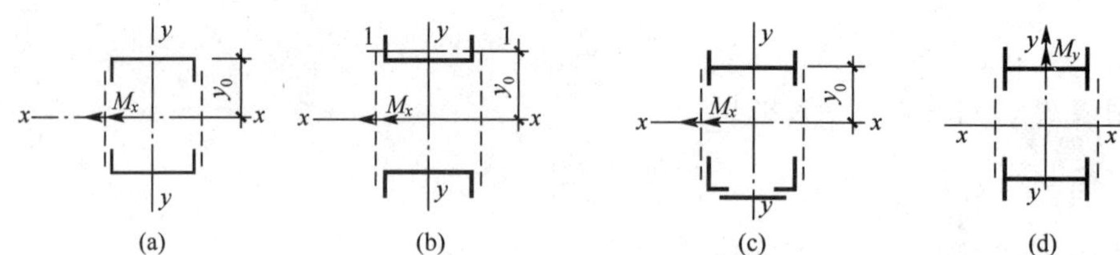

图6-19 格构式压弯构件的常用截面形式

6.6.2 弯矩绕虚轴作用的格构式压弯构件计算

(1) 强度验算。

以截面最大边缘纤维屈服准则作为强度计算依据，则式(6-7)中的截面塑性发展系数 γ_x 和 γ_y 都取1.0。

(2) 刚度验算。

对绕虚轴的构件长细比，采用换算长细比 λ_{0x}，换算长细比的计算方法与格构式轴心受压构件相同。

(3) 弯矩作用平面内整体稳定性验算。

格构式压弯构件对虚轴的弯曲失稳采用以截面边缘纤维屈服准则作为设计的准则，在此基础上引入等效弯矩系数，计算见式(6-29)。

$$\frac{N}{\varphi_x A f}+\frac{\beta_{mx}M_x}{W_{1x}\left(1-\frac{N}{N'_{Ex}}\right)f}\leqslant 1.0 \tag{6-29}$$

式中 φ_x、N'_{Ex}——弯矩作用平面内轴心受压构件稳定系数和参数，由换算长细比确定。

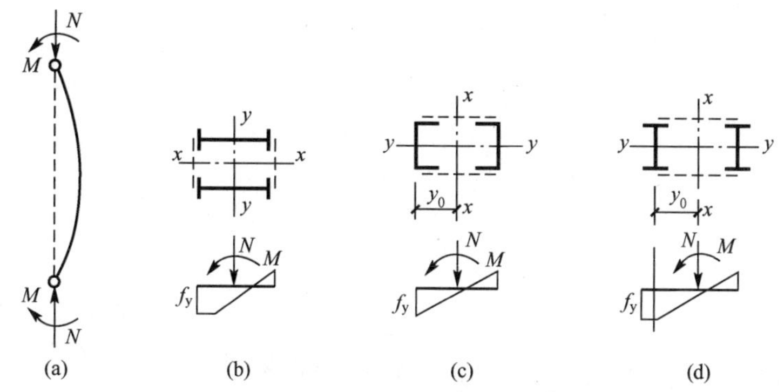

图 6-20 弯矩绕虚轴作用的格构式构件

(4) 分肢稳定性验算。

对于弯矩绕虚轴作用的格构式压弯构件，由于组成压弯构件的两个分肢在弯矩作用平面外的稳定性都已经在计算单个分肢时得到满足，因此不必再计算整个构件在平面外的稳定性。

将整个构件看作一平行弦桁架，构件的两个分肢看作桁架体系的弦杆，两个分肢的轴力（图 6-21）应按式(6-30)、式(6-31) 计算。

分肢 1 的轴力：

$$N_1=N\frac{y_2}{a}+\frac{M}{a} \tag{6-30}$$

分肢 2 的轴力：

$$N_2=N-N_1 \tag{6-31}$$

缀条式压弯构件的分肢按轴心压杆验算整体稳定性。分肢的计算长度，在缀条平面内（图 6-21 中的 1—1 轴），取缀条体系的节间长度 $l_{0x}=l_1$；在缀条平面外，取整个构件两侧向支承点间的距离，不设支承时取 l_{0x} 为构件整体高度。

缀板式压弯构件的分肢，除考虑轴力 N_1（或 N_2）外，还应考虑由剪力引起的局部弯矩 M_x，按实腹式压弯构件验算整体稳定性。

分肢的局部稳定性验算与实腹式轴心受压构件相同。

(5) 缀材的计算和构造要求。

计算压弯构件的缀材时，应取构件实际剪力和计算剪力中的较大值。剪力计算方法与格构式轴心受压构件相同。

格构式压弯构件应设置横隔，设置方法与格构式轴心受压构件相同。

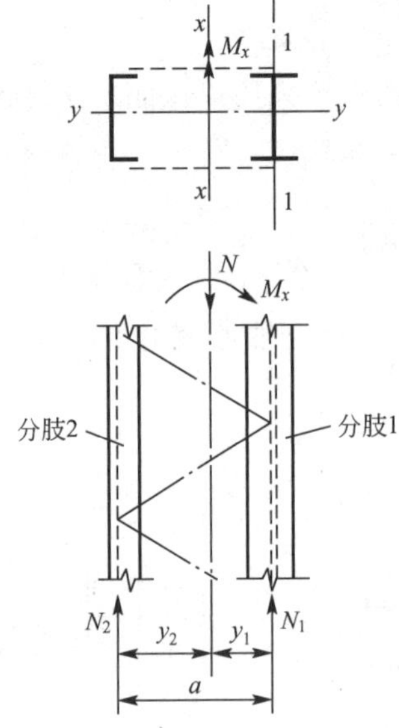

图 6-21　两个分肢的轴力

6.6.3　弯矩绕实轴作用的格构式压弯构件计算

当弯矩作用在与缀材面垂直的主平面内时，格构式压弯构件有可能会绕实轴产生弯曲失稳，其受力性能与实腹式压弯构件完全相同。因此，弯矩绕实轴作用的格构式压弯构件，其弯矩作用平面内和平面外的稳定性计算均与实腹式压弯构件相同。但在计算弯矩作用平面外的整体稳定性时，长细比应取换算长细比，构件稳定系数应取 1.0。

6.6.4　格构式双向压弯构件计算

当弯矩作用在两个主平面内时，应对构件整体稳定性和分肢稳定性进行计算。

(1) 整体稳定性计算。

采用与边缘纤维屈服准则导出的弯矩作用在两个主平面内的格构式双向受弯构件整体稳定性计算式，见式(6-32)。

$$\frac{N}{\varphi_x A f}+\frac{\beta_{mx}M_x}{W_{1x}(1-N/N'_{Ex})f}+\frac{\beta_{ty}M_y}{W_{1y}f}\leqslant 1.0 \qquad (6-32)$$

式中　W_{1y}——在 M_y 作用下，较大受压纤维的毛截面模量。

(2) 分肢稳定性计算。

分肢按实腹式压弯构件计算，将分肢看作桁架弦杆，计算其在轴力和弯矩共同作用下产生的内力，分肢轴力分别按式(6-30)、式(6-31) 计算，分肢弯矩分别按式(6-33)、式(6-34) 计算，分肢稳定性按式(6-32) 计算。

分肢 1 弯矩：

$$M_{y1}=\frac{I_1/y_1}{I_1/y_1+I_2/y_2}M_y \tag{6-33}$$

分肢 2 弯矩：

$$M_{y2}=\frac{I_2/y_2}{I_1/y_1+I_2/y_2}M_y \tag{6-34}$$

式中 I_1、I_2——分肢 1、分肢 2 对 y 轴的惯性矩；

y_1、y_2——M_y 作用的主轴平面至分肢 1、分肢 2 轴线的距离（图 6－22）。

例 6－6 验算图 6－23 所示的格构式压弯构件的整体稳定性，钢材为 Q235B 钢。构件承受的弯矩和轴力设计值分别为 $M_x=\pm1550\text{kN}\cdot\text{m}$、$N=1520\text{kN}$；计算长度分别为 $l_{0x}=20.0\text{m}$，$l_{0y}=12.0\text{m}$；$\beta_{mx}=\beta_{tx}=1.0$；其他条件：分肢 1：$A_1=14140\text{mm}^2$，$I_1=3.167\times10^7\text{mm}^4$，$i_1=46.1\text{mm}$，$i_{y1}=195.7\text{mm}$；分肢 2：$A_2=14220\text{mm}^2$，$I_2=4.174\times10^7\text{mm}^4$，$i_2=54.2\text{mm}$，$i_{y2}=223.4\text{mm}$。缀条体系采用设有横缀条的单系缀条体系，其轴线与柱分肢轴线交于一点，夹角为 45°，缀条为 ∟140×90×8，$A=1804\text{mm}^2$。

解：

$$y_1=\frac{A_2\ (y_1+y_2)}{A_1+A_2}=\frac{14220\times1461.6}{14220+14140}\approx732.9\ (\text{mm})$$

$$y_2=\frac{A_1\ (y_1+y_2)}{A_1+A_2}=\frac{14140\times1461.6}{14220+14140}=728.7\ (\text{mm})$$

$$A_0=A_1+A_2=14140+14220=28360\ (\text{mm}^2)$$

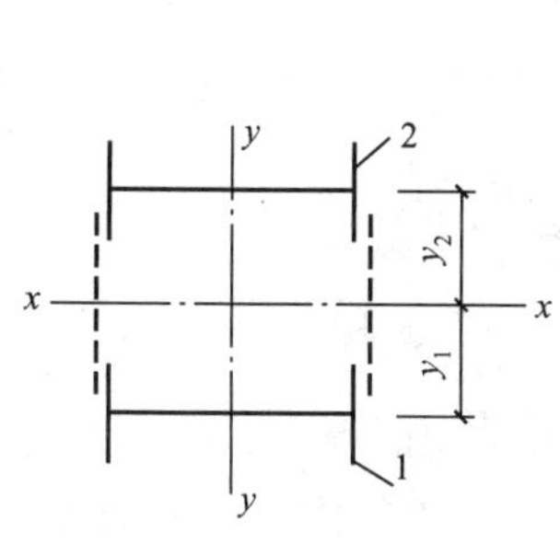

1—分肢 1；2—分肢 2

图 6－22 格构式双向压弯构件截面

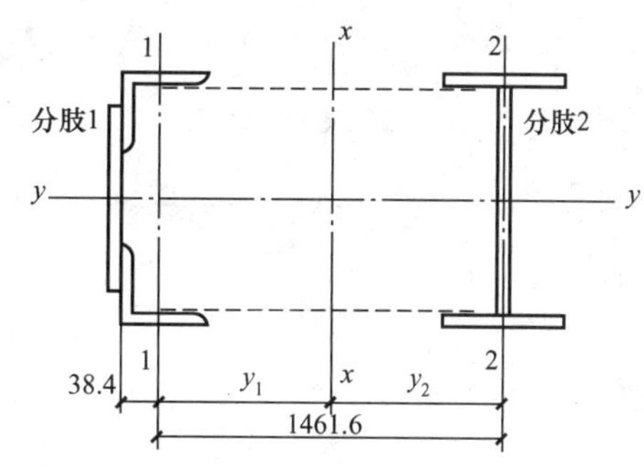

图 6－23 例 6－6 图

（1）M_x 作用平面内分肢稳定性计算。

$I_x=I_1+I_2+A_1y_1^2+A_2y_2^2=3.167\times10^7+4.174\times10^7+14140\times732.9^2+14220\times728.7^2\approx1.522\times10^{10}(\text{mm}^4)$

$$i_x=\sqrt{\frac{I_x}{A_0}}\approx732.6(\text{mm})$$

$$\lambda_x=\frac{l_{0x}}{i_x}=\frac{20000}{732.6}\approx27.3$$

$$\lambda_{0x}=\sqrt{\lambda_x{}^2+27\frac{A_0}{2A}}=\sqrt{27.3^2+27\times\frac{28360}{2\times1804}}\approx30.9$$

查附表 2－2，得 $\varphi_x=0.933$。

$$N'_{Ex}=\frac{\pi^2 EA}{1.1\lambda_{0x}^2}=\frac{3.14^2\times 2.06\times 10^5\times 28360\times 10^{-3}}{1.1\times 30.9^2}\approx 54843\text{kN}$$

M_x 使分肢 1 受压：

$$W_{1x}=\frac{I_x}{y_1+38.4}=\frac{1.522\times 10^{10}}{732.9+38.4}\approx 1.973\times 10^7(\text{mm}^3)$$

$$\frac{N}{\varphi_x Af}+\frac{\beta_{mx}M_x}{W_{1x}\left(1-\frac{N}{N'_{Ex}}\right)f}=\frac{1520\times 10^3}{0.933\times 28360\times 215}+\frac{1.0\times 1550\times 10^6}{1.973\times 10^7\times(1-\frac{1520}{54843})\times 215}\approx 0.6<1.0$$

M_x 使分肢 2 受压：

$$W_{2x}=\frac{I_x}{y_2}=2.089\times 10^7(\text{mm}^3)$$

$$\frac{N}{\varphi_x Af}+\frac{\beta_{mx}M_x}{W_{2x}\left(1-\frac{N}{N'_{Ex}}f\right)}=\frac{1520\times 10^3}{0.933\times 28360\times 215}+\frac{1.0\times 1550\times 10^6}{2.089\times 10^7\times\left(1-\frac{1520}{54843}\right)\times 215}\approx 0.6<1.0$$

弯矩作用平面内分肢稳定性满足要求。

（2）弯矩作用平面外分肢稳定性计算。

M_x 使分肢 1 受压：

$$N_1=\frac{y_2}{y_1+y_2}N+\frac{M_x}{y_1+y_2}=\frac{728.7}{1461.6}\times 1520+\frac{1550}{1461.6\times 10^{-3}}\approx 1818.3(\text{kN})$$

$$\lambda_1=\frac{y_1}{i_1}=\frac{1461.6}{46.1}\approx 31.7$$

$$\lambda_{y1}=\frac{l_{0y}}{i_{y1}}=\frac{12000}{195.7}\approx 61.3$$

由 λ_{y1} 查附表 2-2，得 $\varphi_1=0.801$。

$$\frac{N_1}{\varphi_1 A_1 f}=\frac{1818.3\times 10^3}{0.801\times 14140\times 215}\approx 0.7<1.0$$

M_x 使分肢 2 受压：

$$N_2=\frac{y_1}{y_1+y_2}N+\frac{M}{a}=\frac{732.9}{1461.6}\times 1520+\frac{1550}{1461.6\times 10^{-3}}\approx 1822.7(\text{kN})$$

$$\lambda_2=\frac{1461.6}{54.2}=27.0$$

$$\lambda_{y2}=\frac{l_{0y}}{i_{y2}}=\frac{12000}{223.4}\approx 53.7$$

由 λ_{y2} 查附表 2-2，得 $\varphi_2=0.838$。

$$\frac{N_2}{\varphi_2 A_2 f}=\frac{1822.7\times 10^3}{0.838\times 14220\times 215}\approx 0.7<1.0$$

弯矩作用平面外分肢稳定性满足要求。

本章小结

通过本章学习，可以加深对拉弯构件和压弯构件的计算理论方面的理解，清楚压弯构件在计算强度、刚度、整体稳定、局部稳定方面与轴心受压构件和受弯构件的不同。同时能够区别实腹式压弯构件和格构式压弯构件的计算内容上的异同。

本章着重介绍了单向压弯构件计算，双向压弯构件计算可参考相关规范。重点介绍了压弯构件的整体稳定性计算和局部稳定性计算，着重把握计算公式中参数的物理意义。

习　题

一、思考题

1. 单向压弯构件整体稳定的计算条件和计算准则。

2. 单向压弯构件平面内稳定和平面外稳定的联系与区别。

3. 实腹式压弯构件和格构式压弯构件的计算有何不同？

二、计算题

1. 图 6－24 所示为某屋架的下弦杆，截面为 2∟140×90×10，长肢相连节点板厚 12mm，钢材为 Q235 钢。构件长 6m，截面无孔洞削弱，对 x 轴为 b 类截面，轴心拉力设计值为 150kN，跨中集中荷载设计值为 12.6kN。验算图中 1、2 两点是否满足强度设计要求。Q235 钢强度设计值：$f=215\text{N/mm}^2$，$f_v=125\text{N/mm}^2$，$f_{ce}=320\text{N/mm}^2$。截面几何特性：$A=44.52\text{cm}^2$，$W_{1x}=194.39\text{cm}^3$，$W_{2x}=94.62\text{cm}^3$，$i_x=4.47\text{cm}^2$，$i_y=3.73\text{cm}^2$。

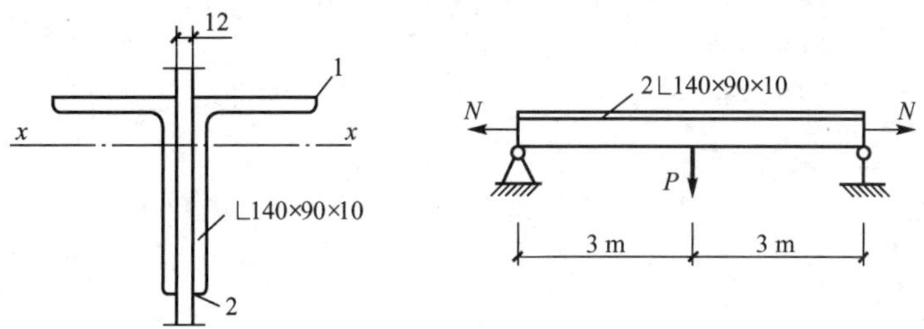

图 6－24　计算题 1 图

2. 试验算图 6－25 所示的压弯构件弯矩作用平面内和平面外的整体稳定性，钢材为 Q235 钢，$F=900\text{kN}$（设计值），偏心距 $e_1=150\text{mm}$，$e_2=100\text{mm}$，$\beta_{mx}=0.6+0.4\dfrac{M_2}{M_1}$，$\varphi_b=1.07-\dfrac{\lambda_y^2}{44000\varepsilon_k^2}\leqslant 1.0$，跨中有一侧向支承，$E=2.06\times10^5\text{N/mm}^2$，$f=215\text{N/mm}^2$，对 x 轴和 y 轴均为 b 类截面。

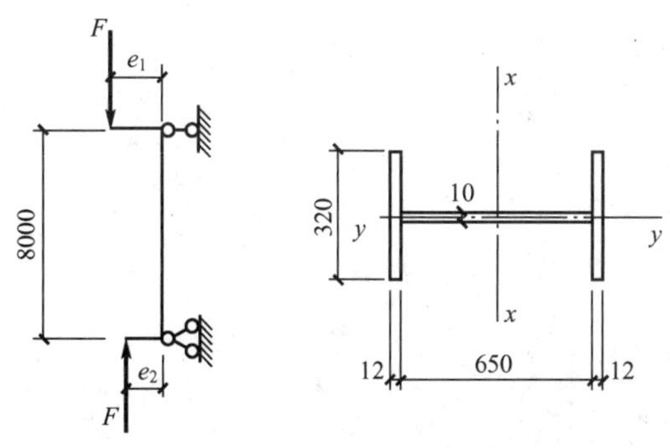

图 6－25　计算题 2 图

3. 图 6－26 所示为一单向压弯格构式双肢缀条柱，分肢截面为热轧普通槽钢［22a，截面宽度 $b=400$m，截面无孔洞削弱，钢材为 Q235B 钢，承受的荷载设计值：轴心压力 $N=450$kN，弯矩 $M_x=\pm100$kN·m，剪力 $V=20$kN。柱高 $H=6.3$m，在弯矩作用平面内有侧移，其计算长度 $L_{0x}=8.9$m；在弯矩作用平面外，柱两端铰接，计算长度 $L_{0y}=6.3$m，焊条为 E43 型，手工电弧焊。试计算该缀条柱的截面是否满足要求。

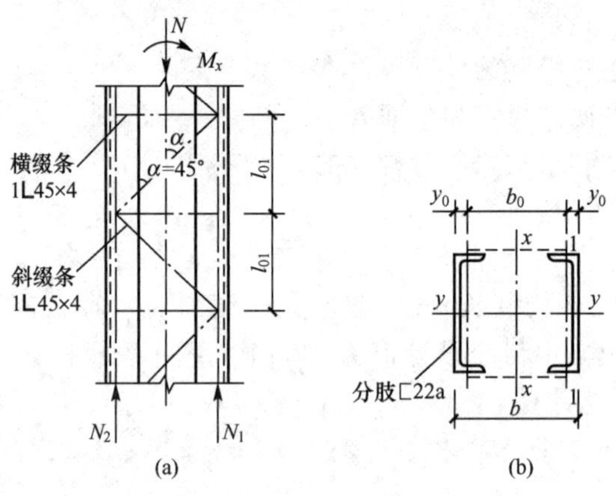

图 6－26　计算题 3 图

附　　录

附录 1　钢材和连接的设计用强度指标

附表 1-1　钢材的设计用强度指标

钢材牌号		钢材厚度或直径/mm	强度设计值			屈服强度 f_y/(N/mm²)	抗拉强度 f_u/(N/mm²)
			抗拉、抗压、抗弯 f/(N/mm²)	抗剪 f_v/(N/mm²)	端面承压(刨平顶紧) f_{ce}/(N/mm²)		
碳素结构钢	Q235	≤16	215	125	320	235	370
		16～40	205	120		225	
		40～100	200	115		215	
低合金高强度结构钢	Q345	≤16	305	175	400	345	470
		16～40	295	170		335	
		40～63	290	165		325	
		63～80	280	160		315	
		80～100	270	155		305	
	Q390	≤16	345	200	415	390	490
		16～40	330	190		370	
		40～63	310	185		350	
		63～100	295	170		330	
	Q420	≤16	375	215	440	420	520
		16～40	355	205		400	

续表

钢材牌号		钢材厚度或直径/mm	强度设计值			屈服强度 f_y/(N/mm²)	抗拉强度 f_u/(N/mm²)
			抗拉、抗压、抗弯 f/(N/mm²)	抗剪 f_v/(N/mm²)	端面承压（刨平顶紧）f_{ce}/(N/mm²)		
低合金高强度结构钢	Q420	40～63	320	185	440	380	520
		63～100	305	175		360	
	Q460	≤16	410	235	470	460	550
		16～40	390	225		440	
		40～63	335	205		420	
		63～100	340	195		400	

注：1. 表中直径指实芯棒材直径；厚度指计算点的钢材或钢管壁的厚度，轴心受拉构件和轴心受压构件厚度指截面中较厚板件的厚度。

2. 冷弯型材和冷弯钢管，其强度设计值应按现行有关国家标准的规定采用。

附表1-2　建筑结构用钢材的设计用强度指标

钢材牌号	钢材厚度或直径/mm	强度设计值			屈服强度 f_y/(N/mm²)	抗拉强度 f_u/(N/mm²)
		抗拉、抗压、抗弯 f/(N/mm²)	抗剪 f_v/(N/mm²)	端面承压（刨平顶紧）f_{ce}/(N/mm²)		
Q345GJ	16～50	325	190	415	345	490
	50～100	300	175		335	

附表1-3　无缝钢管结构设计用强度指标

钢材牌号	壁厚/mm	强度设计值			屈服强度 f_y/(N/mm²)	抗拉强度 f_u/(N/mm²)
		抗拉、抗压和抗弯 f/(N/mm²)	抗剪 f_v/(N/mm²)	端面承压（刨平顶紧）f_{ce}/(N/mm²)		
Q235	≤16	215	125	320	235	375
	16～30	205	120		225	
	>30	195	115		215	
Q345	≤16	305	175	400	345	470
	16～30	290	170		325	
	>30	260	150		295	
Q390	≤16	345	200	415	390	490
	16～30	330	190		370	

续表

钢材牌号	壁厚/mm	强度设计值			屈服强度 f_y/(N/mm²)	抗拉强度 f_u/(N/mm²)
		抗拉、抗压和抗弯 f/(N/mm²)	抗剪 f_v/(N/mm²)	端面承压(刨平顶紧) f_{ce}/(N/mm²)		
Q390	>30	310	180	415	350	490
Q420	≤16	375	220	445	420	520
	16～30	355	205		400	
	>30	340	195		380	
Q460	≤16	410	240	470	460	550
	16～30	390	225		440	
	>30	355	205		420	

附表 1-4　铸钢件的设计用强度指标

类别	牌号	铸件厚度/mm	抗拉、抗压和抗弯强度设计值 f/(N/mm²)	抗剪强度设计值 f_v/(N/mm²)	端面承压（刨平顶紧）强度设计值 f_{ce}/(N/mm²)
非焊接结构用铸钢件	ZG230—450	≤100	180	105	290
	ZG270—500		210	120	325
	ZG310—570		240	140	370
焊接结构用铸钢件	ZG230—450H	≤100	180	105	290
	ZG270—480H		210	120	310
	ZG300—500H		235	135	325
	ZG340—550H		265	150	355

附表 1-5　焊缝的设计用强度指标

焊接方法和焊条型号	构件钢材		对接焊缝强度设计值				角焊缝强度设计值	对接焊缝抗拉强度 f_u^w/(N/mm²)	角焊缝抗拉、抗压和抗剪强度 f_u^f/(N/mm²)
	牌号	厚度或直径/mm	抗压 f_c^w/(N/mm²)	焊缝质量为下列等级时，抗拉 f_t^w/(N/mm²)		抗剪 f_v^w/(N/mm²)	抗拉、抗压和抗剪 f_f^w/(N/mm²)		
				一级、二级	三级				
自动焊、半自动焊和E43型焊条手工电弧焊	Q235	≤16	215	215	185	125	160	415	240
		16～40	205	205	175	120			
		40～100	200	200	170	115			

续表

焊接方法和焊条型号	构件钢材		对接焊缝强度设计值				角焊缝强度设计值	对接焊缝抗拉强度 f_u^w/(N/mm^2)	角焊缝抗拉、抗压和抗剪强度 f_u^f/(N/mm^2)
	牌号	厚度或直径/mm	抗压 f_c^w/(N/mm^2)	焊缝质量为下列等级时，抗拉 f_t^w/(N/mm^2)		抗剪 f_v^w/(N/mm^2)	抗拉、抗压和抗剪 f_f^w/(N/mm^2)		
				一级、二级	三级				
自动焊、半自动焊和E50型、E55型焊条手工焊	Q345	≤16	305	305	260	175	200	480(E50) 540(E55)	280(E50) 315(E55)
		16～40	295	295	250	170			
		40～63	290	290	245	165			
		63～80	280	280	240	160			
		80～100	270	270	230	155			
	Q390	≤16	345	345	295	200	200(E50) 220(E55)		
		16～40	330	355	280	190			
		40～63	310	310	265	180			
		63～100	295	295	250	170			
自动焊、半自动焊和E55型、E60型焊条手工焊	Q420	≤16	375	375	320	215	220(E55) 240(E60)	540(E55) 590(E60)	315(E55) 340(E60)
		16～40	355	355	300	205			
		40～63	320	320	270	185			
		63～100	305	305	260	175			
自动焊、半自动焊和E55型、E60型焊条手工焊	Q460	≤16	410	410	350	235	220(E55) 240(E60)	540(E55) 590(E60)	315(E55) 340(E60)
		16～40	390	390	330	225			
		40～63	355	355	300	205			
		63～100	340	340	290	195			
自动焊、半自动焊和E50型、E55型焊条手工焊	Q345GJ	16～35	310	310	265	180	220	480(E50) 540(E55)	280(E50) 315(E55)
		35～50	290	290	245	170			
		50～100	285	285	240	165			

注：1. 手工电弧焊用焊条、自动焊和半自动焊所采用的焊丝和焊剂，应保证其熔敷金属的力学性能不低于母材的力学性能。

2. 焊缝质量等级应符合现行国家标准《钢结构焊接规范》（GB 50661—2011）的规定，其检验方法应符合现行国家标准《钢结构工程施工质量验收标准》（GB 50205—2020）的规定，其中厚度小于6mm钢材的对接焊缝，不应采用超声波探伤确定焊缝质量等级。

3. 对接焊缝抗弯受压区强度设计值取 f_c^w，抗弯受拉区强度设计值取 f_t^w。

4. 计算下列情况的连接时，附表1-5规定的强度设计值应乘以相应的折减系数；几种情况同时存在时，其折减系数应连乘。

① 施工条件较差的高空安装焊缝应乘折减系数0.9。

② 进行无垫板的单面焊接对接焊缝的连接计算应乘折减系数0.85。

5. 表中厚度指计算点的钢材厚度；对轴心受拉构件和轴心受压构件，厚度指截面中较厚板件的厚度。

附表 1-6 螺栓连接的强度指标 单位：N/mm^2

螺栓的性能等级、锚栓和构件钢材的牌号		强度设计值										高强度螺栓的抗拉强度 f_u^b
		普通螺栓						锚栓	承压型连接或网架用高强度螺栓			
		C 级螺栓			A 级、B 级螺栓							
		抗拉 f_t^b	抗剪 f_v^b	承压 f_c^b	抗拉 f_t^b	抗剪 f_v^b	承压 f_c^b	抗拉 f_t^a	抗拉 f_t^b	抗剪 f_v^b	承压 f_c^b	
普通螺栓	4.6 级、4.8 级	170	140	—	—	—	—	—	—	—	—	—
	5.6 级	—	—	—	210	190	—	—	—	—	—	—
	8.8 级	—	—	—	400	320	—	—	—	—	—	—
锚栓	Q235 钢	—	—	—	—	—	—	140	—	—	—	—
	Q345 钢	—	—	—	—	—	—	180	—	—	—	—
	Q390 钢	—	—	—	—	—	—	185	—	—	—	—
承压型连接高强度螺栓	8.8 级	—	—	—	—	—	—	—	400	250	—	830
	10.9 级	—	—	—	—	—	—	—	500	310	—	1040
螺栓球节点用高强度螺栓	9.8 级	—	—	—	—	—	—	—	385	—	—	—
	10.9 级	—	—	—	—	—	—	—	430	—	—	—
构件钢材牌号	Q235 钢	—	—	305	—	—	405	—	—	—	470	—
	Q345 钢	—	—	385	—	—	510	—	—	—	590	—
	Q390 钢	—	—	400	—	—	530	—	—	—	615	—
	Q420 钢	—	—	425	—	—	560	—	—	—	655	—
	Q460 钢	—	—	450	—	—	595	—	—	—	695	—
	Q345GJ 钢	—	—	400	—	—	530	—	—	—	615	—

注：1. A 级螺栓用于 $d \leqslant 24mm$ 和 $L \leqslant 10d$ 或 $L \leqslant 150mm$（按较小值）的螺栓；B 级螺栓用于 $d > 24mm$ 和 $L > 10d$ 或 $L > 150mm$（按较小值）的螺栓；d 为公称直径，L 为螺栓公称长度。

2. A 级、B 级螺栓孔的精度和孔壁表面粗糙度、C 级螺栓孔的允许偏差和孔壁表面粗糙度，均应符合现行国家标准《钢结构工程施工质量验收规范》(GB 50205—2020) 的要求。

3. 用于螺栓节点网架的高强度螺栓，M12～M36 为 10.9 级，M39～M64 为 9.8 级。

附表 1-7 钢材和铸钢件的物理性能指标

弹性模量 E /(N/mm^2)	剪变模量 G /(N/mm^2)	线膨胀系数 α (以每℃计)	质量密度 ρ /(kg/mm^3)
206×10^3	79×10^3	12×10^{-6}	7850

附录2　轴心受压构件的稳定系数

附表2-1　a类截面轴心受压构件的稳定系数 φ

λ/ε_k	0	1	2	3	4	5	6	7	8	9
0	1.000	1.000	1.000	1.000	0.999	0.999	0.998	0.998	0.997	0.996
10	0.995	0.994	0.993	0.992	0.991	0.989	0.988	0.986	0.985	0.983
20	0.981	0.979	0.977	0.976	0.974	0.972	0.970	0.968	0.966	0.964
30	0.963	0.961	0.959	0.957	0.954	0.952	0.950	0.948	0.946	0.944
40	0.941	0.939	0.937	0.934	0.932	0.929	0.927	0.924	0.921	0.918
50	0.916	0.913	0.910	0.907	0.903	0.900	0.897	0.893	0.890	0.886
60	0.883	0.879	0.875	0.871	0.867	0.862	0.858	0.854	0.849	0.844
70	0.839	0.834	0.829	0.824	0.818	0.813	0.807	0.801	0.795	0.789
80	0.783	0.776	0.770	0.763	0.756	0.749	0.742	0.735	0.728	0.721
90	0.713	0.706	0.698	0.691	0.683	0.676	0.668	0.660	0.653	0.645
100	0.637	0.630	0.622	0.614	0.607	0.599	0.592	0.584	0.577	0.569
110	0.562	0.555	0.548	0.541	0.534	0.527	0.520	0.513	0.507	0.500
120	0.494	0.487	0.481	0.475	0.469	0.463	0.457	0.451	0.445	0.439
130	0.434	0.428	0.423	0.417	0.412	0.407	0.402	0.397	0.392	0.387
140	0.382	0.378	0.373	0.368	0.364	0.360	0.355	0.351	0.347	0.343
150	0.339	0.335	0.331	0.327	0.323	0.319	0.316	0.312	0.308	0.305
160	0.302	0.298	0.295	0.292	0.288	0.285	0.282	0.279	0.276	0.273
170	0.270	0.267	0.264	0.261	0.259	0.256	0.253	0.250	0.248	0.245
180	0.243	0.240	0.238	0.235	0.233	0.231	0.228	0.226	0.224	0.222
190	0.219	0.217	0.215	0.213	0.211	0.209	0.207	0.205	0.203	0.201
200	0.199	0.197	0.196	0.194	0.192	0.190	0.188	0.187	0.185	0.183
210	0.182	0.180	0.178	0.177	0.175	0.174	0.172	0.171	0.169	0.168
220	0.166	0.165	0.163	0.162	0.161	0.159	0.158	0.157	0.155	0.154
230	0.153	0.151	0.150	0.149	0.148	0.147	0.145	0.144	0.143	0.142
240	0.141	0.140	0.139	0.137	0.136	0.135	0.134	0.133	0.132	0.131

附表 2-2 b 类截面轴心受压构件的稳定系数 φ

λ/ε_k	0	1	2	3	4	5	6	7	8	9
0	1.000	1.000	1.000	0.999	0.999	0.998	0.997	0.996	0.995	0.994
10	0.992	0.991	0.989	0.987	0.985	0.983	0.981	0.978	0.976	0.973
20	0.970	0.967	0.963	0.960	0.957	0.953	0.950	0.946	0.943	0.939
30	0.936	0.932	0.929	0.925	0.921	0.918	0.914	0.910	0.906	0.903
40	0.899	0.895	0.891	0.886	0.882	0.878	0.874	0.870	0.865	0.861
50	0.856	0.852	0.847	0.842	0.837	0.833	0.828	0.823	0.818	0.812
60	0.807	0.802	0.796	0.791	0.785	0.780	0.774	0.768	0.762	0.757
70	0.751	0.745	0.738	0.732	0.726	0.720	0.713	0.707	0.701	0.694
80	0.687	0.681	0.674	0.668	0.661	0.654	0.648	0.641	0.634	0.628
90	0.621	0.614	0.607	0.601	0.594	0.587	0.581	0.574	0.568	0.561
100	0.555	0.548	0.542	0.535	0.529	0.523	0.517	0.511	0.504	0.498
110	0.492	0.487	0.481	0.475	0.469	0.464	0.458	0.453	0.447	0.442
120	0.436	0.431	0.426	0.421	0.416	0.411	0.406	0.401	0.396	0.392
130	0.387	0.383	0.378	0.374	0.369	0.365	0.361	0.357	0.352	0.348
140	0.344	0.340	0.337	0.333	0.329	0.325	0.322	0.318	0.314	0.311
150	0.308	0.304	0.301	0.297	0.294	0.291	0.288	0.285	0.282	0.279
160	0.276	0.273	0.270	0.267	0.264	0.262	0.259	0.256	0.253	0.251
170	0.248	0.246	0.243	0.241	0.238	0.236	0.234	0.231	0.229	0.227
180	0.225	0.222	0.220	0.218	0.216	0.214	0.212	0.210	0.208	0.206
190	0.204	0.202	0.200	0.198	0.196	0.195	0.193	0.191	0.189	0.188
200	0.186	0.184	0.183	0.181	0.179	0.178	0.176	0.175	0.173	0.172
210	0.170	0.169	0.167	0.166	0.164	0.163	0.162	0.160	0.159	0.158
220	0.156	0.155	0.154	0.152	0.151	0.150	0.149	0.147	0.146	0.145
230	0.144	0.143	0.142	0.141	0.139	0.138	0.137	0.136	0.135	0.134
240	0.133	0.132	0.131	0.130	0.129	0.128	0.127	0.126	0.125	0.124
250	0.123	—	—	—	—	—	—	—	—	—

附表 2－3　c 类截面轴心受压构件的稳定系数 φ

λ/ε_k	0	1	2	3	4	5	6	7	8	9
0	1.000	1.000	1.000	0.999	0.999	0.998	0.997	0.996	0.995	0.993
10	0.992	0.990	0.988	0.986	0.983	0.981	0.978	0.976	0.973	0.970
20	0.966	0.959	0.953	0.947	0.940	0.934	0.928	0.921	0.915	0.909
30	0.902	0.896	0.890	0.883	0.877	0.871	0.865	0.858	0.852	0.845
40	0.839	0.833	0.826	0.820	0.813	0.807	0.800	0.794	0.787	0.781
50	0.774	0.768	0.761	0.755	0.748	0.742	0.735	0.728	0.722	0.715
60	0.709	0.702	0.695	0.689	0.682	0.675	0.669	0.662	0.656	0.649
70	0.642	0.636	0.629	0.623	0.616	0.610	0.603	0.597	0.591	0.584
80	0.578	0.572	0.565	0.559	0.553	0.547	0.541	0.535	0.529	0.523
90	0.517	0.511	0.505	0.499	0.494	0.488	0.483	0.477	0.471	0.467
100	0.462	0.458	0.453	0.449	0.445	0.440	0.436	0.432	0.427	0.423
110	0.419	0.415	0.411	0.407	0.402	0.398	0.394	0.390	0.386	0.383
120	0.379	0.375	0.371	0.367	0.363	0.360	0.356	0.352	0.349	0.345
130	0.342	0.338	0.335	0.332	0.328	0.325	0.322	0.318	0.315	0.312
140	0.309	0.306	0.303	0.300	0.297	0.294	0.291	0.288	0.285	0.282
150	0.279	0.277	0.274	0.271	0.269	0.266	0.263	0.261	0.258	0.256
160	0.253	0.251	0.248	0.246	0.244	0.241	0.239	0.237	0.235	0.232
170	0.230	0.228	0.226	0.224	0.222	0.220	0.218	0.216	0.214	0.212
180	0.210	0.208	0.206	0.204	0.203	0.201	0.199	0.197	0.195	0.194
190	0.192	0.190	0.189	0.187	0.185	0.184	0.182	0.181	0.179	0.178
200	0.176	0.175	0.173	0.172	0.170	0.169	0.167	0.166	0.165	0.163
210	0.162	0.161	0.159	0.158	0.157	0.155	0.154	0.153	0.152	0.151
220	0.149	0.148	0.147	0.146	0.145	0.144	0.142	0.141	0.140	0.139
230	0.138	0.137	0.136	0.135	0.134	0.133	0.132	0.131	0.130	0.129
240	0.128	0.127	0.126	0.125	0.124	0.123	0.123	0.122	0.121	0.120
250	0.119	—	—	—	—	—	—	—	—	—

附表 2-4 d类截面轴心受压构件的稳定系数 φ

λ/ε_k	0	1	2	3	4	5	6	7	8	9
0	1.000	1.000	0.999	0.999	0.998	0.996	0.994	0.992	0.990	0.987
10	0.984	0.981	0.978	0.974	0.969	0.965	0.960	0.955	0.949	0.944
20	0.937	0.927	0.918	0.909	0.900	0.891	0.883	0.874	0.865	0.857
30	0.848	0.840	0.831	0.823	0.815	0.807	0.798	0.790	0.782	0.774
40	0.766	0.758	0.751	0.743	0.735	0.727	0.720	0.712	0.705	0.697
50	0.690	0.682	0.675	0.668	0.660	0.653	0.646	0.639	0.632	0.625
60	0.618	0.611	0.605	0.598	0.591	0.585	0.578	0.571	0.565	0.559
70	0.552	0.546	0.540	0.534	0.528	0.521	0.516	0.510	0.504	0.498
80	0.492	0.487	0.481	0.476	0.470	0.465	0.459	0.454	0.449	0.444
90	0.439	0.434	0.429	0.424	0.419	0.414	0.409	0.405	0.401	0.397
100	0.393	0.390	0.386	0.383	0.380	0.376	0.373	0.369	0.366	0.363
110	0.359	0.356	0.353	0.350	0.346	0.343	0.340	0.337	0.334	0.331
120	0.328	0.325	0.322	0.319	0.316	0.313	0.310	0.307	0.304	0.301
130	0.298	0.296	0.293	0.290	0.288	0.285	0.282	0.280	0.277	0.275
140	0.272	0.270	0.267	0.265	0.262	0.260	0.257	0.255	0.253	0.250
150	0.248	0.246	0.244	0.242	0.239	0.237	0.235	0.233	0.231	0.229
160	0.227	0.225	0.223	0.221	0.219	0.217	0.215	0.213	0.211	0.210
170	0.208	0.206	0.204	0.202	0.201	0.199	0.197	0.196	0.194	0.192
180	0.191	0.189	0.187	0.186	0.184	0.183	0.181	0.180	0.178	0.177
190	0.175	0.174	0.173	0.171	0.170	0.168	0.167	0.166	0.164	0.163
200	0.162	—	—	—	—	—	—	—	—	—

附表 2－5　无侧移框架柱的计算长度系数 μ

K_2	K_1												
	0	0.05	0.1	0.2	0.3	0.4	0.5	1	2	3	4	5	≥10
0	1.000	0.990	0.981	0.964	0.949	0.935	0.922	0.875	0.820	0.791	0.773	0.760	0.732
0.05	0.990	0.981	0.971	0.955	0.940	0.926	0.914	0.867	0.814	0.784	0.766	0.754	0.726
0.1	0.981	0.971	0.962	0.946	0.931	0.918	0.906	0.860	0.807	0.778	0.760	0.748	0.721
0.2	0.964	0.955	0.946	0.930	0.916	0.903	0.891	0.846	0.795	0.767	0.749	0.737	0.711
0.3	0.949	0.940	0.931	0.916	0.902	0.889	0.878	0.834	0.784	0.756	0.739	0.728	0.701
0.4	0.935	0.926	0.918	0.903	0.889	0.877	0.866	0.823	0.774	0.747	0.730	0.719	0.693
0.5	0.922	0.914	0.906	0.891	0.878	0.866	0.855	0.813	0.765	0.738	0.721	0.710	0.685
1	0.875	0.867	0.860	0.846	0.834	0.823	0.813	0.774	0.729	0.704	0.688	0.677	0.654
2	0.820	0.814	0.807	0.795	0.784	0.774	0.765	0.729	0.686	0.663	0.648	0.638	0.615
3	0.791	0.784	0.778	0.767	0.756	0.747	0.738	0.704	0.663	0.640	0.625	0.616	0.593
4	0.773	0.766	0.760	0.749	0.739	0.730	0.721	0.688	0.648	0.625	0.611	0.601	0.580
5	0.760	0.754	0.748	0.737	0.728	0.719	0.710	0.677	0.638	0.616	0.601	0.592	0.570
≥10	0.732	0.726	0.721	0.711	0.701	0.693	0.685	0.654	0.615	0.593	0.580	0.570	0.549

注：1. 表中的计算长度系数 μ 按下式计算：

$$\left[\left(\frac{\pi}{\mu}\right)^2+2(K_1+K_2)-4K_1K_2\right]\frac{\pi}{\mu}\cdot\sin\frac{\pi}{\mu}-2\left[(K_1+K_2)\left(\frac{\pi}{\mu}\right)^2+4K_1K_2\right]\cos\frac{\pi}{\mu}+8K_1K_2=0$$

式中，K_1、K_2 分别为相交于柱上端、柱下端的横梁线刚度之和与柱线刚度之和的比值。

2. 当横梁与柱铰接时，取横梁线刚度为零；当横梁远端为铰接时，应将横梁线刚度乘以 1.5；当横梁远端为嵌固时，应将横梁线刚度乘以 2。

3. 对底层框架柱：当柱与基础铰接时，取 $K_2=0$(对平板支座可取 $K_2=0.1$)；当柱与基础刚接时，取 $K_2=10$。

4. 当与柱刚性连接的横梁所受轴心压力 N_b 较大时，横梁线刚度应乘以折减系数 α_N。

① 横梁远端与柱刚接和横梁远端铰支时：$\alpha_N=1-N_b/N_{Eb}$；

② 横架远端嵌固时：$\alpha_N=1-N_b/(2N_{Eb})$，($N_{Eb}=\pi^2EI_b/l^2$；I_b 为横梁截面惯性矩；l 为横梁长度)。

附表 2-6 有侧移框架柱的计算长度系数 μ

K_2	K_1												
	0	**0.05**	**0.1**	**0.2**	**0.3**	**0.4**	**0.5**	**1**	**2**	**3**	**4**	**5**	**≥10**
0	∞	6.02	4.46	3.42	3.01	2.78	2.64	2.33	2.17	2.11	2.08	2.07	2.03
0.05	6.02	4.16	3.47	2.86	2.58	2.42	2.31	2.07	1.94	1.90	1.87	1.86	1.83
0.1	4.46	3.47	3.01	2.56	2.33	2.20	2.11	1.90	1.79	1.75	1.73	1.72	1.70
0.2	3.42	2.86	2.56	2.23	2.05	1.94	1.87	1.70	1.60	1.57	1.55	1.54	1.52
0.3	3.01	2.58	2.33	2.05	1.90	1.80	1.74	1.58	1.49	1.46	1.45	1.44	1.42
0.4	2.78	2.42	2.20	1.94	1.80	1.71	1.65	1.50	1.42	1.39	1.37	1.37	1.35
0.5	2.64	2.31	2.11	1.87	1.74	1.65	1.59	1.45	1.37	1.34	1.32	1.32	1.30
1	2.33	2.07	1.90	1.70	1.58	1.50	1.45	1.32	1.24	1.21	1.20	1.19	1.17
2	2.17	1.94	1.79	1.60	1.49	1.42	1.37	1.24	1.16	1.14	1.12	1.12	1.10
3	2.11	1.90	1.75	1.57	1.46	1.39	1.34	1.21	1.14	1.11	1.10	1.09	1.07
4	2.08	1.87	1.73	1.55	1.45	1.37	1.32	1.20	1.12	1.10	1.08	1.08	1.06
5	2.07	1.86	1.72	1.54	1.44	1.37	1.32	1.19	1.12	1.09	1.08	1.07	1.05
≥10	2.03	1.83	1.70	1.52	1.42	1.35	1.30	1.17	1.10	1.07	1.06	1.05	1.03

注：1. 表中的计算长度系数 μ 按下式计算：

$$\left[36K_1K_2-\left(\frac{\pi}{\mu}\right)^2\right]\sin\frac{\pi}{\mu}+6(K_1+K_2)\frac{\pi}{\mu}\cdot\cos\frac{\pi}{\mu}=0$$

式中，K_1、K_2 分别为相交于柱上端、柱下端的横梁线刚度之和与柱线刚度之和的比值。

2. 当横梁与柱铰接时，取横梁线刚度为零；当横梁远端为铰接时，应将横梁线刚度乘以 0.5；当横梁远端为嵌固时，应将横梁线刚度乘以 2/3。

3. 对底层框架柱：当柱与基础铰接时，取 $K_2=0$（对平板支座可取 $K_2=0.1$）；当柱与基础刚接时，取 $K_2=10$。

4. 当与柱刚性连接的横梁所受轴心压力 N_b 较大时，横梁线刚度应乘以折减系数 α_N。

① 横梁远端与柱刚接时：$\alpha_N=1-N_b/(4N_{Eb})$；

② 横梁远端铰支时：$\alpha_N=1-N_b/N_{Eb}$；

③ 横梁远端嵌同时：$\alpha_N=1-N_b/(2N_{Eb})$，N_{Eb}的计算式见附表 2-5。

附录3　梁的容许挠度值

附表3-1　梁的容许挠度值

项　次	构件类别	容许挠度值	
		$[\nu_T]$	$[\nu_Q]$
1	吊车梁和吊车桁架(按自重和起重量最大的一台吊车计算挠度) (1)手动起重机和单梁起重机(含悬挂起重机) (2)轻级工作制桥式起重机 (3)中级工作制桥式起重机 (4)重级工作制桥式起重机	 $l/500$ $l/750$ $l/900$ $l/1000$	—
2	手动或电动葫芦的轨道梁	$l/400$	—
3	有重轨(质量等于或大于38kg/m)轨道的工作平台梁 有轻轨(质量等于或小于24kg/m)轨道的工作平台梁	$l/600$ $l/400$	—
4	楼(屋)盖梁或桁架、工作平台梁(第3项除外)和平台板 (1)主梁或桁架(包括设有悬挂起重设备的梁和桁架) (2)仅支承压型金属板屋面和冷弯型钢檩条 (3)除支承压型金属板屋面和冷弯型钢檩条外，尚有吊顶 (4)抹灰顶棚的次梁 (5)除(1)～(4)款外的其他梁(包括楼梯梁) (6)屋盖檩条 支承压型金属板屋面者 支承其他屋面材料者 有吊顶 (7)平台板	 $l/400$ $l/180$ $l/240$ $l/250$ $l/250$ $l/150$ $l/200$ $l/240$ $l/150$	 $l/500$ $l/350$ $l/300$ — — — —
5	墙架构件(风荷载不考虑阵风系数) (1)支柱(水平方向) (2)抗风桁架(作为连续支柱的支承时，水平位移) (3)砌体墙的横梁(水平方向) (4)支承压型金属板的横梁(水平方向) (5)支承其他墙面材料的横梁(水平方向) (6)带有玻璃窗的横梁(竖直和水平方向)	 — — — — — $l/200$	 $l/400$ $l/1000$ $l/300$ $l/100$ $l/200$ $l/200$

注：1. l 为受弯构件的跨度(对悬臂梁和伸臂梁为悬伸长度的2倍)。

2. $[\nu_T]$ 为永久和可变荷载标准值产生的挠度(如有起拱应减去拱度)的容许值。$[\nu_Q]$ 为可变荷载标准值产生的挠度的容许值。

3. 当吊车梁或吊车桁架跨度大于12m时，其容许挠度值 $[\nu_T]$ 应乘以0.9。

附录 4　梁的整体稳定系数

1. 等截面焊接工字钢和轧制 H 型钢简支梁

等截面焊接工字钢和轧制 H 型钢（其截面如附图 4－1 所示）简支梁的整体稳定系数 φ_b 应按附式(4－1)计算。

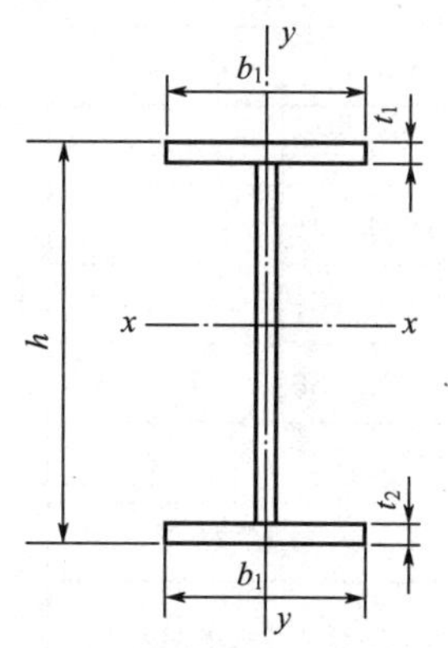

(a) 双轴对称焊接工字钢截面

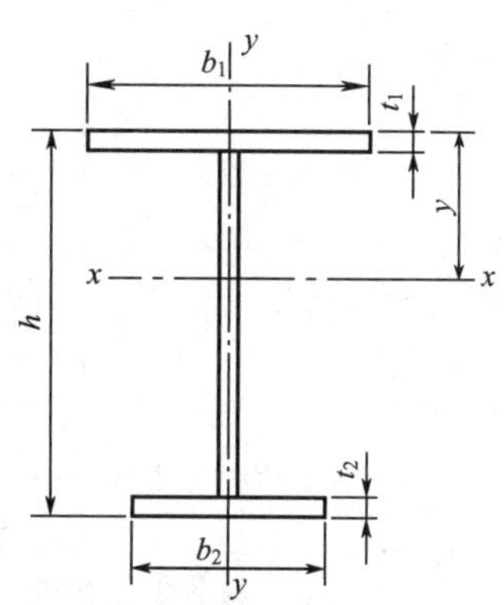

(b) 加强受压翼缘的单轴对称焊接工字钢截面

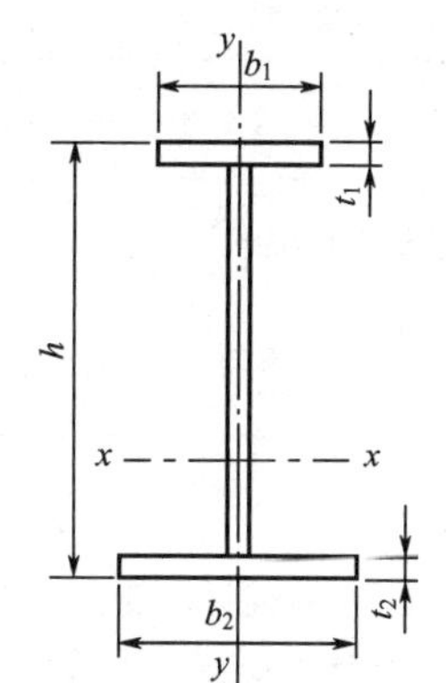

(c) 加强受拉翼缘的单轴对称焊接工字钢截面

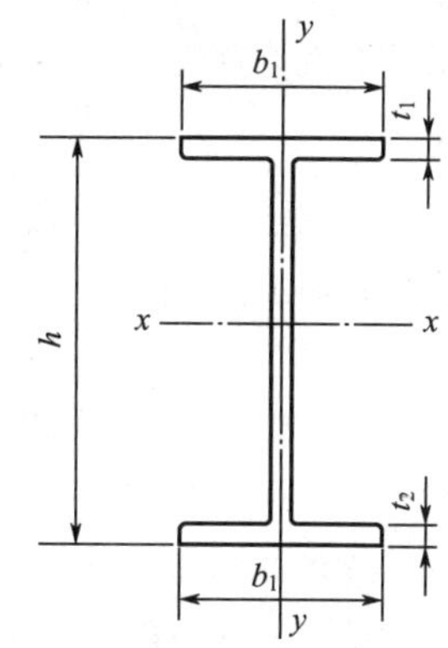

(d) 轧制H型钢截面

附图 4－1　等截面焊接工字钢和轧制 H 型钢截面

$$\varphi_b = \beta_b \frac{4320}{\lambda_y{}^2} \cdot \frac{Ah}{W_x}\left[\sqrt{1+\left(\frac{\lambda_y t_1}{4.4h}\right)^2}+\eta_b\right]\varepsilon_k \qquad 附(4－1)$$

式中　β_b——梁的整体稳定等效弯矩系数，可查附表 4－1；

$\lambda_y = l_1/i_y$——梁在侧向支承点间对截面弱轴 y 轴的长细比，i_y 为梁截面对 y 轴的截面回转半径；

A——梁的毛截面面积；

h，t_1——梁截面的全高和受压翼缘厚度；

η_b——截面不对称影响系数。

双轴对称工字形截面 $\eta_b = 0$；单轴对称工字形截面：加强受压翼缘 $\eta_b = 0.8(2\alpha_b - 1)$，

加强受拉翼缘 $\eta_b=2\alpha_b-1$；$\alpha_b=\dfrac{I_1}{I_1+I_2}$。

当按附式(4－1) 算得的 φ_b 大于 0.6 时，应按附式(4－2) 计算的 φ_b' 代替 φ_b。

$$\varphi_b'=1.07-\frac{0.282}{\varphi_b}\leqslant 1.0 \qquad \text{附(4－2)}$$

附表 4－1　等截面焊接工字钢和轧制 H 型钢简支梁的 β_b

项次	侧向支承	荷载		$\xi=\dfrac{l_1t_1}{b_1h}$		适用范围
				$\xi\leqslant 2.0$	$\xi>2.0$	
1	跨中无侧向支承	均布荷载作用在	上翼缘	$0.69+0.13\xi$	0.95	附图 4－1(a)、(b)和(d)的截面
2			下翼缘	$1.73-0.20\xi$	1.33	
3		集中荷载作用在	上翼缘	$0.73+0.18\xi$	1.09	
4			下翼缘	$2.23-0.28\xi$	1.67	
5	跨中有一个侧向支承点	均布荷载作用在	上翼缘	1.15		附图 4－1 中的所有截面
6			下翼缘	1.40		
7		集中荷载作用在截面高度上任意位置		1.75		
8	跨中有不少于两个等距离侧向支承点	任意荷载作用在	上翼缘	1.20		
9			下翼缘	1.40		
10	梁端有弯矩，但跨中无荷载作用			$1.75-1.05\left(\dfrac{M_2}{M_1}\right)+0.3\left(\dfrac{M_2}{M_1}\right)^2$，但不大于 2.3		

注：1. $\xi=\dfrac{l_1t_1}{b_1h}$，其中 b_1 为受压翼缘的宽度。

2. M_1 和 M_2 为梁端弯矩，使梁产生同向曲率时，M_1 和 M_2 取同号，反之取异号，$|M_1|\geqslant|M_2|$。

3. 表中项次 3、4 和 7 的集中荷载是指一个或少数几个集中荷载位于跨中附近的情况，对其他情况的集中荷载，应按表中项次 1、2、5、6 内的数值采用。

4. 表中项次 8、9 的 β_b，当集中荷载作用在侧向支承点处时，取 $\beta_b=1.20$。

5. 荷载作用在上翼缘指荷载作用点在翼缘表面，方向指向截面形心；荷载作用在下翼缘指荷载作用点在翼缘表面，方向背向截面形心。

6. 对 $\alpha_b>0.8$ 的加强受压翼缘工字形截面，下列情况的 β_b 应乘以相应的系数。

项次 1：　当 $\xi\leqslant 1.0$ 时，β_b 乘以 0.95。

项次 3：　当 $\xi\leqslant 0.5$ 时，β_b 乘以 0.90；

当 $0.5<\xi\leqslant 1.0$ 时，β_b 乘以 0.95。

2. 轧制普通工字钢简支梁

轧制普通工字钢简支梁整体稳定系数 φ_b 应按附表 4－2 采用，当所得的 φ_b 大于 0.6 时，应按附式(4－2)算出相应的 φ_b' 代替 φ_b。

附表 4-2 轧制普通工字钢简支梁的 φ_b

项次	荷载情况			工字钢型号	自由长度 l_1/m 2	3	4	5	6	7	8	9	10
1	跨中无侧向支承处的梁	集中荷载作用在	上翼缘	10～20	2.00	1.30	0.99	0.80	0.68	0.58	0.53	0.48	0.43
				22～32	2.40	1.48	1.09	0.86	0.72	0.62	0.54	0.49	0.45
				36～63	2.80	1.60	1.07	0.83	0.68	0.56	0.50	0.44	0.40
2			下翼缘	10～20	3.10	1.95	1.34	1.01	0.82	0.69	0.63	0.57	0.52
				22～40	5.50	2.80	1.84	1.37	1.07	0.86	0.73	0.64	0.56
				45～63	7.30	3.60	2.30	1.62	1.20	0.96	0.80	0.69	0.60
3		均布荷载作用在	上翼缘	10～20	1.70	1.12	0.84	0.68	0.57	0.50	0.45	0.41	0.37
				22～40	2.10	1.30	0.93	0.73	0.60	0.51	0.45	0.40	0.36
				45～63	2.60	1.45	0.97	0.73	0.59	0.50	0.44	0.38	0.35
4			下翼缘	10～20	2.50	1.55	1.08	0.83	0.68	0.56	0.52	0.47	0.42
				22～40	4.00	2.20	1.45	1.10	0.85	0.70	0.60	0.52	0.46
				45～63	5.60	2.80	1.80	1.25	0.95	0.78	0.65	0.55	0.49
5	跨中有侧向支承点的梁(不论荷载作用点在截面高度上的哪个位置)			10～20	2.20	1.39	1.01	0.79	0.66	0.57	0.52	0.47	0.42
				22～40	3.00	1.80	1.24	0.96	0.76	0.65	0.56	0.49	0.43
				45～63	4.00	2.20	1.38	1.01	0.80	0.66	0.56	0.49	0.43

注：1. 同附表 4-1 的注 3、注 5。

2. 表中的 φ_b 适用于 Q235 钢，对其他牌号，表中数值应乘以 ε_k。

3. 轧制槽钢简支梁

轧制槽钢简支梁的整体稳定系数 φ_b，不论荷载的形式和荷载作用点在截面高度上的哪个位置，均可按附式(4-3) 计算。

$$\varphi_b = \frac{570bt}{l_1 h}\varepsilon_k^2 \qquad 附(4-3)$$

式中 h——槽钢截面的高度；

b——翼缘宽度；

t——翼缘平均厚度。

按附式(4-3) 算得的 φ_b 大于 0.6 时，应按附式(4-2) 算出相应的 φ_b' 代替 φ_b。

4. 双轴对称工字形等截面（含 H 型钢）悬臂梁

双轴对称工字形等截面（含 H 型钢）悬臂梁的整体稳定系数 φ_b，可按附式(4-1) 计算，但式中系数 β_b 应按附表 4-3 查得，$\lambda_y = l_1/l_y$ 中的 l_1 为悬臂梁的悬伸长度。当求得的 φ_b 大于 0.6 时，应按附式(4-2) 算出相应的 φ_b' 代替 φ_b。

附表 4－3　双轴对称工字形等截面悬臂梁的 β_b

项次	荷载形式		$0.60\leqslant\xi\leqslant1.24$	$1.24<\xi\leqslant1.96$	$1.96<\xi\leqslant3.10$
1	自由端一个集中荷载作用在	上翼缘	$0.21+0.67\xi$	$0.72+0.26\xi$	$1.17+0.03\xi$
2		下翼缘	$2.94-0.65\xi$	$2.64-0.40\xi$	$2.15-0.15\xi$
3	均匀荷载作用在上翼缘		$0.62+0.82\xi$	$1.25+0.31\xi$	$1.66+0.10\xi$

注：本表是按支端为固定的情况确定的，当用于由邻跨延伸出来的伸臂梁时，应在构造上采取措施加强支承处的抗扭能力。

5. 受弯构件整体稳定系数的近似计算

均匀弯曲的受弯构件，当 $\lambda_y\leqslant120\varepsilon_k$ 时，其整体稳定系数 φ_b 可按附式(4－4)—附式(4－8)计算。

① 对工字形截面。

双轴对称时：

$$\varphi_b=1.07-\frac{\lambda_y{}^2}{44000\varepsilon_k^2} \qquad \text{附}(4-4)$$

单轴对称时：

$$\varphi_b=1.07-\frac{W_{1x}}{(2\alpha_b+0.1)Ah}\cdot\frac{\lambda_y^2}{14000\varepsilon_k^2} \qquad \text{附}(4-5)$$

② T 形截面（弯矩作用在对称轴平面，绕 x 轴）。

弯矩使翼缘受压时：

双角钢 T 形截面

$$\varphi_b=1-0.0017\lambda_y/\varepsilon_k \qquad \text{附}(4-6)$$

剖分 T 型钢和两板组合 T 形截面

$$\varphi_b=1-0.0022\lambda_y/\varepsilon_k \qquad \text{附}(4-7)$$

弯矩使翼缘受拉且腹板宽厚比不大于 $18\varepsilon_k$ 时：

$$\varphi_b=1-0.0005\lambda_y/\varepsilon_k \qquad \text{附}(4-8)$$

当按附式(4－4) 和附式(4－5) 算得的 φ_b 大于 1.0 时，取 $\varphi_b=1.0$。

附录5 常用型钢规格及截面特性

附表5-1 热轧等边角钢截面特性表

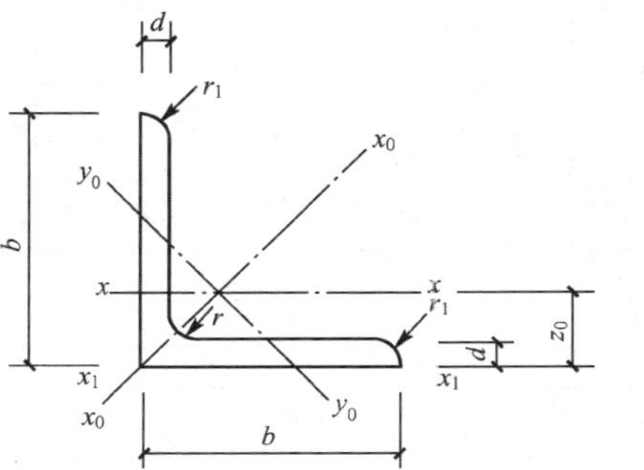

b—肢宽；I—截面惯性矩；z_0—形心距离；
d—肢厚；W—截面抵抗矩；$r_0=d/3$（肢端圆弧半径）；
r—内圆弧半径；i—回转半径。

尺寸/mm			截面面积 A/cm^2	质量/(kg/m)	表面积/(m^2/m)	x—x				x_0-x_0			y_0-y_0				x_1-x_1	x_0/cm
b	d	r				I_x/cm^4	i_x/cm	$W_{x,min}$/cm^3	$W_{x,max}$/cm^3	I_{x0}/cm^4	i_{x0}/cm	W_{x0}/cm^3	I_{y0}/cm^4	i_{y0}/cm	$W_{y0,min}$/cm^3	$W_{y0,max}$/cm^3	I_{x1}/cm^4	
20	3	3.5	1.132	0.889	0.078	0.40	0.59	0.29	0.66	0.63	0.746	0.445	0.17	0.388	0.20	0.23	0.81	0.60
	4		1.459	1.145	0.077	0.50	0.59	0.36	0.78	0.78	0.731	0.552	0.22	0.388	0.24	0.29	1.09	0.64
25	3	3.5	1.432	1.124	0.098	0.82	0.76	0.46	1.12	1.29	0.949	0.730	0.34	0.487	0.33	0.37	1.57	0.73
	4		1.859	1.459	0.097	1.03	0.74	0.59	1.34	1.62	0.934	0.916	0.43	0.481	0.40	0.47	2.11	0.76
30	3	4.5	1.749	1.373	0.117	1.46	0.91	0.68	1.72	2.31	1.149	1.089	0.61	0.591	0.51	0.56	2.71	0.85
	4		2.276	1.786	0.117	1.84	0.90	0.87	2.08	2.92	1.133	1.376	0.77	0.582	0.62	0.71	3.63	0.89
36	3	4.5	2.109	1.656	0.141	2.58	1.11	0.99	2.59	4.09	1.393	1.607	1.07	0.712	0.76	0.82	4.67	1.00
	4		2.756	2.163	0.141	3.29	1.09	1.28	3.18	5.22	1.376	2.051	1.37	0.705	0.93	1.05	6.25	1.04
	5		3.382	2.654	0.141	3.95	1.08	1.56	3.68	6.24	1.358	2.451	1.65	0.698	1.09	1.26	7.84	1.07
40	3	5	2.359	1.852	0.157	3.59	1.23	1.23	3.28	5.69	1.553	2.012	1.49	0.795	0.96	1.03	6.41	1.09
	4		3.086	2.422	0.157	4.60	1.22	1.60	4.05	7.29	1.537	2.577	1.91	0.787	1.19	1.31	8.56	1.13
	5		3.791	2.976	0.156	5.53	1.21	1.96	4.72	8.76	1.520	3.097	2.30	0.779	1.39	1.58	10.74	1.17

续表

尺寸/mm			截面面积 A/cm²	质量/(kg/m)	表面积/(m²/m)	$x-x$				x_0-x_0			y_0-y_0				x_1-x_1	x_0/cm
b	d	r				I_x/cm⁴	i_x/cm	$W_{x,min}$/cm³	$W_{x,max}$/cm³	I_{x0}/cm⁴	i_{x0}/cm	W_{x0}/cm³	I_{y0}/cm⁴	i_{y0}/cm	$W_{y0,min}$/cm³	$W_{y0,max}$/cm³	I_{x1}/cm⁴	
45	3	5	2.659	2.088	0.177	5.17	1.39	1.58	4.25	8.20	1.756	2.577	2.14	0.897	1.24	1.31	9.12	1.22
	4		3.486	2.736	0.177	6.65	1.38	2.05	5.29	10.56	1.740	3.319	2.75	0.888	1.54	1.69	12.18	1.26
	5		4.292	3.369	0.176	8.04	1.37	2.51	6.20	12.74	1.723	4.004	3.33	0.881	1.81	2.04	15.25	1.30
	6		5.076	3.985	0.176	9.33	1.36	2.95	6.99	14.76	1.705	4.639	3.89	0.875	2.06	2.38	18.36	1.33
50	3	5.5	2.971	2.332	0.197	7.18	1.55	1.96	5.36	11.37	1.956	3.216	2.98	1.002	1.57	1.64	12.50	1.34
	4		3.897	3.059	0.197	9.26	1.54	2.56	6.70	14.69	1.942	4.155	3.82	0.990	1.96	2.11	16.69	1.38
	5		4.803	3.770	0.196	11.21	1.53	3.13	7.90	17.79	1.925	5.032	4.63	0.982	2.31	2.56	20.90	1.42
	6		5.688	4.465	0.196	13.05	1.51	3.68	8.95	20.68	1.907	5.849	5.42	0.976	2.63	2.98	25.14	1.46
56	3	6	3.343	2.624	0.221	10.19	1.75	2.48	6.86	16.14	2.197	4.076	4.24	1.126	2.02	2.09	17.56	1.48
	4		4.390	3.446	0.220	13.18	1.73	3.24	8.63	20.92	2.183	5.283	5.45	1.114	2.52	2.69	23.43	1.53
	5		5.415	4.251	0.220	16.02	1.72	3.97	10.22	25.42	2.167	6.419	6.61	1.105	2.98	3.26	29.33	1.57
	8		8.367	6.568	0.219	23.63	1.68	6.03	14.06	37.37	2.113	9.437	9.89	1.087	4.16	4.85	47.24	1.68
63	4	7	4.978	3.907	0.248	19.03	1.96	4.13	11.22	30.17	2.462	6.772	7.89	1.259	3.29	3.45	33.35	1.70
	5		6.143	4.822	0.248	23.17	1.94	5.08	13.33	36.77	2.447	8.254	9.57	1.248	3.90	4.20	41.73	1.74
	6		7.288	5.721	0.247	27.12	1.93	6.00	15.26	43.03	2.430	9.659	11.20	1.240	4.46	4.91	50.14	1.78
	8		9.515	7.469	0.247	34.46	1.90	7.75	18.59	54.56	2.395	12.247	14.33	1.227	5.47	6.26	67.11	1.85
	10		11.657	9.151	0.246	41.09	1.88	9.39	21.34	64.85	2.359	14.557	17.33	1.219	6.37	7.53	84.31	1.93
70	4	8	5.570	4.372	0.275	26.39	2.18	5.14	14.16	41.80	2.739	8.445	10.99	1.405	4.17	4.32	45.74	1.86
	5		6.875	5.397	0.275	32.21	2.16	6.32	16.89	51.08	2.726	10.320	13.34	1.393	4.95	5.26	57.21	1.91

续表

尺寸/mm			截面面积 A/cm^2	质量/ (kg/m)	表面积/ (m^2/m)	$x-x$				x_0-x_0			y_0-y_0				x_1-x_1	x_0/ cm
b	d	r				I_x/ cm^4	i_x/ cm	$W_{x,min}$/ cm^3	$W_{x,max}$/ cm^3	I_{x0}/ cm^4	i_{x0}/ cm	W_{x0}/ cm^3	I_{y0}/ cm^4	i_{y0}/ cm	$W_{y0,min}$/ cm^3	$W_{y0,max}$/ cm^3	I_{x1}/ cm^4	
70	6	8	8.160	6.406	0.275	37.77	2.15	7.48	19.39	59.93	2.710	12.108	15.61	1.383	5.67	6.16	68.73	1.95
	7		9.424	7.398	0.275	43.09	2.14	8.59	21.68	68.35	2.693	13.809	17.82	1.375	6.34	7.02	80.29	1.99
	8		10.667	8.373	0.274	48.17	2.13	9.68	23.79	76.37	2.676	15.429	19.98	1.369	6.98	7.86	91.92	2.03
75	5	9	7.412	5.818	0.295	39.96	2.32	7.30	19.73	63.30	2.922	11.936	16.61	1.497	5.80	6.10	70.36	2.03
	6		8.797	6.905	0.294	46.91	2.31	8.63	22.69	74.38	2.908	14.025	19.43	1.486	6.65	7.14	84.51	2.07
	7		10.160	7.976	0.294	53.57	2.30	9.93	25.42	84.96	2.892	16.020	22.18	1.478	7.44	8.15	98.71	2.11
	8		11.503	9.030	0.294	59.96	2.28	11.20	27.93	95.07	2.875	17.926	24.86	1.470	8.19	9.13	112.97	2.15
	10		14.126	11.089	0.293	71.98	2.26	13.64	32.40	113.92	2.840	21.481	30.05	1.459	9.56	11.01	141.71	2.22
80	5	9	7.912	6.211	0.315	48.79	2.48	8.34	22.70	77.330	3.126	13.670	20.25	1.600	6.66	6.98	85.36	2.15
	6		9.397	7.376	0.314	57.35	2.47	9.87	26.16	90.980	3.112	16.083	23.72	1.589	7.65	8.18	102.50	2.19
	7		10.860	8.525	0.314	65.58	2.46	11.37	29.38	104.07	3.096	18.397	27.10	1.580	8.58	9.35	119.70	2.23
	8		12.303	9.658	0.314	73.49	2.44	12.83	32.36	116.60	3.079	20.612	30.39	1.572	9.46	10.48	136.97	2.27
	10		15.126	11.874	0.313	88.43	2.42	15.64	37.68	140.09	3.043	24.764	36.77	1.559	11.08	12.65	171.74	2.35
90	6	10	10.637	8.350	0.354	82.77	2.79	12.61	33.99	131.26	3.513	20.625	34.28	1.795	9.95	10.51	145.87	2.44
	7		12.301	9.656	0.354	94.83	2.78	14.54	38.28	150.47	3.497	23.644	39.18	1.785	11.19	12.02	170.30	2.48
	8		13.944	10.946	0.353	106.47	2.76	16.42	42.30	168.97	3.481	26.551	43.97	1.776	12.35	13.49	194.80	2.52
	10		17.167	13.476	0.353	128.58	2.74	20.07	49.57	203.90	3.446	32.039	53.26	1.761	14.52	16.31	244.08	2.59
	12		20.306	15.940	0.352	149.22	2.71	23.57	55.93	236.21	3.411	37.116	62.22	1.750	16.49	19.01	293.77	2.67

续表

尺寸/mm			截面面积 A/cm^2	质量/(kg/m)	表面积/(m^2/m)	$x-x$				x_0-x_0			y_0-y_0				x_1-x_1	x_0/cm
b	d	r				I_x/cm^4	i_x/cm	$W_{x,min}$/cm^3	$W_{x,max}$/cm^3	l_{x0}/cm^4	i_{x0}/cm	W_{x0}/cm^3	l_{y0}/cm^4	i_{y0}/cm	$W_{y0,min}$/cm^3	$W_{y0,max}$/cm^3	I_{x1}/cm^4	
100	6	12	11. 932	9. 360	0. 393	114. 95	3. 10	15. 68	43. 04	181. 98	3. 905	25. 736	47. 92	2. 004	12. 69	13. 18	200. 07	2. 67
	7		13. 796	10. 830	0. 393	131. 86	3. 09	18. 10	48. 57	208. 97	3. 892	29. 553	54. 74	1. 992	14. 26	15. 08	233. 54	2. 71
	8		15. 638	12. 276	0. 393	148. 24	3. 08	20. 47	53. 78	235. 07	3. 877	33. 244	61. 41	1. 982	15. 75	16, 93	267. 09	2. 76
	10		19. 261	15. 120	0. 392	179. 51	3. 05	25. 06	63. 29	284. 68	3. 844	40. 259	74. 35	1. 965	18. 54	20. 49	334. 48	2. 84
	12		22. 800	17. 898	0. 391	208. 90	3. 03	29. 48	71. 72	330. 95	3. 810	46. 803	86. 84	1. 952	21. 08	23. 89	402. 34	2. 91
	14		26. 256	20. 611	0. 391	236. 53	3. 00	33. 73	79. 19	374. 06	3. 774	52. 900	98. 99	1. 942	23. 44	27. 17	470. 75	2. 99
	16		29. 627	23. 257	0. 390	262. 53	2. 98	37. 82	85. 81	414. 16	3. 739	58. 571	110. 89	1. 935	25. 63	30. 34	539. 80	3. 06
110	7	12	15. 196	11. 928	0. 433	177. 16	3. 41	22. 05	59. 78	280. 94	4. 300	36. 119	73. 28	2. 196	17. 51	18. 41	310. 64	2. 96
	8		17. 238	13. 532	0. 433	199. 46	3. 40	24. 95	66. 36	316. 49	4. 285	40. 689	82. 42	2. 187	19. 39	20. 70	355. 21	3. 01
	10		21. 261	16. 690	0. 432	242. 19	3. 38	30. 60	78. 48	384. 39	4. 252	49. 419	99. 98	2. 169	22. 91	25. 10	444. 65	3. 09
	12		25. 200	19. 782	0. 431	282. 55	3. 35	36. 05	89. 34	448. 17	4. 217	57. 618	116. 93	2. 154	26. 15	29. 32	534. 60	3. 16
	14		29. 056	22. 809	0. 431	320. 71	3. 32	41. 31	99. 07	508. 01	4. 181	65. 312	133. 40	2. 143	29. 14	33. 38	625. 16	3. 24
125	8	14	19. 750	15. 504	0. 492	297. 03	3. 88	32. 52	88. 20	470. 89	4. 883	53. 275	123. 16	2. 497	25. 86	27. 18	521. 01	3. 37
	10		24. 373	19. 133	0. 491	361. 67	3. 85	39. 97	104. 81	573. 89	4. 852	64. 928	149. 46	2. 476	30. 62	33. 01	651. 93	3. 45
	12		28. 912	22. 696	0. 491	423. 16	3. 83	47. 17	119. 88	671. 44	4. 819	75. 964	174. 88	2. 459	35. 03	38. 61	783. 42	3. 53
	14		33. 367	26. 193	0. 490	481. 65	3. 80	54. 16	133. 56	763. 73	4. 784	86. 405	199. 57	2. 446	39. 13	44. 00	915. 61	3. 61
140	10	14	27. 373	21. 488	0. 551	514. 65	4. 34	50. 58	134. 55	817. 27	5. 464	82. 556	212. 04	2. 783	39. 20	41. 91	915. 11	3. 82
	12		32. 512	25. 522	0551	603. 68	4. 31	59. 80	154. 62	958. 79	5. 431	96. 851	248. 57	2. 765	45. 02	49. 12	1099. 28	3. 90
	14		37. 567	29. 490	0. 550	688. 81	4. 28	68. 75	173. 02	1093. 56	5. 395	110. 465	284. 06	2. 750	50. 45	56. 07	1284. 22	3. 98
	16		42. 539	33. 393	0. 549	770. 24	4. 26	77. 46	189. 90	1221. 81	5. 359	123. 420	318. 67	2. 737	55. 55	62. 81	1470. 07	4. 06

续表

尺寸/mm			截面面积 A/cm²	质量/(kg/m)	表面积/(m²/m)	$x-x$				x_0-x_0			y_0-y_0				x_1-x_1	x_0/cm
b	d	r				I_x/cm⁴	i_x/cm	$W_{x,min}$/cm³	$W_{x,max}$/cm³	I_{x0}/cm⁴	i_{x0}/cm	W_{x0}/cm³	I_{y0}/cm⁴	i_{y0}/cm	$W_{y0,min}$/cm³	$W_{y0,max}$/cm³	I_{x1}/cm⁴	
160	10	16	31.502	24.729	0.630	779.53	4.97	66.70	180.77	1237.30	6.267	109.362	321.76	3.196	52.75	55.63	1365.33	4.31
	12		37.441	29.391	0.630	916.58	4.95	78.98	208.58	1455.68	6.235	128.664	377.49	3.175	60.74	65.29	1639.57	4.39
	14		43.296	33.987	0.629	1048.36	4.92	90.95	234.37	1665.02	6.201	147.167	431.70	3.158	68.24	74.63	1914.68	4.47
	16		49.067	38.518	0.629	1175.08	4.89	102.63	258.27	1865.57	6.166	164.893	484.59	3.143	75.31	83.70	2190.82	4.55
180	12	16	42.241	33.159	0.710	1321.35	5.59	100.82	270.03	2100.10	7.051	164.998	542.61	3.584	78.41	83.60	2332.80	4.89
	14		48.896	38.383	0.709	1514.48	5.57	116.25	304.57	2407.42	7.020	189.143	621.53	3.570	88.38	95.73	2723.48	4.97
	16		55.467	43.542	0.709	1700.99	5.54	131.13	336.86	2703.37	6.981	212.395	698.60	3.549	97.83	107.52	3115.29	5.05
	18		61.955	48.634	0.708	1881.12	5.51	146.11	367.05	2988.24	6.945	234.776	774.01	3.535	106.79	119.00	3508.42	5.13
200	14	18	54.642	42.894	0.788	2103.55	6.20	144.70	385.08	3343.26	7.822	236.402	863.83	3.976	111.82	119.75	3734.10	5.46
	16		62.013	48.680	0.788	2366.15	6.18	163.65	426.99	3760.88	7.788	265.932	971.41	3.958	123.96	134.62	4270.39	5.54
	18		69.301	54.401	0.787	2620.64	6.15	182.22	466.45	4164.54	7.752	294.473	1076.74	3.942	135.52	149.11	4808.13	5.62
	20		76.505	60.056	0.787	2867.30	6.12	200.42	503.58	4554.55	7.716	322.052	1180.04	3.927	146.55	163.26	5347.51	5.69
	24		90.661	71.168	0.785	3338.20	6.07	235.78	571.45	5294.97	7.642	374.407	1381.43	3.904	167.22	190.63	6431.99	5.84

附表5-2 热轧不等边角钢截面特性表

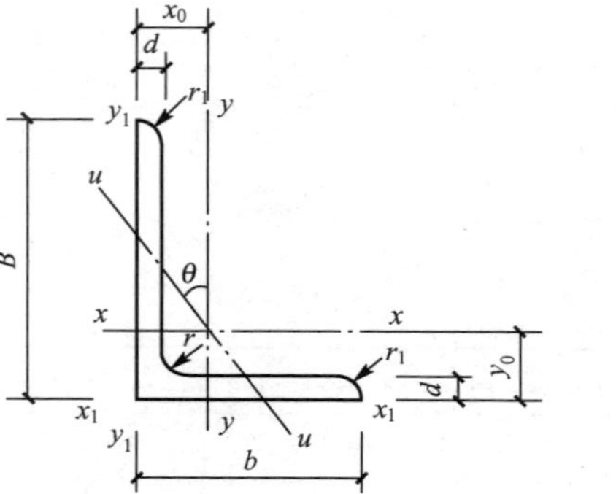

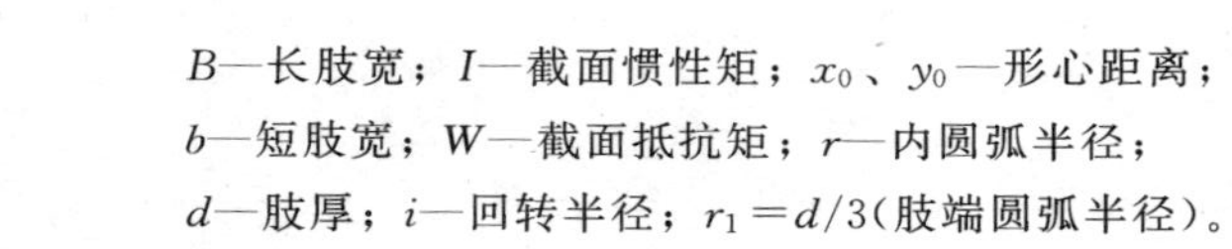

B—长肢宽；I—截面惯性矩；x_0、y_0—形心距离；
b—短肢宽；W—截面抵抗矩；r—内圆弧半径；
d—肢厚；i—回转半径；$r_1=d/3$（肢端圆弧半径）。

尺寸/mm				截面面积 A/cm²	质量/(kg/m)	表面积/(m²/m)	$x-x$				$y-y$				x_1-x_1		y_1-y_1		$u-u$			
B	b	d	r				I_x/cm⁴	i_x/cm	$W_{x,min}$/cm³	$W_{x,max}$/cm³	I_y/cm⁴	i_y/cm	$W_{y,min}$/cm³	$W_{y,max}$/cm³	I_{x1}/cm⁴	y_0/cm	I_{y1}/cm⁴	x_0/cm	I_u/cm⁴	i_u/cm	W_u/cm³	$\tan\theta$
25	16	3	3.5	1.162	0.912	0.080	0.70	0.78	0.43	0.82	0.22	0.435	0.19	0.53	1.56	0.86	0.43	0.42	0.13	0.34	0.16	0.392
	16	4		1.499	1.176	0.079	0.88	0.77	0.55	0.98	0.27	0.424	0.24	0.60	2.09	0.90	0.59	0.46	0.17	0.34	0.20	0.381
32	20	3	3.5	1.492	1.171	0.102	1.53	1.01	0.72	1.41	0.46	0.555	0.30	0.93	3.27	1.08	0.82	0.49	0.28	0.43	0.25	0.382
	20	4		1.939	1.522	0.101	1.93	1.00	0.93	1.72	0.57	0.542	0.39	1.08	4.37	1.12	1.12	0.53	0.35	0.42	0.32	0.374
40	25	3	4	1.890	1.484	0.127	3.08	1.28	1.15	3.32	0.93	0.701	0.49	1.59	6.39	1.32	1.59	0.59	0.56	0.54	0.40	0.386
	25	4		2.467	1.936	0.127	3.93	1.26	1.49	2.88	1.18	0.692	0.63	1.88	8.53	1.37	2.14	0.63	0.71	0.54	0.52	0.381
45	28	3	5	2.149	1.687	0.143	4.45	1.44	1.47	3.02	1.34	0.790	0.62	2.08	9.10	1.47	2.23	0.64	0.80	0.61	0.51	0.383
	28	4		2.806	2.203	0.143	5.69	1.42	1.91	3.76	1.70	0.778	0.80	2.49	12.14	1.51	3.00	0.68	1.02	0.60	0.66	0.380
50	32	3	5.5	2.431	1.908	0.161	6.24	1.60	1.84	3.89	2.02	0.912	0.82	2.78	12.49	1.60	3.31	0.73	1.20	0.70	0.68	0.404
	32	4		3.177	2.494	0.160	8.02	1.59	2.39	4.86	2.58	0.901	1.06	3.36	16.65	1.65	4.45	0.77	1.53	0.69	0.87	0.402

续表

尺寸/mm				截面面积 A/cm^2	质量/(kg/m)	表面积/(m^2/m)	$x-x$				$y-y$				x_1-x_1		y_1-y_1		$u-u$			
B	b	d	r				I_x/cm^4	i_x/cm	$W_{x,min}$/cm^3	$W_{x,max}$/cm^3	I_y/cm^4	i_y/cm	$W_{y,min}$/cm^3	$W_{y,max}$/cm^3	I_{x1}/cm^4	y_0/cm	I_{y1}/cm^4	x_0/cm	I_u/cm^4	i_u/cm	W_u/cm^3	$\tan\theta$
56	36	3	6	2.743	2.153	0.181	8.88	1.80	2.32	5.00	2.92	1.032	1.05	3.63	17.54	1.78	4.70	0.80	1.73	0.79	0.87	0.408
	36	4		3.590	2.818	0.180	11.45	1.79	3.03	6.28	3.76	1.023	1.37	4.43	23.39	1.82	6.31	0.85	2.21	0.78	1.12	0.407
	36	5		4.415	3.466	0.180	12.86	1.77	3.71	7.43	4.49	1.008	1.65	5.09	29.24	1.87	7.94	0.88	2.67	0.78	1.36	0.404
63	40	4	7	4.058	3.185	0.202	16.49	2.02	3.87	8.10	5.23	1.135	1.70	5.72	33.30	2.04	8.63	0.92	3.12	0.88	1.40	0.398
	40	5		4.993	3.920	0.202	20.02	2.00	4.74	9.62	6.31	1.124	2.07	6.61	41.63	2.08	10.86	0.95	3.76	0.87	1.71	0.396
	40	6		5.908	4.638	0.201	23.36	1.99	5.59	11.01	7.29	1.111	2.43	7.36	49.98	2.12	13.14	0.99	4.38	0.86	2.01	0.393
	40	7		6.802	5.339	0.201	26.53	1.97	6.40	12.27	8.24	1.101	2.78	8.00	58.34	2.16	15.47	1.03	4.97	0.86	2.29	0.389
70	45	4	7.5	4.553	3.574	0.226	22.97	2.25	4.82	10.28	7.55	1.288	2.17	7.43	45.68	2.23	12.26	1.02	4.47	0.99	1.79	0.408
	45	5		5.609	4.403	0.225	27.95	2.23	5.92	12.26	9.13	1.276	2.65	8.64	57.10	2.28	15.39	1.06	5.40	0.98	2.19	0.407
	45	6		6.644	5.215	0.225	32.70	2.22	6.99	14.08	10.62	1.264	3.12	9.69	68.54	2.32	18.59	1.10	6.29	0.97	2.57	0.405
	45	7		7.657	6.011	0.225	37.22	2.20	8.03	15.75	12.01	1.252	3.57	10.60	79.99	2.36	21.84	1.13	7.16	0.97	2.94	0.402
75	50	5	8	6.125	4.808	0.245	34.86	2.39	6.83	14.65	12.61	1.435	3.30	10.75	70.23	2.40	21.04	1.17	7.32	1.09	2.72	0.436
	50	6		7.260	5.699	0.245	41.12	2.38	8.12	16.86	14.70	1.423	3.88	12.12	84.30	2.44	25.37	1.21	8.54	1.08	3.19	0.435
	50	8		9.467	7.431	0.244	52.39	2.35	10.52	20.79	18.53	1.399	4.99	14.39	112.50	2.52	34.23	1.29	10.87	1.07	4.10	0.429
	50	10		11.590	9.098	0.244	62.71	2.33	12.79	24.15	21.96	1.376	6.04	16.14	140.82	2.60	43.43	1.36	13.10	1.06	4.99	0.423
80	50	5	8	6.375	5.005	0.255	41.96	2.57	7.78	16.11	12.82	1.418	3.32	11.28	85.21	2.60	21.06	1.14	7.66	1.10	2.74	0.388
	50	6		7.560	5.935	0.255	49.49	2.56	9.25	18.58	14.95	1.406	3.91	12.71	102.26	2.65	25.41	1.18	8.94	1.09	3.23	0.386
	50	7		8.724	6.848	0.255	56.16	2.54	10.58	20.87	16.96	1.394	4.48	13.96	119.32	2.69	29.82	1.21	10.18	1.08	3.70	0.384
	50	8		9.867	7.745	0.254	62.83	2.52	11.92	23.00	18.85	1.382	5.03	15.06	136.41	2.73	34.32	1.25	11.38	1.07	4.16	0.381

续表

尺寸/mm				截面面积 A/cm²	质量/(kg/m)	表面积/(m²/m)	$x-x$				$y-y$				x_1-x_1		y_1-y_1		$u-u$			
B	b	d	r				I_x/cm⁴	i_x/cm	$W_{x,min}$/cm³	$W_{x,max}$/cm³	I_y/cm⁴	i_y/cm	$W_{y,min}$/cm³	$W_{y,max}$/cm³	I_{x1}/cm⁴	y_0/cm	I_{y1}/cm⁴	x_0/cm	I_u/cm⁴	i_u/cm	W_u/cm³	$\tan\theta$
90	56	5	9	7.212	5.661	0.287	64.50	2.90	9.92	20.81	18.32	1.594	4.21	14.70	121.32	2.91	29.53	1.25	10.98	1.23	3.49	0.385
	56	6		8.557	6.717	0.286	71.03	2.88	11.74	24.06	21.42	1.582	4.96	16.65	145.59	2.95	35.58	1.29	12.82	1.22	4.10	0.384
	56	7		9.880	7.756	0.286	81.22	2.86	13.49	27.12	24.36	1.570	5.70	18.38	169.87	3.00	41.71	1.33	14.60	1.22	4.70	0.383
	56	8		11.183	8.779	0.286	91.03	2.85	15.27	29.98	27.15	1.558	6.41	19.91	194.17	3.04	47.93	1.36	16.34	1.21	529	0.380
100	63	6	10	9.617	7.550	0.320	99.06	3.21	14.64	30.62	30.94	1.794	6.35	21.69	199.71	3.24	50.50	1.43	18.42	1.38	2.25	0.394
	63	7		11.111	8.722	0.320	113.45	3.47	16.88	34.59	35.26	1.781	7.29	24.06	233.00	3.28	59.14	1.47	21.00	1.37	6.02	0.393
	63	8		12.584	9.878	0.319	127.37	3.18	19.08	38.33	39.39	1.769	8.21	26.18	266.32	3.32	67.88	1.50	23.50	1.37	6.78	0.391
	63	10		15.467	12.142	0.319	153.81	3.15	23.32	45.18	47.12	1.745	9.98	29.83	333.06	3.40	85.73	1.58	28.33	1.35	8.24	0.387
100	80	6	10	10.637	8.350	0.354	107.04	3.17	15.19	36.24	61.24	2.399	10.16	31.03	199.83	2.95	102.68	1.97	31.65	1.73	8.37	0.627
	80	7		12.301	9.656	0.354	122.73	3.16	17.52	40.96	70.08	2.387	11.71	34.79	233.20	3.00	119.98	2.01	36.17	1.71	9.60	0.626
	80	8		13.944	10.946	0.353	137.92	3.14	19.81	45.40	78.58	2.374	13.21	38.27	266.61	3.04	137.37	2.05	40.58	1.71	10.80	0.625
	80	10		17.167	13.476	0.353	166.87	3.12	24.24	53.54	94.65	2.348	16.12	44.45	333.63	3.12	172.48	2.13	49.10	1.69	13.12	0.622
110	70	6	10	10.637	8.350	0.354	133.37	3.54	17.85	37.80	42.92	2.009	7.900	27.36	265.78	3.53	69.08	1.57	25.36	1.54	6.53	0.403
	70	7		12.301	9.656	0.354	153.00	3.53	20.60	42.82	49.01	1.996	9.090	30.48	310.07	3.57	80.83	1.61	28.96	1.53	7.50	0.402
	70	8		13.944	10.946	0.353	172.04	3.51	23.30	47.57	54.87	1.984	10.25	33.31	354.39	3.62	92.70	1.65	32.45	1.53	8.45	0.401
	70	10		17.167	13.476	0.353	208.39	3.48	28.54	56.36	65.88	1.959	12.48	38.24	443.13	3.70	116.83	1.72	39.20	1.51	10.29	0.397
125	80	7	11	14.096	11.066	0.403	227.98	4.02	26.86	56.81	74.42	2.298	12.01	41.24	454.99	4.01	120.32	1.80	43.81	1.76	9.92	0.408
	80	8		15.989	12.551	0.403	256.77	4.01	30.41	63.28	83.49	2.285	13.56	45.28	519.99	4.06	137.85	1.84	49.15	1.75	11.18	0.407

续表

尺寸/mm				截面面积 A/cm²	质量/(kg/m)	表面积/(m²/m)	x—x				y—y				x_1-x_1		y_1-y_1		u—u			
B	b	d	r				I_x/cm⁴	i_x/cm	$W_{x,min}$/cm³	$W_{x,max}$/cm³	I_y/cm⁴	i_y/cm	$W_{y,min}$/cm³	$W_{y,max}$/cm³	I_{x1}/cm⁴	y_0/cm	I_{y1}/cm⁴	x_0/cm	I_u/cm⁴	i_u/cm	W_u/cm³	tanθ
125	80	10	11	19.712	15.474	0.402	312.04	3.98	37.33	75.35	100.67	2.360	16.56	52.41	650.09	4.14	173.40	1.92	59.45	1.74	13.64	0.404
	80	12		23.351	18.330	0.402	364.41	3.95	44.01	86.34	116.67	2.235	19.43	58.46	780.39	4.22	209.67	2.00	69.35	1.72	16.01	0.400
140	90	8	12	18.038	14.160	0.453	365.64	4.50	38.48	81.30	120.69	2.587	17.34	59.15	730.53	4.50	195.79	2.04	70.83	1.98	14.31	0.411
	90	10		22.261	17.475	0.452	445.50	4.47	47.31	97.19	146.03	2.561	21.22	68.94	913.20	4.58	245.93	2.12	85.82	1.96	17.48	0.409
	90	12		26.400	20.724	0.451	521.59	4.44	55.87	111.81	169.79	2.536	24.95	77.38	1096.09	4.66	296.89	2.19	100.21	1.95	20.54	0.406
	90	14		30.456	23.908	0.451	594.10	4.42	64.18	125.26	192.10	2.511	28.54	84.68	1279.26	4.74	348.82	2.27	114.13	1.94	23.52	0.403
160	100	10	13	25.315	19.872	0.512	668.69	5.14	62.13	127.69	205.03	2.846	26.56	89.94	1362.89	5.24	336.59	2.28	121.74	2.19	21.92	0.390
	100	12		30.054	23.592	0.511	784.91	5.11	73.49	147.54	239.06	2.820	31.28	101.45	1635.56	5.32	405.94	2.36	142.33	2.18	25.79	0.388
	100	14		34.709	27.247	0.510	896.30	5.08	84.56	165.97	271.20	2.795	35.83	111.53	1908.50	5.40	476.42	2.43	162.23	2.16	29.56	0.385
	100	16		39.281	30.835	0.510	1003.04	5.05	95.33	183.11	301.60	2.771	40.24	120.37	2181.79	5.48	548.22	2.51	181.57	2.15	33.25	0.382
180	110	10	14	28.373	22.273	0.571	956.25	5.81	78.96	162.37	278.11	3.131	32.49	113.91	1940.40	5.89	447.22	2.44	166.50	2.42	26.88	0.376
	110	12		33.712	26.464	0.571	1124.72	5.78	93.53	188.23	325.03	3.105	38.32	129.03	2328.38	5.98	538.94	2.52	194.87	2.40	31.66	0.374
	110	14		38.967	30.589	0.570	1286.91	5.75	107.76	212.46	369.55	3.082	43.97	142.41	2716.60	6.06	631.95	2.59	222.30	2.39	36.32	0.372
	110	16		44.139	34.649	0.569	1443.06	5.72	121.64	235.16	411.85	3.055	49.44	154.26	3105.15	6.14	726.46	2.67	248.94	2.37	40.87	0.369
200	125	12	14	37.912	29.761	0.641	1570.90	6.44	116.73	240.10	483.16	3.570	49.99	170.46	3193.85	6.54	787.74	2.83	285.79	2.75	41.23	0.392
	125	14		43.867	34.436	0.640	1800.97	6.41	134.65	271.86	550.83	3.544	57.44	189.24	3726.17	6.62	922.47	2.91	326.58	2.73	47.34	0.390
	125	16		49.739	39.045	0.639	2023.35	6.38	152.18	301.81	615.44	3.518	64.69	206.12	4258.85	6.70	1058.86	2.99	366.21	2.71	53.32	0.388
	125	18		55.526	43.588	0.639	2238.30	6.35	169.33	330.05	677.19	3.492	71.74	221.30	4792.00	6.78	1197.13	3.06	404.83	2.70	59.18	0.385

附表5-3 热轧等边角钢组合截面特性表

角钢型号	两个角钢的截面面积/cm^2	两个角钢的质量/(kg/m)	y—y轴截面特性 a—角钢肢背之间的距离															
			a=0mm		a=4mm		a=6mm		a=8mm		a=10mm		a=12mm		a=14mm		a=16mm	
			W_y/cm^3	i_y/cm	W_y/cm^3	i_y/cm	W_y/cm^3	i_y/cm	W_y/cm^3	i_y/cm	W_y/cm^3	i_y/cm	W_y/cm^3	i_y/cm	W_y/cm^3	i_y/cm	W_y/cm^3	i_y/cm
2L20×3	2.26	1.78	0.81	0.85	1.03	1.00	1.15	1.08	1.28	1.17	1.42	1.25	1.57	1.34	1.72	1.43	1.88	1.52
2L20×4	2.92	2.29	1.09	0.87	1.38	1.02	1.55	1.11	1.73	1.19	1.91	1.28	2.10	1.37	2.30	1.46	2.51	1.55
2L25×3	2.86	2.25	1.26	1.05	1.52	1.20	1.66	1.27	1.82	1.36	1.98	1.44	2.15	1.53	2.33	1.61	2.52	1.70
2L25×4	3.72	2.92	1.69	1.07	2.04	1.22	2.21	1.30	2.44	1.38	2.66	1.47	2.89	1.55	3.13	1.64	3.38	1.73
2L30×3	3.50	2.75	1.81	1.25	2.11	1.39	2.28	1.47	2.46	1.55	2.65	1.63	2.84	1.71	3.05	1.80	3.26	1.88
2L30×4	4.55	3.57	2.42	1.26	2.83	1.41	3.06	1.49	3.30	1.57	3.55	1.65	3.82	1.74	4.09	1.82	4.38	1.91
2L36×3	4.22	3.31	2.60	1.49	2.95	1.63	3.14	1.70	3.35	1.78	3.56	1.86	3.79	1.94	4.02	2.03	4.27	2.11
2L36×4	5.51	4.33	3.47	1.51	3.95	1.65	4.21	1.73	4.49	1.80	4.78	1.89	5.08	1.97	5.39	2.05	5.72	2.14
2L36×5	6.76	5.31	4.36	1.52	4.96	1.67	5.30	1.75	5.64	1.83	6.01	1.91	6.39	1.99	6.78	2.08	7.19	2.16
2L40×3	4.72	3.70	3.20	1.65	3.59	1.79	3.80	1.86	4.02	1.94	4.26	2.01	4.50	2.09	4.76	2.18	5.02	2.26
2L40×4	6.17	6.85	4.28	1.67	4.80	1.81	5.09	1.88	5.39	1.96	5.70	2.04	6.03	2.12	6.37	2.20	6.72	2.29
2L40×5	7.58	5.95	5.37	1.68	6.03	1.83	6.39	1.90	6.77	1.98	7.17	2.06	7.58	2.14	8.01	2.23	8.45	2.31
2L45×3	5.32	4.18	4.05	1.85	4.48	1.99	4.71	2.06	4.95	2.14	5.21	2.21	5.47	2.29	5.75	2.37	6.04	2.45
2L45×4	6.97	5.47	5.41	1.87	5.99	2.01	6.30	2.08	6.63	2.16	6.97	2.24	7.33	2.32	7.70	2.40	8.09	2.48
2L45×5	8.58	6.74	6.78	1.89	7.51	2.03	7.91	2.10	8.32	2.18	8.76	2.26	9.21	2.34	9.67	2.42	10.15	2.50
2L45×6	10.15	7.97	8.16	1.90	9.05	2.05	9.53	2.12	10.04	2.20	10.56	2.28	11.10	2.36	11.66	2.44	12.24	2.53
2L50×3	5.94	4.66	5.00	2.05	5.47	2.19	5.72	2.26	5.98	2.33	6.26	2.41	6.55	2.48	6.85	2.56	7.16	2.64
2L50×4	7.79	6.12	6.68	2.07	7.31	2.21	7.65	2.28	8.01	2.36	8.38	2.43	8.77	2.51	9.17	2.59	9.58	2.67
2L50×5	9.61	7.54	8.36	2.09	9.16	2.23	9.59	2.30	10.05	2.38	10.52	2.45	11.00	2.53	11.51	2.61	12.03	2.70
2L50×6	11.38	8.93	10.06	2.10	11.03	2.25	11.56	2.32	12.10	2.40	12.67	2.48	13.26	2.56	13.87	2.64	14.50	2.72

续表

角钢型号	两个角钢的截面面积/cm^2	两个角钢的质量/(kg/m)	y—y 轴截面特性　a—角钢肢背之间的距离															
			a=0mm		a=4mm		a=6mm		a=8mm		a=10mm		a=12mm		a=14mm		a=16mm	
			W_y/cm^3	i_y/cm	W_y/cm^3	i_y/cm	W_y/cm^3	i_y/cm	W_y/cm^3	i_y/cm	W_y/cm^3	i_y/cm	W_y/cm^3	i_y/cm	W_y/cm^3	i_y/cm	W_y/cm^3	i_y/cm
2∟56×3	6.69	5.25	6.27	2.29	6.79	2.43	7.06	2.50	7.35	2.57	7.66	2.64	7.97	2.72	8.30	2.80	8.64	2.88
2∟56×4	8.78	6.89	8.37	2.31	9.07	2.45	9.44	2.52	9.83	2.59	10.24	2.67	10.66	2.74	11.10	2.82	11.55	2.90
2∟56×5	10.83	8.50	10.47	2.33	11.36	2.47	11.83	2.54	12.33	2.61	12.84	2.69	13.38	2.77	12.93	2.85	14.49	2.93
2∟56×8	16.73	12.14	16.87	2.38	18.34	2.52	19.13	2.60	19.94	2.67	20.78	2.75	21.65	2.83	22.55	2.91	23.46	3.00
2∟63×4	9.96	7.81	10.59	2.59	11.36	2.72	11.78	2.79	12.21	2.87	12.66	2.94	13.12	3.02	13.60	3.09	14.10	3.17
2∟63×5	12.29	9.64	13.25	2.61	14.23	2.74	14.75	2.82	15.30	2.89	15.86	2.96	16.45	2.04	17.05	3.12	17.67	3.20
2∟63×6	14.58	11.44	15.92	2.62	17.11	2.76	17.75	2.83	18.41	2.91	19.09	2.98	19.80	3.06	30.53	3.14	21.28	3.22
2∟63×8	19.03	14.94	21.31	2.66	22.94	2.80	23.80	2.87	24.70	2.95	25.62	3.03	26.58	3.10	27.56	3.18	28.57	3.26
2∟63×10	23.31	18.30	26.77	2.69	28.85	2.84	29.95	2.91	31.09	2.99	32.26	3.07	33.46	3.15	34.70	3.23	35.97	3.31
2∟70×4	11.14	8.74	13.07	2.87	13.92	3.00	14.37	3.07	14.85	3.14	15.34	3.21	15.84	3.29	16.36	3.36	16.90	3.44
2∟70×5	13.75	10.79	16.35	2.88	17.43	3.02	18.00	3.09	18.60	3.16	19.21	3.24	19.85	3.31	20.50	3.39	21.18	3.47
2∟70×6	16.32	12.81	19.64	2.90	20.95	3.04	21.64	3.11	22.36	3.18	23.11	3.26	23.88	3.33	24.67	3.41	25.48	3.49
2∟70×7	18.85	14.80	22.94	2.92	24.49	3.06	25.31	3.13	26.16	3.20	27.03	3.28	27.94	3.36	28.86	3.43	29.82	3.51
2∟70×8	21.33	16.75	26.26	2.94	28.05	3.08	29.00	3.15	29.97	3.22	30.98	3.30	32.02	2.38	33.09	3.46	34.18	3.54
2∟75×5	14.82	11.64	18.76	3.08	19.91	3.22	20.52	3.29	21.15	3.36	21.81	3.43	22.48	3.50	23.17	3.58	23.89	3.66
2∟75×6	17.59	13.81	22.54	3.10	23.93	3.24	24.67	3.31	25.43	3.38	26.22	3.45	27.04	3.53	27.87	3.60	28.73	3.68
2∟75×7	20.32	15.95	26.32	3.12	27.97	3.26	28.84	3.33	29.74	3.40	30.67	3.47	31.62	3.55	32.60	3.63	33.61	3.71
2∟75×8	23.01	18.06	30.13	3.13	32.03	3.27	33.03	3.35	34.07	3.42	35.13	3.50	36.23	3.57	37.36	3.65	38.52	3.73
2∟75×10	28.25	22.18	37.79	3.17	40.22	3.31	41.49	3.38	42.81	3.46	44.16	3.54	45.55	3.61	46.97	3.69	48.43	3.77

续表

角钢型号	两个角钢的截面面积/cm^2	两个角钢的质量/(kg/m)	y—y 轴截面特性 a—角钢肢背之间的距离															
			$a=0mm$		$a=4mm$		$a=6mm$		$a=8mm$		$a=10mm$		$a=12mm$		$a=14mm$		$a=16mm$	
			W_y/cm^3	i_y/cm	W_y/cm^3	i_y/cm	W_y/cm^3	i_y/cm	W_y/cm^3	i_y/cm	W_y/cm^3	i_y/cm	W_y/cm^3	i_y/cm	W_y/cm^3	i_y/cm	W_y/cm^3	i_y/cm
2∟80×5	15.82	12.42	21.34	3.28	22.56	3.42	23.20	3.49	23.86	3.56	24.55	3.63	25.26	3.71	25.99	3.78	26.74	3.86
2∟80×6	18.79	14.75	25.63	3.30	27.10	3.44	27.88	3.51	28.69	3.58	29.52	3.65	30.37	3.73	31.25	3.80	32.15	3.88
2∟80×7	21.72	17.05	29.93	3.32	31.67	3.46	32.59	3.53	33.53	3.60	34.51	3.67	35.51	3.75	36.54	3.83	37.60	3.90
2∟80×8	24.61	19.32	34.24	3.34	36.25	3.48	37.31	3.55	38.40	3.62	39.53	3.70	40.68	3.77	41.87	3.85	43.08	3.93
2∟80×10	30.25	23.75	42.93	3.37	45.50	3.51	46.84	3.58	48.23	3.66	49.65	3.74	51.11	3.81	52.61	3.89	54.14	3.97
2∟90×6	21.27	16.70	32.41	3.70	34.06	3.84	34.92	3.91	35.81	3.98	36.72	4.05	37.66	4.12	38.63	4.20	39.62	4.27
2∟90×7	24.60	19.31	37.84	3.72	39.78	3.86	40.79	3.93	41.84	4.00	42.91	4.07	44.02	4.14	45.15	4.22	46.31	4.30
2∟90×8	27.89	21.89	43.29	3.74	45.52	3.88	46.69	3.95	47.90	4.02	49.12	4.09	50.40	4.17	51.71	4.24	53.04	4.32
2∟90×10	34.33	36.95	54.24	3.77	57.08	3.91	58.57	3.98	60.09	4.06	61.66	4.13	63.27	4.21	64.91	4.28	66.59	4.36
2∟90×12	40.61	31.88	65.28	3.80	68.75	3.95	70.56	4.02	72.42	4.09	74.32	4.17	76.27	4.25	78.26	4.32	80.30	4.40
2∟100×6	23.86	18.73	40.01	4.09	41.82	4.23	42.77	4.30	43.75	4.37	44.75	4.44	45.78	4.51	46.83	4.58	47.91	4.66
2∟100×7	27.59	21.66	46.71	4.11	48.84	4.25	49.95	4.32	51.10	4.39	52.27	4.46	53.48	4.53	54.72	4.61	55.98	4.68
2∟100×8	31.28	24.55	53.42	4.13	55.87	4.27	57.16	4.34	58.48	4.41	59.83	4.48	61.22	4.55	62.64	4.63	64.09	4.70
2∟100×10	38.52	30.24	66.90	4.17	70.02	4.31	71.65	4.38	73.32	4.45	75.03	4.52	76.79	4.60	78.58	4.67	80.41	4.75
2∟100×12	45.60	35.80	80.47	4.20	84.28	4.34	86.26	4.41	88.29	4.49	90.37	4.56	92.50	4.64	94.67	4.71	96.89	4.79
2∟100×14	52.51	41.22	94.15	4.23	98.66	4.38	101.00	4.45	103.40	4.53	105.85	4.60	108.36	4.68	110.92	4.75	113.52	4.83
2∟100×16	59.25	46.51	107.96	4.27	113.16	4.41	115.89	4.49	118.66	4.56	121.49	4.64	124.38	4.72	127.33	4.80	130.33	4.87
2∟110×7	30.39	23.86	56.48	4.52	56.80	4.65	60.01	4.72	61.25	4.79	62.52	4.86	63.82	4.94	65.15	5.01	66.51	5.08
2∟110×8	34.48	27.06	64.58	4.54	67.25	4.67	68.65	4.74	70.07	4.81	71.54	4.88	73.03	4.96	74.56	5.03	76.13	5.10
2∟110×10	42.52	33.38	80.84	4.57	84.24	4.71	86.00	4.78	87.81	4.85	89.66	4.92	91.56	5.00	93.49	5.07	95.46	5.15
2∟110×12	50.40	39.56	97.20	4.61	101.34	4.75	103.48	4.82	105.68	4.89	107.93	4.96	110.22	5.04	113.57	5.11	114.96	5.19
2∟110×14	58.11	45.62	113.67	4.64	118.56	4.78	121.10	4.85	123.69	4.93	126.34	5.00	129.05	5.08	131.81	5.15	134.62	5.23

续表

角钢型号	两个角钢的截面面积/cm^2	两个角钢的质量/(kg/m)	y—y 轴截面特性　a—角钢肢背之间的距离															
			a=0mm		a=4mm		a=6mm		a=8mm		a=10mm		a=12mm		a=14mm		a=16mm	
			W_y/cm^3	i_y/cm	W_y/cm^3	i_y/cm	W_y/cm^3	i_y/cm	W_y/cm^3	i_y/cm	W_y/cm^3	i_y/cm	W_y/cm^3	i_y/cm	W_y/cm^3	i_y/cm	W_y/cm^3	i_y/cm
2∟125×8	39.50	31.01	83.36	5.14	86.36	5.27	87.92	5.34	89.52	5.41	91.15	5.48	92.81	5.55	94.52	5.62	96.25	5.69
2∟125×10	48.75	38.27	104.31	5.17	108.12	5.31	110.09	5.38	112.11	5.45	114.14	5.52	116.28	5.59	118.43	5.66	120.62	5.74
2∟125×12	57.82	45.39	125.35	5.21	129.98	5.34	132.38	5.41	134.84	5.48	137.34	5.56	139.89	5.63	142.49	5.70	145.15	5.78
2∟125×14	66.73	52.39	146.50	5.24	151.98	5.38	154.82	5.45	157.71	5.52	160.66	5.59	163.67	5.67	166.73	5.74	169.85	5.82
2∟140×10	54.75	42.98	130.73	5.78	134.94	5.92	137.12	5.98	139.34	6.05	141.61	6.12	143.92	6.20	146.27	6.27	148.67	6.34
2∟140×12	65.02	51.04	157.04	5.81	162.16	5.95	164.81	6.02	167.50	6.09	170.25	6.16	173.06	6.23	175.91	6.31	178.81	6.38
2∟140×14	75.13	58.98	183.46	5.85	189.51	5.98	192.63	6.06	195.82	6.13	199.06	6.20	202.36	6.27	205.72	6.34	209.13	6.42
2∟140×16	85.08	66.79	210.01	5.88	217.01	6.02	220.62	6.09	224.29	6.16	228.03	6.23	231.84	6.31	235.71	6.38	239.64	6.46
2∟160×10	63.00	49.46	170.67	6.58	175.42	6.72	177.87	5.78	180.37	6.85	182.91	6.92	185.50	6.99	188.14	7.06	190.81	7.13
2∟160×12	74.88	85.78	204.95	6.62	210.43	6.75	213.70	6.82	216.73	6.89	219.81	6.96	222.95	7.03	226.14	7.10	229.38	7.17
2∟160×14	86.59	67.97	239.33	6.65	246.10	6.79	249.67	6.86	253.24	6.93	256.87	7.00	260.56	7.07	264.32	7.14	268.13	7.21
2∟160×16	98.13	77.04	273.85	6.68	281.74	6.82	285.79	6.89	289.91	6.96	294.10	7.03	298.36	7.10	302.68	7.18	307.07	7.25
2∟180×12	84.48	66.32	259.20	7.43	265.62	7.56	268.92	7.63	272.27	7.70	275.68	7.77	279.14	7.84	282.66	7.91	286.23	7.98
2∟180×14	97.79	76.77	302.61	7.46	310.19	7.60	314.07	7.67	318.02	7.74	322.04	7.81	326.11	7.88	330.25	7.95	334.45	8.02
2∟180×16	110.93	87.08	346.14	7.49	354.90	7.63	359.38	7.70	363.94	7.77	368.57	7.84	373.27	7.91	378.03	7.98	382.86	8.06
2∟180×18	123.91	97.27	389.82	7.53	399.77	7.66	404.86	7.73	410.04	7.80	415.29	7.87	420.62	7.95	426.02	8.02	431.50	8.09
2∟200×14	109.28	85.79	373.41	8.27	381.75	8.40	386.02	8.47	390.36	8.54	394.76	8.61	399.22	8.67	403.75	8.75	408.33	8.82
2∟200×16	124.03	97.36	427.04	8.30	436.67	8.43	441.59	8.50	446.59	8.57	451.66	8.64	456.80	8.71	462.02	8.78	467.30	8.85
2∟200×18	138.60	108.80	480.81	8.33	491.75	8.47	497.34	8.53	503.01	8.60	508.76	8.67	514.59	8.75	520.50	8.82	526.48	8.89
2∟200×20	153.01	120.11	534.75	8.36	547.01	8.50	553.28	8.57	559.63	8.64	566.07	8.71	572.60	8.78	579.21	8.85	585.91	8.92
2∟200×24	181.32	142.34	643.20	8.42	658.16	8.56	665.80	8.63	673.55	8.71	681.39	8.78	689.34	8.85	697.38	8.92	705.52	9.00

附表5-4　热轧不等边角钢组合截面特性表

角钢型号	两角钢的截面面积/cm²	两角钢的质量/(kg/m)	长肢相连时绕 $y-y$ 轴回转半径 i_y								短肢相连时绕 $y-y$ 轴回转半径 i_y							
			a/mm								a/mm							
			0	4	6	8	10	12	14	16	0	4	6	8	10	12	14	16
2∟25×16×3	2.32	1.82	0.61	0.76	0.84	0.93	1.02	1.11	1.20	1.30	1.16	1.32	1.40	1.48	1.57	1.66	1.74	1.83
2∟25×16×4	3.00	2.35	0.63	0.78	0.87	0.96	1.05	1.14	1.23	1.33	1.18	1.34	1.42	1.51	1.60	1.68	1.77	1.86
2∟32×20×3	2.98	2.24	0.74	0.89	0.97	1.05	1.14	1.23	1.32	1.41	1.48	1.63	1.71	1.79	1.88	1.96	2.05	2.14
2∟32×20×4	3.88	3.04	0.76	0.91	0.99	1.08	1.16	1.25	1.34	1.44	1.50	1.66	1.74	1.82	1.90	1.99	2.08	2.17
2∟40×25×3	3.78	2.97	0.92	1.06	1.13	1.21	1.30	1.38	1.47	1.56	1.84	1.99	2.07	2.14	2.23	2.31	2.39	2.48
2∟40×25×4	4.93	3.87	0.93	1.08	1.16	1.24	1.32	1.41	1.50	1.58	1.86	2.01	2.09	2.17	2.25	2.34	2.42	2.51
2∟45×28×3	4.30	3.37	1.02	1.15	1.23	1.31	1.39	1.47	1.56	1.64	2.06	2.21	2.28	2.36	2.44	2.52	2.60	2.69
2∟45×28×4	5.61	4.41	1.03	1.18	1.25	1.33	1.41	1.50	1.59	1.67	2.08	2.23	2.31	2.39	2.47	2.55	2.63	2.72
2∟50×32×3	4.86	3.82	1.17	1.30	1.37	1.45	1.53	1.61	1.69	1.78	2.27	2.41	2.49	2.56	2.64	2.72	2.81	2.89
2∟50×32×4	6.35	4.99	1.18	1.32	1.40	1.47	1.55	1.64	1.72	1.81	2.29	2.44	2.51	2.59	2.67	2.75	2.84	2.92
2∟56×36×3	5.49	4.31	1.31	1.44	1.51	1.59	1.66	1.74	1.83	1.91	2.53	2.67	2.75	2.82	2.90	2.98	3.06	3.14
2∟56×36×4	7.18	5.64	1.33	1.46	1.53	1.61	1.69	1.77	1.85	1.94	2.55	2.70	2.77	2.85	2.93	3.01	3.09	3.17
2∟56×36×5	8.83	6.93	1.34	1.48	1.56	1.63	1.71	1.79	1.88	1.96	2.57	2.72	2.80	2.88	2.96	3.04	3.12	3.20
2∟63×40×4	8.12	6.37	1.46	1.59	1.66	1.74	1.81	1.89	1.97	2.06	2.86	3.01	3.09	3.16	3.24	3.32	3.40	3.48
2∟63×40×5	9.99	7.84	1.47	1.61	1.68	1.76	1.84	1.92	2.00	2.08	2.89	3.03	3.11	3.19	3.27	3.35	3.43	3.51
2∟63×40×6	11.82	9.28	1.49	1.63	1.71	1.78	1.86	1.94	2.03	2.11	2.91	3.06	3.13	3.21	3.29	3.37	3.45	3.53
2∟63×40×7	13.60	10.68	1.51	1.65	1.73	1.81	1.89	1.97	2.05	2.14	2.93	3.08	3.16	3.24	3.32	3.40	3.48	3.56
2∟70×45×4	9.11	7.15	1.64	1.77	1.84	1.91	1.99	2.07	2.15	2.23	3.17	3.31	3.39	3.46	3.54	3.62	3.69	3.77
2∟70×45×5	11.22	8.81	1.66	1.79	1.86	1.94	2.01	2.09	2.17	2.25	3.19	3.34	3.41	3.49	3.57	3.64	3.72	3.80
2∟70×45×6	13.29	10.43	1.67	1.81	1.88	1.96	2.04	2.11	2.20	2.28	3.21	3.36	3.44	3.51	3.59	3.67	3.75	3.83
2∟70×45×7	15.31	12.02	1.69	1.83	1.98	1.98	2.06	2.14	2.22	2.30	3.23	3.38	3.46	3.54	3.61	3.69	3.77	3.86

续表

角钢型号	两角钢的截面面积/cm^2	两角钢的质量/(kg/m)	长肢相连时绕 $y-y$ 轴回转半径 i_y								短肢相连时绕 $y-y$ 轴回转半径 i_y							
			a/mm								a/mm							
			0	4	6	8	10	12	14	16	0	4	6	8	10	12	14	16
2∟75×50×5	12.25	9.62	1.85	1.99	2.06	2.13	2.20	2.28	2.36	2.44	3.39	3.53	3.60	3.68	3.76	3.83	3.91	3.99
2∟75×50×6	14.52	11.40	1.87	2.00	2.08	2.15	2.23	2.30	2.38	2.46	3.41	3.55	3.63	3.70	3.78	3.86	3.94	4.02
2∟75×50×8	18.93	14.86	1.90	2.04	2.12	2.19	2.27	2.35	2.43	2.51	3.45	3.60	3.67	3.75	3.83	3.91	3.99	4.07
2∟75×50×10	23.18	18.20	1.94	2.08	2.16	2.24	2.31	2.40	2.48	2.56	3.49	3.64	3.71	3.79	3.87	3.95	4.03	4.12
2∟80×50×5	12.75	10.01	1.82	1.95	2.02	2.09	2.17	2.24	2.32	2.40	3.66	3.80	3.88	3.95	4.03	4.10	4.18	4.26
2∟80×50×6	15.12	11.87	1.83	1.97	2.04	2.11	2.19	2.27	2.34	2.43	3.68	3.82	3.90	3.98	4.05	4.13	4.21	4.29
2∟80×50×7	17.45	13.70	1.85	1.99	2.06	2.13	2.21	2.29	2.37	2.45	3.70	3.85	3.92	4.00	4.08	4.16	4.23	4.32
2∟80×50×8	19.73	15.49	1.86	2.00	2.08	2.15	2.23	2.31	2.39	2.47	3.72	3.87	3.94	4.02	4.10	4.18	4.26	4.34
2∟90×56×5	14.42	11.32	2.02	2.15	2.22	2.29	2.36	2.44	2.52	2.59	4.10	4.25	4.32	4.39	4.47	4.55	4.62	4.70
2∟90×56×6	17.11	13.43	2.04	2.17	2.24	2.31	2.39	2.46	2.54	2.62	4.12	4.27	4.34	4.42	4.50	4.57	4.65	4.73
2∟90×56×7	19.76	15.51	2.05	2.19	2.26	2.33	2.41	2.48	2.56	2.54	4.15	4.29	4.37	4.44	4.52	4.60	4.68	4.76
2∟90×56×8	22.37	17.56	2.07	2.21	2.28	2.35	2.43	2.51	2.59	2.67	4.17	4.31	4.39	4.47	4.54	4.62	4.70	4.78
2∟100×63×6	19.23	15.10	2.29	2.42	2.49	2.56	2.63	2.71	2.78	2.86	4.56	4.70	4.77	4.85	4.92	5.00	5.08	5.16
2∟100×63×7	22.22	17.44	2.31	2.44	2.51	2.58	2.65	2.73	2.80	2.88	4.58	4.72	4.80	4.87	4.95	5.03	5.10	5.18
2∟100×63×8	25.17	19.76	2.32	2.46	2.53	2.60	2.67	2.75	2.83	2.91	5.46	4.75	4.82	4.90	4.97	5.05	5.13	5.21
2∟100×63×10	30.93	24.28	2.35	2.49	2.57	2.64	2.72	2.79	2.87	2.95	4.64	4.79	4.86	4.94	5.02	5.10	5.18	5.26
2∟100×80×6	21.27	16.70	2.11	2.24	3.31	3.38	3.45	3.52	3.59	3.67	4.33	4.47	4.54	4.62	4.69	4.76	4.84	4.91
2∟100×80×7	24.60	19.31	3.12	3.26	3.32	3.39	3.47	3.54	3.61	3.69	4.35	4.49	4.57	4.64	4.71	4.79	4.86	4.94
2∟100×80×8	27.89	21.89	3.14	3.27	3.34	3.41	3.49	3.56	3.64	3.71	4.37	4.51	4.59	4.66	4.73	4.81	4.88	4.96
2∟100×80×10	34.33	26.95	3.17	3.31	3.38	3.45	3.53	3.60	3.68	3.75	4.41	4.55	4.63	4.70	4.78	4.85	4.93	5.01

续表

角钢型号	两角钢的截面面积/cm^2	两角钢的质量/(kg/m)	长肢相连时绕 y—y 轴回转半径 i_y								短肢相连时绕 y—y 轴回转半径 i_y							
			a/mm								a/mm							
			0	4	6	8	10	12	14	16	0	4	6	8	10	12	14	16
2∟110×70×6	21.27	16.70	2.55	2.68	2.74	2.81	2.88	2.96	3.03	3.11	5.00	5.14	5.21	5.29	5.36	5.44	5.51	5.59
2∟110×70×7	24.60	19.31	2.56	2.69	2.76	2.83	2.90	2.98	3.05	3.13	5.02	5.16	5.24	5.31	5.39	5.46	5.53	5.62
2∟110×70×8	27.89	21.89	2.58	2.71	2.78	2.85	2.92	3.00	3.07	3.15	5.04	5.19	5.26	5.34	5.41	5.49	5.56	5.64
2∟110×70×10	34.33	26.95	2.61	2.74	2.82	2.89	2.96	3.04	3.12	3.19	5.08	5.23	5.30	5.38	5.46	5.53	5.61	5.69
2∟125×80×7	28.19	22.13	2.92	3.05	3.13	3.18	3.25	3.33	3.40	3.47	5.68	5.82	5.90	5.97	6.04	6.12	6.20	6.27
2∟125×80×8	31.98	25.10	2.94	3.07	3.15	3.20	3.27	3.35	3.42	3.49	5.70	5.85	5.92	5.99	6.07	6.14	6.22	6.30
2∟125×80×10	39.42	30.95	2.97	3.10	3.17	3.24	3.31	3.39	3.46	3.54	5.74	5.89	5.96	6.04	6.11	6.19	6.27	6.34
2∟125×80×12	46.70	36.66	3.00	3.13	3.20	3.28	3.35	3.43	3.50	3.58	5.78	5.93	6.00	6.08	6.16	6.23	6.31	6.39
2∟140×90×8	36.08	28.32	3.29	3.42	3.49	3.56	3.63	3.70	3.77	3.84	6.36	6.51	6.58	6.65	6.73	6.80	6.88	6.95
2∟140×90×10	44.52	34.95	3.32	3.45	3.52	3.59	3.66	3.73	3.81	3.88	6.40	6.55	6.62	6.70	6.77	6.85	6.92	7.00
2∟140×90×12	52.80	41.45	3.35	3.49	3.56	3.63	3.70	3.77	3.85	3.92	6.44	6.59	6.66	6.74	6.81	6.89	6.97	7.04
2∟140×90×14	60.91	47.82	3.38	3.52	3.59	3.66	3.74	3.81	3.89	3.97	6.48	6.63	6.70	6.78	6.86	6.93	7.01	7.09
2∟160×100×10	50.63	39.74	3.65	3.77	3.84	3.91	3.98	4.05	4.12	4.19	7.34	7.48	7.55	7.63	7.70	7.78	7.85	7.93
2∟160×100×12	60.11	47.18	3.68	3.81	3.87	3.94	4.01	4.09	4.16	4.23	7.38	7.52	7.60	7.67	7.75	7.82	7.90	7.97
2∟160×100×14	69.42	54.49	3.70	3.84	3.91	3.98	4.05	4.12	4.20	4.27	7.42	7.56	7.64	7.71	7.79	7.86	7.94	8.02
2∟160×100×16	78.56	61.67	3.74	3.87	3.94	4.02	4.09	4.16	4.24	4.31	7.45	7.60	7.68	7.75	7.83	7.90	7.98	8.06
2∟180×110×10	56.75	44.55	3.97	4.10	4.16	4.23	4.30	4.36	4.44	4.51	8.27	8.41	8.49	8.56	8.63	8.71	8.78	8.36
2∟180×110×12	67.42	52.93	4.00	4.13	4.19	4.26	4.33	4.40	4.47	4.54	8.31	8.46	8.53	8.60	8.68	8.75	8.83	8.90
2∟180×110×14	77.93	61.18	4.03	4.16	4.23	4.30	4.37	4.44	4.51	4.58	8.35	8.50	8.57	8.64	8.72	8.79	8.87	8.95
2∟180×110×16	88.28	69.30	4.06	4.19	4.26	4.33	4.40	4.47	4.55	4.62	8.39	8.53	8.61	8.68	8.76	8.84	8.91	8.99
2∟200×125×12	75.82	59.52	4.56	4.69	4.75	4.82	4.88	4.95	5.02	5.09	9.18	9.32	9.39	9.47	9.54	9.62	9.69	9.76
2∟200×125×14	87.73	68.87	4.59	4.72	4.78	4.85	4.92	4.99	5.06	5.13	9.22	9.36	9.43	9.51	9.58	9.66	9.73	9.81
2∟200×125×16	99.48	78.09	4.61	4.75	4.81	4.88	4.95	5.02	5.09	5.17	9.25	9.40	9.47	9.55	9.62	9.70	9.77	9.85
2∟200×125×18	111.05	87.18	4.64	4.78	4.85	4.92	4.99	5.06	5.13	5.21	9.29	9.44	9.51	9.59	9.66	9.74	9.81	9.89

附表 5 - 5　热轧普通工字钢规格及截面特性

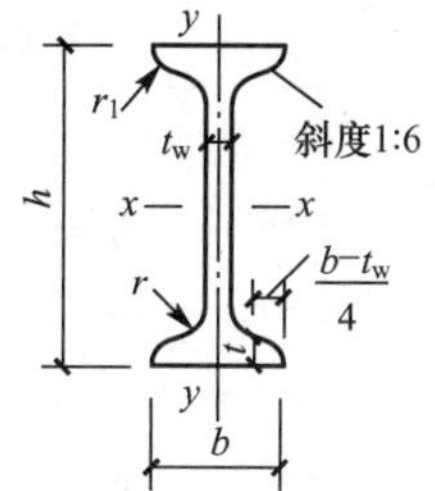

I—截面惯性矩；

W—截面抵抗矩；

S—半截面面积矩；

i—截面回转半径。

型号	尺寸/mm						截面面积 A/cm²	每米质量/(kg/m)	截面特性						
									$x-x$ 轴				$y-y$ 轴		
	h	b	t_w	t	r	r_1			I_x/cm⁴	W_x/cm³	S_x/cm³	i_x/cm	I_y/cm⁴	W_y/cm³	i_y/cm
⌶10	100	68	4.5	7.6	6.5	3.3	14.33	11.25	245	49.0	28.2	4.14	32.8	9.6	1.51
⌶12.6	126	74	5.0	8.4	7.0	3.5	18.10	14.21	488	77.4	44.2	5.19	46.9	12.7	1.61
⌶14	140	80	5.5	9.1	7.5	3.8	21.50	16.88	712	101.7	58.4	5.75	64.3	16.1	1.73
⌶16	160	88	6.0	9.9	8.0	4.0	26.11	20.50	1127	140.9	80.8	6.57	93.1	21.1	1.89
⌶18	180	94	6.5	10.7	8.5	4.3	30.74	24.13	1699	185.4	106.5	7.37	122.9	26.2	2.00
⌶20a	200	100	7.0	11.4	9.0	4.5	35.55	27.91	2369	236.9	136.1	8.16	157.9	31.6	2.11
⌶20b	200	102	9.0	11.4	9.0	4.5	39.55	31.05	2502	250.2	146.1	7.95	169.0	33.1	2.07
⌶22a	220	110	7.5	12.3	9.5	4.8	42.10	33.05	3406	309.6	177.7	8.99	225.9	41.1	2.32
⌶22b	220	112	9.5	12.3	9.5	4.8	46.50	36.50	3583	325.8	189.8	8.78	240.2	42.9	2.27
⌶25a	250	116	8.0	13.0	10.0	5.0	48.51	38.08	5017	401.4	230.7	10.17	280.4	48.4	2.40
⌶25b	250	118	10.0	13.0	10.0	5.0	53.51	42.01	5278	422.2	246.3	9.93	297.3	50.4	2.36
⌶28a	280	122	8.5	13.7	10.5	5.3	55.37	43.47	7115	508.2	292.7	11.34	344.1	56.4	2.49
⌶28b	280	124	10.5	13.7	10.5	5.3	60.97	47.86	7481	534.4	312.3	11.08	363.8	58.7	2.44
⌶32a	320	130	9.5	15.0	11.5	5.8	67.12	52.69	11080	692.5	400.5	12.85	459.0	70.6	2.62
⌶32b	320	132	11.5	15.0	11.5	5.8	73.52	57.7	11626	726.7	426.1	12.58	48308	73.3	2.57
⌶32c	320	134	13.5	15.0	11.5	5.8	79.92	62.74	12173	760.8	451.7	12.34	510.1	76.1	2.53
⌶36a	360	136	10.0	15.8	12.0	6.0	76.44	60.00	15796	877.6	508.8	12.38	554.9	81.6	2.69
⌶36b	360	138	12.0	15.8	12.0	6.0	83.64	65.66	16574	920.8	541.2	14.08	583.6	84.6	2.64
⌶36c	360	140	14.0	15.8	12.0	6.0	90.84	71.31	17351	964.0	573.6	13.82	614.0	87.7	2.60
⌶40a	400	142	10.5	16.5	12.5	6.3	86.07	67.56	21714	1085.7	631.2	15.88	659.9	92.9	2.77
⌶40b	400	144	12.5	16.5	12.5	6.3	94.07	73.84	22781	1139.0	671.2	15.56	692.8	96.2	2.71
⌶40c	400	146	14.5	16.5	12.5	6.3	102.07	80.12	23847	1192.4	711.2	15.29	727.5	99.7	2.67
⌶45a	450	150	11.5	18.0	13.5	6.8	102.40	80.38	32241	1432.9	836.4	17.74	855.0	114.0	2.89
⌶45b	450	152	13.5	18.0	13.5	6.8	111.40	87.45	33759	1500.4	887.1	17.41	895.4	117.8	2.84
⌶45c	450	154	15.5	18.0	13.5	6.8	120.40	94.51	35278	1567.9	937.7	17.12	938.0	121.8	2.79
⌶50a	500	158	12.0	20.0	14.0	7.0	119.25	93.61	46472	1858.9	1084.1	19.74	1121.5	142.0	3.07
⌶50b	500	160	14.0	20.0	14.0	7.0	129.25	101.46	48556	1942.2	1146.6	19.38	1171.4	146.4	3.01

续表

型号	尺寸/mm						截面面积 A/cm²	每米质量/(kg/m)	截面特性						
									x—x 轴				y—y 轴		
	h	b	t_w	t	r	r_1			I_x/cm⁴	W_x/cm³	S_x/cm³	i_x/cm	I_y/cm⁴	W_y/cm³	i_y/cm
Ⅰ50c	500	162	16.0	20.0	14.0	7.0	139.25	109.31	50639	2025.6	1209.1	19.07	1223.9	151.1	2.96
Ⅰ56a	560	166	12.5	21.0	14.5	7.3	135.38	106.27	65576	2342.0	1368.8	22.01	1365.8	164.6	2.18
Ⅰ56b	560	168	14.5	21.0	14.5	7.3	146.58	115.06	68503	2446.5	1447.2	21.62	1423.8	169.5	3.12
Ⅰ56c	560	170	16.5	21.0	14.5	7.3	157.78	123.85	71430	2551.1	1525.6	21.28	1484.8	174.7	3.07
Ⅰ63a	630	176	13.0	22.0	15.0	7.5	154.59	121.36	94004	2984.3	1747.4	24.66	1702.4	193.5	3.32
Ⅰ63b	630	178	15.0	22.0	15.0	7.5	167.19	131.35	98171	3116.6	1846.6	24.23	1770.7	199.0	3.25
Ⅰ63c	630	180	17.0	22.0	15.0	7.5	179.79	141.14	102339	3248.9	1945.9	2386	1842.4	204.7	3.20

注：普通工字钢的通常长度：Ⅰ10～Ⅰ18，为5～19m；Ⅰ20～Ⅰ63，为6～19m。

附表5-6　热轧轻型工字钢规格及截面特性

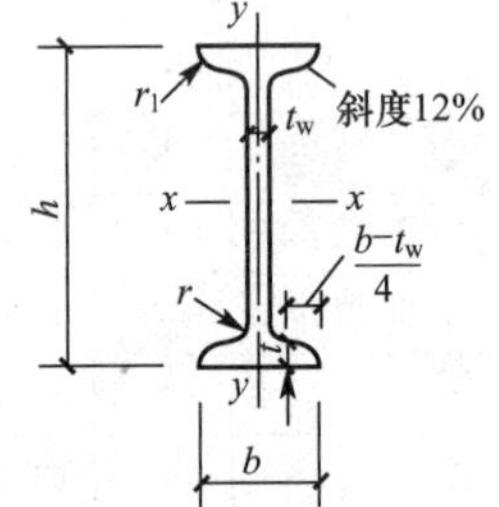

I—截面惯性矩；
W—截面抵抗矩；
S—半截面面积矩；
i—截面回转半径。

型号	尺寸/mm						截面面积 A/cm²	每米质量/(kg/m)	截面特性						
									x—x 轴				y—y 轴		
	h	b	t_w	t	r	r_1			I_x/cm⁴	W_x/cm³	S_x/cm³	i_x/cm	I_y/cm⁴	W_y/cm³	i_y/cm
Ⅰ10	100	55	4.5	7.2	7.0	2.5	12.05	9.46	198	39.7	23.0	4.06	17.9	6.5	1.22
Ⅰ12	120	64	4.8	7.3	7.5	3.0	14.71	11.55	351	58.4	33.7	4.88	27.9	8.7	1.38
Ⅰ14	140	73	4.9	7.5	8.0	3.0	17.43	13.68	572	81.7	46.8	5.73	41.9	11.5	1.55
Ⅰ16	160	81	5.0	7.8	8.5	3.5	20.24	15.89	873	109.2	62.3	6.57	58.6	14.5	1.70
Ⅰ18	180	90	5.1	8.1	9.0	3.5	23.38	18.35	1288	143.1	81.4	7.42	82.6	18.4	1.88
Ⅰ18a	180	100	5.1	8.3	9.0	3.5	25.38	19.92	1431	159.0	89.8	7.51	114.2	22.8	2.12
Ⅰ20	200	100	5.2	8.4	9.5	4.0	26.81	21.04	1840	184.0	104.2	8.28	115.4	23.1	2.08
Ⅰ20a	220	110	5.2	8.6	9.5	4.0	28.91	22.69	2027	202.7	114.1	8.37	154.9	28.2	2.32
Ⅰ22	220	110	5.4	8.7	10.0	4.0	30.62	24.04	2554	232.1	131.2	9.13	157.4	28.6	2.27
Ⅰ22a	220	120	5.4	8.9	10.0	4.0	32.82	25.76	2792	253.8	142.7	9.22	205.9	34.3	2.50
Ⅰ24	240	115	5.6	9.5	10.5	4.0	34.83	27.35	3465	288.7	163.1	9.97	198.5	34.5	2.39
Ⅰ24a	240	125	5.6	9.8	10.5	4.0	37.45	29.40	3801	316.7	177.9	10.07	260.0	41.6	2.63

续表

型号	尺寸/mm						截面面积 A/ cm^2	每米重量/ (kg/m)	截面特性						
									$x-x$ 轴				$y-y$ 轴		
	h	b	t_w	t	r	r_1			I_x/ cm^4	W_x/ cm^3	S_x/ cm^3	i_x/ cm	I_y/ cm^4	W_y/ cm^3	i_y/ cm
I 27	270	125	6.0	9.8	11.0	4.5	40.17	31.54	5011	371.2	210.0	11.17	259.6	41.5	2.54
I 27a	270	135	6.0	10.2	11.0	4.5	43.17	33.89	5500	407.4	229.1	11.29	337.5	50.0	2.80
I 30	300	135	6.5	10.2	12.0	5.0	46.48	36.49	7084	472.3	267.8	12.35	337.0	49.9	2.69
I 30a	300	145	6.5	10.7	12.0	5.0	49.91	39.18	7776	518.4	292.1	12.48	435.8	60.1	2.95
I 33	330	140	7.0	11.2	13.0	5.0	53.82	42.25	9845	596.6	339.2	13.52	419.4	59.9	2.79
I 36	360	145	7.5	12.3	14.0	6.0	61.86	48.56	13377	743.2	423.3	14.71	515.8	71.2	2.89
I 40	400	155	8.0	13.0	15.0	6.0	71.44	56.08	18932	946.6	540.1	16.28	666.3	86.0	3.05
I 45	450	160	8.6	14.2	16.0	7.0	83.03	65.18	27446	1219.8	699.0	18.18	806.9	100.9	3.12
I 50	500	170	9.5	15.2	17.0	7.0	97.84	76.81	39295	1571.8	905.0	20.04	1041.8	122.6	3.26
I 55	550	180	10.3	16.5	18.0	7.0	114.43	89.83	55155	2005.6	1157.7	21.95	1353.0	150.3	3.44
I 60	600	190	11.1	17.8	20.0	8.0	132.46	103.98	75456	2515.2	1455.0	23.07	1720.1	181.1	3.60
I 65	650	200	12.0	19.2	22.0	9.0	152.80	119.94	101412	3120.4	1809.4	25.76	2170.1	217.0	3.77
I 70	700	210	13.0	20.8	24.0	10.0	176.03	138.18	134609	3846.0	2235.1	27.65	2733.3	260.3	3.94
I 70a	700	210	15.0	24.0	24.0	10.0	201.67	158.31	152706	4363.0	2547.5	27.52	3243.5	308.9	4.01
I 70b	700	210	17.5	28.2	24.0	10.0	234.14	183.80	175374	5010.7	2941.6	27.37	3914.7	372.8	4.09

注：轻型工字钢的通常长度：I 10～I 18，为 5～19m；I 20～I 70，为 6～19m。

附表 5-7　热轧普通槽钢的规格及截面特性

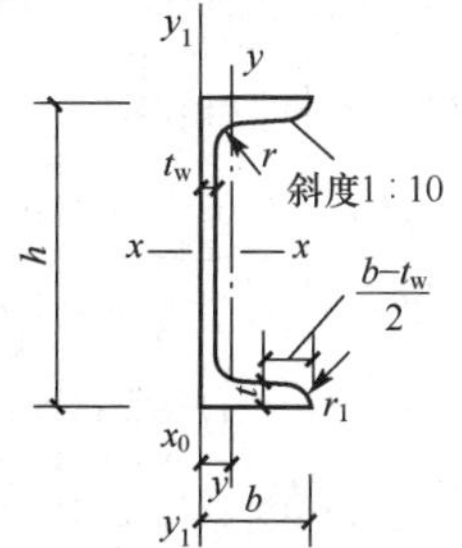

I—截面惯性矩；

W—截面抵抗矩；

S—半截面面积矩；

i—截面回转半径。

型号	尺寸/mm						截面面积 A/ cm^2	每米质量/ (kg/m)	截面特性										
									x_0/ cm	$x-x$ 轴				$y-y$ 轴				y_1-y_1 轴
	h	b	t_w	t	r	r_1				I_x/ cm^4	W_x/ cm^3	S_x/ cm^3	i_x/ cm	I_y/ cm^4	W_{ymax}/ cm^3	W_{ymin}/ cm^3	i_y/ cm	I_{y1}/ cm^4
[5	50	37	4.5	7.0	7.0	3.50	6.92	5.44	1.33	26.0	10.4	6.4	1.94	8.3	6.2	3.5	1.10	20.9
[6.3	63	40	4.8	7.5	7.5	3.75	8.45	6.63	1.39	51.2	16.3	9.8	2.46	11.9	8.5	4.6	1.19	28.3
[8	80	43	5.0	8.0	8.0	4.00	10.24	8.04	1.42	101.3	25.3	15.1	3.14	16.6	11.7	5.8	1.27	37.4

续表

型号	尺寸/mm						截面面积 A/cm^2	每米质量/(kg/m)	截面特性									
									x_0/cm	$x-x$ 轴				$y-y$ 轴				y_1-y_1 轴
	h	b	t_w	t	r	r_1				I_x/cm^4	W_x/cm^3	S_x/cm^3	i_x/cm	I_y/cm^4	W_{ymax}/cm^3	W_{ymin}/cm^3	i_y/cm	I_{y1}/cm^4
[10	100	48	5.3	8.5	8.5	4.25	12.74	10.00	1.52	198.3	39.7	23.5	3.94	25.6	16.9	7.8	1.42	54.9
[12.6	126	53	5.5	9.0	9.0	4.50	15.69	12.31	1.59	388.5	61.7	36.4	4.98	38.0	23.9	10.3	1.56	77.8
[14a	140	58	6.0	9.5	9.5	4.75	18.51	14.53	1.71	563.7	80.5	47.5	5.52	53.2	31.2	13.0	1.70	107.2
[14b	140	60	8.0	9.5	9.5	4.75	21.31	16.73	1.67	609.4	87.1	52.4	5.35	61.2	36.6	14.1	1.69	120.6
[16a	160	63	6.5	10.0	10.0	5.00	21.95	17.23	1.79	866.2	108.3	63.9	6.28	73.4	40.9	16.3	1.83	144.1
[16b	160	65	8.5	10.0	10.0	5.00	25.15	19.75	1.75	934.5	116.8	70.3	6.10	83.4	47.6	17.6	1.82	160.8
[18a	180	68	7.0	10.5	10.5	5.25	25.69	20.17	1.88	1272.7	141.4	83.5	7.04	98.6	52.3	20.0	1.96	189.7
[18b	180	70	9.0	10.5	10.5	5.25	29.29	22.99	1.84	1369.9	152.2	91.6	6.84	111.0	60.4	21.5	1.95	210.1
[20a	200	73	7.0	11.0	11.0	5.50	28.83	22.63	2.01	1780.4	178.0	104.7	7.86	128.0	63.8	24.2	2.11	244.0
[20b	200	75	9.0	11.0	11.0	5.50	32.83	25.77	1.95	1913.7	191.4	114.7	7.64	143.6	73.7	25.9	2.09	268.4
[22a	220	77	7.0	11.5	11.5	5.75	31.84	24.99	2.10	2393.9	217.6	127.6	8.67	157.8	75.1	28.2	2.23	298.2
[22b	220	79	9.0	11.5	11.5	5.75	36.24	28.45	2.03	2571.3	233.8	139.7	8.42	176.5	86.8	30.1	2.21	326.3
[25a	250	78	7.0	12.0	12.0	6.00	34.91	27.40	2.07	3359.1	268.7	157.8	9.81	175.9	85.1	30.7	2.24	324.8
[25b	250	80	9.0	12.0	12.0	6.00	39.91	31.33	1.99	3619.5	289.6	173.5	9.52	196.4	98.5	32.7	2.22	355.1
[25c	250	82	11.0	12.0	12.0	6.00	44.91	35.25	1.96	3880.0	310.4	189.1	9.30	215.9	110.1	34.6	2.19	288.6
[28a	280	82	7.5	12.5	12.5	6.25	40.02	31.42	2.09	4752.5	339.5	200.2	10.90	217.9	104.1	35.7	2.33	393.3
[28b	280	84	9.5	12.5	12.5	6.25	45.62	35.81	2.02	5118.4	365.6	219.8	10.59	241.5	119.3	37.9	2.30	428.5
[28c	280	86	11.5	12.5	12.5	6.25	51.22	40.21	1.99	5484.3	391.7	239.4	10.35	264.1	132.6	40.0	2.27	467.3
[32a	320	88	8.0	14.0	14.0	7.00	48.50	38.07	2.24	7510.6	469.4	276.9	12.44	304.7	136.2	46.4	2.51	547.5
[32b	320	90	10.0	14.0	14.0	7.00	54.90	43.10	2.16	8056.8	503.5	302.5	12.11	335.6	155.0	49.1	2.47	592.9
[32c	320	92	12.0	14.0	14.0	7.00	61.30	48.12	2.13	8602.9	537.7	328.1	11.85	365.0	171.5	51.6	2.44	642.7
[36a	360	96	9.0	16.0	16.0	8.00	60.89	47.80	2.44	11874.1	659.7	389.9	13.96	455.0	186.2	63.6	2.73	818.5
[36b	360	98	11.0	16.0	16.0	8.00	68.09	53.45	2.37	12651.7	702.9	422.3	13.63	496.7	209.2	66.9	2.70	880.5
[36c	360	100	13.0	16.0	16.0	8.00	75.29	59.10	2.34	13429.3	746.1	454.7	13.36	536.6	229.5	70.0	2.67	948.0
[40a	400	100	10.5	18.0	18.0	9.00	75.04	58.91	2.49	17577.7	878.9	524.4	15.30	592.0	237.6	78.8	2.81	1057.9
[40b	400	102	12.5	18.0	18.0	9.00	83.04	65.19	2.44	18644.4	932.2	564.4	14.98	640.6	262.4	82.6	2.78	1135.8
[40c	400	104	14.5	18.0	18.0	9.00	91.04	71.47	2.42	19711.0	985.6	604.4	14.71	687.8	284.4	86.2	2.75	1220.3

注：普通槽钢的通常长度：[5～[8，为5～12m；[10～[18，为5～19m；[20～[40，为6～19m。

附表 5－8 热轧轻型槽钢的规格及截面特性

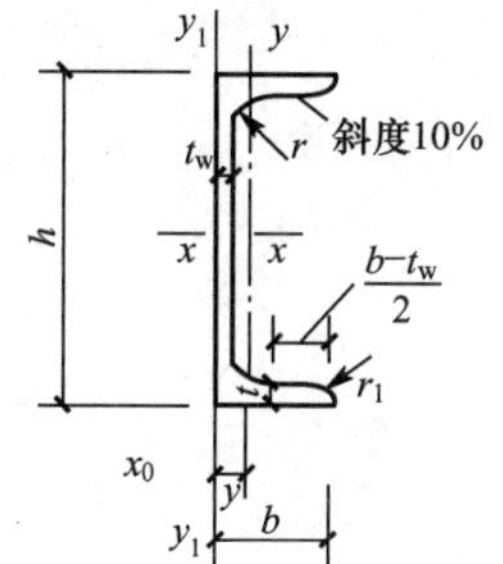

I—截面惯性矩；
W—截面抵抗矩；
S—半截面面积矩；
i—截面回转半径。

型号	尺寸/mm						截面面积 A/cm²	每米质量/(kg/m)	截面特性									
									x_0/cm	x—x 轴				y—y 轴				y_1—y_1 轴
	h	b	t_w	t	r	r_1				I_x/cm⁴	W_x/cm³	S_x/cm³	i_x/cm	I_y/cm⁴	W_{ymax}/cm³	W_{ymin}/cm³	i_y/cm	I_{y1}/cm⁴
[5	50	32	4.4	7.0	6.0	2.5	6.16	4.84	1.16	22.8	9.1	5.6	1.92	5.6	4.8	2.8	0.95	13.9
[6.5	65	36	4.4	7.2	6.0	2.5	7.51	5.70	1.24	48.6	15.0	9.0	2.54	8.7	7.0	3.7	1.08	20.2
[8	80	40	4.5	7.4	6.5	2.5	8.98	7.05	1.31	89.4	22.4	13.3	3.16	12.8	9.8	4.8	1.19	28.2
[10	100	46	4.5	7.6	7.0	3.0	10.94	8.59	1.44	173.9	34.8	20.4	3.99	20.4	14.2	6.5	1.37	43.0
[12	120	52	4.8	7.8	7.5	3.0	13.28	10.43	1.54	303.9	50.6	29.6	4.78	31.2	20.2	8.5	1.53	62.8
[14	140	58	4.9	8.1	8.0	3.0	15.65	12.28	1.67	491.1	70.2	40.8	5.60	45.4	27.1	11.0	1.70	89.2
[14a	140	62	4.9	8.7	8.0	3.0	16.98	13.33	1.87	544.8	77.8	45.1	5.66	57.5	30.7	13.3	1.84	116.9
[16	160	64	5.0	8.4	8.5	3.5	18.12	14.22	1.80	747.0	93.4	54.1	6.42	63.3	35.1	13.8	1.87	122.2
[16a	160	68	5.0	9.0	8.5	3.5	19.54	15.34	2.00	823.3	102.9	59.4	6.49	78.8	39.4	16.4	2.01	157.1
[18	180	70	5.1	8.7	9.0	3.5	20.71	16.25	1.94	1086.3	120.7	69.8	7.24	86.0	44.4	17.0	2.04	163.6
[18a	180	74	5.1	9.3	9.0	3.5	22.23	17.45	2.14	1190.7	132.3	76.1	7.32	105.4	49.4	20.0	2.18	206.7
[20	200	76	5.2	9.0	9.5	4.0	23.40	18.37	2.07	1522.0	152.2	87.8	8.07	113.4	54.9	20.5	2.20	213.3
[20a	200	80	5.2	9.7	9.5	4.0	25.16	19.75	2.28	1672.4	167.2	95.9	8.15	138.6	60.8	24.2	2.35	269.3
[22	220	82	5.4	9.5	10.0	4.0	26.72	20.97	2.21	2109.5	191.8	110.4	8.89	150.6	68.0	25.1	2.37	281.4
[22a	220	87	5.4	10.2	10.0	4.0	28.81	22.62	2.46	2327.3	211.6	121.1	8.99	187.1	76.1	30.0	2.55	361.3
[24	240	90	5.6	10.0	10.5	4.0	30.64	24.05	2.42	2901.1	241.8	138.8	9.73	207.6	85.7	31.6	2.60	387.4
[24a	240	95	5.6	10.7	10.5	4.0	32.89	25.82	2.67	3181.2	265.1	151.3	9.83	253.6	95.0	37.2	2.78	488.5
[27	270	95	6.0	10.5	11.0	4.5	35.23	27.66	2.47	4163.3	308.4	177.6	10.87	261.8	105.8	37.3	2.73	477.5
[30	300	100	6.5	11.0	12.0	5.0	40.47	31.77	2.52	5808.3	387.2	224.0	11.98	326.6	129.8	43.6	2.84	582.9
[33	330	105	7.0	11.7	13.0	5.0	46.52	36.52	2.59	7984.1	483.9	280.9	13.10	410.1	158.3	51.8	2.97	722.2
[36	360	110	7.5	12.6	14.0	6.0	53.37	41.90	2.68	10815.5	600.9	349.6	14.24	513.5	191.3	61.8	3.10	898.2
[40	400	115	8.0	13.5	15.0	6.0	61.53	48.30	2.75	15219.6	761.0	444.3	15.73	642.3	233.1	73.4	3.23	1109.2

注：轻型槽钢的通常长度：[5～[8，为 5～12m；[10～[18，为 5～19m；[20～[40，为 6～19m。

附表 5-9　宽、中、窄翼缘 H 型钢的规格及截面特性

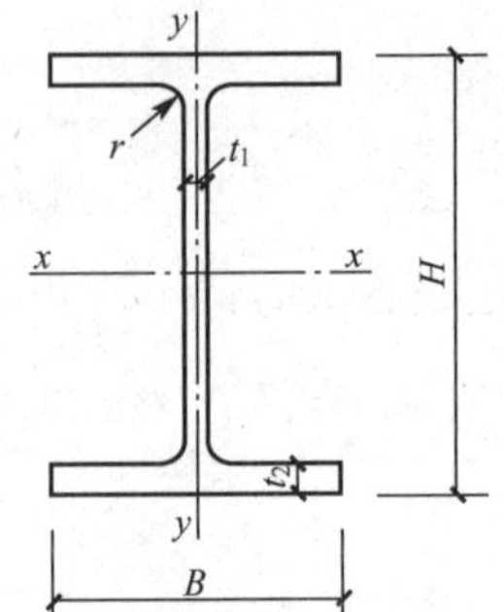

H—高度；

B—宽度；

t_1—腹板厚度；

t_2—翼缘厚度；

r—圆角半径。

类型	型号（高度×宽度）	截面尺寸/mm				截面面积/cm²	理论质量/(kg/m)	截面特性参数					
								惯性矩/cm⁴		惯性半径/cm		截面模量/cm³	
		$H\times B$	t_1	t_2	r			I_x	I_y	i_x	i_y	W_x	W_y
HW	100×100	100×100	6	8	10	21.90	17.2	383	134	4.18	2.47	76.5	26.7
	125×125	125×125	6.5	9	10	30.31	23.8	847	294	5.29	3.11	136	47.0
	150×150	150×150	7	10	13	40.55	31.9	1660	564	6.39	3.73	221	75.1
	175×175	175×175	7.5	11	13	51.43	40.3	2900	984	7.50	4.37	331	112
	200×200	200×200	8	12	16	64.28	50.5	4770	1600	8.61	4.99	477	160
		#200×204	12	12	16	72.28	56.7	5030	1700	8.35	4.85	503	167
	250×250	250×250	9	14	16	92.18	72.4	10800	3650	10.8	6.29	867	292
		#250×255	14	14	16	104.7	82.2	11500	3880	10.5	6.09	919	304
	300×300	#294×302	12	12	20	108.3	85.0	17000	5520	12.5	7.14	1160	365
		300×300	10	15	20	120.4	94.5	20500	6760	13.1	7.49	1370	450
		300×305	15	15	20	135.4	106	21600	7100	12.6	7.24	1440	466
	350×350	#344×348	10	16	20	146.0	115	33300	11200	15.1	8.78	1940	646
		350×350	12	19	20	173.9	137	40300	13600	15.2	8.84	2300	776
	400×400	#388×402	15	15	24	179.2	141	49200	16300	16.6	9.52	2540	809
		#394×398	11	18	24	187.6	147	56400	18900	17.3	10.0	2860	951
		400×400	13	21	24	219.5	172	66900	22400	17.5	10.1	3340	1120
		#400×408	21	21	24	251.5	197	71100	23800	16.8	9.73	3560	1170
		#414×405	18	28	24	296.2	233	93000	31000	17.7	10.2	4490	1530

续表

类型	型号（高度×宽度）	截面尺寸/mm				截面面积/cm^2	理论质量/(kg/m)	截面特性参数					
								惯性矩/cm^4		惯性半径/cm		截面模量/cm^3	
		$H\times B$	t_1	t_2	r			I_x	I_y	i_x	i_y	W_x	W_y
HW	400×400	#428×407	20	35	24	361.4	284	119000	39400	18.2	10.4	5580	1930
		*458×417	30	50	24	529.3	415	187000	60500	18.8	10.7	8180	2900
		*498×432	45	70	24	770.8	605	298000	94400	19.7	11.1	12000	4370
HM	150×100	148×100	6	9	13	27.25	21.4	1040	151	6.17	2.35	140	30.2
	200×150	194×150	6	9	16	39.76	31.2	2740	508	8.30	3.57	283	67.7
	250×175	244×175	7	11	16	56.24	44.1	6120	985	10.4	4.18	502	113
	300×200	294×200	8	12	20	73.03	57.3	11400	1600	12.5	4.69	779	160
	350×250	340×250	9	14	20	101.5	79.7	21700	3650	14.6	6.00	1280	292
	400×300	390×300	10	16	24	136.7	107	38900	7210	16.9	7.26	2000	481
	450×300	440×300	11	18	24	157.4	124	56100	8110	18.9	7.18	2550	541
	500×300	482×300	11	15	28	146.4	115	60800	6770	20.4	6.80	2520	451
		488×300	11	18	28	164.4	129	71400	8120	20.8	7.03	2930	541
	600×300	582×300	12	17	28	174.5	137	10300	7670	24.3	6.63	3530	511
		588×300	12	20	28	192.5	151	118000	9020	24.8	6.85	4020	601
		#594×302	14	23	28	222.4	175	137000	10600	24.9	6.90	4620	701
HN	100×50	100×50	5	7	10	12.16	9.54	192	14.9	3.98	1.11	38.5	5.96
	125×60	125×60	6	8	10	17.01	13.3	417	29.3	4.95	1.31	66.8	9.75
	150×75	150×75	5	7	10	18.16	14.3	679	49.6	6.12	1.65	90.6	13.2
	175×90	175×90	5	8	10	23.21	18.2	1220	97.6	7.26	2.05	140	21.7
	200×100	198×99	4.5	7	13	23.59	18.5	1610	114	8.27	2.20	163	23.0
		200×100	5.5	8	13	27.57	21.7	1880	134	8.25	2.21	188	26.8
	250×125	248×124	5	8	13	32.89	25.8	3560	255	10.4	2.78	287	41.1
		250×125	6	9	13	37.87	29.7	4080	294	10.4	2.79	326	47.0
	300×150	298×149	5.5	8	16	41.55	32.6	6460	443	12.4	3.26	433	59.4
		300×150	6.5	9	16	47.53	37.3	7350	508	12.4	3.27	490	67.7

续表

类型	型号（高度×宽度）	截面尺寸/mm				截面面积/cm^2	理论质量/(kg/m)	截面特性参数					
								惯性矩/cm^4		惯性半径/cm		截面模量/cm^3	
		$H \times B$	t_1	t_2	r			I_x	I_y	i_x	i_y	W_x	W_y
	350×175	346×174	6	9	16	53.19	41.8	11200	792	14.5	3.86	649	91
		350×175	7	11	16	63.66	50.0	13700	985	14.7	3.93	782	113
	#400×150	#400×150	8	13	16	71.12	55.8	18800	734	16.3	3.21	942	98
	400×200	396×199	7	11	16	72.16	56.7	20000	1450	16.7	4.48	1010	145
		400×200	8	13	16	84.12	66.0	23700	1740	16.8	4.54	1190	174
	#450×150	#450×150	9	14	20	83.41	65.5	27100	793	18.0	3.08	1200	106
	450×200	446×199	8	12	20	84.95	66.7	29000	1580	18.5	4.31	1300	159
		450×200	9	14	20	97.41	76.5	33700	1870	18.6	4.38	1500	187
	#500×150	#500×150	10	16	20	98.23	77.1	38500	907	19.8	3.04	1540	121
	500×200	496×199	9	14	20	101.3	79.5	41900	1840	20.3	4.27	1690	185
HN		500×200	10	16	20	114.2	89.6	47800	2140	20.5	4.33	1910	214
		#506×201	11	19	20	131.3	103	56500	2580	20.8	4.43	2230	257
	600×200	595×199	10	15	24	121.2	95.1	69300	1980	23.9	4.04	2330	199
		600×200	11	17	24	135.2	106	78200	2280	24.1	4.11	2610	228
		#606×201	12	20	24	153.3	120	91000	2720	24.4	4.21	3000	271
	700×300	#692×300	13	20	28	211.5	166	172000	9020	28.6	6.53	4980	602
		700×300	13	24	28	235.5	185	201000	10800	29.3	6.78	5760	722
	*800×300	*792×300	14	22	28	243.4	191	254000	9930	32.3	6.39	6400	662
		*800×300	14	26	28	267.4	210	292000	11700	33.0	6.62	7290	782
	*900×300	*890×299	15	23	28	270.9	213	345000	10300	35.7	6.16	7760	688
		*900×300	16	28	28	309.8	243	411000	12600	36.4	6.39	9140	843
		*912×302	18	34	38	364.0	286	498000	15700	37.0	6.56	10900	1040

注：1.“#”表示的规格为非常用规格。

2.“*”表示的规格，目前国内尚未生产。

3. 型号属同一范围的产品，其内侧尺寸高度是一致的。

4. 截面面积计算公式为：$t_1(H-2t_2)+2Bt_2+0.858t^2$。

附表 5-10　宽、中、窄翼缘部分 T 型钢的规格及截面特性

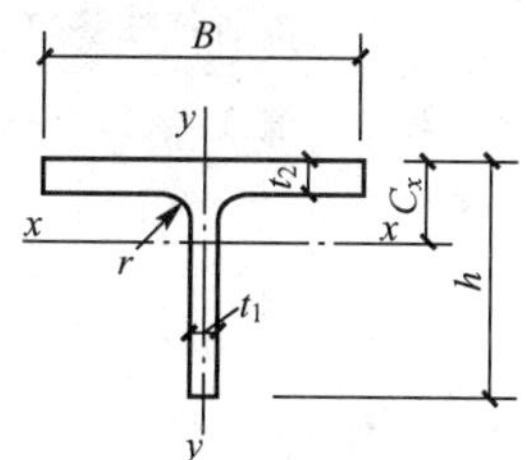

h—高度；
B—宽度；
t_1—腹板宽度；
t_2—翼缘厚度；
C_x—重心；
r—圆角半径。

类型	型号（高度×宽度）	截面尺寸/mm					截面面积/cm^2	理论质量/(kg/m)	截面特性参数							对应 H 型钢系列
		H	B	t_1	t_2	r			惯性矩/cm^4 I_x	惯性矩/cm^4 I_y	惯性半径/cm i_x	惯性半径/cm i_y	截面模量/cm^3 W_x	截面模量/cm^3 W_y	重心/cm C_x	型号
TW	50×100	50.0	100	6.0	8	10	10.95	8.6	16.1	66.9	1.21	2.47	4.03	13.4	1.00	100×100
	62.5×125	62.5	125	6.5	9	10	15.16	11.9	35.0	147	1.52	3.11	6.91	23.5	1.19	125×125
	75×150	75.0	150	7.0	10	13	20.28	15.9	66.4	282	1.81	3.73	10.8	37.6	1.37	150×150
	87.5×175	87.5	175	7.5	11	13	25.71	20.2	115	492	2.11	4.37	15.9	56.2	1.55	175×175
	100×200	100	200	8	12	16	32.14	25.2	185	801	2.40	4.99	22.3	80.1	1.73	200×200
		#100	204	12	12	16	36.14	28.3	256	851	2.66	4.85	32.4	83.5	2.09	
	125×250	125	250	9	14	16	46.09	36.2	412	1820	2.99	6.29	39.5	146	2.08	250×250
		#125	255	14	14	16	52.34	41.1	589	1940	3.36	6.09	59.4	152	2.58	
	150×300	#147	302	12	12	20	54.16	42.5	858	2760	3.98	7.14	72.3	183	2.83	300×300
		150	300	10	15	20	60.22	47.3	798	3380	3.64	7.49	63.7	255	2.47	
		150	305	15	15	20	67.72	53.1	1110	3550	4.05	7.24	92.5	283	3.02	
	175×350	#172	348	10	16	20	73.00	57.3	1230	5620	4.11	8.87	84.7	323	2.67	350×350
		175	350	12	19	20	86.94	68.2	1520	6790	4.18	8.84	104	388	2.86	
	200×400	#194	402	15	15	24	89.62	70.3	2480	8130	5.26	9.52	158	405	3.69	400×400
		#197	398	11	18	24	93.80	73.6	2050	9460	4.67	10.0	123	476	3.01	
		200	400	13	21	24	109.7	86.1	2480	11200	4.75	10.1	147	560	3.21	
		#200	408	21	21	24	125.7	98.7	3650	11900	5.39	9.73	229	584	4.07	
		#207	405	18	28	24	148.1	116	3620	15500	4.95	10.2	213	766	3.68	
		#214	407	20	35	24	180.7	142	4380	19700	4.92	10.4	250	967	3.90	
TM	74×100	74	100	6	9	13	13.63	10.7	51.7	75.4	1.95	2.35	8.80	15.1	1.55	150×150
	97×150	97	150	6	9	16	19.88	15.6	125	254	2.50	3.57	15.8	33.9	1.78	200×150
	122×175	122	175	7	11	16	28.12	22.1	289	492	3.20	4.18	29.1	56.3	2.27	250×175
	147×200	147	200	8	12	20	36.52	28.7	572	802	3.96	4.69	48.2	80.2	2.82	300×200

续表

类型	型号（高度×宽度）	截面尺寸/mm					截面面积/cm^2	理论质量/(kg/m)	截面特性参数							对应H型钢系列
									惯性矩/cm^4		惯性半径/cm		截面模量/cm^3		重心/cm	
		H	B	t_1	t_2	r			I_x	I_y	i_x	i_y	W_x	W_y	C_x	型号
TM	200×300	195	300	10	16	24	68.37	53.7	1730	3600	5.03	7.26	108	240	3.40	400×300
	220×300	220	300	11	18	24	78.69	61.8	2680	4060	5.84	7.18	150	270	4.05	450×300
	250×300	241	300	11	15	28	73.23	57.5	3420	3380	6.83	6.80	178	226	4.90	500×300
		244	300	11	18	28	82.23	64.5	3620	4060	6.64	7.03	184	271	4.65	
	300×300	291	300	12	17	28	87.25	68.5	6360	3830	8.54	6.63	280	256	6.39	600×300
		294	300	12	20	28	96.25	75.5	6710	4510	8.35	6.85	288	301	6.08	
		#297	302	14	23	28	111.2	87.3	7920	5290	8.44	6.90	339	351	6.33	
TN	50×50	50	50	5	7	10	6.079	4.79	11.9	7.45	1.40	1.11	3.18	2.98	1.27	100×50
	62.5×60	62.5	60	6	8	10	8.499	6.67	27.5	14.6	1.80	1.31	5.96	4.88	1.63	125×60
	75×75	75	75	5	7	10	9.079	7.14	42.7	24.8	2.17	1.65	7.46	6.61	1.78	150×75
	87.5×90	87.5	90	5	8	10	11.60	9.14	70.7	48.8	2.47	2.05	10.4	10.8	1.92	175×90
	100×100	99	99	4.5	7	13	11.80	9.26	94.0	56.9	2.82	2.20	12.1	11.5	2.13	200×100
		100	100	5.5	8	13	13.79	10.8	115	67.1	2.88	2.21	14.8	13.4	2.27	
	125×125	124	124	5	8	13	16.45	12.9	208	128	3.56	2.78	21.3	20.6	2.62	250×125
		125	125	6	9	13	18.94	14.8	249	147	3.62	2.79	25.6	23.5	2.78	
	150×150	149	149	5.5	8	16	20.77	16.3	395	221	4.36	3.26	33.8	29.7	3.22	300×150
		150	150	6.5	9	16	23.76	18.7	465	254	4.42	3.27	40.0	33.9	3.38	
	175×175	173	174	6	9	16	26.60	20.9	681	396	5.06	3.86	50.0	45.5	3.86	350×175
		175	175	7	11	16	31.83	25.0	816	492	5.06	3.93	59.3	56.3	3.74	
	200×200	198	199	7	11	16	36.08	28.3	1190	724	5.76	4.48	76.4	72.7	4.17	400×200
		200	200	8	13	16	42.06	33.0	1400	868	5.76	4.54	88.6	86.8	4.23	
	225×200	223	199	8	12	20	42.54	33.4	1880	790	6.65	4.31	109	79.4	5.07	450×200
		225	200	9	14	20	48.71	38.2	2160	936	6.66	4.38	124	93.6	5.13	
	250×200	248	199	9	14	20	50.64	39.7	2840	922	7.49	4.27	150	92.7	5.90	500×200
		250	200	10	16	20	57.12	44.8	3210	1070	7.50	4.33	169	107	5.96	
		#253	201	11	19	20	65.65	51.5	3670	1290	7.48	4.43	190	128	5.95	
	300×200	298	199	10	15	24	60.62	47.6	2500	991	9.27	4.04	236	100	7.76	600×200
		300	200	11	17	24	67.60	53.1	5820	1140	9.28	4.11	262	114	7.81	
		#303	201	12	20	24	76.63	60.1	6580	1360	9.26	4.21	292	135	7.76	

注："#"表示的规格为非常用规格。

附表 5-11 热轧无缝钢管的规格及截面特性

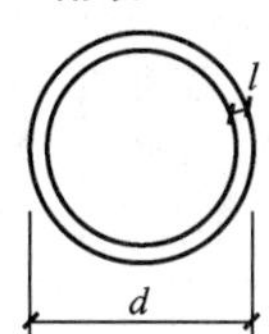

I—截面惯性矩；
W—截面抵抗矩；
i—截面回转半径。

尺寸/mm		截面面积 A/cm²	每米质量/(kg/m)	截面特性			尺寸/mm		截面面积 A/cm²	每米质量/(kg/m)	截面特性		
d	t			I/cm⁴	W/cm³	i/cm	d	t			I/cm⁴	W/cm³	i/cm
32	2.5	2.32	1.82	2.54	1.59	1.05	60	3.0	5.37	4.22	21.88	7.29	2.02
	3.0	2.73	2.15	2.90	1.82	1.03		3.5	6.21	4.88	24.88	8.29	2.00
	3.5	3.13	2.46	3.23	2.02	1.02		4.0	7.04	5.52	27.73	9.24	1.98
	4.0	3.52	2.76	3.52	2.20	1.00		4.5	7.85	6.16	30.41	10.14	1.97
38	2.5	2.79	2.19	4.41	2.32	1.26		5.0	8.64	6.78	32.94	10.98	1.95
	3.0	3.30	2.59	5.09	2.68	1.24		5.5	9.42	7.39	35.32	11.77	1.94
	3.5	3.79	2.98	5.70	3.00	1.23		6.0	10.18	7.99	37.56	12.52	1.92
	4.0	4.27	3.35	6.26	3.29	1.21	63.5	3.0	5.70	4.48	26.15	8.24	2.14
42	2.5	3.10	2.44	6.07	2.89	1.40		3.5	6.60	5.18	29.79	9.38	2.12
	3.0	3.68	2.89	7.03	3.35	1.38		4.0	7.48	5.87	33.24	10.47	2.11
	3.5	4.23	3.32	7.91	3.77	1.37		4.5	8.34	6.55	36.50	11.50	2.09
	4.0	4.78	3.75	8.71	4.15	1.35		5.0	9.19	7.21	39.60	12.47	2.08
45	2.5	3.34	2.62	7.56	3.36	1.51		5.5	10.02	7.87	42.52	13.39	2.06
	3.0	3.96	3.11	8.77	3.90	1.49		6.0	10.84	8.51	45.28	14.26	2.04
	3.5	4.56	3.58	9.89	4.40	1.47	68	3.0	6.13	4.81	32.42	9.54	2.30
	4.0	5.15	4.04	10.93	4.86	1.46		3.5	7.09	5.57	36.99	10.88	2.28
50	2.5	3.73	2.93	10.55	4.22	1.68		4.0	8.04	6.31	41.34	12.16	2.27
	3.0	4.43	3.48	12.28	4.91	1.67		4.5	8.98	7.05	45.47	13.37	2.25
	3.5	5.11	4.01	13.90	5.56	1.65		5.0	9.90	7.77	49.41	14.53	2.23
	4.0	5.78	4.54	15.41	6.16	1.63		5.5	10.80	8.48	53.14	15.63	2.22
	4.5	6.43	5.05	16.81	6.72	1.62		6.0	11.69	9.17	56.68	16.67	2.20
	5.0	7.07	5.55	18.11	7.25	1.60	70	3.0	6.31	4.96	35.50	10.14	2.37
54	3.0	4.81	3.77	15.68	5.81	1.81		3.5	7.31	5.74	40.53	11.58	2.35
	3.5	5.55	4.36	17.79	6.59	1.79		4.0	8.29	6.51	45.33	12.95	2.34
	4.0	6.28	4.93	19.76	7.32	1.77		4.5	9.26	7.27	49.89	14.26	2.32
	4.5	7.00	5.49	21.61	8.00	1.76		5.0	10.21	8.01	54.24	15.50	2.30
	5.0	7.70	6.04	23.34	8.64	1.74		5.5	11.14	8.75	58.38	16.68	2.29
	5.5	8.38	6.58	24.96	9.24	1.73		6.0	12.06	9.47	62.31	17.80	2.27
	6.0	9.05	7.10	26.46	9.80	1.71	73	3.0	6.60	5.18	40.48	11.09	2.48
57	3.0	5.09	4.00	18.61	6.53	1.91		3.5	7.64	6.00	46.26	12.67	2.46
	3.5	5.88	4.62	21.14	7.42	1.90		4.0	8.67	6.81	51.78	14.19	2.44
	4.0	6.66	5.23	23.52	8.25	1.88		4.5	9.68	7.60	57.04	15.63	2.43
	4.5	7.42	5.83	25.76	9.04	1.86		5.0	10.68	8.38	62.07	17.01	2.41
	5.0	8.17	6.41	27.86	9.78	1.85		5.5	11.66	9.16	66.87	18.32	2.39
	5.5	8.90	6.99	29.84	10.47	1.83		6.0	12.63	9.91	71.43	19.57	2.38
	6.0	9.61	7.55	31.69	11.12	1.82	76	3.0	6.88	5.40	45.91	12.08	2.58
								3.5	7.97	6.26	52.50	13.82	2.57
								4.0	9.05	7.10	58.81	15.48	2.55
								4.5	10.11	7.93	64.85	17.07	2.53
								5.0	11.15	8.75	70.62	18.59	2.52
								5.5	12.18	9.56	76.14	20.04	2.50
								6.0	13.19	10.36	81.41	21.42	2.48

续表

尺寸/mm		截面面积 A/cm²	每米质量/(kg/m)	截面特性		
d	t			I/cm⁴	W/cm³	i/cm
83	3.5	8.74	6.86	69.19	16.67	2.81
	4.0	9.93	7.79	77.64	18.71	2.80
	4.5	11.10	8.71	85.76	20.67	2.78
	5.0	12.25	9.62	93.56	22.54	2.76
	5.5	13.39	10.51	101.04	24.35	2.75
	6.0	14.51	11.39	108.22	26.08	2.73
	6.5	15.62	12.26	115.10	27.74	2.71
	7.0	16.71	13.12	121.69	29.32	2.70
89	3.5	9.40	7.38	86.05	19.34	3.03
	4.0	10.68	8.38	96.68	21.73	3.01
	4.5	11.95	9.38	106.92	24.03	2.99
	5.0	13.19	10.36	116.79	26.24	2.98
	5.5	14.43	11.33	126.29	28.38	2.96
	6.0	15.65	12.28	135.43	30.43	2.94
	6.5	16.85	13.22	144.22	32.41	2.93
	7.0	18.03	14.16	152.67	34.31	2.91
95	3.5	10.06	7.90	105.45	22.20	3.24
	4.0	11.44	8.98	118.60	24.97	3.22
	4.5	12.79	10.04	131.31	27.64	3.20
	5.0	14.14	11.10	143.58	30.23	3.19
	5.5	15.46	12.14	155.43	32.72	3.17
	6.0	16.78	13.17	166.86	35.13	3.15
	6.5	18.07	14.19	177.89	37.45	3.14
	7.0	19.35	15.19	188.51	39.69	3.12
102	3.5	10.83	8.50	131.52	25.79	3.48
	4.0	12.32	9.67	148.09	29.04	3.47
	4.5	13.78	10.82	164.14	32.18	3.45
	5.0	15.24	11.96	179.68	35.23	3.43
	5.5	16.67	13.09	194.72	38.18	3.42
	6.0	18.10	14.21	209.28	41.03	3.40
	6.5	19.50	15.31	223.35	43.79	3.38
	7.0	20.89	16.40	236.96	46.46	3.37
114	4.0	13.82	10.85	209.35	36.73	3.89
	4.5	15.48	12.15	232.41	40.77	3.87
	5.0	17.12	13.44	254.81	44.70	3.86
	5.5	18.75	14.72	276.58	48.52	3.84
	6.0	20.36	15.98	297.73	52.23	3.82
	6.5	21.95	17.23	318.26	55.84	3.81
	7.0	23.53	18.47	338.19	59.33	3.79
	7.5	25.09	19.70	357.58	62.73	3.77
	8.0	26.64	20.91	376.30	66.02	3.76
121	4.0	14.70	11.54	251.87	41.63	4.14
	4.5	16.47	12.93	279.83	46.25	4.12
	5.0	18.22	14.30	307.05	50.75	4.11
	5.5	19.96	15.67	333.54	55.13	4.09
	6.0	21.68	17.02	359.32	59.39	4.07
	6.5	23.38	18.35	384.40	63.54	4.05
	7.0	25.07	19.68	408.80	67.57	4.04
	7.5	26.74	20.99	432.51	71.49	4.02
	8.0	28.40	22.29	455.57	75.30	4.01

尺寸/mm		截面面积 A/cm²	每米质量/(kg/m)	截面特性		
d	t			I/cm⁴	W/cm³	i/cm
127	4.0	15.46	12.13	292.61	46.08	4.35
	4.5	17.32	13.59	325.29	51.23	4.33
	5.0	19.16	15.04	357.14	56.24	4.32
	5.5	20.99	16.48	388.19	61.13	4.30
	6.0	22.81	17.90	418.44	65.90	4.28
	6.5	24.61	19.32	447.92	70.54	4.27
	7.0	26.39	20.72	476.63	75.06	4.25
	7.5	28.16	22.10	504.58	79.46	4.23
	8.0	29.91	23.48	531.80	83.75	4.22
133	4.0	16.21	12.73	337.53	50.76	4.56
	4.5	18.17	14.26	375.42	54.45	4.55
	5.0	20.11	15.78	412.40	62.02	4.53
	5.5	22.03	17.29	448.50	67.44	4.51
	6.0	23.94	18.79	483.72	72.74	4.50
	6.5	25.83	20.28	518.07	77.91	4.48
	7.0	27.71	21.75	551.58	82.94	4.46
	7.5	29.57	23.21	584.25	87.86	4.45
	8.0	31.42	24.66	616.11	92.65	4.43
140	4.5	19.16	15.04	440.12	62.87	4.79
	5.0	21.21	16.65	483.76	69.11	4.78
	5.5	23.24	18.24	526.40	75.20	4.76
	6.0	25.26	19.83	568.06	81.15	4.74
	6.5	27.26	21.40	608.76	86.97	4.73
	7.0	29.25	22.96	648.51	92.64	4.71
	7.5	31.22	24.51	687.32	98.19	4.69
	8.0	33.18	26.04	725.21	103.60	4.68
	9.0	37.04	29.08	798.29	114.04	4.64
	10	40.84	32.06	867.86	123.98	4.61
146	4.5	20.00	15.70	501.16	68.65	5.01
	5.0	22.15	17.39	551.10	75.49	4.99
	5.5	24.28	19.06	599.95	82.19	4.97
	6.0	26.39	20.72	647.73	88.73	4.95
	6.5	28.49	22.36	694.44	95.13	4.94
	7.0	30.57	24.00	740.12	101.39	4.92
	7.5	32.63	25.62	784.77	107.50	4.90
	8.0	34.68	27.23	828.41	113.48	4.89
	9.0	38.74	30.41	912.71	125.03	4.85
	10	42.73	33.54	993.16	136.05	4.82
152	4.5	20.85	16.37	567.61	74.69	5.22
	5.0	23.09	18.13	624.43	82.16	5.20
	5.5	25.31	19.87	680.06	89.48	5.18
	6.0	27.52	21.60	734.52	96.65	5.17
	6.5	29.71	23.32	787.82	103.66	5.15
	7.0	31.89	25.03	839.99	110.52	5.13
	7.5	34.05	26.73	891.03	117.24	5.12
	8.0	36.19	28.41	940.97	123.81	5.10
	9.0	40.43	31.74	1037.59	136.53	5.07
	10	44.61	35.02	1129.99	148.68	5.03

续表

尺寸/mm		截面面积 A/cm²	每米质量/(kg/m)	截面特性		
d	t			I/cm⁴	W/cm³	i/cm
159	4.5	21.84	17.15	652.27	82.05	5.46
	5.0	24.19	18.99	717.88	90.30	5.45
	5.5	26.52	20.82	782.18	98.39	5.43
	6.0	28.84	22.64	845.19	106.31	5.41
	6.5	31.14	24.45	906.92	114.08	5.40
	7.0	33.43	26.24	967.41	121.69	5.38
	7.5	35.70	28.02	1026.65	129.14	5.36
	8.0	37.95	29.79	1084.67	136.44	5.35
	9.0	42.41	33.29	1197.12	150.58	5.31
	10	46.81	36.75	1304.88	164.14	5.28
168	4.5	23.11	18.14	772.96	92.02	5.78
	5.0	25.60	20.10	851.14	101.33	5.77
	5.5	28.08	22.04	927.85	110.46	5.75
	6.0	30.54	23.97	1003.12	119.42	5.73
	6.5	32.98	25.89	1076.95	128.21	5.71
	7.0	35.41	27.79	1149.36	136.83	5.70
	7.5	37.82	29.69	1220.38	145.28	5.68
	8.0	40.21	31.57	1290.01	153.57	5.66
	9.0	44.96	35.29	1425.22	169.67	5.63
	10	49.64	38.97	1555.13	185.13	5.60
180	5.0	27.49	21.58	1053.17	117.02	6.19
	5.5	30.15	23.67	1148.79	127.64	6.17
	6.0	32.80	25.75	1242.72	138.08	6.16
	6.5	35.43	27.81	1335.00	148.33	6.14
	7.0	38.04	29.87	1425.63	158.40	6.12
	7.5	40.64	31.91	1514.64	168.29	6.10
	8.0	43.23	33.93	1602.04	178.00	6.09
	9.0	48.35	37.95	1772.12	196.90	6.05
	10	53.41	41.92	1936.01	215.11	6.02
	12	63.33	49.72	2245.84	249.54	5.95
194	5.0	29.69	23.31	1326.54	136.76	6.68
	5.5	32.57	25.57	1447.86	149.26	6.67
	6.0	35.44	27.82	1567.21	161.57	6.65
	6.5	38.29	30.06	1684.61	173.67	6.63
	7.0	41.12	32.28	1800.08	185.57	6.62
	7.5	43.94	34.50	1913.64	197.28	6.60
	8.0	46.75	36.70	2025.31	208.79	6.58
	9.0	52.31	41.06	2243.08	231.25	6.55
	10	57.81	45.38	2453.55	252.94	6.51
	12	68.61	53.86	2853.25	294.15	6.45
203	6.0	37.13	29.15	1803.07	177.64	6.97
	6.5	40.13	31.50	1938.81	191.02	6.95
	7.0	43.10	33.84	2072.43	204.18	6.93
	7.5	46.06	36.16	2203.94	217.14	6.92
	8.0	49.01	38.47	2333.37	229.89	6.90
	9.0	54.85	43.06	2586.08	254.79	6.87
	10	60.63	47.60	2830.72	278.89	6.83
	12	72.01	56.52	3296.49	324.78	6.77
	14	83.13	65.25	3732.07	367.69	6.70
	16	94.00	73.79	4138.78	407.76	6.64

尺寸/mm		截面面积 A/cm²	每米质量/(kg/m)	截面特性		
d	t			I/cm⁴	W/cm³	i/cm
219	6.0	40.15	31.52	2278.74	208.10	7.53
	6.5	43.39	34.06	2451.64	223.89	7.52
	7.0	46.62	36.60	2622.04	239.46	7.50
	7.5	49.83	39.12	2789.96	254.79	7.48
	8.0	53.03	41.63	2955.43	269.90	7.47
	9.0	59.38	46.61	3279.12	299.46	7.43
	10	65.66	51.54	3593.29	328.15	7.40
	12	78.04	61.26	4193.81	383.00	7.33
	14	90.16	70.78	4758.50	434.57	7.26
	16	102.04	80.10	5288.81	483.00	7.20
245	6.5	48.70	38.23	3465.46	282.89	8.44
	7.0	52.34	41.08	3709.06	302.78	8.42
	7.5	55.96	43.93	3949.52	322.41	8.40
	8.0	59.56	46.76	4186.87	341.79	8.38
	9.0	66.73	52.38	4652.32	379.78	8.35
	10	73.83	57.95	5105.63	416.79	8.32
	12	87.84	68.95	5976.67	487.89	8.25
	14	101.60	79.76	6801.68	555.24	8.18
	16	115.11	90.36	7582.30	618.96	8.12
273	6.5	54.42	42.72	4834.18	354.15	9.42
	7.0	58.50	45.92	5177.30	379.29	9.41
	7.5	62.56	49.11	5516.47	404.14	9.39
	8.0	66.60	52.28	5851.71	428.70	9.37
	9.0	74.64	58.60	6510.56	476.96	9.34
	10	82.62	64.86	7154.09	524.11	9.31
	12	98.39	77.24	8396.14	615.10	9.24
	14	113.91	89.42	9579.75	701.81	9.17
	16	129.18	101.41	10706.79	784.38	9.10
299	7.5	68.68	53.92	7300.02	488.30	10.31
	8.0	73.14	57.41	7747.42	518.22	10.29
	9.0	82.00	64.37	8628.09	577.13	10.26
	10	90.79	71.27	9490.15	634.79	10.22
	12	108.20	84.93	11159.52	746.46	10.16
	14	125.35	98.40	12757.61	853.35	10.09
	16	142.25	111.67	14286.48	955.62	10.02
325	7.5	74.81	58.73	9431.80	580.42	11.23
	8.0	79.67	62.54	10013.92	616.24	11.21
	9.0	89.35	70.14	11161.33	686.85	11.18
	10	98.96	77.68	12286.52	756.09	11.14
	12	118.00	92.63	14471.45	890.55	11.07
	14	136.78	107.38	16570.98	1019.75	11.01
	16	155.32	121.93	18587.38	1143.84	10.94
351	8.0	86.21	67.67	12684.36	722.76	12.13
	9.0	96.70	75.91	14147.55	806.13	12.10
	10	107.13	84.10	15584.62	888.01	12.06
	12	127.80	100.32	18381.63	1047.39	11.99
	14	148.22	116.35	21077.86	1201.02	11.93
	16	168.39	132.19	23675.75	1349.05	11.86

注：热轧无缝钢管的通常长度为 3～12m。

附表 5－12　冷弯薄壁方钢管的规格及截面特性

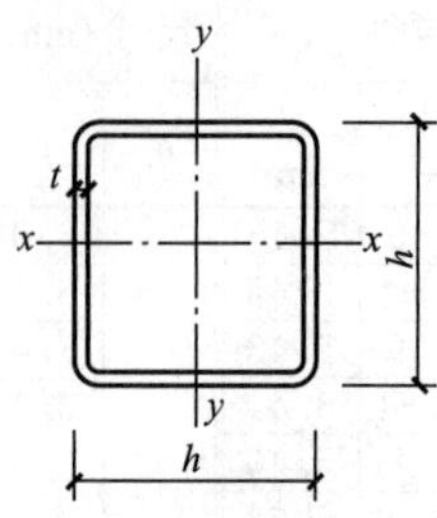

尺寸/mm		截面面积/	每米质量/	I_x/	i_x/	W_x/
h	t	cm^2	(kg/m)	cm^4	cm	cm^3
25	1.5	1.31	1.03	1.16	0.94	0.92
30	1.5	1.61	1.27	2.11	1.14	1.40
40	1.5	2.21	1.74	5.33	1.55	2.67
40	2.0	2.87	2.25	6.66	1.52	3.33
50	1.5	2.81	2.21	10.82	1.96	4.33
50	2.0	3.67	2.88	13.71	1.93	5.48
60	2.0	4.47	3.51	24.51	2.34	8.17
60	2.5	5.48	4.30	29.36	2.31	9.79
80	2.0	6.07	4.76	60.58	3.16	15.15
80	2.5	7.48	5.87	73.40	3.13	18.35
100	2.5	9.48	7.44	147.91	3.05	29.58
100	3.0	11.25	8.83	173.12	3.92	34.62
120	2.5	11.48	9.01	260.88	4.77	43.48
120	3.0	13.65	10.72	306.71	4.74	51.12
140	3.0	16.05	12.60	495.68	5.56	70.81
140	3.5	18.58	14.59	568.22	5.53	81.17
140	4.0	21.07	16.44	637.97	5.50	91.14
160	3.0	18.45	14.49	749.64	6.37	93.71
160	3.5	21.38	16.77	861.34	6.35	107.67
160	4.0	24.27	19.05	969.35	6.32	121.17
160	4.5	27.12	21.05	1073.66	6.29	134.21
160	5.0	29.93	23.35	1174.44	6.26	146.81

附表 5-13　冷弯薄壁矩形钢管的规格及截面特性

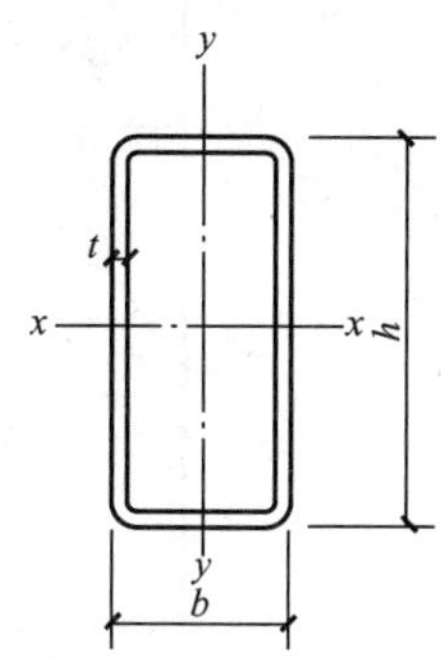

尺寸/mm			截面面积/cm²	每米质量/(kg/m)	x—x			y—y		
h	b	t			I_x/cm⁴	i_x/cm	W_x/cm³	I_y/cm⁴	i_y/cm	W_y/cm³
30	15	1.5	1.20	0.95	1.28	1.02	0.85	0.42	0.59	0.57
40	20	1.6	1.75	1.37	3.43	1.40	1.72	1.15	0.81	1.15
40	20	2.0	2.14	1.68	4.05	1.38	2.02	1.34	0.79	1.34
50	30	1.6	2.39	1.88	7.96	1.82	3.18	3.60	1.23	2.40
50	30	2.0	2.94	2.31	9.54	1.80	3.81	4.29	1.21	2.86
60	30	2.5	4.09	3.21	17.93	2.09	5.80	6.00	1.21	4.00
60	30	3.0	4.81	3.77	20.50	2.06	6.83	6.79	1.19	4.53
60	40	2.0	3.74	2.94	18.41	2.22	6.14	9.83	1.62	4.92
60	40	3.0	5.41	4.25	25.37	2.17	8.46	13.44	1.58	6.72
70	50	2.5	5.59	4.20	38.01	2.61	10.86	22.59	2.01	9.04
70	50	3.0	6.61	5.19	44.05	2.58	12.58	26.10	1.99	10.44
80	40	2.0	4.54	3.56	37.36	2.87	9.34	12.72	1.67	6.36
80	40	3.0	6.61	5.19	52.25	2.81	13.06	17.55	1.63	8.78
90	40	2.5	6.09	4.79	60.69	3.16	13.49	17.02	1.67	8.51
90	50	2.0	5.34	4.19	57.88	3.29	12.86	23.37	2.09	9.35
90	50	3.0	7.81	6.13	81.85	2.24	18.19	32.74	2.05	13.09
100	50	3.0	8.41	6.60	106.45	3.56	21.29	36.05	2.07	14.42
100	60	2.6	7.88	6.19	106.66	3.68	21.33	48.47	2.48	16.16
120	60	2.0	6.94	5.45	131.92	4.36	21.99	45.33	2.56	15.11
120	60	3.2	10.85	8.52	199.88	4.29	33.31	67.94	2.50	22.65
120	60	4.0	13.35	10.48	240.72	4.25	40.12	81.24	2.47	27.08
120	80	3.2	12.13	9.53	243.54	4.48	40.59	130.48	3.28	32.62
120	80	4.0	14.96	11.73	294.57	4.44	49.09	157.28	3.24	39.32
120	80	5.0	18.36	14.41	353.11	4.39	58.85	187.75	3.20	46.94
120	80	6.0	21.63	16.98	406.00	4.33	67.67	214.98	3.15	53.74
140	90	3.2	14.05	11.04	384.01	5.23	54.86	194.80	3.72	43.29
140	90	4.0	17.35	13.63	466.59	5.19	66.66	235.92	3.69	52.43
140	90	5.0	21.36	16.78	562.61	5.13	80.37	283.32	3.64	62.96
150	100	3.2	15.33	12.04	488.18	5.64	65.09	262.26	4.14	52.45

附表 5-14　冷弯薄壁卷边槽钢的规格及截面特性

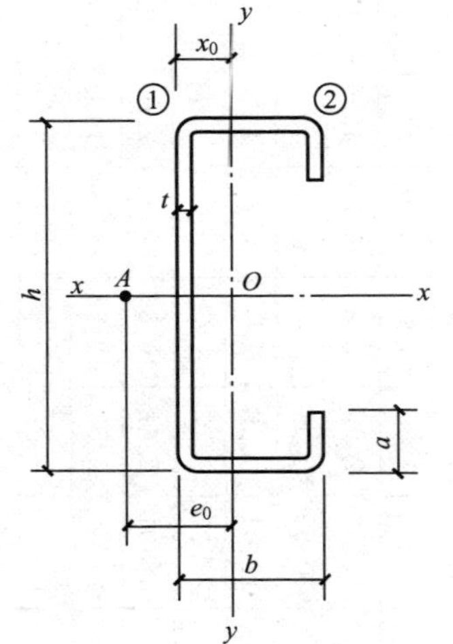

尺寸/mm				截面面积/cm²	每米质量/(kg/m)	x_0/cm	x—x			y—y				y_1-y_1	e_0/cm	I_t/cm⁴	I_ω/cm⁴	k/cm⁻¹	$W_{\omega1}$/cm⁴	$W_{\omega2}$/cm⁴
h	b	a	t				I_x/cm³	i_x/cm	W_x/cm³	I_y/cm⁴	i_y/cm	$W_{y,max}$/cm³	$W_{y,min}$/cm³	I_{y1}/cm⁴						
80	40	15	2.0	3.47	2.72	1.45	34.16	3.14	8.54	7.79	1.50	5.36	3.06	15.10	3.36	0.0462	112.90	0.0126	16.03	15.74
100	50	15	2.5	5.23	4.11	1.70	81.34	3.94	16.27	17.19	1.81	10.08	5.22	32.41	3.94	0.1090	352.80	0.0109	34.47	29.41
120	50	20	2.5	5.98	4.70	1.70	129.40	4.65	21.57	20.96	1.87	12.28	6.36	38.36	4.08	0.1246	660.90	0.0085	51.04	48.36
120	60	20	3.0	7.65	6.01	2.10	170.68	4.72	28.45	37.36	2.21	17.74	9.59	71.31	4.87	0.2296	1153.20	0.0087	75.68	68.84
140	50	20	2.0	5.27	4.14	1.59	154.03	5.41	22.00	18.56	1.88	11.68	5.44	31.86	3.87	0.0703	794.79	0.0058	51.44	52.22
140	50	20	2.2	5.76	4.52	1.59	167.40	5.39	23.91	20.03	1.87	12.62	5.87	34.53	3.84	0.0929	852.46	0.0065	55.98	56.84
140	50	20	2.5	6.48	5.09	1.58	186.78	5.39	26.68	22.11	1.85	13.96	6.47	38.38	3.80	0.1351	931.89	0.0075	62.56	63.56
140	60	20	3.0	8.25	6.48	1.96	245.42	5.45	35.06	39.49	2.19	20.11	9.79	71.33	4.61	0.2476	1589.80	0.0078	92.69	79.00

续表

尺寸/mm				截面面积/cm^2	每米质量/(kg/m)	x_0/cm	$x-x$			$y-y$				y_1-y_1	e_0/cm	I_t/cm^4	I_ω/cm^4	k/cm^{-1}	$W_{\omega1}$/cm^4	$W_{\omega2}$/cm^4
h	b	a	t				l_x/cm^3	i_x/cm	W_x/cm^3	l_y/cm^4	i_y/cm	$W_{y,max}$/cm^3	$W_{y,min}$/cm^3	l_{y1}/cm^4						
160	60	20	2.0	6.07	4.76	1.85	236.59	6.24	29.57	29.99	2.22	16.19	7.23	50.83	4.52	0.0809	1596.28	0.0044	76.92	71.30
160	60	20	2.2	6.64	5.21	1.85	257.57	6.23	32.20	32.45	2.21	17.53	7.82	55.19	4.50	0.1071	1717.82	0.0049	83.82	77.55
160	60	20	2.5	7.48	5.87	1.85	288.13	6.21	36.02	35.96	2.19	19.47	8.66	61.49	4.45	0.1559	1887.71	0.0056	93.87	86.63
160	70	20	3.0	9.45	7.42	2.22	373.64	6.29	46.71	60.42	2.53	27.17	12.65	107.20	5.25	0.2836	3070.50	0.0060	135.49	109.92
180	70	20	2.0	6.87	5.39	2.11	343.93	7.08	38.21	45.18	2.57	21.37	9.25	75.87	5.17	0.0916	2934.34	0.0035	109.50	95.22
180	70	20	2.2	7.52	5.90	2.11	374.90	7.06	41.66	48.97	2.55	23.19	10.02	82.49	5.14	0.1213	3165.62	0.0038	119.44	103.58
180	70	20	2.5	8.48	6.66	2.11	420.20	7.04	46.69	54.42	2.53	25.82	11.12	92.08	5.10	0.1767	3492.15	0.0044	133.99	115.73
200	70	20	2.0	7.27	5.71	2.00	440.04	7.78	44.00	46.71	2.54	23.32	9.35	75.88	4.96	0.0969	3672.33	0.0032	126.74	106.15
200	70	20	2.2	7.96	6.25	2.00	479.87	7.77	47.99	50.64	2.52	25.31	10.13	82.49	4.93	0.1284	3963.92	0.0035	138.26	115.74
200	70	20	2.5	8.98	7.05	2.00	538.21	7.74	53.82	56.27	2.50	28.18	11.25	92.09	4.89	0.1871	4376.18	0.0041	155.14	129.75
220	75	20	2.0	7.87	6.18	2.08	574.45	8.54	52.22	56.88	2.69	27.35	10.50	90.93	5.18	0.1049	5313.52	0.0028	158.43	127.32
220	75	20	2.2	8.62	6.77	2.08	626.85	8.53	56.99	61.71	2.68	29.70	11.38	98.91	5.15	0.1391	5742.07	0.0031	172.92	138.93
220	75	20	2.5	9.73	7.64	2.07	703.76	8.50	63.98	68.66	2.66	3.11	12.65	110.51	5.11	0.2028	6351.05	0.0035	194.18	155.94

附表 5-15　冷弯薄壁斜卷边 Z 形钢的规格及截面特性

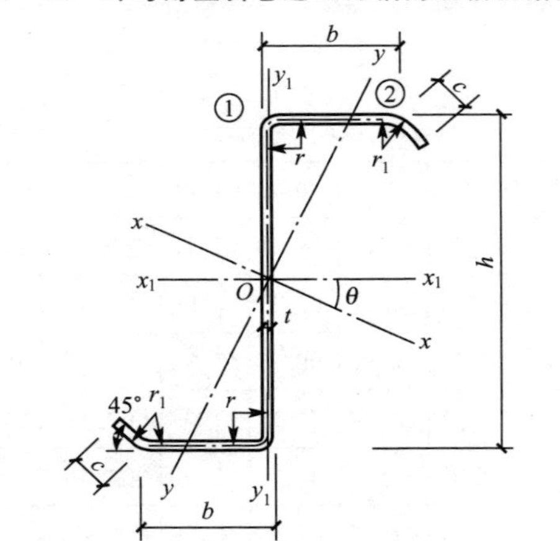

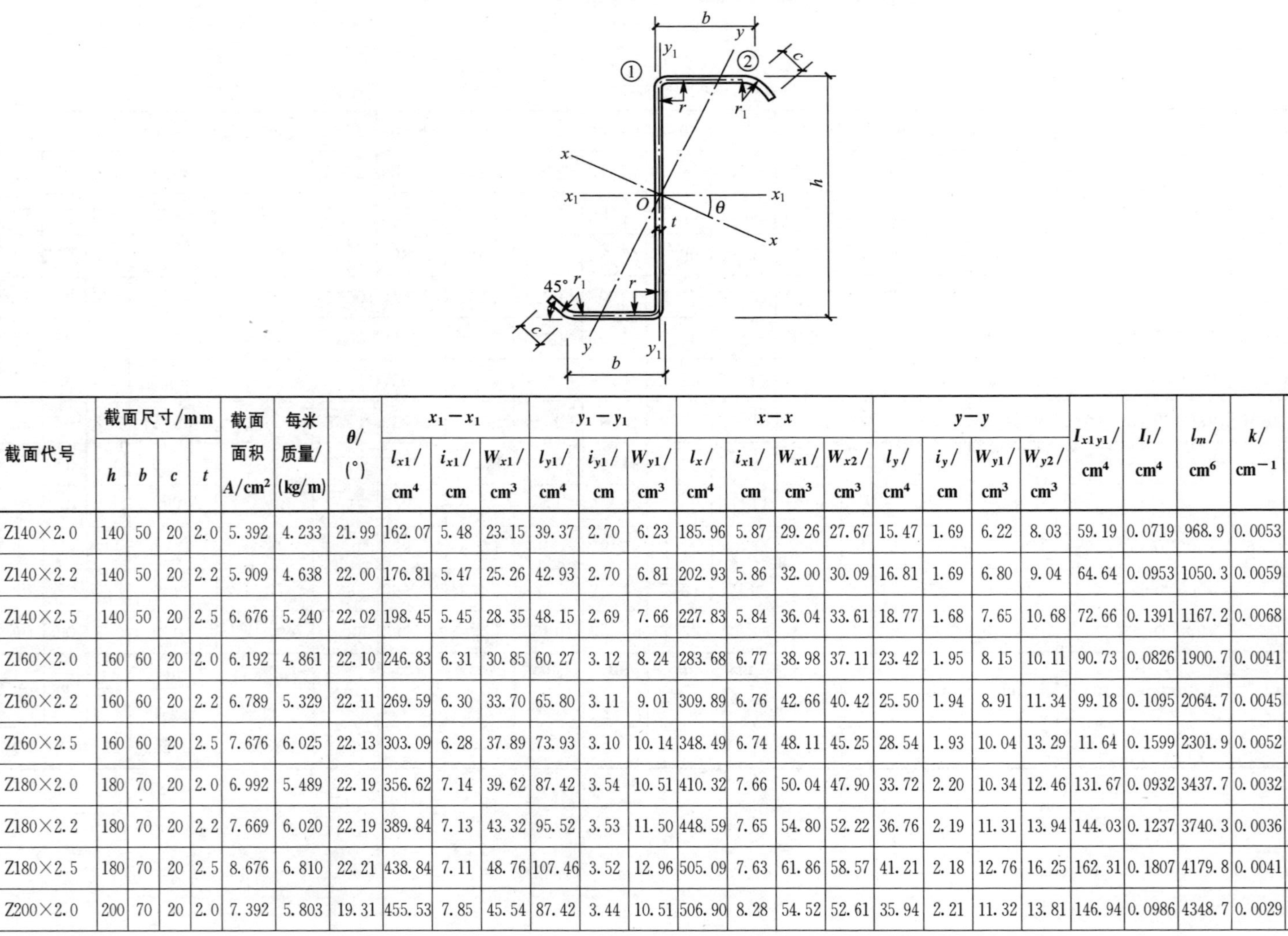

序号	截面代号	截面尺寸/mm				截面面积 A/cm^2	每米质量/(kg/m)	θ/(°)	x_1-x_1			y_1-y_1			$x-x$				$y-y$				I_{x1y1}/cm^4	I_t/cm^4	I_ω/cm^6	k/cm^{-1}	$W_{\omega 1}/cm^4$	$W_{\omega 2}/cm^4$
		h	b	c	t				I_{x1}/cm^4	i_{x1}/cm	W_{x1}/cm^3	I_{y1}/cm^4	i_{y1}/cm	W_{y1}/cm^3	I_x/cm^4	i_{x1}/cm	W_{x1}/cm^3	W_{x2}/cm^3	I_y/cm^4	i_y/cm	W_{y1}/cm^3	W_{y2}/cm^3						
1	Z140×2.0	140	50	20	2.0	5.392	4.233	21.99	162.07	5.48	23.15	39.37	2.70	6.23	185.96	5.87	29.26	27.67	15.47	1.69	6.22	8.03	59.19	0.0719	968.9	0.0053	53.36	67.41
2	Z140×2.2	140	50	20	2.2	5.909	4.638	22.00	176.81	5.47	25.26	42.93	2.70	6.81	202.93	5.86	32.00	30.09	16.81	1.69	6.80	9.04	64.64	0.0953	1050.3	0.0059	58.34	73.57
3	Z140×2.5	140	50	20	2.5	6.676	5.240	22.02	198.45	5.45	28.35	48.15	2.69	7.66	227.83	5.84	36.04	33.61	18.77	1.68	7.65	10.68	72.66	0.1391	1167.2	0.0068	65.68	82.60
4	Z160×2.0	160	60	20	2.0	6.192	4.861	22.10	246.83	6.31	30.85	60.27	3.12	8.24	283.68	6.77	38.98	37.11	23.42	1.95	8.15	10.11	90.73	0.0826	1900.7	0.0041	78.75	90.38
5	Z160×2.2	160	60	20	2.2	6.789	5.329	22.11	269.59	6.30	33.70	65.80	3.11	9.01	309.89	6.76	42.66	40.42	25.50	1.94	8.91	11.34	99.18	0.1095	2064.7	0.0045	86.18	98.70
6	Z160×2.5	160	60	20	2.5	7.676	6.025	22.13	303.09	6.28	37.89	73.93	3.10	10.14	348.49	6.74	48.11	45.25	28.54	1.93	10.04	13.29	11.64	0.1599	2301.9	0.0052	97.16	110.91
7	Z180×2.0	180	70	20	2.0	6.992	5.489	22.19	356.62	7.14	39.62	87.42	3.54	10.51	410.32	7.66	50.04	47.90	33.72	2.20	10.34	12.46	131.67	0.0932	3437.7	0.0032	111.10	119.13
8	Z180×2.2	180	70	20	2.2	7.669	6.020	22.19	389.84	7.13	43.32	95.52	3.53	11.50	448.59	7.65	54.80	52.22	36.76	2.19	11.31	13.94	144.03	0.1237	3740.3	0.0036	121.66	130.18
9	Z180×2.5	180	70	20	2.5	8.676	6.810	22.21	438.84	7.11	48.76	107.46	3.52	12.96	505.09	7.63	61.86	58.57	41.21	2.18	12.76	16.25	162.31	0.1807	4179.8	0.0041	137.30	146.42
10	Z200×2.0	200	70	20	2.0	7.392	5.803	19.31	455.53	7.85	45.54	87.42	3.44	10.51	506.90	8.28	54.52	52.61	35.94	2.21	11.32	13.81	146.94	0.0986	4348.7	0.0029	132.47	129.17

续表

序号	截面代号	截面尺寸/mm				截面面积 A/cm^2	每米质量/(kg/m)	θ/(°)	x_1-x_1			y_1-y_1			$x-x$				$y-y$				I_{x1y1}/cm^4	I_l/cm^4	I_m/cm^6	k/cm^{-1}	$W_{\omega1}$/cm^4	$W_{\omega2}$/cm^4
		h	b	c	t				I_{x1}/cm^4	i_{x1}/cm	W_{x1}/cm^3	I_{y1}/cm^4	i_{y1}/cm	W_{y1}/cm^3	I_x/cm^4	i_{x1}/cm	W_{x1}/cm^3	W_{x2}/cm^3	I_y/cm^4	i_y/cm	W_{y1}/cm^3	W_{y2}/cm^3						
11	Z200×2.2	200	70	20	2.2	8.109	6.365	19.31	498.02	7.84	49.80	95.52	3.43	11.50	554.35	8.27	59.92	57.41	39.20	2.20	12.39	15.48	160.76	0.1308	4733.4	0.0033	145.15	141.17
12	Z200×2.5	200	70	20	2.5	9.176	7.203	19.31	560.92	7.82	56.09	107.46	3.42	12.96	624.42	8.25	67.42	64.47	43.96	2.19	13.98	18.11	181.18	0.1912	5293.3	0.0037	163.95	158.85
13	Z220×2.0	220	75	20	2.0	7.992	6.274	18.30	592.79	8.61	53.89	103.58	3.60	11.75	652.87	9.04	63.38	61.42	43.50	2.33	13.08	15.84	181.66	0.1066	6260.3	0.0026	166.31	152.62
14	Z220×2.2	220	75	20	2.2	8.769	6.884	18.30	648.52	8.60	58.96	113.22	3.59	12.86	714.28	9.03	69.44	67.08	47.47	2.33	14.32	17.73	198.80	0.1415	6819.4	0.0028	182.31	166.86
15	Z220×2.5	220	75	20	2.5	9.926	7.792	18.31	730.93	8.58	66.45	127.44	3.58	14.50	805.09	9.01	78.43	75.41	53.28	2.32	16.17	20.72	224.18	0.2068	7635.0	0.0032	206.07	187.86

附录 6　截面板件宽厚比等级

压弯构件和拉弯构件计算截面时，截面板件宽厚比等级及限值应符合附表 6－1 的规定，其中参数 α_0 应按附式(6－1) 计算。

$$\alpha_0 = \frac{\sigma_{\max} - \sigma_{\min}}{\sigma_{\max}} \qquad 附(6-1)$$

式中　$\sigma_{\max}$——腹板计算边缘的最大压应力；

$\sigma_{\min}$——腹板计算高度另一边缘相应的应力，压应力取正值，拉应力取负值。

附表 6－1　压弯构件和受弯构件的截面板件宽厚比等级及限值

构件	截面板件宽厚比等级		S1 级	S2 级	S3 级	S4 级	S5 级
压弯构件（框架柱）	H 形截面	翼缘 b/t	$9\varepsilon_k$	$11\varepsilon_k$	$13\varepsilon_k$	$15\varepsilon_k$	20
		腹板 h_0/t_w	$(33+13\alpha_0^{1.3})\varepsilon_k$	$(38+13\alpha_0^{1.39})\varepsilon_k$	$(40+18\alpha_0^{1.5})\varepsilon_k$	$(45+25\alpha_0^{1.66})\varepsilon_k$	250
	箱形截面	壁板(腹板)间翼缘 b_0/t	$30\varepsilon_k$	$35\varepsilon_k$	$40\varepsilon_k$	$45\varepsilon_k$	—
	圆形截面	径厚比 D/t	$50\varepsilon_k^2$	$70\varepsilon_k^2$	$90\varepsilon_k^2$	$100\varepsilon_k^2$	—
拉弯构件（梁）	工字形截面	翼缘 b/t	$9\varepsilon_k$	$11\varepsilon_k$	$13\varepsilon_k$	$15\varepsilon_k$	20
		腹板 h_0/t_w	$65\varepsilon_k$	$72\varepsilon_k$	$93\varepsilon_k$	$124\varepsilon_k$	250
	箱形截面	壁板(腹板)间翼缘 b_0/t	$25\varepsilon_k$	$32\varepsilon_k$	$37\varepsilon_k$	$42\varepsilon_k$	—

注：1. ε_k 为钢材牌号修正系数，其值为 235 与钢材牌号中屈服强度的比值的平方根。

2. b 为工字形、H 形截面翼缘外伸宽度。t、h_0、t_w 分别是翼缘厚度、腹板净高和腹板厚度，对轧制型截面，腹板净高不包括翼缘腹板过渡处圆弧段；对于箱形截面，b_0、t 分别为壁板间的距离和壁板厚度。D 为圆形截面外径。

3. 箱形截面梁及单向受弯的箱形截面柱，其宽厚比限值可按照 H 形截面采用。

4. 通过设置加劲肋可减小腹板的宽厚比。

5. 当按国家标准《建筑抗震设计规范（2016 年版）》(GB 50011—2010) 第 9.2.14 条第 2 款的规定设计，S5 级截面的板件宽厚比小于 S4 级经 ε_σ 修正的板件宽厚比时，可归属为 S4 级截面。ε_σ 为应力修正因子，$\varepsilon_\sigma=\sqrt{f_y/\sigma_{\max}}$。

当进行抗震性能设计时，支承截面板件宽厚比等级及限值应符合附表 6－2 的规定。

附表 6－2　支承截面板件宽厚比等级及限值

截面板件宽度比等级		BS1 级	BS2 级	BS3 级
H 形截面	翼缘 b/t	$8\varepsilon_k$	$9\varepsilon_k$	$10\varepsilon_k$
	腹板 h_0/t_w	$30\varepsilon_k$	$35\varepsilon_k$	$42\varepsilon_k$
箱形截面	壁板间翼缘 b_0/t	$25\varepsilon_k$	$28\varepsilon_k$	$32\varepsilon_k$
角钢截面	角钢肢宽度厚比 w/t	$8\varepsilon_k$	$9\varepsilon_k$	$10\varepsilon_k$
圆形截面	径厚比 D/t	$40\varepsilon_k^2$	$56\varepsilon_k^2$	$72\varepsilon_k^2$

注：w 为角钢平直段长度。

参 考 文 献

陈绍蕃，顾强，2018. 钢结构：上册：钢结构基础［M］. 4 版. 北京：中国建筑工业出版社.

陈志华，2019. 钢结构［M］. 北京：机械工业出版社.

沈祖炎，陈以一，陈扬骥，等，2018. 钢结构基本原理［M］. 3 版. 北京：中国建筑工业出版社.

张耀春，2020. 钢结构设计原理［M］. 2 版. 北京：高等教育出版社.

赵根田，赵东拂，2020. 钢结构设计原理［M］. 2 版. 北京：机械工业出版社.

中华人民共和国住房和城乡建设部，2011. 钢结构高强度螺栓连接技术规程：JGJ 82—2011［S］. 北京：中国建筑工业出版社.

中华人民共和国住房和城乡建设部，2017. 钢结构设计标准：GB 50017—2017［S］. 北京：中国建筑工业出版社.

中华人民共和国住房和城乡建设部，2011. 钢结构焊接规范：GB 50661—2011［S］. 北京：中国建筑工业出版社.

中华人民共和国住房和城乡建设部，2012. 建筑结构荷载规范：GB 50009—2012［S］. 北京：中国建筑工业出版社.

中华人民共和国住房和城乡建设部，2018. 建筑结构可靠性设计统一标准：GB 50068—2018［S］. 北京：中国建筑工业出版社.